Wolfgang Breyer (Hrsg.)

# Unternehmerhandbuch Bau

Wolfgang Breyer (Hrsg.)

# Unternehmerhandbuch Bau

## Mittelständische Bauunternehmen sicher durch Krisen führen

vieweg

Bibliografische Information Der Deutschen Bibliothek
Die Deutsche Bibliothek verzeichnet diese Publikation in der Deutschen Nationalbibliografie; detaillierte bibliografische Daten sind im Internet über <http://dnb.ddb.de> abrufbar.

1. Auflage April 2005



Lektorat: Günter Schulz / Karina Danulat

Der Vieweg Verlag ist ein Unternehmen von Springer Science+Business Media.
www.vieweg.de



Technische Redaktion: Annette Prenzer
Umschlaggestaltung: Ulrike Weigel, www.CorporateDesignGroup.de

ISBN-13: 978-3-528-01759-0 e-ISBN-13: 978-3-322-80199-9
DOI: 10.1007/978-3-322-80199-9

# Vorwort

Bauunternehmer stehen in den letzten Jahren vor besonderen Herausforderungen. Sie müssen ihre Unternehmen bereits durch das 11. Jahr einer Rezession führen. Die Rezession verändert das Klima auf den Baustellen und in den Bauunternehmen. Das „reine Bauen" rückt in den Hintergrund und der Bauunternehmer muss sich zunehmend mit Fragen aus den Bereichen Recht, Betriebswirtschaft, Finanzierung, Unternehmensführung in der Krise, Beschäftigung ausländischer Arbeitnehmer und anderen Themen beschäftigen.

Will er in diesem schwierigen Umfeld bestehen, muss er sich in diesen und anderen Bereichen außerhalb der reinen Ingenieurskunst zumindest so sicher bewegen können, dass er entsprechendes Problembewusstsein entwickelt, um rechtzeitig Risiken zu erkennen und zu vermeiden. Finanzielle Reserven zur Absicherung derartiger Risiken, die in der Vergangenheit bestanden haben mögen, dürften im Wesentlichen bei den allermeisten Unternehmen nicht mehr vorhanden sein.

Das Buch wendet sich insbesondere an mittelständische Bauunternehmer und hilft, das Problembewusstsein und die Grundlagenkenntnisse in Bereichen zu entwickeln, die zunehmend in den Vordergrund rücken.

Dieses Ziel soll dadurch erreicht werden, dass in den einschlägigen Bereichen aufgrund der langjährigen Erfahrung der Verfasser exemplarisch immer wiederkehrende Problemkonstellationen aufbereitet und Lösungsansätze aufgezeigt werden.

Die einzelnen Beiträge haben keinen Anspruch auf Vollständigkeit, geht es doch auch darum, den Umfang des Buches nicht ausufern zu lassen, um in einfachen verständlichen Worten ein praxisnahes Werk entstehen zu lassen.

**Stuttgart, im März 2005** **Dr. Wolfgang Breyer**

Für Monika, Katharina und Natalie

# Inhaltsverzeichnis

# 1 Der Unternehmer in der Krise

Dr. Anton Stumpf, Linz

Nahezu täglich sind wir Wirtschaftstreibenden mit Schlagzeilen der Medien konfrontiert, in welchen wieder einmal über eine Insolvenz berichtet wird oder vom Ertragseinbruch und drohenden Niedergang eines Unternehmens geschrieben wird. Die Auswirkungen eines rauer werdenden Wettbewerbs werden deutlich sichtbar. Unsere Ausbildung, unser Schulsystem, unsere auf Leistung und Karriere aufgebaute Wertewelt hat für Krisen keinen Platz. Definierten wir doch bisher Erfolg über ansteigende Umsätze oder Unternehmensergebnisse, oder „Karriere" über ständiges Hinaufklettern auf der Karriereleiter – ohne Misserfolg, leistungsorientiert und geradlinig. Wer hätte in den Zeiten stetigen Anstieges auch je darauf gehört, wenn Karriere mit einer „Gabe zur Bewältigung positiver und negativer Ereignisse" definiert worden wäre? Unser gesamtes Umfeld ist auf „Vermehrung" aufgebaut. Vermehrung von Geld, Vermögen, Einfluss, Status und Macht.

Was nun, wenn die Wirtschaft nicht mehr wächst? Wenn das Überangebot an qualifizierten Führungskräften so groß wird, dass sich damit der Verdrängungswettbewerb unter den „Guten" potenziert. Was, wenn die Leistungsprofile unserer Unternehmen keinen Wettbewerbsvorteil mehr herausarbeiten können, weil die gesamte Konkurrenz im Leistungsstandard nachgezogen ist. Was, wenn mein eigenes Unternehmen davon betroffen ist, dass die Ertragskurve deutlich nach unten zeigt und eine Aufgabe auf mich und meine Kollegen zukommt, deren Bewältigung nun mal nicht zur Tagesroutine gehört?

Eines vorweg: **Eine Krise ist keine Katastrophe!** Sie ist im Hinblick auf die eingangs erwähnten Veränderungen im gesamten unternehmerischen Umfeld eine Unternehmensepoche wie jede andere auch. Einverstanden – sie trägt nicht die positiven Vorzeichen wie die Epoche „Wachstum" – aber auch Wachstum kann zur Krise führen. Krisen kommen rein rational gesehen nicht unangemeldet, treffen aber in jedem Fall die Emotion des Unternehmers zum falschen Zeitpunkt. Schließlich erachten wir die Behebung des negativen Vorzeichens in unserer Bilanz als eine Aufgabe über die man nicht gerne spricht. Man hat es aufgrund der hoffentlich mangelnden Häufigkeit auch nicht gelernt damit professionell umzugehen.

In seinem Buch über Wettbewerbsstrategien erklärt Mike Porter die Normstrategien, die im unternehmerischen Umfeld grundsätzlich möglich sind. (Siehe dazu nachfolgende Abbildung). Am Beginn des unternehmerischen Handelns steht meist eine Produkt- oder Dienstleistungsidee, die das Unternehmen zum Nischenplayer oder Spezialist macht. Besetzt das Unternehmen diese Nische gut und erhält seine Einzigartigkeit in den Wettbewerbsvorteilen, so wird in der Regel über der Branchenrentabilität Geld verdient. Nun kommt es darauf an! Erhält das Unternehmen kontinuierlich seine Wettbewerbsvorteile im Vergleich zur Konkurrenz, dann kann es in der Regel die kalkulierten Preise durchsetzen, wächst im Umsatz und im Ertrag. Kann es den Wettbewerbsvorteil nicht halten, wird es die kalkulierten Preise nicht durchsetzen können und wahrscheinlich bei stetigem Wachstum und Auslastungsdruck die Rentabilitätskraft der Vergangenheit verlieren. Das Absinken unter die Nulllinie ist damit die Folge. Die Umsatzgröße als Treiber für positive Unternehmensergebnisse wird nur dann zum Erfolg führen, wenn gleichzeitig damit die absolute Kostenführerschaft erlangt werden kann; also eine volumengetriebene Strategie. Kann die Kostenführerschaft nicht erlangt werden, so wird Wachstum zur Falle. Der Wettbewerb, der seine Kosten im Griff hat, wird die Skaleneffekte für sich generieren. Und darum geht es. „Less is more", wenn bei zunehmender Größe der Wettbewerbsvorteil nicht gehalten werden kann. Wachsen ja, aber als „Spezialist" oder „Nischer". Verliert das Unternehmen diese Position, dann werden die Prozesskosten, – wiederum immer im Vergleich zum Wettbewerb – die relevante Rolle spielen. Hält das wachsende Unternehmen die Kostenposition und kann diese sogar weiter ausbauen, dann entwickelt sich die Kostenführerschaft zum neuen Wettbewerbsvorteil. [1]

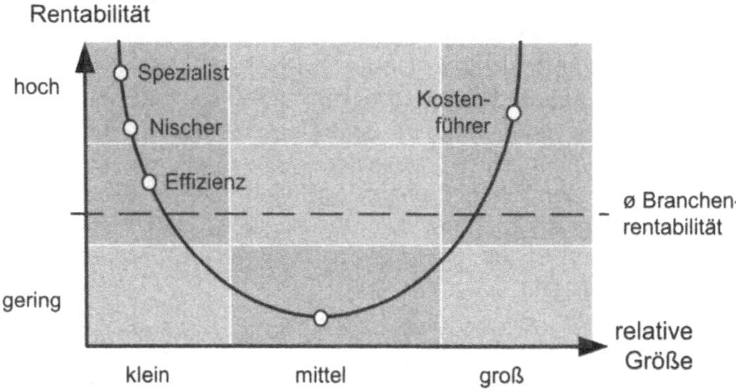


**Bild 1–1** Rentabilitätszyklus

Was kann nun ein Unternehmen anstellen, wenn das Wachstum – ohne die Effizienz hochgehalten zu haben – zur Falle wird; wenn die Wettbewerbsvorteile schwinden und die Rentabilität unter Null abgesunken ist. Grundsätzlich gibt es drei Möglichkeiten. Eine davon ist der Rückbau des Unternehmens auf die Dimension, die wieder eine profitable Position ermöglicht. Meist ist diese Aufgabe mit schier unlösbaren Problemen verbunden. Die Fixkosten lassen sich nicht in der geforderten Geschwindigkeit anpassen, die Kapitalbindung ist zu hoch und lässt sich vom rückdimensionierten Unternehmen nicht bedienen. Nur in seltenen Fällen gelingt dieser Rückbau ohne Insolvenz. Diese ermöglicht wiederum die Chancen für diesen Weg, wenngleich sie von mehr als 90 % der Unternehmer als „letzter Ausweg" beschrieben wird. Darüber in einem späteren Kapitel dieses Buches.

Die zweite Möglichkeit ist die Differenzierung im Leistungsangebot um zu selektiveren Leistungen zu gelangen, die wiederum höhere Margen zulassen und die die Rentabilitätsschwelle übersteigen lassen. Für diesen Ansatz zur Bewältigung der Krise muss zwingend genügend Zeit und auch Kapital verfügbar sein. Entscheidet man sich für diesen Weg, so sollte in jedem Fall die Liquidität in der Form gesichert sein, dass ein bis zwei Jahre finanziell abgebildet werden können. Die Krisenbewältigung über diese Strategie braucht Entwicklungszeit, Zeit bis neue Produkte und Leistungen wirken und greifen, Zeit um das Angebotsportfolio umzustellen, Kosten in den alten Kernleistungen zu senken oder sich damit gar zurückzuziehen, Kosten um Neues zu schaffen, Mitarbeiter auszubilden und letztlich sollte man auch die Transformationskosten vom vorgehenden Zustand zum beschriebenen neuen Zustand nicht unberücksichtigt lassen. Verfügt das Unternehmen über diese Kapitalkraft, Substanz oder im Mindest-

[1] Mike Porter

fall Konsensfähigkeit mit den Banken, so ist dieser Weg jedenfalls einer, der neues schafft, einen neuen Unternehmenszyklus einleitet und ein sehr bewusstes Umgehen mit den strategischen Potentialen des Unternehmens vorschaltet. Die Auseinandersetzung zur Findung dieser Strategie macht die Führungskräfte der Firmen kompetenter und strategisch denkender.

Die dritte Möglichkeit an Normstrategien um aus der Krisenposition zu weichen ist die Erlangung der Kostenführerschaft über Wachstum. Dabei muss Wachstum nicht immer organisch erfolgen. Der Erwerb des Mitbewerbers – so es die Finanzen zulassen – ist auch ein geeigneter Weg die geforderte Größe zu erlangen. Aber Vorsicht! Die simple Rechnung, dass sich die Skaleneffekte zwingend besser auswirken, geht in den seltensten Fällen auf. Einerseits deswegen, weil Kostendegressionen durch Größe immer nur die reinen Fixkosten relativ senken, ohne dass die Mehraufwendungen für die Führung der neu erlangten Dimension und deren Managementkomplexität berücksichtigt werden. Anderseits aber vielmehr deswegen, weil die Qualität der Leistungserbringung auch in der Größe gesichert bleiben muss. Ein Unternehmen sollte nur dann einen Wachstumskurs einschlagen, wenn es die Abläufe, Prozesse, die Organisation und die Führung absolut im Griff hat. Ist das nicht der Fall, multipliziert sich der Wahnsinn. Gerne werden bei steilem Wachstum mittels Unternehmenszukauf auch die Abschmelzungseffekte unberücksichtigt gelassen. Es stellt sich kaum so dar, dass zwei Unternehmungen die vor einer Fusion je 100 Mio. EUR Umsatz hatten, nachher auf 200 Mio. EUR aufsetzen können, weil der Markt und die Kunden nicht mitspielten oder weil wichtige Führungskräfte die Kulturvereinigung zweier Kulturen nicht mitmachen und bei der Konkurrenz anheuern. Größe und Kostenführerschaft ist ein Ausweg aus einer schlechten Portfolioposition, jedoch nur dann, wenn gleichzeitig alle Systeme und Strukturen geschaffen sind um die Größe auch managen zu können. Dabei sollte nicht unberücksichtigt bleiben, dass Größeneffekte auch über firmenübergreifende Kooperationen generiert werden können.

## 1.1 Allgemeines über Krisen

In zahlreichen Lehrbüchern und auch in diesem Praktikerhandbuch für den Bau werden Krisen gerne dem Charakter nach und in der Art der Entstehung beschrieben. Auch wird auf die allgemeinen Symptome eingegangen und auf die Ursachen/Wirkungszusammenhänge. Bevor wir uns dieser Betrachtung hingeben, jedoch noch eine generelle Behauptung. Es sind im Allgemeinen die Unternehmenskrisen, gleichgültig in welcher Ausprägung und Stufe, deren Lösung prinzipiell leichter gestaltbar ist. Die schwierigsten Krisen sind Unternehmerkrisen, also Krisen, deren Ursache in den Eigentümerstrukturen, sozusagen an der Spitze des Unternehmens zu suchen ist. An dieser Stelle versagen meist die Lehrbücher, hier ist der Mensch – so wie er nun mal ist – zur hauptsächlichen Krisenursache geworden. Brüder, die gemeinsam ein Unternehmen führen, über die Zeit aber zunehmend uneinig werden. Söhne, die ein schweres Erbe antreten mussten, dessen Herausforderung für sie aber zu groß ist. Zu viele Mitglieder einer Unternehmerfamilie, die alle Einfluss auf die Gestaltung des Unternehmens ausüben möchten und dies auch tun. Lebensaufträge aus der Tradition von Familienbetrieben, die der Familie wegen hochgehalten werden, aber fallweise absolut nicht mehr dem Zeitgeist entsprechen. Eifersucht, Hass, Neid an der Spitze von Betrieben – all diese banalen Formen menschlicher Ausprägungen sind Ursachen für die fatalsten Krisen. Sie sind nur lösbar, wenn die betroffenen Personen sich selbst zurücknehmen, es schaffen, dass der Verstand über die Emotionen siegt; sei es durch aktiven Rückzug aus dem Tagesgeschehen, Übertritt in ein Familienkontrollgremium, Abgabe der Führung an ein neutrales externes Management oder sonstiger geeigneter konsensfähiger Strategien. Die eben geschilderten Lösungsansätze dazu sind schnell beschrieben, der Weg bis zur Erlangung der geforderten Einsicht bedarf in vielen

Fällen einiger Mediationen und vergeudet in nahezu allen Fällen wertvolle Zeit und damit auch wertvolles Kapital. Alle anderen – nicht personenbedingten Krisen – weisen in der Regel ähnliche Muster auf, die sich in drei Typen gliedern lassen.

Da ist zunächst die **Kumulationskrise.** Sie entsteht schleichend über die Jahre und kumuliert in sich die Summe von Versäumnissen in Unternehmungen oder im Management. Der Vater dieser Krise ist meist die Verdrängung von Tatsachen. Weil der Mensch, und damit auch die Führungskraft, gerne wieder auf bessere Zeiten hofft, wird in vielen Fällen die Krisenbewältigung nicht aktiv angegangen. Dauerhafte Rentabilitätsprobleme bauen sich auf, deren Ursache oft gar nicht alleine im Innerbetrieblichen sondern auch in den konjunkturellen Einflüssen begründet sein können. Die Folge sind anwachsende Fixkostenblöcke durch rückläufige Betriebsleistungen und das Schwinden der Rentabilität. Leider haben Kumulationskrisen sehr häufig einen direkten Zusammenhang mit halbherzigem Krisenmanagement und der Politik der Hoffnung. Hoffnung darauf, dass alles – womöglich von sich aus – wieder so wird, wie es früher war. Hoffnung darauf, dass im neuen Geschäftsjahr – da ja die Bücher neu aufgeklappt werden – sich der gewohnte Erfolg der Vergangenheit wieder einstellen wird. Aber Hand aufs Herz, nur weil ein neues Geschäftsjahr und damit eine neue Chance beginnt, wurde noch kein Unternehmen, das sich in der Kumulationskrise befand, besser.

Von einer **Wachstumskrise** – als weiteren Krisentypus – spricht man dann, wenn ein Unternehmen in der Folge einer Wachstumsphase in eine Krise schlittert. Meist geschieht dies in Verbindung mit einer regen Investitionstätigkeit oder mit gar zu hastigem Wachstum. Dieses Wachstum bildet sich dann in einem negativen Cash Flow ab und führt zur Unfinanzierbarkeit der eingeschlagenen Strategie. Unternehmer, die einen ausgeprägten Wachstumskurs einschlagen, befinden sich mental meist in einer Eroberermentalität. Dadurch ist es äußerst schwierig einen geschärften Blick auf den worst case zu finden. Das Management ist auf Feldzüge programmiert, die Folge ist häufig zu starkes Umsatzdenken und kein Ertragsdenken. Die Wahrnehmungsmöglichkeiten dieser Krise sind durch das geschilderte Verhaltensmuster sehr eingeschränkt und überraschen den betroffenen Unternehmer in vielen Fällen. Subjektiv betrachtet – und zwar durch die Brille des wachsenden Unternehmens – sind die Begriffe „Wachstum" und „Krise" etwa so weit auseinander wie die Begriffe „Feuer" und „Eis".

Die **Schrumpfungskrise** als letzte der drei Idealtypen an Krisenformen wird dann als solche bezeichnet, wenn marktseitige Veränderungen oder Schwächung des eigenen Leistungsangebotes am Markt zu zunehmenden Marktanteilseinbrüchen führen. Gerne tritt diese Form der Krise bei gesättigten Unternehmen ein, die auf die zunehmenden Wettbewerbvorteile ihrer Konkurrenz nicht achten oder nicht erkannt haben, dass ein Marktreinigungsprozess begonnen hat, in dem der Schwächere ausscheidet. Die wirtschaftlichen Ausprägungen dieser Krise sind schwindende Margen, die meist auch mit kostenseitigen Anpassungen nicht aufgefangen werden können, Verdrängungswettbewerbe über schlechte Kalkulationen bis hin zum Totalverlust der Rentabilität der Geschäftstätigkeit.

## 1.2 Befindet sich die Bauwirtschaft in einer Krise?

Die deutsche „Financial Times" berichtet in ihrer Ausgabe am 20.2.04 in großen Lettern **„Bauwirtschaft rutscht immer tiefer in die Krise"** – der Rückgang des Neugeschäftes hat sich zum Jahresende 2003 wieder beschleunigt. „Im Vergleich zum Vorjahr habe die Branche im Dezember preisbereinigt 12,3 Prozent weniger Neuaufträge erhalten, teilte das Statistische Bundesamt am Freitag in Wiesbaden mit. Damit sei der Auftragseingang im gesamten Jahr um 10,4 Prozent unter dem Niveau von 2002 geblieben. Im Jahresschnitt arbeiteten 814.000 Menschen beim Bau und damit 66.000 weniger als 2002. Der Gesamtumsatz im Bauhauptgewerbe sank um 3,3 Prozent auf 84,3 Mrd. EUR. Die seit Mitte der 90er Jahre kriselnde Baubranche erwartet frühestens in diesem Jahr ein Erreichen der Talsohle und ein spürbares Umsatzplus erst 2005."

„Überdurchschnittlich schwach entwickelte sich die Nachfrage im Hochbau: Im Gesamtjahr sank das Neugeschäft um fast 13 Prozent, wobei der Auftragseingang im Dezember sogar um fast 18 Prozent zum Vorjahr einbrach. Der Tiefbau verbuchte 2003 einen Auftragsrückgang um knapp acht Prozent, der sich zum Jahresende etwas abschwächte. Der Umsatz der erfassten Baubetriebe mit 20 und mehr Mitarbeitern lag im Dezember 1,5 Prozent über dem Vorjahresniveau. Grund dafür war allerdings ein Großauftrag, sagte ein Sprecher des Statistikamtes. Daher sollte dieser Anstieg nicht überbewertet werden."[2]

Solche und ähnliche Botschaften, respektive das Verarbeiten solcher Botschaften, haben sich während der letzten Jahre zur Tagesroutine entwickelt. Um der Frage „Wie steht es wirklich um den Bau in Deutschland?" zunächst analytisch aktiver auf den Grund zu gehen, wurden zur Ergänzung des vorhandenen praktischen Wissens und vorhandener Datenbanken zusätzliche Recherchen über statistische Ämter und Hauptverbände der Bauindustrie angestellt. Die dadurch zugänglichen Daten wurden in einer Langzeitbetrachtung dargestellt und können wie folgt interpretiert werden.

Beschäftigen wir uns zunächst mit den Bauinvestitionen und dem Auftragseingang im Bau während der letzten sechs Wirtschaftsjahre.

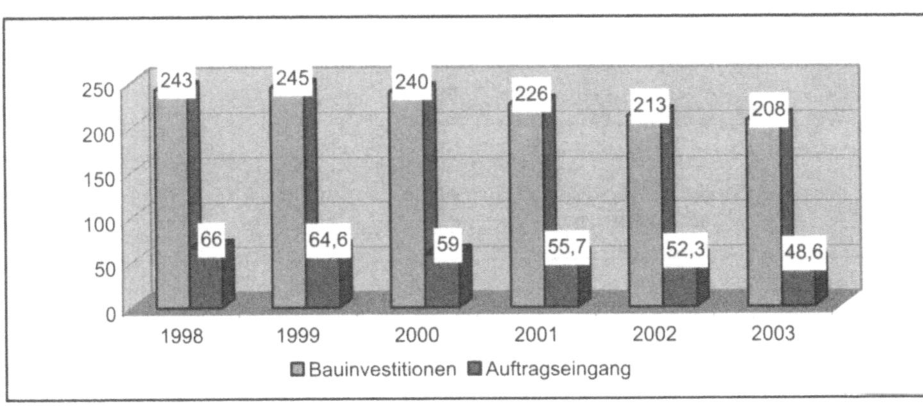


**Bild 1–2** Bauinvestition und Auftragseingang Deutschland in Mrd. EUR

Während von 1998 auf 1999 noch ein leichter Anstieg bei den deutschen Bauinvestitionen zu verzeichnen war, entwickelte sich der Trend von 1999 bis 2003 ständig abwärts. 15,5 % Rückgang an Bauinvestitionen in 5 Jahren bedeutet stetiger Verfall der Auslastung der Kapazitäten, bedeutet Druck auf die Margen und Verdrängungswettbewerb zumindest im klassischen Bauhauptgewerbe, wo keine Differenzierungsmöglichkeiten im Angebot und in der

[2] Financial Times

Leistung bestehen. Speziell Anbieter, die keine Nischenplayer oder Spezialisten sind, werden diese zurückliegenden 5 Jahre stark gespürt haben. Letztlich hat sogar der insolvenzbedingte Ausfall eines bedeutsamen Anbieters mit über 20.000 Arbeitskräften den Markt nicht beruhigen können und das Überangebot nicht zurückgenommen. Alle Tochterbetriebe dieser insolventen Gesellschaft wurden samt ihren Projekten und Bauvorhaben übernommen und in den wesentlichen Teilen fortgeführt.

Der Rückgang im Auftragseingang bildet den Druck auf die Kapazitäten noch stärker ab. Hier beträgt der Verfall über die letzten 6 Jahre kumuliert nahezu 30 %. Leere Auftragsbücher und kürzere Intervalle für die Ressourcenplanung lösten mehr denn je schwer planbare Kapazitätsdisponierung und Auslastungsplanung aus. Die Folge waren kurzfristige Aktionen zu schlechten Preisen und damit wieder bekannte Effekte: Preisdruck, Ertragsverfall bis hin zur Liquiditätskrise.

Einer weiteren Betrachtung wert ist die Entwicklung der Beschäftigungsziffern:

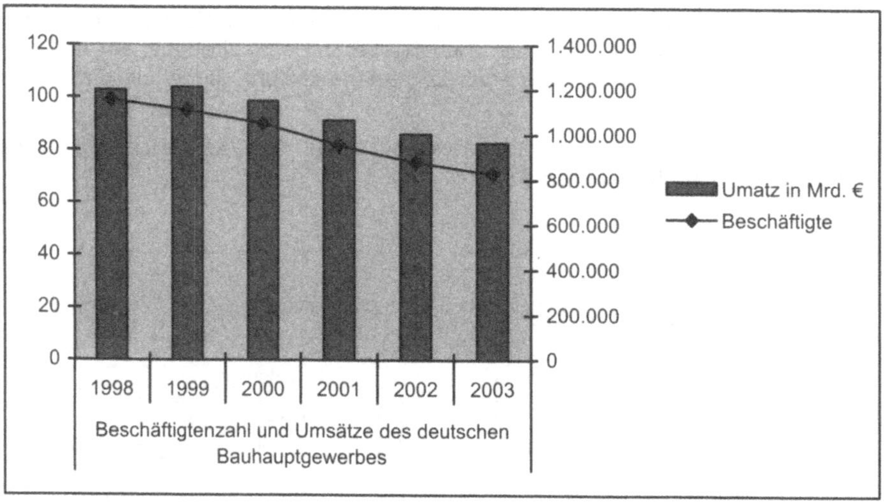


**Bild 1–3** Beschäftigung im Bereich Bau

Waren es nach den Ziffern des Hauptverbandes der Bauindustrie 1999 noch insgesamt 103,8 Milliarden EUR, die von der deutschen Bauindustrie umgesetzt wurden, so verlief sich die Umsatzziffer bis 2003 in die Dimension 82,7 Milliarden EUR. Dies ist ein Rückgang von 20 % in 5 Jahren. Ähnlich verhält sich die Statistik bei den Beschäftigten im Bauhauptgewerbe. 1999 beschäftigte der Bau noch 1.110.000 Mitarbeiter, 2003 nur mehr 829.451. Insgesamt also um 25,3 % weniger. An dieser Stelle wird schon sichtbar wie die Manager der Bauindustrie reagieren mussten. Der Umsatzverfall im Ausmaß von 20 % in 5 Jahren machte bei erhöhtem Preisdruck eine stärkere Reaktion im Belegschaftsabbau erforderlich. Die Arbeitslosenraten bezogen auf den Bau spiegeln dies wider.

Die nachfolgende Grafik beschäftigt sich mit der Insolvenzintensität in der Baubranche. Hierzu sollte vorweg erwähnt werden, dass die gesamte Insolvenzstatistik – also nicht nur im Bereich

Bau – in Deutschland einen deutlichen Anstieg während der letzten Jahre verzeichnete. 2002 wurden nahezu 39.000 Insolvenzen in Deutschland registriert. Das sind um 40 % mehr als im Jahr 2001. Die Allgemeinschuld sollte dabei aber nicht auf die allgemeine Wirtschaftsschwäche abgeladen werden. Wenn der Sturm rauer bläst verspüren Schwachbrüstige den Gegenwind stärker. Dazu kommt natürlich, dass die restriktive Kreditvergabepolitik der Banken und der Kreditversicherer einen nicht unerheblichen Beitrag zu einem Bereinigungsprozess leisten.

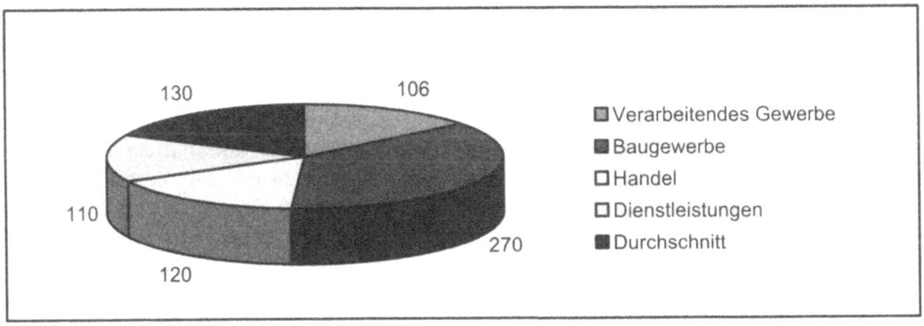


**Bild 1–4** Zahl der Insolvenzen

Pro 10.000 Unternehmungen erfahren nach den Erläuterungen des deutschen Handelsblattes im Durchschnitt 130 Firmen eine Insolvenz. Im Baugewerbe waren es im Wirtschaftsjahr 2002 rund 270 Betriebe von 10.000. Gemessen an der Gesamtinsolvenzzahl in Deutschland im Jahr 2002 – rund 38.600 Insolvenzen, – war die Baubranche mit 9.160 der Insolvenzen am Repräsentativsten vertreten. Immerhin rund 24 %. 2003 war wohl zu erkennen, dass diese Ziffer stagniert, aber dennoch auf einem sehr hohen Niveau.[3]

Was sind nun die Ursachen dieser Entwicklung? Die heimische Bauwirtschaft konnte sich in unterschiedlichen Zyklen bis zum Jahr 1999 ständiger Zuwachsraten erfreuen. Der Fall der Mauer löste überdies den uns bekannten Investitionsboom aus, der in den meisten Baubetrieben zum Aufbau von Kapazitäten führte um die neuen Märkte und Marktmöglichkeiten zu bedienen. Als nun die Sättigung im Investitionsbedarf der neuen Bundesländer mit einer zunehmend beginnenden Konjunkturflaute einherging, war der Bau wieder gefordert die aufgebauten Kapazitäten anzupassen und die Kosten neu zu dimensionieren. Dies just zu einem Zeitpunkt, da sich das allgemeine Wirtschaftsklima in Deutschland begann in Kaufunlust, Investitionsunlust und auch Reformbedarf auf weiten Ebenen der Politik abzuzeichnen. Die Folge ist leicht auszumachen. In einem vorgehenden Kapitel wurde die Schrumpfungskrise beschrieben. Jene Krise, die dann eintritt, wenn die Nachfrageintensität nachlässt und Verdrängungswettbewerb entsteht. Der Marktbereinigungsprozess im deutschen Bau war voll im Gange, schwächere Anbieter mussten vom Markt ausscheiden. Je nach Kapitalkraft und Substanz der Unternehmungen passierte das bei einigen schneller und bei anderen langsamer. Es traf vor allem jene Firmen, die keinen eindeutigen Wettbewerbsvorteil gegenüber ihren Konkurrenten sichtbar machen konnten. Alle die typischen Verhaltensmuster, die in Krisen in

[3] Deutsches Handelsblatt

Erscheinung treten, traten nun ein – und je nach Ertragslage vor der Krise traf es manche schneller.

Wenn sich nun am Beginn des Jahres 2004 die Nachrichtensprecher unserer TV- und Radiosender – gefüttert mit Informationen aus Meinungsforschungsinstituten und politischen Informationsquellen – bemühen der Bevölkerung mitzuteilen, dass die Wirtschaft wieder anziehe, so mag dies für den Aktienmarkt und für manche Gruppen der Konsumgüterindustrie zutreffen – derlei Zeichen in der Baubranche sind jedoch nicht sichtbar.

Der österreichische Forschungsverband der Baustoffindustrie (FBI) hat in seiner letzten Jahrestagung Prognosen für die einzelnen Sparten im Bau, auch im Hinblick auf das Herannahen der neuen 10 EU-Mitgliedsländer veröffentlicht.

Die Sättigung im Hochbau ist unübersehbar und wird während der nächsten Jahre noch anhalten. Hiervon sind insbesondere der private Wohnbau und der kommunale Wohnbau am stärksten betroffen. Um dies zu ändern müsste sich angesichts der stagnierenden Bevölkerungszahl und der hohen Wohnungsdichte die Einwanderungspolitik in Deutschland substanziell ändern – was wiederum zu anderen Problemen führt. Wir leben in der Epoche der „Erbgesellschaft“. Die Investitionen der Vorgängergenerationen stehen zur Sanierung und zur Modernisierung an. Dies wird zu einer Belebung im Bereich des Ausbaues, Umbaues, Dachausbaues und der Fassadengestaltungen führen.

Der gewerbliche Hochbau wird seine Investitionstätigkeiten maßgeblich von seiner Geschäftsbilanz abhängig machen. Einzelne Branchen, die vom Konjunkturknick nicht so stark betroffen sind (Maschinenbau, Mechatronik, Kommunikation, Segmente im Konsumgüterbereich), werden ihre Bauvorhaben ungebremst fortsetzen. Insgesamt rechnen die Forschungsverbände damit, dass der gewerbliche Hochbau erst wieder 2005 leicht anziehen könnte.

Dem Tiefbau wird eine ansteigende Entwicklung vorausgesagt – sofern die regierenden Stellen ihre Infrastrukturmaßnahmen aufrechterhalten und die großen Auftraggeber unserer Wirtschaft (wie zum Beispiel DB) ihre Budgets entsprechend durchsetzen und darstellen können. Spezialformen des Tiefbaues werden weiter florieren.[4]

Matthias Horx[5], einer der bekanntesten deutschen Trendforscher, beschreibt in seiner Accenture Zukunftsstudie Megatrends, die generell auf die Wirtschaft zukommen werden. Diese Megatrends werden auch vor den Toren unserer Baugesellschaften nicht halt machen und mit unterschiedlicher Wirkung eindringen. „Glokalisierung“ statt Globalisierung, Co-Management, Co-Marketing und Co-Producing werden vom Autor als sichtbare Trends hinsichtlich geänderter Arbeitsformen in der Wirtschaft beschrieben. Überbetriebliche Kooperationen – wie am Beispiel der „Star Alliance“ schon vorgeführt – werden mehr Möglichkeiten darstellen, über Kooperationen ohne Verzicht auf die Eigenständigkeit durch Fusionen dennoch Win-win-Situationen herzustellen. Beispiele der österreichischen Clusterpolitik tragen Früchte bis hin zu Co-Optionen im mittelständischen Bereich, ja sogar unter Handwerksbetrieben und landwirtschaftlichen Betrieben. „Immer mehr Unternehmen kooperieren auf der Ebene des Vertriebes und des Marketing um die eigene Durchschlagskraft zu erhöhen.“ Arbeitsteilige Dienstleistungs- und Produktionsvorgänge zwischen ehemaligen Konkurrenten können zur Normalität werden. Die deutsche Bauwirtschaft ist aufgefordert über diese Themen rasch nachzudenken. Gerade zur scheinbar falschen Zeit trifft so manchen Unternehmer die Erweiterung der EU-Grenzen in weitere 10 Länder. Des einen Chance – weil sich neue Exportmärkte für Infrastrukturmaßnahmen anbieten werden – des anderen Niedergang – weil

[4] Quelle: Bericht der Jahrestagung der FBI

[5] Matthias Horx, Accenture Zukunftsstudie

die Mobilität der herannahenden Kulturen nicht zu unterschätzen ist und sich der Bautourismus in erhöhter Geschwindigkeit fortsetzen wird. Die Preisvorteile in einem stark personengetriebenen Geschäft wie im Baugeschäft werden jedenfalls vermehrt für den Einsatz billigerer Arbeitskräfte aus den neuen EU-Ländern sprechen. Baubetriebe, die kein eindeutiges Profil haben, sei es durch besondere Leistungsfähigkeit in einzelnen Bereichen oder durch Kostenführerschaft, werden zunehmend dem „middle of the road" Problem unterliegen. Nicht der Beste, aber dafür auch nicht so teuer, wird nicht mehr laufen. Diese Position wird entweder durch den eindeutig Besten oder eindeutig Billigsten ersetzt werden. Und dies bei ansteigender Qualitätsanforderung. Unternehmen, die nicht in der Lage sind ihr Profil zu schärfen und einen eindeutigen USP (unique sale position) herauszuarbeiten, werden in der kleiner werdenden Mitte untergehen. Sie sind aufgerufen so rasch als mögliche Ihre Strategien zu überarbeiten, strategische Allianzen zu prüfen, jede Form der überbetrieblichen Kooperation zu prüfen oder allenfalls nach dem Prinzip „less is more" unrentablen Ballast zu reduzieren.

## 1.3 Das Paradoxon der Krisenwahrnehmung

Im Kapitel 1.1 werden die unterschiedlichen Krisenformen oder Typen von Krisen beschrieben. In ihrer Art der Wirkung kann man Krisen – egal welcher Typ oder welche Form der Krise – nochmals in drei wesentliche Arten unterteilen.

Zunächst die **Strategiekrise**. Diese Krise ist dann im Unternehmen eingetreten, wenn das Leistungsportfolio des eigenen Betriebes unter das Leistungsportfolio des Wettbewerbes gerät. Sprich, wenn die eigene Marktleistung im Vergleich zur Konkurrenz keine Wettbewerbsvorteile mehr bietet. Ist dies eingetreten, so hat das eigene Unternehmen entweder seine Innovationstätigkeit vernachlässigt, andere Wettbewerbsnachteile wie zum Beispiel Kostennachteile zugelassen, jedenfalls aber ist der andere besser. Wenn dies nicht rechtzeitig erkannt und entsprechend gehandelt wird, ist das meist der Beginn einer Entwicklung mit negativem Vorzeichen.

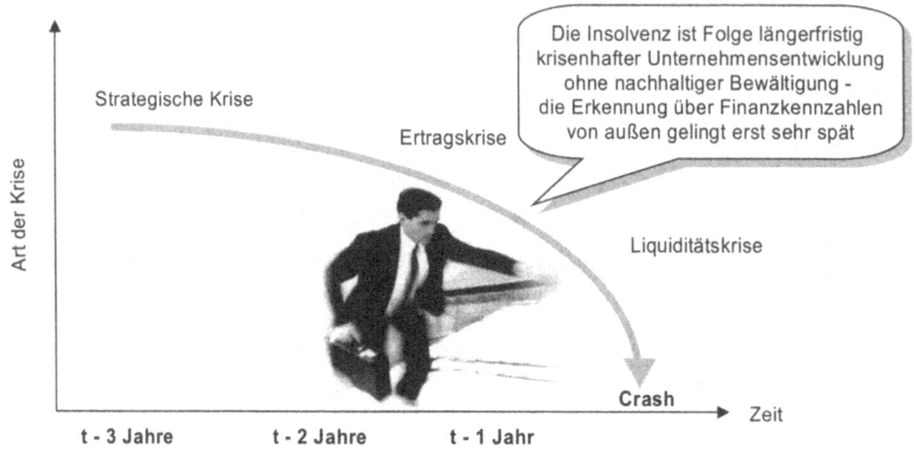


**Bild 1–5** Krisendynamik

Die Strategiekrise entwickelt sich zur **Ertragskrise**, wenn sie nicht rechtzeitig abgewendet werden konnte. In dieser Stufe der Krisenentwicklung haben sich die Folgen der ungelösten Vorstufe in den Ertragsziffern der Unternehmung niedergeschlagen. Rasches Handeln ist gefordert.

Der Handlungsspielraum bis zur **Liquiditätskrise** ist eng. Je nach Kapitalausstattung und Liquiditätsspielraum wird in der Phase von der Ertragskrise bis zur Liquiditätskrise in vielen Fällen noch ein teurer Zeitkauf ohne Wirkung betrieben. Ist die Liquiditätskrise eingetreten, so steht eine Insolvenz bevor, in jedem Fall aber ein Machtwechsel. Der Unternehmer hat mit Vertrauensverlust bei den finanzierenden Banken zu kämpfen. Die faktische Macht liegt ab diesem Zeitpunkt bei der Macht des Kapitals, des Fremdkapitals. Aus unseren Datenbanken konnten wir ableiten, dass die Durchschnittsdauer bei mittelständischen Betrieben, vom Auftauchen der Strategiekrise bis zur Liquiditätskrise 3 Jahre beträgt. Drei wertvolle Jahre – ohne substanzielle Veränderungen, da man die Krise nicht erkannte – in denen man viel zum Positiven hätte verändern können. Das Erkennen der Krise scheint sich wohl in einem Paradoxon widerzuspiegeln.

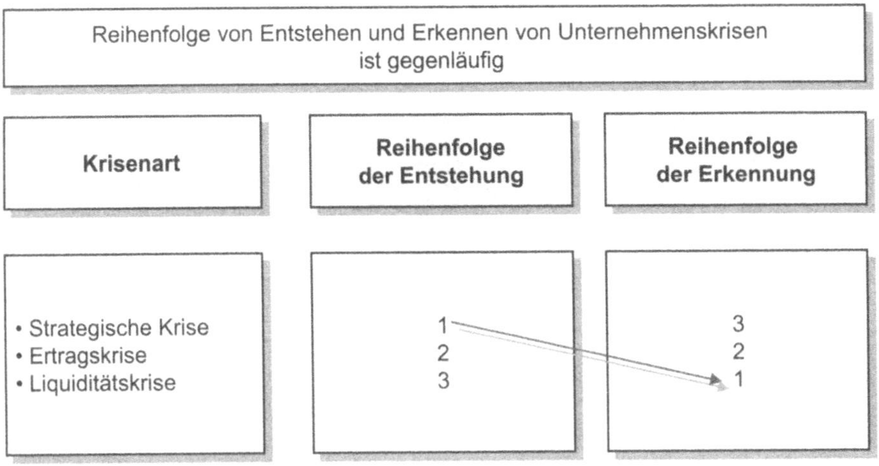


**Bild 1–6** Krisenparadoxon

Die zeitlich gesehen letzte der drei beschriebenen Krisen bemerkt der Unternehmer am leichtesten. Sie ist überdies am Kontostand sichtbar und wird zu diesem Zeitpunkt je nach Ausprägung vom zuständigen Betreuer der Hausbank artikuliert. Mögen Ihnen diese Erlebnisse in Ihrem unternehmerischen Leben erspart bleiben, denn die darauf folgenden Managementaufgaben haben mit der Betreuung der Kunden und der Märkte nicht mehr viel zu tun. Leichter erkennbar als die Strategiekrise ist klarerweise die Ertragskrise. Aber das Eigenartige ist selbst bei rechtzeitiger Wahrnehmung der Ertragskrise, dass die Handlungen nicht sofort passieren. Scheinbar ist es allzu menschlich, dass manche Veränderungen nur dann passieren, wenn es keine Alternative mehr gibt. Anders lässt sich nicht erklären, dass bei einer renommierten Beratungsfirma für Unternehmenssanierungen nur ganze 3 % an Beratungsaufträgen vom Unternehmer selbst beauftragt werden. Alle anderen 97 % sind nur auf Druck der Kapitalgeber erteilt worden, weil ein Sanierungsgutachten oder eine Fortführungsprognose von einem Neutralen zu erstellen war oder weil die Umsetzung identifizierter Maßnahmen vom Unternehmen selbst nicht erfolgte. Dies führt uns direkt zum nächsten Kapitel.

## 1.4 Präventives Krisenverhalten

Krisen kommen nicht unangekündigt. Und dennoch – der Unternehmer handelt im letzten Augenblick – dabei häufig auch zu spät. Ist es wirklich notwendig, dass zur Wahrnehmung der „Wahrheit" immer wieder der Druck der Kapitalgeber erforderlich ist?

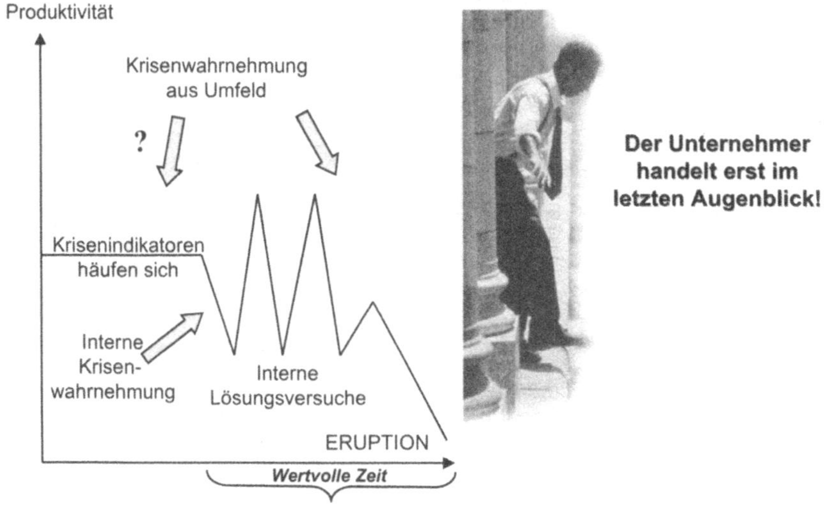


**Bild 1–7** Zeitverlust im Umgang mit Krisen

Das Schaubild zeigt einen typischen Krisenverlauf, von der Erkennung der Ertragskrise bis zum wirkungsvollen Einsatz tatsächlich geeigneter Maßnahmen. Nehmen wir das sich reell zugetragene anonymisierte Muster eines Bauunternehmens in Niederbayern zur Veranschaulichung: „Die vorläufige Bilanz des Wirtschaftsjahres 2002 zeigt im März 2003 einen deutlichen Abfall der Betriebsleistung und das Unternehmen musste erstmals in seiner Geschichte substanzielle Verluste hinnehmen. Die Eigenkapitalquote war noch beachtlich hoch, sodass Spielraum vorhanden war, eine Kurskorrektur vorzunehmen. Die interne Krisenwahrnehmung schärfte sich erst nach Wochen und führte zu internen Lösungsversuchen ohne professionelle Hilfe von außen. Gleichzeitig entstand die Krisenwahrnehmung von außen bei den Lieferanten und den Banken, was umgehend zu einer Bonitätseinschränkung seitens der Baustoffhändler führte und zu einer erhöhten Reportingtätigkeit bei der finanzierenden Bank. Erst im November 2003, also mit 6 Monaten Zeitverlust, entschied der Unternehmer, dass er eine professionelle Unterstützung von außen nicht ausschließen würde und es kam letztlich im Jänner 2004 zur Präsentation der Analyseergebnisse und der Handlungsfelder. Zu diesem Zeitpunkt war das Kapital der Gesellschaft zur Gänze aufgebraucht und die Zahlungsunfähigkeit drohte."[6]

Erlebnisse und Praxisberichte dieser Art gibt es viele. Es ist fatal festzustellen, wie grundsätzlich ähnlich die Manager oder Unternehmer aller beobachteter Unternehmen in der Verdrängung von Krisen agieren. Es darf uns also nicht wundern, wenn das Institut „Deutsche Creditreform" bei 33 % der Insolvenzursachen einen innerbetrieblichen Fehler identifiziert und bei weiteren 27 % Unachtsamkeit oder gar Fahrlässigkeit im Management. Letztlich müssen die Führungskräfte unseres Landes hinnehmen, dass damit 60 % des Verschuldens im Mana-

[6] Analyse-Ergebnis eines Falles der ELIAS Management AG

gementversagen begründet liegen, nur 19 % Verschulden treffen außerbetriebliche Ursachen und konjunkturelle Ursachen. Ich erlaube mir in meinen Ausführungen sogar soweit zu gehen, dass auch die späte Reaktion oder eine nicht stattgefundene strategische Neuausrichtung bei einer weiten Interpretation den Managementfehlern zugerechnet werden kann.

## 1.5 Das Verhalten des Unternehmers in der Krise

Der Unternehmer ist in der Krise einerseits im verstärkten Ausmaß von sich selbst, seiner unkonventionellen Haltung, seiner Bereitschaft sich den negativen Themen zu stellen und von seinen Fähigkeiten mit „Negativem" umzugehen abhängig. Das mentale Bild der Person, sozusagen das Psychogramm des Unternehmers, spielt dabei eine große Rolle. Als die ELIAS Management AG in München im Jahr 2000 eine Studie zur „Psyche des Unternehmers in der Krise" erstellte, waren die darin erkennbaren Tendenzen überraschend.

13 von 15 befragten Personen gaben an, dass sie die Verdrängung der Tatsachen von ihnen selbst im Nachhinein als den größten Fehler sahen. Dies wurde durch „Schönreden der Situation" begleitet und man befand sich zu sehr in der goldenen Betriebsregel „Niederlagen gab es früher auch, es wird schon wieder besser werden". Gerne verlagern Unternehmensführer in der Phase der Krise ihre Aufmerksamkeiten auf Nebenschauplätze. Der Mensch sucht sich Betätigungsfelder, in denen er erfolgreicher bestehen kann als im innerbetrieblichen Sturm der Krisenbewältigung. Sehr geeignete Nebenfronten, stellte sich heraus, sind hierfür Präsidentschaftsrollen in Vereinen und Clubs oder in der kommunalen Politik. Die befragten Personen gaben weiter an, dass sie in der Krisenphase besonders kontaktscheu waren, die Angst bei öffentlichen Veranstaltungen jemanden zu treffen, dem man Geld schuldet, war der Motor dafür. Eine starke Auseinandersetzung mit der Einschätzung der Rollen der jeweiligen Geschäftspartner begleitet die gesamte Krisenphase. „Wer ist Freund, und wer ist Feind?" – wird niemals so häufig hinterfragt wie in der Epoche der Krise. Ebenso 13 von 15 Personen gaben an, dass überaus hektische Betriebsamkeit zur Krisenbewältigung – ohne festen Plan – im Vordergrund der Aktivitäten stand. Auch der ständige Aufbruch Umschuldungen zu organisieren, aus den Klauen der Hausbank auszubrechen, alternative Finanzierungsquellen aufzutun, prägt das Aktivitätenbild der sich in Krisen befindenden und befragten Manager.[7]

Hierzu ist zu erwähnen, dass der richtige Umgang mit der Bank in dieser Phase von besonderer Bedeutung ist. Uninformierte Geschäftspartner, die aber mit der krisenhaften Gesellschaft mitgefangen sind, können nur Zweifel und Angst schüren. Also ist Information selbst in dieser Situation eine wichtige Grundlage! Informierte Geschäftspartner haben zumindest die Chance die Problematik zu verstehen um bei der Lösung mitzuhelfen. Auch wenn wir es im deutschen Baugewerbe hinsichtlich Finanzierbarkeit durch Banken gegenwärtig mit einem kräftigen Wirtschaftsversagen zu tun haben, sind immer wieder positive Zeichen einer aktiven Problemlösung mit der Bank erkennbar.

Die genannte ELIAS-Studie brachte aber einen besonderen Punkt zum Vorschein. Die Angst vor dem Kapitalverlust der Unternehmer in der Krise ist nicht so groß wie die Angst vor der Verbreitung der „bad news" in den Medien. Image und Ruhm stehen vor dem wirtschaftlichen Niedergang. Das jüngste Gericht befindet sich also nicht mehr dort wo es sich in vergangenen Zeiten befand, sondern in den Büroräumlichkeiten der Medienhäuser im täglichen Redakteursmeeting.

---

[7] Studie „Krisenverhalten" der ELIAS Management AG, 2000

Gerne bedient sich der Unternehmer in der Krise des Ratschlages seines vertrauten Steuerberaters. Er kennt immerhin die Ziffern bestens und ist meist erster Ansprechpartner. Es liegt wohl in der Natur der Sache, dass die Ratschläge des Steuerberaters beim Unternehmer nur in den seltensten Fällen zur raschen Handlung führen. Der Steuerberater ist der Lieferant der Bilanz, seine Unzufriedenheit wird in das Fach der Routinekritik abgelegt und ihm traut der Unternehmer nicht zu, dass er den gesamten Unternehmensmix beherrscht. Die Gefahr ist gegeben, dass die Ratschläge des Steuerberaters ihre Wurzel in der Interpretation der G&V oder der Bilanz haben. Die wahren Verluste am Bau passieren aber in der Art der Ausübung der Leistungen im Feld. In der Effizienz der Truppe vor Ort beim Kunden. In der Führungsschwäche der Truppen oder in der mangelnden organisatorischen Reife.

Nicht allzu selten wird – meist erst auf großen Druck der Banken – eine Unternehmensberatung eingesetzt. Die strategische Krise ist hier längst passiert, der Einsatz erfolgt häufig am Beginn der drohenden Liquiditätskrise, also sehr spät. Je nach Qualität der Berater und ihrer Praxiserfahrung im Bau wird das Arbeitsergebnis ein Restrukturierungsgutachten oder eine Fortführungsprognose sein. In vielen Fällen führt dies dazu, dass die Akte in den Ablagen der Bank wieder eine Zeit ruhiger hängt. Nur in wenigen Fällen führt das Gutachten auch zur gnadenlosen Umsetzung. Dies hängt in der Folge wieder maßgeblich von der Qualität des Managements ab. Der Berater hat keine faktische Macht in die Geschehnisse des Unternehmens einzugreifen, er kann eine Begleitung von außen aufsetzen und die Fortgangskontrolle aufsetzen. Erfahrungen zeigen, dass in Situationen, wo die geforderte Veränderungsgeschwindigkeit sehr schnell und die geforderte Veränderungstiefe sehr profund ist, der Einsatz eines Sanierungsmanagers vor Ort, sozusagen als „de facto Geschäftsführer" die einzig brauchbare Lösung ist. Ansonst besteht die Gefahr, dass die geschaffenen Konzepte nur Beruhigungspillen für die Bank sind um einen Zeitkauf zu betreiben. Ein Zeitkauf für den das Unternehmen den Preis der Verschlechterung der Situation bezahlt.

Der guten Ordnung halber muss an dieser Stelle angeführt werden, dass es nicht viele Consultinghäuser gibt, die wirklich praktische Bauerfahrung und Umsetzungsfähigkeiten mitbringen. Die Problemlösung am Bau unterscheidet sich enorm von jenen bei anderen Industriebetrieben. Nur 10 % der Kosten befinden sich in der Unternehmenszentrale und können über klassisches Cost Cutting reduziert werden, die restlichen 90 % der Kosten sind atomisiert und dezentralisiert – in manchen Fällen auf unzählige Baustellen im In- und Ausland.

Dieses Kapitel sei mit einem Zitat von David Vice abgeschlossen: „Es wird nur zwei Typen von Managern geben, die schnellen und die toten!" Dies gilt insbesondere für die Bewältigung von Krisen. Krisenbewältigung ist eine Managementaufgabe mit zeitlicher Befristung. Sanieren heißt handeln. Am besten eignen sich dafür neu involvierte Personen ohne Vergangenheit im Betrieb oder der Einsatz eines externen Interimsmanagement. Je früher das Management ansetzt, desto höher ist die Erfolgswahrscheinlichkeit.

## 1.6 Der Ernstfall ist eingetreten – Varianten der Problemlösung

Eine Krisenbewältigung kann grundsätzlich, strategisch gesehen, zunächst auf mannigfaltige Art und Weise angelegt werden. Die Entscheidung für den richtigen Weg sollte nur mit professioneller Hilfe von außen (Rechtsanwalt, Sanierungsberater) und wenn es die spezielle Lage zulässt und erforderlich macht gemeinsam mit den Kapitalgebern getroffen werden.

Vorweg muss die Frage beantwortet werden: „Ist das Unternehmen überhaupt ein Sanierungsfall?". Eine Reihe von Überlegungen und Hinterfragungen sollte darüber Auskunft geben. Ist der Ertragseinbruch von Dauer oder einmalig? Muss mit weiterer Verlusteskalation gerechnet werden?

In nächster Folge muss man sich die Frage nach der Sanierungsfähigkeit stellen. Besteht mittel- oder längerfristig eine realistische Existenzberechtigung im Markt des Unternehmens? Können ausreichend finanzielle Ressourcen überhaupt mobilisiert werden?

Zuletzt sollte noch die Frage der Sanierungswürdigkeit geklärt sein. Wie sind die Interessenslagen der beteiligten Partner (Unternehmer, Banken, Gläubiger), will man die unternehmerische Tätigkeit überhaupt erhalten? Ist die Finanzierbarkeit einer Sanierung gegeben?

Wenn all diese relevanten Fragen abgeklärt sind, erfolgt die Wahl der geeigneten Methode. Die Antworten werden dabei durch die vorgeschaltete Diskussion über die gemeinsame Willensbildung der involvierten Partner erleichtert, letztlich aber geben die Durchrechnungen der einzelnen Möglichkeiten den konkreten Aufschluss darüber, welchen Weg das Unternehmen wählen soll.

Der Gesetzgeber hat die gerichtliche Insolvenz als grundsätzliche und legale Möglichkeit vorgesehen, eine Schuldenregulierung nach einem Gleichheitsprinzip unter den Gläubigern zu ermöglichen. Dies sei deshalb erwähnt, weil es bei Diskussionen im Vorfeld von Sanierungen immer wieder den Aspekt der absoluten Verweigerung der Insolvenz als geeigneten Weg zur Sanierung gibt. Möge man dies zunächst als redlich oder tugendhaft ansehen, hat es aber viel mehr mit dem bereits genannten Imageverlust und dem Jahrmarkt der Eitelkeit zu tun. Wäre nur die eine oder andere dem Autor bekannte außergerichtliche Sanierung lieber geordnet gerichtlich gelaufen. Wie auch immer, die vom Gesetz vorgegebenen Erfordernisse, die Durchrechnungen unter Einbezug aller vorher genannten Aspekte sollten letztlich entscheidend sein, welcher Weg zur Sanierung gewählt wird. Wenn die rechtlichen Kriterien so liegen, dass diese nicht außer Acht gelassen werden können, ergibt sich kein Diskussionsspielraum. Ist die faktische Zahlungsunfähigkeit bereits eingetreten, so sieht die Rechtslage für den Geschäftsführer einer Gesellschaft maximal 21 Tage vor, die ihm zur nachhaltigen Lösung des Problems zustehen. Ist keine Lösung in Reichweite, so besteht der Zwang des Ganges zum Handelsgericht mit einem Insolvenzantrag, auch wenn der 21. Tag noch nicht verstrichen ist. In dieser Phase – also von der Erkennung der Zahlungsunfähigkeit an – ist der Geschäftsführer einer Gesellschaft besonders gefordert. Eine ausführliche Rechtsberatung sollte unerlässlich sein.

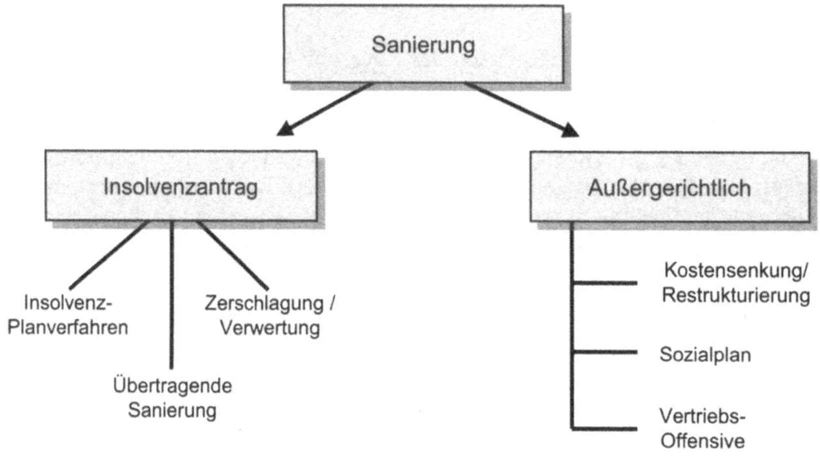


**Bild 1–8** Sanierungsverfahren

Es ist an dieser Stelle nicht die Absicht, den Leser dieser Lektüre umfassend über Aspekte der gerichtlichen Insolvenz aufzuklären, aber so viel zur Differenzierung der Möglichkeiten. Die gerichtliche Insolvenz unterscheidet sich durch zwei prinzipielle Verfahren. Dies ist einerseits das Ausgleichsverfahren und andererseits das Konkursverfahren. (Anmerkung: Das deutsche Insolvenzrecht unterscheidet sich vom österreichischen Insolvenzrecht in einigen Punkten.) Ist das Konkursverfahren eröffnet, wird dem Unternehmer vom Handelsgericht ein Insolvenzverwalter zugeteilt. Dieser ersetzt ab diesem Zeitpunkt den Geschäftsführer. Das weitere Schicksal der Gesellschaft liegt somit in den rechtlichen Möglichkeiten des Insolvenzverwalters. Er wird nach Maßgabe des zu vermeidenden zusätzlichen Gläubigerschadens mit dem Richter die Fortführung, Teilfortführung oder Schließung des Betriebes entscheiden. Der Handlungsspielraum des Alteigentümers ist in dieser Phase sehr eingeschränkt.

Eine wesentlich aktivere Rolle fällt dem Unternehmer oder Gesellschafter einer sanierungswürdigen Gesellschaft bei der solventen Sanierung zu. Sanierung braucht absolute Klarheit über Ziel und Weg und muss mittels professionellen Projektmanagements geführt werden.

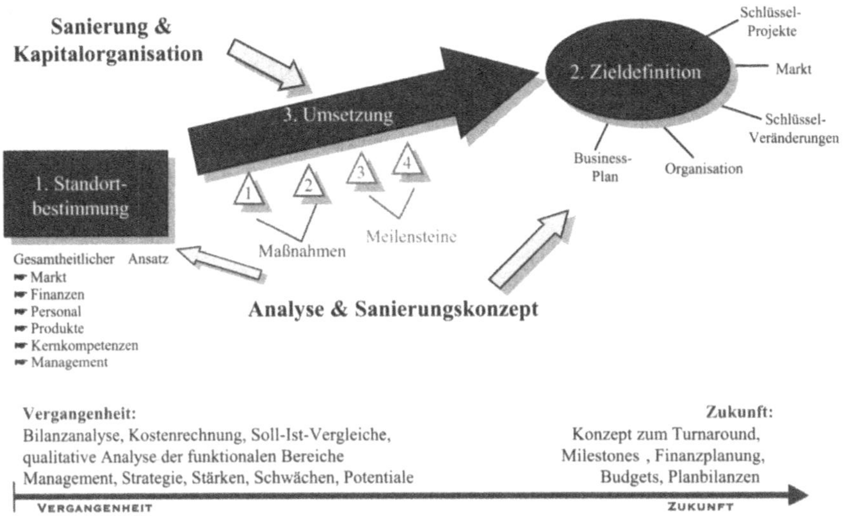


**Bild 1–9** Konzeption der Sanierungsziele

In den meisten Fällen geht einer solventen Sanierung eine Analysephase oder die Erstellung eines Restrukturierungskonzeptes/Sanierungskonzeptes vor. Dieses wird allen involvierten Partnern (Unternehmer, Bank, Management, Kreditschützer) präsentiert und sollte in der Regel zur Konsensfähigkeit führen. Ansonsten ist der Unternehmer gefordert sich mit den in diesem Kapitel eingangs erwähnten Punkten abermals zu beschäftigen.

An dieser Stelle sei mit dem Missverständnis aufgeräumt, dass wirkungsvoll sanieren etwas mit einem einmaligen Bankenverzicht zu tun hat. Damit ändert sich am Leistungsportfolio des Unternehmens gar nichts. Die finanzierende Bank wird in einzelnen Fällen dann einen Beitrag leisten, wenn durch die Mithilfe für den Kunden wieder eine neue positive Nachhaltigkeit entsteht. Es sein denn, das Institut möchte sich gänzlich von ihrem Kunden trennen (Umschuldungsbegehren).

Konnte der präsentierte Sanierungskurs paktiert werden und hat er die geforderte Konsensfähigkeit erreicht, geht es in die Umsetzungsphase. In dieser werden die im Sanierungskonzept identifizierten Maßnahmen konsequent und schnell abgearbeitet und der Fortgang der Veränderung in einem Meilensteinbericht den involvierten Partnern ständig näher gebracht. In der ersten Phase der Sanierung wird mit jenen Aufgaben begonnen, die im Defensivbereich des Unternehmens liegen. Also mit jenen, die „weh tun" – wie z. B. Kündigungen, Schließungen, Cost Cutting, Workout aus defizitären Projekten, Aufkündigung von ARGEN, aktives Forderungsmanagement, Rückholen von Avalen und Bürgschaften, Mängelmanagement um Schlussrechnungen erstellen zu können sowie Komplettieren etwaig unfertiger Leistungsabrechnungen.

Dieser Phase folgt die Optimierung des Geschäftes – sozusagen die Offensivphase. Diese Phase dauert länger und hat immer die Verbesserung der Prozesse und Abläufe zum Inhalt. Ein seriöser Meilensteinplan sieht diese geforderte Dauer vor. Auch ist die Beschaffung der Liquidität für diesen längeren Vorgang im Vorfeld der Sanierung erforderlich, ansonsten sollte gar nicht erst begonnen werden. Es ist grundsätzlich anzuraten während des Sanierungsvorganges monatliche „Meilensteinmeetings“ mit allen involvierten Partnern abzuhalten. Sie geben einerseits Sicherheit, dass der Kurs stimmt und der Fortgang entsprechend ist, geben aber auch bei Kursabweichungen die Chance, dass alle im Boot sind und gemeinsam an der Kurskorrektur arbeiten. Gleichgültig ob Sie selbst, ein von Ihnen eingesetzter Manager oder ein externer Interimsmanager den Sanierungsvorgang steuern – beachten Sie immer die Kommunikation auf den unterschiedlichen Kommunikationsebenen als wichtigen Punkt der Sanierung.

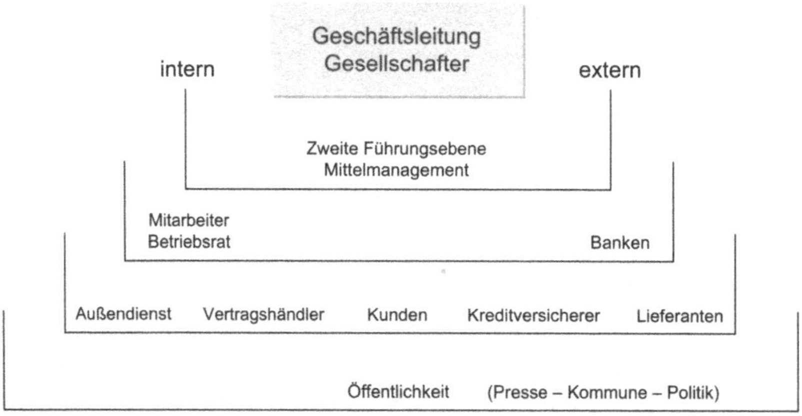


**Bild 1–10** Kommunikation in der Krise

Anders als man es gerne hätte, versteht es sich mit der offenen Kommunikation in der Krise. Natürlich würde jeder Unternehmer seine missliche Lage gerne verschweigen. Aber was, wenn die Lieferanten von anderer Seite schlecht oder nicht ausreichend informiert werden, Mitarbeiter sich unbeabsichtigt zur negativen Visitenkarte des Unternehmens entwickeln, schlecht informierte Kreditversicherer panische Reaktionen zeigen? Es gibt eine Grundregel in der Krisenkommunikation und die lautet: „Tell it early, tell it all and tell it never again“. Informieren Sie in der für Ihr Unternehmen geforderten Tiefe sachlich über die Ursachen, den nunmehr eingeschlagenen Weg und vergessen Sie niemals den Ausblick in eine neue geordnete Zukunft mit einzubauen. Schließlich sind Sie selbst ja am meisten davon überzeugt, dass die Krise gemeistert werden kann.

Im Verlauf einer Sanierung ist das Wörtchen „Zeit“ von besonderer Bedeutung. Der Krisenmanager ist aufgefordert, die sonst gewohnte Genauigkeit in dieser Situation nicht anzuwenden. Lieber schnell 80 % als niemals 100 % – nach diesem Motto sollte zumindest in den ersten 100 Tagen der Sanierung gearbeitet werden. Im Verlauf des Vorganges sollte sich der Genauigkeitsanspruch wieder schärfen.

## 1.7 Strategien zur Krisenvermeidung

Das Wichtigste ist immer noch die Krisenvermeidung. Wie in den zuvor beschriebenen Kapiteln ausgeführt, unterscheidet man zwischen Strategiekrise, Ertragskrise und Liquiditätskrise. Die erstere – also die Strategiekrise – ist zwar schwierig zu erkennen, aber in der Wirkung am bedeutsamsten. Wichtig ist immer zu erwähnen, dass der nachfolgend beschriebene Vorgang zu einer Zeit durchgeführt werden muss, in der das Unternehmen durchaus noch positive Ergebnisse ausweist – daher auch noch genügend Handlungsspielraum existiert.

Der Unternehmer hat letztlich nur wenige Möglichkeiten eine Strategiekrise zu vermeiden, eine davon ist das ständige Strategieaudit. In diesem Strategieaudit werden die wichtigsten Elemente, die zum Verfall der Wettbewerbsposition führen, analysiert und in einem Portfolio dargestellt. Marktanteile werden eruiert und festgehalten, Wettbewerbsvorteile werden kritisch hinterfragt, ob sie auch wirklich kapitalisierbare Vorteile sind, die Vertriebsstärke wird betrachtet, Bechmarks werden durchgeführt – also all das, was im optimalen Fall zur Erstellung einer Unternehmensstrategie ohnedies gefordert ist. Das Arbeitsergebnis sollte eine plakative Aussage darüber sein, wie das betrachtete Unternehmen im Vergleich zum unmittelbaren Wettbewerb positioniert ist.

Zugegeben, die Erstellung dieses Strategieaudits ist sicher keine Tätigkeit für den Freitagnachmittag. Der Unternehmer kann davon ausgehen, dass „das erste Mal" bei externer Hilfe eine gesamte Durchlaufzeit von 2 Monaten beanspruchen wird. Dafür hat man aber den Grundstein für einen jährlich revolvierenden Unternehmensradar gelegt. Im Idealfall sollte daher Jahr für Jahr die Veränderung des Unternehmensportfolios mit der gleichen Methode wieder gemessen werden – und der Aufwand dieser ständigen Wiederholung sollte bei weitem nicht mehr so groß sein wie die erste Erstellung des Datengrundstockes. Mittels ständigem – also jährliche wiederkehrendem – Strategieaudit erhält das Management rasch Indikatoren und ein Navigationswerkzeug, wie sich die Position zum Wettbewerb im zurückliegenden Wirtschaftsjahr verbessert oder verschlechtert hat. Der Manager kann daher rechtzeitig gegensteuern und die Auswirkungen seines Kurses im Jahr darauf wieder messen.

Diese und andere ähnliche Methoden sind die Chance gar nicht erst in die Nähe einer Ertragskrise oder gar Liquiditätskrise zu gelangen.

# 2 Verhaltenspflichten in der Unternehmenskrise

Dr. Christian Richter, Rechtsanwalt und Steuerberater, Würzburg

## 2.1 Einleitung

In der Praxis werden Bauunternehmen zumeist in der Rechtsform der GmbH oder der GmbH & Co. KG betrieben. Dadurch wollen sich die Unternehmer vor Haftungsrisiken, insbesondere aus dem operativen Geschäft schützen. Eine persönliche Haftung besteht zumeist nur noch gegenüber der Bank. In der Unternehmenskrise treffen die Geschäftsführer jedoch Verpflichtungen, die im Falle des Verstoßes eine persönliche, und damit unbeschränkte Haftung des Geschäftsführers bzw. Gesellschafters zur Folge haben können. Zum Teil kann ein derartiger Verstoß auch strafrechtliche Folgen nach sich ziehen. Daher sollen die nachstehenden Ausführungen einen groben Überblick über diese Verpflichtungen und die Folgen eines Verstoßes dagegen geben. Es ist allerdings sehr ratsam, in einer derartigen Situation rechtskundigen Rat einzuholen.

## 2.2 Unterbilanz

Bereits in einem sehr frühen Stadium greifen rechtliche Verpflichtungen zur Kapitalerhaltung der GmbH ein. Vermögen, das zur Erhaltung des Stammkapitals erforderlich ist, darf an die Gesellschafter nicht ausgezahlt werden.[1] Gewinnausschüttungen sind daher unzulässig, wenn dadurch faktisch Ausschüttung von Nennkapital erfolgt. Das ist der Fall, wenn durch die Gewinnausschüttung eine Unterbilanz entsteht, vergrößert wird oder wenn die Gesellschaft bereits überschuldet ist. Die Unterbilanz einer GmbH zeigt sich dadurch, dass das ausgewiesene Eigenkapital das Stammkapital nicht mehr deckt. Eine Unterbilanz liegt vor, wenn der Saldo aus Rücklagen, Gewinnvortrag, Verlustvortrag und Jahresergebnis negativ ist.

**Beispiel:**
Die A-Bau GmbH weist in ihrer Bilanz folgende Eigenkapitalpositionen aus:

| Eigenkapital | EUR |
|---|---|
| Gezeichnetes Kapital | 50.000,00 |
| Kapitalrücklagen | 40.000,00 |
| Gewinnrücklagen | 20.000,00 |
| Verlustvortrag | - 35.000,00 |
| Jahresfehlbetrag | - 30.000,00 |
| | 45.000,00 |

[1] § 30 Abs. 1 GmbHG

Die Eigenkapitalpositionen, die nichtgezeichnetes Kapital sind, sind in der Summe negativ. Dies hat zur Folge, dass das gesamte Eigenkapital der GmbH nicht mehr die Höhe des Stammkapitals erreicht. Es liegt eine Unterbilanz vor. Betroffen vom Zahlungsverbot bei Unterbilanz sind jedwede Zahlungen wie beispielsweise

- Leistungen an Gesellschafter ohne vollwertige Gegenleistung
- Übernahme von Zahlungen durch die Gesellschaft, die die Privatsphäre des Gesellschafters betreffen (z. B. Aufwandsverbuchung von privaten Anschaffungen)
- Übernahme von Bürgschaften zugunsten von Gesellschaftern bzw. Absicherung von Schulden durch die Gesellschaft, wenn Inanspruchnahme droht
- Rückführung eines Gesellschafterdarlehens, wenn die Gesellschaft bereits überschuldet ist
- Lieferung an ein mit dem Gesellschafter verbundenes Unternehmen, wenn dieses zahlungsunfähig ist
- Ausschüttung von überhöhten Gewinnanteilen, die sich durch Falschbilanzierung ergeben.

Gerade im Zusammenhang mit dem letzten Punkt besteht in der Praxis in den Fällen eine Gefahr des Verstoßes, wenn die Rechnungslegung ausschließlich auf der Grundlage einer Steuerbilanz bzw. einer Einheitsbilanz erfolgt. Nachdem handelsrechtliches und steuerliches Ergebnis gerade in der Baubranche nicht unbedingt übereinstimmen, vielmehr das steuerliche Ergebnis regelmäßig über dem handelsrechtlichen liegt, werden Gewinnausschüttungsbeschlüsse auf der Grundlage handelsrechtlich unzutreffender Bilanzen getroffen. Dabei könnte es zu einer verdeckten Rückzahlung von Stammkapital kommen.

Geschäftsführer haften gegenüber der Gesellschaft, wenn sie entgegen der Vorschrift des § 30 GmbHG Zahlungen an die Gesellschafter vornehmen, ohne eine adäquate Gegenleistung zu erhalten.[2] Der Schadenersatzanspruch verjährt in fünf Jahren.

Die Gesellschafter sind verpflichtet, der Gesellschaft die empfangenen Leistungen zu erstatten, die sie entgegen dem Verbot des § 30 GmbHG erhalten haben. Fällt von mehreren Gesellschaftern einer aus, haften die übrigen Gesellschafter nach dem Verhältnis ihrer Anteile.[3] Der Rückgewähranspruch verjährt in zehn Jahren. Die Gesellschafter haben einen Rückgriffsanspruch gegen den Geschäftsführer.[4]

## 2.3 Verlust des halben Stammkapitals

Die Geschäftsführer einer GmbH haben unverzüglich eine Gesellschafterversammlung einzuberufen, wenn sich aus der Jahresbilanz oder aus einer im Lauf des Geschäftsjahres aufgestellten Bilanz ergibt, dass die Hälfte des Stammkapitals verloren ist.[5] Die Hälfte des Stammkapitals ist dann verloren, wenn die Summe aller Eigenkapitalpositionen in der Bilanz 50 % des Stammkapitals oder weniger beträgt. Ein Verstoß gegen diese Verpflichtung ist mit einer Geldstrafe oder einer Freiheitsstrafe bis zu drei Jahren strafbewährt.[6] Eine Haftung gegenüber den Gläubigern der Gesellschaft kann sich jedoch aus dieser Verpflichtung nicht ergeben.

---

[2] § 43 Abs. 3 GmbHG

[3] § 31 Abs. 3 GmbHG

[4] § 31 Abs. 6 GmbHG

[5] § 49 Abs. 3 GmbHG

[6] § 84 Abs. 1 Nr. 1 GmbHG

## 2.4 Insolvenzverschleppung

Die Geschäftsführer einer GmbH oder einer GmbH & Co. KG sind verpflichtet, unverzüglich, spätestens jedoch binnen drei Wohnen die Eröffnung eines Insolvenzverfahrens zu beantragen, wenn die Gesellschaft zahlungsunfähig oder überschuldet ist.[7] Zahlungsunfähigkeit ist gegeben, wenn das Unternehmen in Ermangelung von liquiden Mitteln voraussichtlich dauerhaft nicht in der Lage ist, den wesentlichen Teil der fälligen, von den Gläubigern ernsthaft eingeforderten Geldschulden zu tilgen. Dabei ist auf die Höhe der **fälligen** Verpflichtungen abzustellen. Nicht erfasst werden daher Verbindlichkeiten, die von Gläubigern ausdrücklich oder stillschweigend gestundet worden sind. Dabei sind für das Vorliegen stillschweigender Stundung strenge Maßstäbe anzulegen. Sie liegt nicht vor bei Erzwingung von Lieferantenkrediten durch Nichtzahlung oder bei Absehung von Beitreibungsmaßnahmen infolge Aussichtslosigkeit. Im Zweifel ist davon auszugehen, dass rechtlich fällige Forderungen, d. h. Forderungen nach Ablauf des Zahlungsziels, vom Gläubiger ernsthaft eingefordert werden. Die Zahlungsunfähigkeit muss auf Dauer bestehen. Lediglich eine Zahlungsstockung liegt vor, wenn das Unternehmen nur vorübergehend nicht in der Lage ist, den fälligen Verpflichtungen nachzukommen, aber nach Überwindung des Liquiditätsengpasses voraussichtlich wieder liquide sein wird.

Die Gesellschaft ist überschuldet, wenn ihr Vermögen nicht mehr die Schulden deckt. Zur Feststellung dieses Zustandes ist weder die Handels- noch die Steuerbilanz maßgeblich. Es ist auf die tatsächlichen Werte der tatsächlich vorhandenen Vermögens- und Schuldposten abzustellen. Dabei ist die Aufstellung einer Überschuldungsbilanz erforderlich. Es handelt sich hier um eine zeitbezogene Sonderbilanz mit dem Ziel, das gesamte den Gläubigern zur Verfügung stehende Vermögen und die gesamten zu berichtigenden Schulden des Unternehmens zu erfassen und aus der Gegenüberstellung eine etwaige Überschuldung festzustellen. Dabei dürfen die Fortführungswerte nur angesetzt werden, wenn die Fortführung des Unternehmens überwiegend wahrscheinlich ist.[8] Die Rechtsprechung geht im Rahmen des bisher beherrschenden „zweistufigen Überschuldungstatbestand" von einer positiven Fortführungsprognose aus, wenn und solange eine Fortführung des Unternehmens ohne Eintritt der Zahlungsunfähigkeit überwiegend wahrscheinlich ist.[9]

**Beispiel:**
Die A-Bau GmbH muss aufgrund der Insolvenz eines Auftraggebers einen beträchtlichen Forderungsausfall hinnehmen. Es ist nicht auszuschließen, dass das Unternehmen selbst überschuldet ist. Die Fortführungswerte des Aktivvermögens belaufen sich auf 2 Mio. EUR. Der Zerschlagungswert beträgt gerade die Hälfte hiervon. Das Unternehmen hat Verbindlichkeiten in Höhe von 1,5 Mio. EUR. Ein vom Geschäftsführer erstellter Finanzplan ergibt, dass die GmbH in der Lage sein wird, die fälligen Verbindlichkeiten zu begleichen.
Aufgrund der sich aus dem Finanzplan ergebenden positiven Fortführungsprognose können in der Überschuldungsbilanz die Fortführungswerte angesetzt werden. Das Aktivvermögen übersteigt daher die Verbindlichkeiten. Die Gesellschaft ist nicht überschuldet.
**Abwandlung:**
Der Finanzplan ergibt, dass die Gesellschaft die fälligen Verbindlichkeiten nicht bezahlen können wird.

---

7 § 64 Abs. 1 Satz 1 GmbHG; §§ 130a Satz 1, 177a HGB

8 § 19 Abs. 2 Satz 2 InsO

9 Scholz/Carsten Schmitt, GmbHG, Bd. 2, 9. Aufl. 2002, Vor § 64 Rd. 18 m.w.N.

In der Überschuldungsbilanz können nur die Zerschlagungswerte angesetzt werden. Es ergibt sich eine Überschuldung der Gesellschaft.

**Abwandlung:**

Die Verbindlichkeiten belaufen sich auf 2,5 Mio. EUR.

Die Gesellschaft ist selbst bei Ansatz der Fortführungswerte überschuldet mit der Folge der Insolvenzantragspflicht.

Die Verpflichtung, einen Insolvenzantrag zu stellen, ist eine drittschützende Norm im Sinne des § 823 Abs. 2 BGB. Gläubiger der Gesellschaft, die ihre Forderungen gegen die Gesellschaft nach dem Zeitpunkt erworben haben, zu dem Insolvenzantrag hätte gestellt werden müssen, können gegenüber dem schuldhaft pflichtwidrig handelnden Geschäftsführer einen Anspruch auf Ausgleich des vollen Schadens geltend machen, der ihnen dadurch entsteht, dass Sie in Rechtsbeziehungen zu einer überschuldeten oder zahlungsunfähigen GmbH getreten sind.[10] Außerdem ist die Insolvenzverschleppung strafbewährt mit einer Geldstrafe bzw. Freiheitsstrafe von bis zu drei Jahren.[11]

## 2.5 Vorenthalten und Veruntreuen von Arbeitsentgelt

Der Arbeitgeber ist Beitragsschuldner des gesamten Sozialversicherungsbeitrages. Dieser entsteht in Abhängigkeit von der Fälligkeit des Arbeitslohns. Auf die Auszahlung desselben kommt es nicht an. Daher veruntreut Arbeitsentgelt, wer die Arbeitnehmerbeiträge nicht an die Einzugsstelle überweist.[12] Da diese Vorschrift ein Schutzgesetz im Sinne von § 823 Abs. 2 BGB darstellt, kann der Geschäftsführer der GmbH bzw. der GmbH & Co. KG persönlich mit seinem Privatvermögen für die schuldhaft nicht abgeführten Arbeitnehmerbeiträge zur Sozialversicherung in Anspruch genommen werden. Nachdem die Strafbarkeit des Vorenthaltens ein Verschulden des zur Zahlung Verpflichteten voraussetzt, kann sich nicht strafbar machen, wer nicht über so viel Liquidität verfügt, um die Beiträge überhaupt abführen zu können. Eine weitere Einschränkung besteht, wenn die Abführung der Beiträge während der Frist zur Stellung des Insolvenzantrags unterbleibt.[13] Nach Ansicht des Senats rechtfertigt die Verpflichtung zur Masseerhaltung nach § 64 Abs. 2 GmbHG die Nichtabführung der Arbeitnehmerbeiträge während dieses Zeitraums. Damit entfällt insoweit auch die Grundlage für eine zivilrechtliche Haftung des Geschäftsführers. Lässt der Geschäftsführer die Drei-Wochen-Frist verstreichen, ohne der Verpflichtung zur Stellung eines Insolvenzantrags zu genügen, tritt die Rechtswidrigkeit allerdings wieder ein.

Das strafrechtliche Risiko betrifft jedoch darüber hinaus die Arbeitgeberbeiträge zur Sozialversicherung und die Beiträge zur gesetzlichen Unfallversicherung. Bestraft wird der Arbeitgeber nämlich auch, wenn er gegenüber der für den Einzug zuständigen Stelle über sozialversicherungsrechtlich erhebliche Tatsachen unrichtige, unvollständige oder überhaupt keine Angaben macht und dadurch dieser Stelle die Arbeitgeberbeiträge zur Sozialversicherung vorenthält.[14] Dieses Verhalten wird ebenfalls auch dann sanktioniert, wenn das Arbeitsentgelt nicht ausbezahlt wird. Die Strafbarkeit dieses Verhaltens hängt nicht davon ab, ob für die Entrichtung des Sozialversicherungsbeitrages ausreichend Liquidität zu Verfügung steht. Daher kann der Un-

[10] BGH vom 06.06.1994, II ZR 292/91, NJW 1994, S. 2220

[11] § 84 Abs. 1 Nr. 2 GmbHG

[12] § 266a Abs. 1 StGB

[13] BGH vom 30.07.2003, 5 StR 221/03

[14] § 266a Abs. 2 Nr. 1 u. 2 StGB

ternehmer oder Geschäftsführer der Bestrafung nicht mit der Argumentation entgehen, dass er die Beiträge ohnehin nicht hätte zahlen können.

Eine der Selbstanzeige bei der Steuerhinterziehung nachempfundene „goldene Brücke", die das Gesetz im Falle des Verstoßes gegen die Melde- und Zahlungspflichten vorsieht,[15] wird in der Regel gerade in der Unternehmenskrise nicht weiterhelfen. Das Gericht kann nämlich von einer Bestrafung absehen, wenn der Arbeitgeber bis zur Fälligkeit der Beiträge oder unverzüglich danach schriftlich der Einzugstelle die Höhe der vorenthaltenen Beiträge mitteilt. Dabei muss er zudem darlegen, warum die fristgemäße Zahlung nicht möglich war, obwohl er sich ernsthaft darum bemüht hat. Außerdem müssen die Beiträge innerhalb einer von der Einzugstelle gesetzten Frist entrichtet werden. Gerade an dieser Voraussetzung wird diese Möglichkeit in der Praxis jedoch zumeist scheitern.

Der dargestellten Haftungsproblematik kann daher nur dadurch entgangen werden, die Meldepflichten gegenüber der jeweiligen Einzugsstelle pünktlich zu erfüllen. Ist Liquidität vorhanden, müssen zumindest die Arbeitnehmeranteile abgeführt werden. Eine Beschränkung der Zahlung auf die Arbeitnehmeranteile ist auch durchaus möglich. Allerdings muss bei der Zahlung eine Tilgungsbestimmung vorgenommen werden, indem ausdrücklich darauf hingewiesen wird, dass die Zahlung die Arbeitnehmerbeiträge für einen bestimmten Lohnzahlungszeitraum betrifft.[16]

## 2.6 Verbot von Masseschmälerungen

Nach Eintritt der Zahlungsunfähigkeit der Gesellschaft bzw. deren Überschuldung dürfen die Geschäftsführer nur noch Zahlungen vornehmen, die auch mit der Sorgfalt eines ordentlichen Geschäftsmanns vereinbar sind. Andernfalls sind sie der Gesellschaft zum Ersatz der Zahlungen verpflichtet.[17] Es dürfen daher grundsätzlich keine Zahlungen mehr erfolgen, für die die Gesellschaft nicht eine adäquate Gegenleistung erhält. Die Brisanz dieser Bestimmung vermag ein Urteil des Bundesgerichtshofs[18] aufzeigen, wonach der Einzug von Kundenschecks auf ein debitorisches Konto eine verbotene Zahlung im Sinne dieser Vorschrift darstellt. Der Geschäftsführer ist daher verpflichtet, um eine persönliche Haftung zu vermeiden, Kundenschecks auf andere Weise einzuziehen. Außerdem ist es empfehlenswert, in einer derartigen Krisensituation rechtlichen Rat einzuholen.

---

[15] § 266a Abs. 6 StGB

[16] § 2 Satz 1 BZVO

[17] § 64 Abs. 2 GmbHG

[18] Urteil vom 29.11.1999, II ZR 273/98, NJW 2000, S. 668

## 2.7 Haftung für Steuern

### 2.7.1 Quotenschaden

Nachdem die Geschäftsführer der GmbH oder der GmbH & Co. KG deren steuerliche Verpflichtungen zu erfüllen haben,[19] haften sie auch bei einem schuldhaften Verstoß gegen diese Verpflichtung.[20] In der Regel beschränkt sich diese Haftung auf den so genannten Quotenschaden. Dabei will die Finanzverwaltung lediglich so gestellt werden, wie sie stünde, wenn der Geschäftsführer die zur Begleichung der Verbindlichkeiten der Gesellschaft zur Verfügung stehenden Mittel gleichmäßig auf alle Gläubiger verteilt hätte.

**Beispiel:**
Die A-GmbH leidet unter einem Liquiditätsengpass. Als die Umsatzsteuer der GmbH in Höhe von 50.000,00 EUR gezahlt werden müsste, sind auch Lieferantenrechnungen in Höhe von 100.000,00 EUR zu bezahlen. Außerdem schuldet die A-GmbH dem Subunternehmer S 50.000,00 EUR, den sie mit nicht gerechtfertigten Mängelrügen hinhält. Um weiter beliefert zu werden, bezahlt der Geschäftsführer G mit dem ihm zur Verfügung stehenden Mittel von 80.000,00 EUR den größten Teil der Lieferanten. Wenig später stellt S gegen die GmbH einen Insolvenzantrag.
Die Verbindlichkeiten bei Fälligkeit der Umsatzsteuer betrugen insgesamt 200.000,00 EUR. Davon entfielen 25% auf die Umsatzsteuerschuld. G hätte daher, um das Finanzamt nicht schlechter zu stellen, als die übrigen Gläubiger, 25% der ihm zur Verfügung stehenden Mittel von 80.000,00 EUR an das Finanzamt zahlen müssen. Er kann daher über 20.000,00 EUR in Anspruch genommen werden.

Die Verpflichtung zur Gleichbehandlung des Finanzamtes betrifft alle Steuern der **Gesellschaft** (Gewerbesteuer, Umsatzsteuer, Kfz-Steuer usw.). Der Geschäftsführer ist jedoch nicht verpflichtet, die Einkommensteuer der Kommanditisten einer GmbH & Co. KG zu bezahlen, da es sich hierbei um eine Steuer der Gesellschafter handelt.

Die Haftung des Geschäftsführers beschränkt sich jedoch nicht nur auf die Fälle, in denen eine Steuer nicht rechtzeitig bezahlt wird. Er haftet auch, wenn durch sein Verschulden eine Steuer nicht rechtzeitig festgesetzt wird. Hieraus ergibt sich eine besondere Problematik im Bereich der Umsatzsteuer. Diese wird nämlich durch die Umsatzsteuervoranmeldung und damit durch den Steuerpflichtigen selbst festgesetzt, da die Steueranmeldung einer Festsetzung unter dem Vorbehalt der Nachprüfung gleichsteht.[21] Oft wird die Umsatzsteuervoranmeldung nicht fristgerecht abgegeben, wenn die Liquidität nicht ausreicht, um die Steuer auch abzuführen. Wird die Umsatzsteuervoranmeldung nicht rechtzeitig abgegeben, liegt darin jedoch bereits ein Verstoß, der die Haftung des Geschäftsführers begründen kann. Die verspätete Abgabe der Steueranmeldung kann auch den Tatbestand der Steuerhinterziehung erfüllen. Zwar kann die spätere Abgabe der Anmeldung als Selbstanzeige qualifiziert werden. Jedoch ist die weitere Voraussetzung für die Straffreiheit, dass die Steuer auch gezahlt wird. Dies ist aber in der Krise häufig nicht mehr möglich.

Fazit: In der Unternehmenskrise müssen die Steueranmeldungen fristgerecht abgegeben werden, auch wenn die Steuer nicht gezahlt werden kann.

---

[19] § 34 Abs. 1 Satz 1 AO
[20] § 69 AO
[21] § 168 Satz 1 AO

### 2.7.2 Lohnsteuer, Kirchenlohnsteuer und Solidaritätszuschlag

Im vorherigen Abschnitt wurden die Lohnsteuer, die Kirchenlohnsteuer und der Solidaritätszuschlag deshalb nicht mit angeführt, weil für diese Steuern besondere Haftungsregeln gelten. Der Geschäftsführer haftet nicht nur für den Quotenschaden, wie bei den anderen Gesellschaftssteuern. Aufgrund der treuhänderischen Funktion des Arbeitgebers, der diese Abzugssteuern vom Bruttoarbeitslohn einbehält und für den Arbeitnehmer an das Finanzamt abführt,[22] resultiert, dass der Geschäftsführer in voller Höhe persönlich für die sich aus den an die Arbeitnehmer ausbezahlten Löhnen ergebenden Steuern haftet.[23] Nach Ansicht des BFH darf der Geschäftsführer, wenn er am Tag der Lohnzahlung nur über Mittel in Höhe der Nettolöhne verfügt, die Löhne nur in einer Höhe ausbezahlen, dass die Mittel auch die auf die gekürzten Löhne entfallende Lohnsteuer nebst Zuschlagsteuern decken.

## 2.8 Sonstige Risiken

Nimmt der Geschäftsführer die Leistung eines anderen in Anspruch (z. B. Lieferung), obwohl er weiß, dass er die Leistung nicht bezahlen kann, kann er sich ggf. des Eingehungsbetruges schuldig machen.[24] Über das Rechtsinstitut der unerlaubten Handlung[25] hätte dies die persönliche Haftung des Geschäftsführers gegenüber dem Lieferanten zur Folge.

Ein weiteres strafrechtliches Risiko ergibt sich über die Vorschrift zur Gläubigerbegünstigung.[26] Danach macht sich strafbar, wer in Kenntnis seiner Zahlungsunfähigkeit einem Gläubiger Befriedigung oder eine Sicherheit gewährt, auf die dieser keinen Anspruch hat. Daher muss – auch wenn der gegenteilige Wunsch verständlich ist – vor einer vorzeitigen Rückzahlung eines Darlehens des Geschäftsführers oder eines seiner Angehörigen gewarnt werden.

Schließlich sei noch darauf hingewiesen, dass die nachlässige Erfüllung der Rechnungslegungsverpflichtungen in der Insolvenz des Unternehmens auch den Tatbestand des Bankrotts[27] oder der Verletzung der Buchführungspflicht[28] erfüllen kann.

---

[22] §§ 38 Abs. 1, 41a EStG

[23] BFH vom 26.07.1988, VII R 83/87, BStBl. 1988 II, S. 859

[24] § 263 StGB

[25] § 823 Abs. 2 BGB

[26] § 283c StGB

[27] § 283 StGB

[28] § 283b StGB

# 3 Der Unternehmer im Verbesserungsprozess

Dipl.-Ing. Heinz Kaltenecker, Bauer Spezialtiefbau GmbH

## 3.1 Zeit zum Nachdenken

Wie sind Sie Bauunternehmer geworden? Baulehre, Maurer oder Betonbauer in der Kleinfirma, Lust auf mehr, Meisterbrief, Krach mit dem Chef und Flucht in die Selbstständigkeit. Oder so, Studium, unbeschwerte Jahre als Jungbauleiterin der Großbaufirma, dann die Krankheit des Vaters und Hals über Kopf Einstieg in den elterlichen Baubetrieb. Es gibt viele Spielarten auf dem Weg in die Selbstständigkeit. Wie sieht Ihr Tagesablauf aus? Morgens um 6.30 Uhr die Leute einteilen, anschließend die Baustellen abfahren. Material bestellen, die Putzerkolonne auf Vordermann bringen, zwischendurch mit dem Architekten verhandeln, dann noch mal eben die neue Baustelle besichtigen und abends geht's zur Gemeinderatssitzung.

Oder so, 6:00 Uhr Abfahrt zum Baustellentermin in Würzburg, Klärung der Terminprobleme mit dem Projektsteuerer, Zusage eines neuen Fertigstellungstermins, anschließend ernstes Gespräch mit dem Nachunternehmer, nachmittags zurück ins Büro, das Mittagessen ist wieder mal ausgefallen, Verzugsschreiben an den Nachunternehmer, Post durchsehen, Verzugsschreiben des Architekten beantworten, Einweisungsgespräch mit dem neuen Ingenieur und anschließend die Post fertig machen. Mit der Kauffrau die Lohnlisten fertig machen und schließlich die Angebote für übermorgen Schluss besprechen. Nicht zu vergessen die Telefonliste. Siebzehn Rückrufe stehen auf dem Merkzettel. Und morgen, morgen hat sich Herr Müller von der Hausbank angemeldet. Das bedeutet nichts Gutes!

Wenn Ihnen das irgendwie bekannt vorkommt, dann haben Sie sicher nicht den Nerv, um über so etwas Überflüssiges wie Unternehmensstrategie nachzudenken, geschweige denn, sich hierfür mehrere Stunden Zeit zu nehmen. Und doch, wenn Sie mal darüber nachdenken, so richtig gut läuft das Geschäft auch nicht mehr. Die Zeiten sind hart geworden. Schlechte Preise. Der Steuerberater hat von Verlusten im letzten Quartal gesprochen. Bei dem großen Bauträgerauftrag ist aber auch gar nichts hängen geblieben. Nur eine Unmenge Ärger. Und dem Geld müssen Sie auch hinterherlaufen. Abstriche über Abstriche wegen angeblicher Mängel, dazu jeden dritten Tag die Androhung von Konventionalstrafe und Schadenersatz in nie gekanntem Ausmaß.

Natürlich ist das alles an den Haaren herbeigezogen, völlig übertrieben, die wollen bloß die Zahlungen verzögern. Aber das drückt auf die Liquidität. Das Kontokorrentkonto ist völlig ausgeschöpft! Sie haben schon aus Ihrem Privatvermögen eingeschossen. Und es reicht schon wieder nicht für die Löhne. Auch wenn's bei Ihnen noch nicht so weit ist, sollten sie sich vielleicht doch einmal Zeit nehmen, Zeit um Ihre Lage einmal gründlich zu analysieren und Zeit um für Ihr Unternehmen eine klare Strategie zu entwickeln, die sie nach Möglichkeit wieder auf Erfolgskurs bringt. Und das bevor Ihnen Herr Müller von Ihrer Hausbank unangenehme Fragen stellt. Sie vielleicht zwingt sich noch weiter privat für die nächsten Kredite zu verbürgen, oder Ihnen einen Unternehmensberater so sehr ans Herz legt, dass Sie nicht mehr nein sagen können. Da gibt es sehr subtile Methoden, um Sie von der Notwendigkeit eines Unternehmensberaters für Ihr Unternehmen zu überzeugen.

Deshalb handeln Sie, bevor Sie zu Maßnahmen gezwungen werden, die Ihnen überhaupt nicht gefallen. Handeln Sie, bevor Sie nicht mehr Herr Ihres Betriebes sind und sich nur noch damit beschäftigen, wie Sie die chirurgischen und meist blutigen Vorschläge der jungen Herren in den blauen Nadelstreifenanzügen abwehren können. Gehen Sie bitte nicht davon aus, dass sich der Unternehmensberater, den Ihnen Ihre Bank auf den Hals gehetzt hat allzu viel Zeit nehmen wird, um Ihre Methoden der Kundengewinnung, der Bauabläufe, oder der Mitarbeiterführung zu verstehen.

Für die meisten mittelständischen Bauunternehmen gibt es einen Satz von Standardmethoden und nach kurzer Analyse präsentieren Ihnen die schneidigen Jungs im Beisein Ihrer Bank einen tollen Power Point Vortrag. Dabei erfahren Sie, dass zuerst die Hälfte Ihrer Belegschaft zu kündigen ist, und danach in vielen Blut-, Schweiß- und Tränenaktionen versucht wird auf der Basis des dann vorliegenden Scherbenhaufens eine Neuausrichtung ihres Unternehmens zu schaffen, bevor die letzten Mittel verbraucht sind. Eines steht fest, egal wie es am Ende ausgeht, Sie kriegen ungeachtet Ihrer in dieser Situation eh schon prekären Finanzlage jeden Monat noch eine saftige Zusatzrechnung, die Ihre Unternehmensberater zwecks Vereinfachung des Rechnungsweges am Ende Ihres Vortrags gleich überreichen.

Nicht wenige dieser Aktionen enden mit dem Verlust des Unternehmens. Nach der Veräußerung von noch rentablen Unternehmensteilen, die Ihnen wahrscheinlich nicht gefallen wird, die aber notwendig wird, um Ihre Hausbank aus dem größten Risiko zu befreien. Bitte verstehen Sie mich nicht falsch, es gibt sehr wohl fähige Köpfe in der Zunft der Unternehmensberater. Aber stehen Sie erst unter dem Druck Ihrer Banken, dann bleibt nicht mehr viel Zeit, die wirklich fähigen Köpfe zu finden.

Also lassen Sie es erst gar nicht so weit kommen. Nehmen Sie das Schicksal Ihres Unternehmens selbst in die Hand. Nehmen Sie sich Zeit für eine klare Ausrichtung Ihres Unternehmens. Es ist gar nicht so schwer wie Sie vielleicht meinen und hinter vielen wohlklingenden Veränderungsmethoden stecken in der Regel sehr einfache Prinzipien. Für eine klare Ausrichtung Ihres Unternehmens sollten Sie für sich, und was fast noch wichtiger ist, für Ihre Mitarbeiter, eine möglichst konkrete Unternehmensstrategie erarbeiten.

## 3.2 Entwicklung einer Unternehmensstrategie

Strategie stammt von dem griechischen Wort „Strategem[1]" und bedeutet „Feldherrntat", Kriegslist, Kunstgriff. Daraus entwickelte sich das Wort „Strategie" in der ursprünglichen Bedeutung als „Kriegskunst, Kunst der Planung und Heerführung in großem Verband, Führung von Feldzügen". Was ursprünglich ausschließlich in militärischem Gebrauch war, hat als Begriff inzwischen Einzug in die Unternehmen gehalten. Die Führung eines Bauunternehmens in der heutigen Zeit bietet ausreichend Prallelen mit der Führung eines Heeres in die Schlacht. Ebenso wie der Konkurrenzkampf in der Bauindustrie mit dem Sieg über das gegnerische Heer. Damit wird deutlich, dass der Strategieansatz nicht nur in der Kriegskunst sondern auch für ein Bauunternehmen durchaus Sinn macht.

Wie steht es bei Ihnen? Haben Sie eine Unternehmensstrategie? Natürlich, werden Sie sagen, habe ich eine Unternehmensstrategie. Na dann formulieren Sie doch Ihre Unternehmensstra-

[1] Richard von Kienle, Fremdwörterlexikon

tegie. Nehmen Sie ein Blatt Papier und schreiben Sie die wesentlichen Elemente Ihrer Strategie nieder. In der Tat ist es in den meisten Fällen so, dass die Chefs von Bauunternehmen instinktiv nach in der Vergangenheit bewährten Handlungsmustern agieren, die den Namen Strategie durchaus zu Recht verdient hätten. Das Problem ist nur, dass eine jahrelang erprobte und bewährte Strategie sehr schnell zu einer falschen Strategie wird, wenn sich die Umwelt, sprich der Baumarkt, ändert.

Und wie steht es mit Ihren Mitarbeitern? Kennen die Ihre Unternehmensstrategie? Ich verstehe, es muss genügen, wenn Sie selbst Ihre Unternehmensstrategie kennen, sie sagen Ihren Mitarbeitern dann schon, wo es lang geht. Genau das reicht in der heutigen Zeit eben nicht mehr aus. Ihre Unternehmensprozesse werden nur wirklich perfekt funktionieren können, wenn möglichst alle Mitarbeiter die grundlegenden Elemente Ihrer Unternehmensstrategie kennen und in ihr tägliches Denken und Handeln einbeziehen können.

Die Entwicklung einer Erfolg versprechenden Unternehmensstrategie lässt sich auf vier einfache Fragen reduzieren.

1. **Wo steht mein Unternehmen heute?** ▶ **Ist-Analyse**
2. **Wo soll mein Unternehmen in der Zukunft stehen?** ▶ **Vision, Ziele**
3. **Welche Veränderungen sind dafür notwendig?** ▶ **Strategie**
4. **Welche Maßnahmen sind dafür erforderlich?** ▶ **Umsetzung**

Auf den ersten Blick erscheinen diese Fragen geradezu simpel. Auf der Suche nach den Antworten wird die Komplexität aber schnell deutlich. Deshalb haben sich zahlreiche Methoden und Herangehensweisen rund um diese Fragen und die damit verbundene Themenlandschaft herausgebildet, von denen nur wenige hier angesprochen werden können um den Rahmen dieses Buches nicht zu sprengen.

Um die Suche nach den Antworten nicht ausufern zu lassen, ist es hilfreich, für die Auseinandersetzung mit Ihrem Unternehmen mehrere Betrachtungsebenen (Perspektiven) zu unterscheiden. Dies können die nachfolgenden vier oder auch beliebig andere sein, soweit sie für Ihr Unternehmen von wesentlicher Bedeutung sind:

A. **Ergebnisperspektive** ▶ **Gewinn, Rendite, Liquidität ...**
B. **Kundenperspektive** ▶ **Markt, Kunden, Konkurrenten ...**
C. **Prozessperspektive** ▶ **Vertrieb, Bauausführung ...**
D. **Potenzialperspektive** ▶ **Personal, Geräte, Kapital ...**

Dabei gelten folgende einfachen Zusammenhänge: Die **Potenziale** Ihres Unternehmens, also Ihre Mitarbeiter, deren Wissen, Ihre Maschinen, Ihr Büro, Ihr Lagerplatz und nicht zuletzt Ihr Kapital sind notwendig, um die **Prozesse** Ihres Unternehmens zu betreiben.

Die **Prozesse** Ihres Unternehmens, also Ihr Vertrieb, Ihre Bauausführung, Ihre Buchhaltung, Ihr Lager oder Ihre maschinentechnische Abteilung sind die Voraussetzung, um Ihren **Kunden** den gewünschten Dienst zu erweisen. Ihnen ein Angebot ausarbeiten und die daraus resultierenden Aufträge termingerecht und in der geforderten Qualität ausführen zu können.

Erfolg bei Ihren **Kunden**, also zuallererst zufriedene Kunden, eine gute Marktposition und hohe Wettbewerbsfähigkeit sind die unbedingte Voraussetzung für ein gutes **Ergebnis** Ihres Unternehmens. Also hoher Gewinn, hohe Eigenkapitalrendite, hohe Liquidität und damit hohe Eigenständigkeit und zufriedene Eigentümer.

Eigentlich ganz einfach, oder? Aber wie sieht das in Ihrem Unternehmen aus?

Ist die **Ergebnisperspektive** wirklich befriedigend? Das Jahresergebnis war eindeutig negativ, die Liquiditätsbindung ist auf 5 Monatsumsätze gestiegen. Die Eigenkapitalrendite entsprechend negativ.

Und wie sieht die **Kundenperspektive** aus?

Viele Ihrer Stammkunden sind Ihnen untreu geworden. Zu teuer! Haben Sie immer wieder zu hören bekommen. Ihr schärfster Konkurrent ist an Ihrem Unternehmen glatt vorbeigezogen. „Der macht doch nur Katastrophenpreise. Das kann der nicht ewig aushalten" höre ich Sie jetzt sagen. Und doch wächst ihr schärfster Konkurrent glatt gegen den Markttrend und ist jetzt auch schon im Ausland tätig. Könnte es sein, dass Ihr schärfster Konkurrent doch etwas Intelligenteres macht? Was ist, wenn er eine klare, Erfolg versprechende Strategie entwickelt hat, die er jetzt konsequent mit seiner gesamten Führungsmannschaft umsetzt.

Wie steht es um Ihre **Prozessperspektive**? Wie werden Ihre Kunden bedient? Was tun Sie zur Kundenzufriedenheit? Wissen Sie wirklich, was Ihre Kunden wollen? Wollen sie vielleicht doch mehr als nur an den Billigsten vergeben? Was haben Sie in den letzten 12 Monaten zur Produktivitätssteigerung und zur Qualitätssicherung getan? Waren es nicht doch zu viele Mängel auf der letzten Baustelle?

Und wie sieht die **Potenzialperspektive** Ihres Unternehmens aus?

Wie steht es um die Ausbildung und Weiterbildung Ihrer Mitarbeiter? Wie um Ihre Motivation? Motivation können sie bei der niedrigen Vergütung kaum erwarten? Und Fortbildung können Sie sich bei den schlechten Preisen nicht leisten. Ihr Gerätepark ist alt. Die Produktivität entsprechend niedrig und Innovationen können Sie nicht bezahlen. Zugegeben, das war jetzt ein Extrembeispiel. Aber seien sie doch einmal ehrlich, sind sie mit der Situation Ihres Unternehmens wirklich zufrieden?

### 3.2.1 Die Ist-Analyse

Die Ist-Analyse ist als kritische Bestandsaufnahme zu verstehen und kann als klassische Stärken-Schwächen-Analyse durchgeführt werden. Die Struktur lässt sich flexibel an die Bedürfnisse des Unternehmens anpassen und könnte auf der Basis der Vorschläge von Tabelle 3–1 erarbeitet werden. Die Strukturierung der Ist-Analyse nach den oben erläuterten vier oder nach Wunsch auch mehr Perspektiven ist hilfreich für das weitere Vorgehen, aber selbstverständlich nicht zwingend.[2]

Eine weitere Alternative besteht in der Anwendung der Fragenstruktur nach den Standards der EFQM. Die European Foundation for Quality Management ist eine Vereinigung von Spitzenunternehmen in Europa und hielt es für notwendig, im Konkurrenzkampf der Weltmärkte ein eigenes Programm zur Erhöhung ihrer Wettbewerbsfähigkeit ins Leben zu rufen. Ausgangspunkt war der amerikanischen Malcolm Baldrige National Quality Awards[3] der in Europa

---

[2] European Foundation for Quality Management

[3] H. Kirstein: Die Grundlagen des EFQM-Modells

im European Quality Award sein Ebenbild fand und schließlich zur Gründung der EFQM geführt hat.

Das EFQM-Modell und dessen Anwendung sind das Hauptprodukt der EFQM. Dieses Modell wird ständig verbessert und ist nie statisch, sondern wird dem Wandel der Umwelt angepasst. Die EFQM-Methode hat im Wesentlichen zum Ziel, durch Einbindung aller Mitarbeiter in einen kontinuierlichen Verbesserungsprozess bessere Ergebnisse zu erzielen. Die Struktur des EFQM-Systems ist sehr konkret nach den Regeln der Vereinigung angelegt und deckt alle wesentlichen Themen eines Unternehmens ab. Bereits eine Einführung in das EFQM-Modell würde jedoch den Rahmen dieses Werks sprengen, weshalb darauf verzichtet wird.

Welche Themen Sie am Ende für Ihr Unternehmen als relevant und wichtig erachten, bleibt Ihnen überlassen. Wichtiger ist, dass Sie möglichst viele Ihrer Führungskräfte von Anfang an in diesen Analyseprozess einbinden. Stellen Sie sicher, notfalls durch einen externen Moderator, dass Ihre Mitarbeiter in einer offenen Gesprächsatmosphäre an dieser Analyse arbeiten können. Sie werden sich wundern, wie selbstkritisch und doch konstruktiv Ihre Mitarbeiter sein können.

Sollten Sie in der Summe kein positives Bild Ihres Unternehmens erhalten, so sehen Sie das unbedingt positiv. Nur dann haben Sie auch genügend Verbesserungspotenzial. Weit schlimmer steht es um ein Unternehmen, das zu einer rundum positive Bewertung aus der Potenzial-, der Prozess-, und der Kundenperspektive gelangt und damit doch zu keiner positiven Ergebnisperspektive gelangt. In diesem zum Glück nur theoretischen Fall wäre ein Unternehmen dem Untergang geweiht. In der nachfolgenden Tabelle 3–1 ist eine Auswahl von Kriterien für eine Stärken-Schwächen-Analyse zusammengestellt, die als Ausgangspunkt für eine auf Ihr Unternehmen zugeschnittene Stärken-Schwächen-Analyse dienen kann.

**Tabelle 3–1** Kriterien für eine Stärken-Schwächen-Analyse

| Auswahl von Kriterien für eine Stärken-Schwächen-Analyse | | | | | | |
|---|---|---|---|---|---|---|
| | WERTUNG | | | | | |
| | Idealwert | ++ | + | 0 | – | – – |
| **Ergebnisperspektive** | | | | | | |
| Umsatzrendite nach Steuern | > 3 % | | | | | |
| Eigenkapitalrendite | > 15 % | | | | | |
| Eigenkapital/Bilanzsumme | > 30 % | | | | | |
| Bilanzsumme/Umsatz | < 50 % | | | | | |
| Liquiditätsbindung/Umsatz | < 15 % | | | | | |
| Fremdkapital/Bilanzsumme | < 25 % | | | | | |
| **Kundenperspektive** | | | | | | |
| Markt im heute bearbeiteten Marktsegment | | | | | | |
| Marktwachstum im gewählten Segment | > 5 % | | | | | |
| Wettbewerbsintensität im gewählten Segment | | | | | | |
| Konjunkturempfindlichkeit im gewählten Segment | | | | | | |
| Preisempfindlichkeit des gewählten Marktsegments | | | | | | |
| Markteintrittsbarrieren für neue Wettbewerber | | | | | | |
| Möglichkeiten der Differenzierung vom Wettbewerb | | | | | | |
| Günstiges Chancen-Risikoverhältnis | | | | | | |

| Auswahl von Kriterien für eine Stärken-Schwächen-Analyse | | | | | | |
|---|---|---|---|---|---|---|
| | WERTUNG | | | | | |
| | Idealwert | ++ | + | 0 | – | – – |
| Kunde im heute bearbeiteten Marktsegment | | | | | | |
| Möglichkeiten der Kundenbindung | | | | | | |
| Langjährige gute Kundenbeziehung | | | | | | |
| Intensive Serviceleistungen (Beratung, Zusatzleistungen, Komplettleistung) | | | | | | |
| Erheblicher Beitrag zum Kundennutzen | | | | | | |
| Durch Kernkompetenzen abgestützte Marktposition | | | | | | |
| Image | | | | | | |
| Hohes Kundenvertrauen | | | | | | |
| Hohe Bonität der Kunden | | | | | | |
| Wettbewerbsvorteil gegenüber der Konkurrenz | | | | | | |
| Technologievorteil | | | | | | |
| Lohnkostenvorteil | | | | | | |
| Einkaufsvorteil | | | | | | |
| Gemeinkostenvorteil | | | | | | |
| Kundenbindung | | | | | | |
| Design | | | | | | |
| **Prozessperspektive** | | | | | | |
| Schlankes Management | | | | | | |
| Flache Hierarchien | | | | | | |
| Dezentrale kunden- oder projektbezogene Organisation | | | | | | |
| Hohe Kundenorientierung aller Mitarbeiter | | | | | | |
| Funktionierendes Qualitätsmanagement | | | | | | |
| Geringe Fehlerkostenquote | | | | | | |
| Auf die Kernkompetenzen reduzierte Fertigungstiefe | | | | | | |
| Hohe Modularisierung der Eigenfertigung | | | | | | |
| Geringe Logistikkosten | | | | | | |
| **Potenzialperspektive** | | | | | | |
| Langjährige gut ausgebildete Mitarbeiter | | | | | | |
| Durch Zielvereinbarungen hoch motivierte Mitarbeiter | | | | | | |
| Hohe gewerbliche Produktivität | | | | | | |
| In alle Prozesse voll integrierte Mitarbeiter | | | | | | |
| Vertrauensorientierte Unternehmenskultur | | | | | | |
| Geringe Fluktuation | | | | | | |
| Gute Innovationskultur | | | | | | |
| Hohe Chancenorientierung der Mitarbeiter | | | | | | |
| Hohes Risikobewusstsein | | | | | | |
| Finanzen | | | | | | |
| Hohe Eigenkapitalquote | | | | | | |
| Geringe Fremdmittel | | | | | | |
| Langfristige Finanzierung | | | | | | |
| Geringe Kapitalbindung im Umlaufvermögen | | | | | | |
| Ausreichende Liquiditätsreserven | | | | | | |
| Gerätepark | | | | | | |

| Auswahl von Kriterien für eine Stärken-Schwächen-Analyse | | | | | | |
|---|---|---|---|---|---|---|
| | WERTUNG | | | | | |
| | Idealwert | ++ | + | 0 | – | – – |
| Hohe Geräteverfügbarkeit | | | | | | |
| Technologieorientierter Gerätepark | | | | | | |
| Geringes Gerätedurchschnittsalter | | | | | | |

### 3.2.2 Vision, Ziele

Mit Ihrer Ist-Analyse haben Sie die erste Frage auf dem Weg zu einer erfolgreichen Unternehmensstrategie beantwortet und gleichzeitig den Ausgangspunkt oder den Startpunkt für den notwendigen Veränderungsprozess definiert. Nun gilt es den Endpunkt, gleichsam das Ziel dieses Veränderungsprozesses, das zugleich auch das Ideal von Ihrem Unternehmen darstellt, so einfach und so klar wie möglich zu beschreiben, damit möglichst jeder Ihrer Mitarbeiter diesen Endpunkt kennt und in gleicher Weise versteht. Diesen Endpunkt, Ihr Ideal von Ihrem Unternehmen, beschreiben Sie am wirkungsvollsten mit wenigen einprägsamen Sätzen, die dann auch jeder Mitarbeiter Ihres Unternehmens kennt und auswendig hersagen kann. Diese Beschreibung Ihres Ideals, die eben auch den Endpunkt des noch bevorstehenden und notwendigen Veränderungsprozesses beschreibt, bezeichnet man üblicherweise als die **Vision** des Unternehmens.

Mit Ihrer Vision beschreiben sie so klar wie möglich und so plakativ wie nötig, wie dieses Idealbild Ihres Unternehmens aussehen könnte. Basis der Überlegungen ist natürlich die Stärken-Schwächen-Analyse. Sie überlegen sich wieder, was in ihrer Ergebnis-, Kunden-, Prozess oder Potenzialperspektive für den Erfolg ihres Unternehmens von besonderer Bedeutung ist. Nehmen wir einmal an es wäre Ihnen besonders wichtig dass Sie nicht wie bisher ein Allerweltshochbauunternehmen für Sozialwohnungen ohne besondere Kundenbeziehung und ohne jedes Image sondern statt dessen das erste Unternehmen am Platze, Spezialist für exklusive Villen mit einem erstklassigen Image für Exklusivität und Qualität sind, dann könnte die Vision Ihres Unternehmen wie folgt lauten:

**Spezialist für Luxusvillen mit erstklassigem Image für hohe Exklusivität und Qualität mit dynamischem Wachstum und hoher Rentabilität**

Seien Sie dabei anspruchsvoll, wenn Sie an der Vision Ihres Unternehmens arbeiten. Es ist durchaus in Ordnung der Erste am Platze, der einzige Spezialist für eine echte Nischentätigkeit oder eben derjenige mit dem erstklassigen Image, dem besten Ruf oder was immer Ihnen und Ihren Mitarbeitern wichtig ist zu werden. Es macht aber keinen Sinn, wenn sie ausgehend von einem Jahresumsatz von 5 Millionen Euro sich zum Ziel setzen, das größte Bauunternehmen Deutschlands zu werden. Die Vision sollte also anspruchsvoll aber eben nicht utopisch sein. Dabei kommt jedem Wort in dieser Ihrer Vision eine besondere Bedeutung zu:

Das Wort Spezialist hebt Ihre neue Tätigkeit eindeutig von der früheren Tätigkeit ab. Sie wollen eben nicht mehr der Allerweltshochbauer sein, nicht mehr Sozialwohnungen bauen. Nein, Sie wollen sich spezialisieren, auf nichts anderes als Luxusvillen. Sie wollen sich ein Image aufbauen, das zu genau diesem Spezialisten passt. Ein Image, das dafür sorgt, dass der Namen Ihres Unternehmens zum Synonym wird für Exklusivität und Qualität. Dass der hohe Kundennutzen den Ihre Kunden durch dieses außergewöhnlich hohe Maß an Exklusivität und

Qualität erhalten zu einer entsprechend hohen Nachfrage und damit zu dynamischen Wachstumsraten, guten Preisen und einer entsprechend hohen Rentabilität führt.

Mit Ihren Zielen beschreiben Sie wichtige Marken, die Sie ganz konkret erreichen wollen. Das könnte eine bestimmte Rendite, ein konkretes Wachstum oder ein bestimmter Marktanteil jeweils bis zu einem bestimmten Datum sein. Immer kommt es wie bei der Vision Ihres Unternehmens darauf an, dass es Ihnen und Ihrer Führungsmannschaft wirklich wichtig ist. Entsprechend könnte Ihr wichtigstes mittelfristiges Unternehmensziel wie folgt lauten:

**30% Marktanteil bei Luxusvillen im Großraum von Hamburg bis 2008**

Auch hier gilt, je klarer und prägnanter Sie und Ihre Mitarbeiter die mittel- bis langfristigen Unternehmensziele definieren desto größer ist die Chance dass alle Ihre Mitarbeiter diese in derselben Weise begreifen und verstehen werden.

### 3.2.3 Strategie

Damit kommen wir zu den wesentlichen Fragen im Strategieentwicklungsprozess, die da lauten:

**Welche wesentlichen Veränderungen sind erforderlich um die Vision ihres Unternehmens umsetzen und die konkret definierten Unternehmensziele hierzu erreichen zu können?**

Auch bei dieser Frage hilft die Stärken Schwächen Analyse weiter, denn hier sind bereits die wesentlichen Problemfelder von heute offenkundig geworden und damit ist die Basis gelegt, um die richtigen Antworten auf die Frage nach den wesentlichen und notwendigen Veränderungen erfolgreich finden und ausformulieren zu können. Um die Vision und das mittelfristige Unternehmensziel aus unserem Beispiel zu verwirklichen, bedarf es einiger massiver Veränderungen im Unternehmen. Diese massiven Veränderungen lassen sich ganz gut mit Hilfe von **strategischen Zielen** und mit **strategische Aktionen** beschreiben. Dabei lohnt es sich auf die Zusammenhänge zwischen **strategischen Zielen** und den **strategischen Aktionen** auch in Bezug auf die unterschiedlichen Perspektiven eines Unternehmens einzugehen. Auf diese Weise lassen sich die **strategischen Ziele** und die **strategischen Aktionen** in ihrer Ursachen – Wirkungsbeziehung darstellen. (Siehe Bild 3–1)

Die Summe aller **strategischen Ziele** und **strategischen Aktionen** bilden die Strategie des Unternehmens. Durch die Zuordnung der einzelnen **strategischen Ziele** und **strategischen Aktionen** zu den für das Unternehmen relevanten Perspektiven wird geprüft, ob alle Perspektiven berücksichtigt wurden, was in Bezug auf die Vollständigkeit und Ausgewogenheit der Strategie wünschenswert ist. Für unser Beispiel mit der Vision eines

**Spezialist für Luxusvillen mit erstklassigem Image für hohe Exklusivität und Qualität mit dynamischem Wachstum und hoher Rentabilität**

könnten die **strategischen Ziele** und **strategischen Aktionen** und ihre Zuordnung zu den für dieses Unternehmen relevanten Perspektiven folgendermaßen aussehen:

**Aus der Ergebnisperspektive:**
- 3 % Rendite nach Steuern
- 10 % und damit eben dynamisches Wachstum
- 1,5 statt 5 Monate Liquiditätsbindung

**Aus der Kundenperspektive:**
- Top Produkte für Kunden von Luxusvillen
- Erstklassiges Image für Luxus und Qualität
- Hoher Stammkundenanteil

**Aus der Prozessperspektive:**
- Entwickeln von überzeugenden Produkten für die Käufer von Luxushäusern
- Finden und überzeugen der Kunden von Luxushäusern
- Entwickeln und sicherstellen von erstklassiger Qualität in der Ausführung
- Entwickeln eines servicebetonten, integrierten Betreuungskonzepts für die anspruchsvolle Kundschaft weit über die klassische Bauzeit hinaus

**Aus der Potenzialperspektive:**
- Suchen und Einstellen von Mitarbeitern mit den notwendigen Erfahrungen mit Luxusvillen
- Verstehen und Erlernen der Bedürfnisse von Käufern von Luxusvillen
- Ausrichten aller Mitarbeiter des Unternehmens auf die besonderen Bedürfnisse der exklusiven Kunden

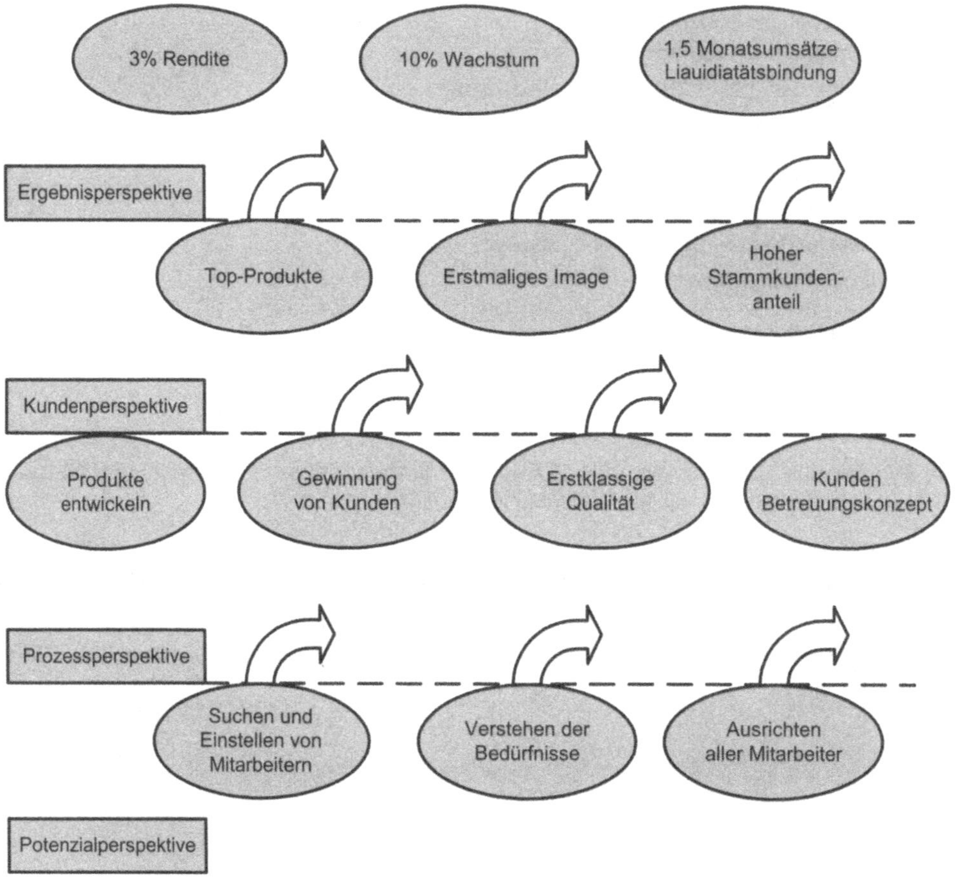


**Bild 3–1** Ursachen-Wirkungsbeziehung

Durch die Suche und Einstellung von Mitarbeitern mit den notwendigen Erfahrungen mit Luxusvillen gelingt es unter anderem die Bedürfnisse der neuen Kunden zu verstehen und die vorhandenen Mitarbeiter auf die besonderen Bedürfnisse der Käufer von Luxusvillen auszurichten. Dies wiederum ist die unbedingte Voraussetzung um die für diese Zielgruppe von Kunden attraktiven und überzeugenden Produkte im Segment der Luxushäuser entwickeln zu können. Erst mit Produkten, die den Kunden den für sie wichtigen Nutzen, das heißt Exklusivität und erstklassige Qualität versprechen, ist es auch möglich, die Kunden von Luxushäusern anzusprechen und für diese Produkte zu gewinnen.

Dabei ist es von besonderer Bedeutung, der Klientel entsprechend ein überzeugendes Kundenbetreuungs- und Kundenbindungsprogramm zu entwickeln. Damit sollen möglich viele der exklusiven Kunden nicht nur durch die Produktqualität, sondern auch durch einen exklusiven Service über alle Phasen der Projektrealisierung überzeugt werden. Nur so wird es möglich sein die Kunden auch langfristig zu binden und sich so einen hohen Wettbewerbsvorteil gegenüber der Konkurrenz zu verschaffen.

Die Gewinnung und Bindung der Käufer von Luxusvillen, das Erreichen des erstklassigen Qualitätsniveaus und das hohe Serviceniveau aus dem Kundengewinnungs- und Bindungsprogramm sind die unbedingte Voraussetzung für das notwendige erstklassige Image, die Entwicklung der Top Produkte und den daraus resultierenden hohen Stammkundenanteil. Diese Veränderung der Marktpräsenz und der Kundenstruktur sind wiederum zwingende Vorraussetzung für die erwünschte Steigerung der Rendite auf das Renditeziel von mindestens 3% nach Steuern und das erwünschte Unternehmenswachstum von 10% und die Verringerung der Liquiditätsbindung von 5 auf 1,5 Monatsumsätzen. An diesem Beispiel wird deutlich, wie die Zusammenhänge zwischen den einzelnen Maßnahmen zur Umsetzung der Unternehmensstrategie über die vier definierten Perspektiven des Unternehmens zusammenwirken.

### 3.2.4 Strategieumsetzung

Zentrale Bedeutung bei der Strategieumsetzung ist die volle und frühzeitige Integration aller Führungskräfte Ihres Unternehmens. Und dies sowohl in der Strategieentwicklungs- wie auch im Strategieumsetzungsprozess. Die Begründung dafür ist sehr einfach: Wenn Sie Ihre Strategie alleine, sozusagen im stillen Kämmerlein entwickelt haben, so kennt sie zu diesem Zeitpunkt noch keiner Ihrer Mitarbeiter. Was noch viel schlimmer ist, keiner Ihrer Mitarbeiter wird sich mit dieser Strategie identifizieren. Es ist ja Ihre Strategie und erst einmal nicht die Strategie Ihrer Mitarbeiter und die stehen, wie übrigens nahezu alle Menschen neuen Ideen, auch wenn sie von Ihrem Chef kommen erst einmal skeptisch gegenüber.

Das heißt, je früher und je offener Sie Ihre Mitarbeiter an dem Strategieentwicklungsprozess beteiligen, desto einfacher wird die Umsetzung. Haben Sie dabei Vertrauen in Ihre Mitarbeiter. Die Erfahrung mit solchen Strategieentwicklungsprozessen zeigt, dass die Führungskräfte eines Unternehmens sehr schnell merken, dass es hier nicht nur um die Zukunft Ihres Unternehmens, sondern logischerweise in der Folge auch um ihre eigene Zukunft geht. Und diese Aussicht lässt so manchen Mitarbeiter Energien und Ideen entwickeln, die Sie dem einen oder anderen in Ihren kühnsten Träumen nicht zugetraut hätten. Lassen sie sich ein auf das Experiment, vertrauen Sie der Kreativität Ihrer Mitarbeiter. Viele wissen sehr genau, was im Unternehmen nicht in Ordnung ist, was sie gerne ändern würden, wenn man sie nur ließe.

Wer gewohnt ist, sehr eng und direkt zu führen, täglich bis ins kleinste Detail zu entscheiden und damit seinen Mitarbeitern wenig Spielraum zu lassen, der wird sich mit dem Gedanken schwer tun, seine Mitarbeiter in diesen Strategieentwicklungsprozess zu integrieren. Und doch ist es zwingend notwendig, gerade das zu tun. Lassen Sie sich auf eine Arbeit mit Ihren Mitarbeitern ein, seien Sie Teil der Strategieentwicklungsgruppe, schwimmen Sie mit im Entwicklungsstrom und versuchen Sie nicht den Entwicklungsprozess von außen zu lenken. Begleiten Sie ihn von innen, als Teil der Entwicklungsgruppe, wenn Sie wollen und können – auch als Moderator der Gruppe. Aber um keinen Preis als derjenige, der Anderen nur erklärt, wie es geht, was die Anderen zu tun haben, was geht und was nicht geht.

Das würde jede Kreativität Ihrer Mitarbeiter und Führungskräfte im Keim ersticken. Wenn Sie sich mit dem Gedanken Ihre Mitarbeiter in diesen Prozess zu integrieren schwer tun oder wenn Sie über keine Erfahrung mit der Moderation von Arbeits- oder Prozessgruppen verfügen, dann sollten Sie sich hierfür professionelle Hilfe holen. Keine Unternehmensberater, die mit fünf Leuten einrücken und Ihren ganzen Betrieb auf den Kopf stellen, sondern einen Moderator, der Erfahrung hat in der Moderation von solchen Arbeitsgruppen. Seine Aufgabe ist es, die Gruppe so zu beeinflussen, dass eine offene Arbeitsatmosphäre entsteht, Sie als Chef die Kreativität Ihrer Mitarbeiter nicht durch Ungeduld oder vorschnelle Entscheidungen blockieren und am Ende des Prozesses eine genau für Ihr Unternehmen passende und Erfolg versprechende Strategie herauskommt.

Bei der Auswahl des Moderators kommt es weniger auf seine Fachkenntnis bezüglich Baufirmen an, als vielmehr auf seine Kenntnisse mit solchen gruppendynamischen Entwicklungsprozessen. Hier ist mehr der Psychologe als der Baufachmann gefragt. Die Baufachleute sind ja Sie und Ihre Mitarbeiter. Ein guter Moderator achtet sehr darauf, dass die Ergebnisse der Gruppenarbeit von der Gruppe und nicht vom Moderator kommen. Die Arbeit des Moderators war dann erfolgreich, wenn die Arbeitsatmosphäre es erlaubt hat, dass möglichst alle Mitglieder der Gruppe mit Begeisterung dabei waren, sich einbringen konnten, keine Idee vorschnell dem Druck des Chefs zum Opfer gefallen ist und in einer offenen Diskussion die Schwächen des Unternehmens zur Chance für eine erfolgreiche Zukunft geworden sind.

Vorausgesetzt, Sie haben gemeinsam mit Ihren Mitarbeitern eine Vision, Ziele und eine ehrgeizige Strategie mit strategischen Zielen und Aktionen entwickelt, dann gilt es diese Strategie konsequent und gemeinsam umzusetzen. Der erste Schritt, das gesamte Unternehmen auf diese neue Strategie einzuschwören, ist schon weitestgehend erledigt, denn alle wesentlichen Führungskräfte waren ja an der Strategieentwicklung beteiligt und werden sich deshalb mit ihren Inhalten identifizieren. Um sicher zu stellen, dass keiner Ihrer Führungskräfte die gemeinsam entwickelte Vision, Ziele und die daraus resultierende Strategie vergisst, werden sie diese bei jeder passenden Gelegenheit Ihren Mitarbeitern wieder ins Gedächtnis rufen müssen.

Die strategischen Ziele und Aktionen aus der Strategie gilt es durch Termine, Meilensteine und Verantwortlichkeiten zu untersetzen und systematisch und regelmäßig im Rahmen eines „Jour Fixes" zu kontrollieren. Dabei lohnt es sich zu prüfen in wie weit es gelingt einzelne Maßnahmen und Aktionen messbar zu machen. Aus unserem Beispiel des Spezialisten für Luxusvillen und der daraus hergeleiteten Strategie wird deutlich, dass dies bei den Strategischen Zielen für die Rendite, Wachstum und die Liquiditätsbindung offensichtlich ist, während die Entwicklung von Messgrößen für das Strategische Ziel „Verstehen und Erlernen der Bedürfnisse der Käufer von Luxusvillen" schon nicht mehr trivial sein kann.

Für diese Aufgabe, die Strategieumsetzung und damit auch die Erreichung von solchen qualitativen Zielen messbar zu machen, wurde die „Balanced Scorecard"[4] von Robert S. Kaplan und David P. Norton, beide Professor an der Harvard University USA im Jahre 1992 entwickelt. Ausgangspunkt war die Unzufriedenheit mit den klassischen Steuerungs- und Messgrößensystemen für Unternehmen, die überwiegend alleine auf finanziellen Daten aus der Ergebnisperspektive basieren und den qualitativen Größen aus der Potenzial-, Prozess- und der Kundenperspektive kaum Rechnung tragen. Der wesentliche Nachteil der klassischen Steuerungskennzahlen ist die Tatsache, dass sie praktisch ausschließlich das Unternehmen mit Blick in die Vergangenheit betrachten, so als wolle man ein Auto ausschließlich mit dem Blick auf den Rückspiegel steuern.

Die wesentliche Idee von Norton und Kaplan war es, eine Methode zu entwickeln, mit deren Hilfe die Leistungsbewertung und damit die Messbarkeit von qualitativen Zielen möglich gemacht werden sollte. In der Konsequenz entwickelten sie daraus eine Methode, mit deren Hilfe eine existierende Strategie konsequent umgesetzt werden kann. Die „Balanced Scorecard" (BSC), ist eine Methode zur Konkretisierung, Darstellung und Verfolgung von Strategien und kann die Umsetzungswahrscheinlichkeit von beabsichtigten Strategien erhöhen. Die BSC bewertet aber gerade nicht die Qualität oder den Nutzen einer Strategie. Das bedeutet

[4] Hovarth & Partner: Balanced Scorecard umsetzen

aber auch, dass gegebenenfalls eine schlechte Strategie mit der BSC konsequent umgesetzt wird. Eine weitergehende Auseinandersetzung mit der BSC wäre zwar durchaus attraktiv, würde den Rahmen dieses Werks aber wieder einmal sprengen, sodass darauf verzichtet wird.

Aber auch ohne strenge Implementierung einer BSC ist es möglich, die gemeinsam mit Ihren Mitarbeitern entwickelte Strategie erfolgreich umzusetzen, wenn Sie und Ihre Mitarbeiter gewillt sind, konsequent die Einhaltung und Erreichung der vereinbarten Aktionen, der Termine und Meilensteine voranzutreiben. Zur Umsetzungskontrolle ist es sinnvoll die strategischen Ziele und Aktionen, daraus hergeleitete Einzelmaßnahmen, sowie die dazugehörigen Meilensteine, Termine und Verantwortlichkeiten in einem Plan festzuhalten. Die Umsetzung des Plans dann laufend gemeinsam mit Ihren Führungskräften zu überprüfen, gegebenenfalls anzupassen und regelmäßig zu kommunizieren.

Bezogen auf unser Beispiel könnte dies ähnlich wie in Tabelle 3–2 dargestellt werden. Im Rahmen monatlichen „Jour Fixe"-Veranstaltungen aller Führungskräfte des Unternehmens werden die vereinbarten Ziele, Aktionen, Termine und Meilensteine hinsichtlich ihrer Umsetzung laufend überprüft und in den Spalten Ist und Termin, sowie gegebenenfalls durch Ergänzung von Spalten wie zusätzliche Maßnahmen, Aktionen usw. den notwendigen Veränderungen angepasst.

**Tabelle 3–2** Strategieumsetzungsprozess am Beispiel des „Spezialisten für Luxusvillen mit erstklassigem Image für hohe Exklusivität und Qualität mit dynamischem Wachstum und hoher Rentabilität"

| Sichtweise | Strategie, Ziele, Aktionen | Messgrößen | Wert | Termin | Meilenst. | Verantw. | Ist |
|---|---|---|---|---|---|---|---|
| Ergebnis-perspektive | Nachhaltig hohe Rendite | % | < 3 | 2008 | 2 %, 2006 | alle FK | |
| | Dynamisches Wachstum | % | > 10 | 2008 | 4 % | alle FK | |
| | Niedrigere Liquiditätsbindung | Monatsumsätze | > 1,5 | 2008 | 2,5 %, 2006 | alle FK | |
| Kunden-perspektive | Top Produkte für Luxusvillen | Umsatzanteil % | 100 | 2008 | 50 %, 2006 | Maier R. | |
| | Erstklassiges Image für Luxus und Qualität | Bekanntheitsgrad % | 40 % | 2008 | 20 %, 2006 | Alle FK | |
| | Hoher Stammkundenanteil | % | 60 % | 2008 | 20 %, 2006 | Schubert | |
| Prozess-perspektive | Entwickeln von überzeugenden Produkten | Version A-C | 100 % | 2006 | Vers. A 12/2004 | Mair R. | |
| | Finden und überzeugen von Kunden von Luxusprodukten | Aufträge | 280 | 2008 | 10, 2004<br>80, 2006 | Schubert | |
| | Entwickeln und sicherstellen von erstklassiger Qualität | Fehlerkosten % | 1,8 | 2008 | 3,5 %, 2004<br>2,5 %, 2006 | Müller | |
| | Entwickeln eines servicebetonten integrierten Betreuungskonzepts | Kunden-Zufriedenheit % | 98 | 2008 | 85 %, 2004<br>93 %, 2006 | Schubert | |

| Sichtweise | Strategie, Ziele, Aktionen | Messgrößen | Wert | Termin | Meilenst. | Verantw. | Ist |
|---|---|---|---|---|---|---|---|
| Potenzial-perspektive | Suchen und Einstellen von Mitarbeitern mit Erfahrungen mit Luxusvillen | MA | 2 | 6/2004 | | GF | |
| | Verstehen und erlernen der Bedürfnisse von Kunden für Luxusvillen | % | 98 | 2008 | 92 %, 2004<br>95 %, 2006 | Alle FK | |
| | Ausrichten aller MA des Unternehmens auf die besonderen Bedürfnisse der Kunden für Luxusvillen | MA | 120 | 2008 | 50 %, 2004<br>95 %, 2006 | Alle FK | |

Entscheidend ist, dass alle Mitglieder des Strategieentwicklungsteams Aufgaben und damit auch Verantwortung für die Umsetzung der Strategie übernehmen. Darüber hinaus können Änderungen von Aktionen, Terminen oder Verantwortlichkeiten nur akzeptiert werden, wenn dies von der Strategieentwicklungsgruppe so und einvernehmlich beschlossen wird. Umsetzungsdruck entsteht nur, wenn die gesamte Führungsmannschaft Ihres Unternehmens hinter diesem Projekt steht. Kaum stellen sich aber die ersten Erfolge ein, sind alle Mühen einer solchen Blut-, Schweiß- und Tränenaktion vergessen und der erste Erfolg treibt dann den weiteren Erfolg. Im Ergebnis schweißt ein erfolgreich durchgestandener Strategieentwicklungs- und Umsetzungsprozess die Führungsmannschaft des Unternehmens zusammen und macht sie fitt für neue Herausforderungen.

Die wohl größte Hürde ist jedoch häufig beim Unternehmer selbst zu nehmen. Die meisten Geschäftsführer kleiner Unternehmen führen straff und direkt bis autoritär. Die totale Integration der Führungskräfte in den Strategieentwicklungsprozess widerspricht allen bisherigen Erfahrungen und Gewohnheiten dieser Unternehmer und ist doch zwingend notwendig soll die Strategieumsetzung in der erforderlichen kurzen Zeit gelingen. Das Gleiche gilt für die notwendige intensive Kommunikation der entwickelten Unternehmensstrategie über praktisch alle Ebenen des Unternehmens hinweg. Allein der Gedanke die Strategie notwendigerweise bis in die Polierebene ja oft bis in die Facharbeiterebene hinein zu tragen, klingt für manchen Unternehmer überzogen und utopisch.

Aber bleiben wir bei unserem Beispiel des Spezialisten für Luxusvillen. Wollen sie tatsächlich Ihr servicebetontes integrales Betreuungskonzept verwirklichen, so müssen Sie zwingend alle Ihre Mitarbeiter, die direkt oder indirekt mit Ihrem Kunden in Kontakt kommen können, für einen perfekten Umgang mit diesen Exklusivkunden trainieren. Und das heißt eben auch Ihre Facharbeiter und Ihre Sekretärin. Ansonsten wird das Konzept wie häufig in der „Servicewüste Deutschland" eine Worthülse ohne Substanz.

## 3.3 Der Markt

### 3.3.1 Die Spielregeln des deutschen Baumarktes aus Unternehmersicht

Ausgehend von den Kunden auf dem deutschen Baumarkt lässt sich dieser recht gut strukturieren:

#### 3.3.1.1 Die öffentlichen Auftraggeber

Im Wesentlichen gehören zu dieser Gruppe die folgenden öffentlichen Bauherren:

| **Körperschaften** | **Bauwerke** |
|---|---|
| Bund | Bundeswasserstraßen Bundesautobahnen, Gebäude der Bundesverwaltungen |
| Länder | Straßen, Flüsse, Stauanlagen |
| Kommunen | U-Bahnen, Straßen, Gebäude, Wasserver- und Entsorgung |

Ein wesentliches Merkmal der öffentlichen Kunden ist die uneingeschränkte Gültigkeit der **VOB**[5] (Vergabe- und Vertragsordnung für Bauleistungen) **Teil A** für die Vergabe und der **VOB Teil B und C** für die Ausführung.

Der wesentliche Effekt der Vergabe nach VOB/A Standardverfahren ist die Tatsache, dass alle Bieter nur einen „Schuss"" haben und der muss sitzen. Das heißt, es gibt erst mal keine Möglichkeit des Nachverhandelns. Auch das so genannte Bieter- oder Aufklärungsgespräch dient ausschließlich dazu, offene Punkte aus den Angeboten der vorderen Bieter zu erläutern. Dies können kleine formale Nachlieferungen wie zum Beispiel Zeugnisse sein oder aber die Gelegenheit für den Bieter die Vorzüge seiner Sondervorschläge detailliert zu präsentieren.

Die VOB/A regelt die Vergabe nach nationalem und nach EU Recht bis ins kleinste Detail. Der wesentliche § 25 der VOB/A Abschnitt 3 besagt unter anderem:"[...] Unter diesen Angeboten soll der Zuschlag auf das Angebot erteilt werden, das unter Berücksichtigung aller Gesichtspunkte, wie z. B. Preis, Ausführungsfrist, Betriebs- und Folgekosten, Gestaltung, Rentabilität oder technischer Wert, als das wirtschaftlichste erscheint. Der niedrigste Angebotspreis allein ist nicht entscheidend." Leider ist das, was eigentlich so klar in der VOB steht nur graue Theorie.

In der rauen Praxis dagegen, bekommt praktisch immer das Angebot mit dem niedrigsten Preis den Zuschlag. Selbst wenn frühere Erfahrungen mit dem Bieter bezüglich seiner Ressourcen, seiner Qualität oder Termintreue negativ waren. Diese Fixierung auf den Preis bei der Vergabeentscheidung in Verbindung mit dem seit Jahren rezessiven Baumarkt in Deutschland hat zu einer massiven Verschlechterung der Vertragskultur auf deutschen Baustellen geführt. Der Kampf um die überlebenswichtigen Aufträge treibt immer absonderlichere Blüten.
Um die Angebotssumme optisch klein zu machen, werden von den Bauunternehmen alle Register gezogen. Schwächen in der Ausschreibung bilden die Basis für abenteuerliche Spekulationen bei einzelnen Positionen des Leistungsverzeichnisses von denen das Bauunternehmen erwartet, dass sie mit stark veränderten Vordersätzen zur Ausführung kommen werden.

Tauchen dann Positionen im Angebot des heftig spekulierenden Bieters auf, die objektiv zu den angegebenen Preisen unter keinen Umständen Kosten deckend ausgeführt werden können, so wird dieser Punkt im Rahmen des Bietergesprächs angesprochen. Ein Vertreter des anbietenden Bauunternehmers erklärt treuherzig, dass die wesentlichen Teile dieser Position in der Baustelleneinrichtungsposition berücksichtigt wurden und beruft sich dabei noch auf seine Kalkulationsfreiheit und bleibt damit in der Regel in der Wertung.

Ein weiteres wichtiges Instrument im Kampf um den Zuschlag beim öffentlichen Auftrag ist der Sondervorschlag. Dabei geht es immer darum, Teile der ausgeschriebenen Lösung durch

[5] Deutscher Vergabe- und Vertragsausschuss für Bauleistungen; Vergabe- und Vertragsordnung für Bauleistung

gleichwertige aber günstigere Lösungen oder gar durch bessere Lösungen zu ersetzen und soweit möglich, dabei zusätzlich die Bonität für den Unternehmer noch zu verbessern. Die Risiken bei allen Sondervorschlägen liegen zum einen in der technischen Wertung, wenn es um die Beurteilung der Gleichwertigkeit des Sondervorschlags gegenüber dem ausgeschriebenen Entwurf geht. Zum anderen übernimmt der Unternehmer mit der Abgabe des Sondervorschlags auch das Erfolgsrisiko.

Die technische Wertung von Sondervorschlägen wird von Seiten des Bauherrn gerne an kompetente Erfüllungsgehilfen wie zum Beispiel externe Ingenieurbüros vergeben, die auf diesem Wege plötzlich über einen gewaltigen Einfluss auf die Vergabeentscheidung verfügen. Auch wenn allen Entscheidern an dieser Stelle hohe Objektivität unterstellt sei, liegt in diesem Bereich doch ein erheblicher und gerichtlich nur schwer nachprüfbarer Entscheidungsspielraum und damit eine hohe Verantwortung für solche Büros.

Eine weitere Hürde zum Auftrag liegt in der teilweise gnadenlosen Strenge bei der Bewertung kleinster formaler Fehler beim Ausfüllen der Angebotsdokumente. Das kann im Extremfall ein falsch gesetztes Kreuz im Formular oder ein fehlender oder zeitlich nicht mehr aktueller Nachweis sein. Konsequenz der ausschreibenden Stelle auf diesem Gebiet führt kurzfristig zu einer Markteintrittsbarriere für neue Mitbewerber, langfristig passen sich die Unternehmen eben an diese Gewohnheiten der ausschreibenden Stelle an.

Unter den öffentlichen Auftraggebern findet man auch solche, die bekanntermaßen Sondervorschläge nur dann werten, wenn der Bieter ohnehin Submissionserster ist. Inwieweit eine solche Vorgehensweise mit Geist und Buchstaben der VOB noch in Einklang steht, sei dahingestellt. Das „Herunterknüppeln" des Ausschreibungsentwurfes, um der ausschreibenden Stelle die Vergabe des Sondervorschlags in solchen Fällen schmackhafter zu machen, ist die logische Folge.

Ist der Auftrag dann im Hause, läuft das wichtigste Instrument des Unternehmers warm, das Nachtragsmanagement, um aus jeder Schwäche der Ausschreibung, aus jeder tatsächlich oder vermeintlichen Änderungen des Bauentwurfs, den dringend nötigen Honig zu saugen. Denn meist gilt es ja bis zum Ende des Projekts aus mit 5 oder mehr Prozent unterdeckten Preisen heraus das Projekt doch noch zur Kostendeckung zu bringen.

Dass ein derart aggressives Nachtragsmanagement nicht ohne Folgen auf die deutsche Bau- und Vertragskultur bleibt, steht außer Frage. Auch die Auftraggeberseite hat aufgerüstet und den Juristen und Ingenieuren des „Claim Managements"[6] auf der Auftragnehmerseite steht mittlerweile ein starkes „Anti Claim Management"[7] der Auftraggeberseite gegenüber.

Aus den Baupartnern von einst werden da schon einmal erbitterte Gegner und der Umgangston auf den Baustellen ist bisweilen entsprechend rau und ungemütlich. Viel zu viele Projekte landen deshalb vor Gericht. Das erspart zwar entscheidungsschwachen Vertretern auf der Auftraggeberseite unliebsame Fragen ihrer vorgesetzten Dienststelle oder gar des Bundesrechnungshofs. Bauen wird dadurch aber weder einfacher noch billiger. Beide Seiten, Auftraggeber und Auftragnehmer bedauern diese Entwicklung, ohne wirkliche Verbesserungen erreichen zu können.
Trotzdem soll nicht unerwähnt bleiben, dass es auch heute noch anders geht. So gibt es immer noch öffentliche Auftraggeber, die sich erfolgreich gegen den Trend stemmen. Häufig zeichnen sich diese Bauherren durch hohe Kompetenz bei der Ausschreibung, bei der Vergabe und dann auch bei der Vertragsabwicklung aus. Kennzeichen solcher öffentlichen Auftragge-

[6] Claim Management (engl.): Organisation zur Durchsetzung von Nachträgen
[7] Anti Claim Management (engl.): Organisation zur Abwehr von Nachträgen

ber sind kompetente „Amtschefs" mit hoher persönlicher Sachkenntnis und Entscheidungsstärke, die dann auch zuverlässig hinter den Entscheidungen Ihrer Mitarbeitern stehen und so ein zielorientiertes Bauen erst ermöglichen.

Nicht unerwähnt bleiben soll die Tatsache, dass diese Kundengruppe zwar auch nicht immer pünktlich bezahlt aber wenigstens nie zahlungsunfähig werden kann, was seit den Erfahrungen der Bauindustrie mit Investoren wie „Dr. Schneider und Co." nicht mehr selbstverständlich ist.

### *3.3.1.2 Die halb-öffentlichen Auftraggeber*

Im Wesentlichen handelt es sich um folgende Unternehmen:

| **Körperschaft** | **Bauwerke** |
|---|---|
| Deutsche Bahn AG | Schienenverkehrswege, Bahnhöfe |
| Deutsche Post AG | Gebäude |
| Deutsche Telekom AG | Gebäude, Leitungstrassen, Masten |
| Abwasserzweckverbände | Kläranlagen, Kanäle |

Diese Bauherren sind gleichsam Zwitter, im Allgemeinen Aktiengesellschaften oder GmbHs, die aus ehemaligen Staatsbetrieben wie der Deutsche Bundesbahn oder der Deutschen Bundespost hervorgegangen sind und die sukzessive privatisiert werden sollen. Darüber hinaus sind dies teilweise auch Unternehmen mit besonderen oder ausschließlichen Rechten im Sinne der EU-Sektorenrichtlinie.

Hier ist es immer wieder zu Irrungen und Wirrungen gekommen um die Frage, inwieweit Ausschreibungen dieser Unternehmen gemäß VOB/A zwingend sind. Inzwischen hat sich die Situation sofern relativiert, dass insbesondere bei der Bahn AG die Anwendung der VOB/A in den Abschnitten 3 bzw. 4 bindend ist. Demgegenüber ist die Deutsche Telekom nicht an die VOB/A gebunden. Ungeachtet dessen wird zwischen diesen Unternehmen und den Bauindustrieverbänden laufend um die Interpretation der VOB/A gerungen, vor allem was das Verhandlungsverfahren anbetrifft.

Die Vergabe der Bahn erfolgt hier im Sinne der Regeln für die Sektorenrichtlinie entweder als klassische Submission oder im so genannten Verhandlungsverfahren, von dem insbesondere die Bahn AG gerne Gebrauch macht. Die Fixierung auf den vordergründig „Billigsten" ist auch bei dieser Kundengruppe gängige Praxis, wenngleich sich insbesondere die Bahn AG anerkanntermaßen um die Einführung von Qualitätskriterien im Sinne eines „Ratings" für ihre Lieferanten mit Einfluss auf die Vergabe bemüht.

Für die Vergabe gelten somit grundsätzlich erst einmal die gleichen Regeln wie für die öffentlichen Bauherren allerdings mit Variationen zum Thema durch das Verhandlungsverfahren. Denn hier hat jeder Bieter praktisch den „zweiten Schuss" frei.

Das Verhandlungsverfahren sieht zunächst einmal eine öffentliche Submission vor, bei der die Ergebnisse wie üblich auch öffentlich verlesen werden. Damit kennt jede Bietergruppe zunächst einmal die Angebotssummen der Konkurrenten, die Zahl ihrer Nebenangebote und Sondervorschläge. Die aussichtsreichsten Bieter werden dann wie üblich zu Bietergesprächen eingeladen und können dort Ihre Angebote im Detail präsentieren. Auf der Basis der Angebotsauswertung und der Präsentation erhält jede Bietergruppe dann einen umfangreichen Fragenkatalog und gegebenenfalls auch Änderungskatalog als Hausaufgabe mit. Im Anschluss an dieses teilweise über mehrere Runden betriebenes Frage- und Antwortspiel werden alle Bieter dann noch einmal aufgefordert die Auswirkungen aus diesen neuen Erkenntnissen auf ihren Preis bekannt zu geben. Dies ist der schon erwähnte „zweite Schuss".

Wohlgemerkt, alle Bieter kennen das Submissionsergebnis und können sich nun ihre Gedanken machen, was ihre Mitbieter wohl noch im Ärmel haben. Nach dem neuesten Regelwerk zwischen dem Hauptverband der Deutschen Bauindustrie und der Deutschen Bahn AG gibt es auch nur eine zweite und nicht wie früher schon geschehen noch eine weitere Bieterrunde.

Bezüglich des Konkursausfallrisikos gelten die Regeln für die öffentlichen Bauherren zunächst einmal nicht mehr, denn eine große Aktiengesellschaft wie beispielsweise die Deutsche Bahn AG unterliegt ganz normalem Aktienrecht und kann deshalb wie jede andere Aktiengesellschaft insolvent werden, allerdings könnte es sich ein Staat wie Deutschland als im Falle der Bahn Alleineigentümer wohl kaum leisten einen Betrieb wie die Bahn AG in Insolvenz gehen zu lassen. Ähnliches gilt sicher auch noch für die Deutsche Telekom bei der der Bund zumindest heute noch Mehrheitsaktionär ist.

### *3.3.1.3 Die nicht-öffentlichen Auftraggeber*

Im Wesentlichen lassen sich folgende Kundengruppen unterscheiden:

| **Körperschaft** | **Bauwerke** |
|---|---|
| Industrielle Kunden | Produktionsgebäude, Anlagen, Infrastrukturprojekte |
| Gewerbliche und institutionelle Kunden | Gewerbeimmobilien, Bürogebäude, Tiefgaragen, Werkstätten |
| Private Kunden | Wohngebäude, Bürogebäude |

Diese Bauherren sind grundsätzlich nicht an die VOB gebunden. Auch wenn es nicht unüblich ist die VOB/B auch hier als Vertragsgrundlage zu vereinbaren, so herrscht hier völlige Vertragsfreiheit. Nicht selten wird die VOB/B zwar vereinbart, aber so massiv verändert, dass ihre grundsätzliche Gültigkeit einer rechtlichen Prüfung häufig nicht standhalten dürfte.

Die Vertragsgestaltung und Umsetzung bietet bei dieser Kundengruppe ein breites Spektrum. Zum einen finden sich in dieser Kundengruppe Auftraggeber, die einer reibungslosen Abwicklung, hoher Ausführungsqualität, langjährige Kundenbeziehungen und vielleicht sogar der Regionalkomponente des Bauunternehmens ein nicht unerhebliches Gewicht beimessen.

Fairer Umgang zwischen den Vertragsparteien ist hier noch kein Fremdwort. Wenn Sie einen solchen Kunden gewonnen haben, pflegen Sie ihn gut. Diese Kundengruppe bietet die größten Chancen, ihr Unternehmen von Ihrer Konkurrenz durch mehr als nur durch den Preis zu differenzieren. Durch zusätzlichen Service, intensive personenbezogene Betreuung, erstklassige Qualität und fairen Umgang entstehen ein hoher Kundennutzen und damit ein nicht zu unterschätzender Wettbewerbsvorteil.

Aber in dieser Gruppe lässt sich auch das komplette Gegenteil finden. Eine Ausschreibung bei der sich praktisch alle klassischen Bauherrenrisiken beim Auftragnehmer wieder finden. Eine Terminvorgabe, die so unrealistisch ist, dass sie möglichst niemals eingehalten werden kann und Vertragsstrafen ermöglicht, die an die Grenze der Sittenwidrigkeit stoßen.

Die Strategie solcher Bauherrn ist es, mit juristischen Mitteln dem Auftragnehmer alle denkbaren Risiken aufzubürden. Darüber hinaus möglichst keine Ansätze für allfällige Nachträge zu bieten und dabei noch den absolut niedrigsten Kaufpreis zu erzielen. Sie basiert auf der Erfahrung dass es doch immer wieder einen „Irren" gibt, der sich auf dieses grausame Spiel einlässt.

Der schon im Ansatz unrealistische Endtermin, gespickt mit optimistischen Zwischenterminen, sowie die darauf stehenden Konventionalstrafen dienen dazu, den Bauunternehmer möglichst frühzeitig in die Defensive zu zwingen. Es ist eine alte Erfahrung dass Bauunternehmen, die trotz intensiver Anstrengungen mit ihren Leistungen in Verzug geraten und das Damoklesschwert massiver Konventionalstrafen über sich spüren schon zur „ausgebuffteren" Sorte gehören müssen, um ihr übliches Standardrepertoire im Nachtragsmanagement noch durchzuhalten.

Viele Unternehmen konzentrieren in solchen Terminsituationen ihre ganze Energie auf die Einholung des Terminverzugs und lassen ihr Nachtragsmanagement schleifen. Was dann noch an Nachträgen von dem termingebeutelten Auftragnehmer kommt, wird erst mal abgeschmettert und im schlimmsten aller Fälle mit den eigenen Forderungen aus Konventionalstrafen und Schadenersatzforderungen des Auftraggebers gegengerechnet

Selbstverständlich macht der Auftraggeber mit Eintritt des Verzugs seine Gegenforderungen von der Konventionalstrafe über allfälligen Schadenersatz geltend und bringt sie von den Abschlagsrechnungen des gebeutelten Auftragnehmers vorsichtshalber schon Mal in Abzug. Das erleichtert dem Auftraggeber zunächst einmal die laufende Finanzierung seines Projekts und bringt seinen Auftragnehmer noch mehr in die Defensive. Denn jetzt leistet er gegen die Uhr und damit meist unwirtschaftlicher, unter einem enormen psychischen Druck für seine gesamte Mannschaft und wegen der Sicherheitseinbehalte auch noch mit massiv reduzierter, im schlimmsten Fall gar ohne Vergütung.

Das Ringen dieser Sorte Auftraggebers mit allen, aber auch wirklich allen Mitteln zum niedrigsten Preis zu kommen, führt zu so abenteuerlichen Vergabeexzessen wie dem so genannten „Libanesischem Vergabeverfahren". Dabei sitzen die drei oder vier aussichtsreichsten Bieter in ebenso vielen Zimmern ihres potenziellen Auftraggebers und werden reihum mit den neuesten Einsparideen und Preisnachlässe ihrer Konkurrenten gefüttert, mit dem Ziel, den Vorteil aus dieser Idee doch bitte umgehend in das eigene Angebot mit einzuarbeiten. Sämtliche Grausamkeiten gegen die Gastlichkeit wie Verhandlungsmarathons ohne Erfrischungsgetränke können ein Übriges tun, um die Leidensfähigkeit der deutschen Bauunternehmer im Ringen um den absolut niedrigsten Preis genüsslich auszutesten. Wer bei solchen Exzessen nicht aufsteht und geht, darf sich nicht wundern, wenn ein weiteres krankes Gehirn eine neue Runde in diesem grausamen Spiel einläutet.

Aber auch andere Spielarten der Vergabe halten Einzug. Das Bieten per Internet also eine Art „e-bay" für die Bauindustrie. Dabei wird von den Bietern auf der Basis einer üblichen privaten Ausschreibung angeboten, mit der Möglichkeit von Sondervorschlägen, deren Gleichwertigkeit zuvor ausführlich verifiziert wird. Ist die technische Gleichwertigkeit und damit ein im volkswirtschaftlichen Sinne vollkommener Markt für den Kunden sichergestellt, folgt als letzter Schritt die Abgabe von Nachlassgeboten via Internet. Schöne neue Käuferwelt!

Nun ist ja niemand gezwungen solche Verträge zu unterschreiben aber in Zeiten einer lang anhaltenden Rezession und dem daraus resultierenden Käufermarkt hat schon manch ein Unternehmer gehofft es werde schon nicht so schlimm kommen und wenn er die Vertragsbedingungen nicht akzeptiert, dann macht es eben sein schärfster Konkurrent.

## 3.3.2 Die Spielregeln des deutschen Baumarktes aus Kundensicht

### *3.3.2.1 Die Entwicklung der Deutschen Bauindustrie*

Bauunternehmen haben sich historisch aus dem Bauhandwerk entwickelt und waren daher ursprünglich fast ausnahmslos technologisch orientiert und organisiert. So entwickelten sich insbesondere in den Zeiten des Wiederaufbaus nach dem Zweiten Weltkrieg und der beginnenden Massenmotorisierung die wesentlichen Strukturen der deutschen Nachkriegsbauindustrie. Sie war im Wesentlichen nach Spezialisten für eine oder mehrere Sparten strukturiert, meist kleinere mittelständisch geführte Bauunternehmen und Generalisten, häufig größere Kapitalgesellschaften die in der Lage waren in einer oder in mehreren Sparten auch komplexere Bauwerke zu errichten. Sei es nun im Hochbau mit der Errichtung von Wohnhäusern und Büroimmobilien. Im Tiefbau mit der Errichtung von Straßen und U-Bahnen. Oder aber im Wasserbau mit der Errichtung von Häfen und Stauanlagen sowie in der Siedlungswasserwirtschaft mit der Errichtung von Wasser und Abwassersystemen.

Im Kern haben sich Bauunternehmungen bis weit in die 70er Jahre hinein praktisch ausschließlich mit der Errichtung eines wie auch immer gearteten Bauwerks oder mit Teilen davon befasst. Dabei war es noch über Jahre hinweg gängige Praxis der Bauherrn beispielsweise den Rohbau an ein Bauunternehmen zu vergeben, die Ausbaugewerke Wasser und Abwasser, Heizung und Lüftung, Elektroinstallation, Fenster und Türen, Putzen bis hin zum Dachdecken aber direkt durch einzelne Handwerksbetriebe ausführen zu lassen.

Erst mit Beginn de Schlüsselfertigbaus wurden diese Ausbaugewerke sukzessive von den so genannten Generalunternehmern mit übernommen, um dem Kunden ein komplettes, eben schlüsselfertiges Bauwerk aus einer Hand anbieten zu können. Selbstverständlich haben die Ausbaugewerke immer noch die gleichen Handwerksbetriebe ausgeführt wie früher, nur eben nicht mehr für den Bauherrn, sondern jetzt für den Generalunternehmer. Hier war in sofern Neuland betreten worden, als Bauunternehmen damit zum ersten Mal Leistungen in Ihre Gesamtleistung aufnahmen, die zuvor praktisch ausschließlich vom Handwerk direkt für den Bauherrn geleistet worden war.

Daneben sind teilweise hoch effiziente Spezialfirmen überwiegend auf der Basis technologischer und verfahrenstechnischer Entwicklungen entstanden, die ihrerseits als Nachunternehmer den Generalunternehmern zugearbeitet haben. Diese Spezialfirmen waren zunächst sehr erfolgreich, waren sie doch in der Lage durch stetige Produktivitätsfortschritte ihre Produktionskosten zu senken und so der Schere aus steigenden Löhnen und stagnierenden Preisen doch noch erfolgreich ein Schnippchen zu schlagen.

Mit dem Beginn der zyklisch auftretenden Rezessionsphasen Ende der 70er Jahre war der Schlüsselfertigbau zur Normalität geworden und die Branche der Generalunternehmer musste sich etwas Neues einfallen lassen. Auf der Kostenseite geschah dies durch eine Verringerung der Fertigungstiefe, indem immer mehr lohnintensive Gewerke an spezialisierte Nachunternehmer vergeben wurden. Aus den Gastarbeitern der 60er Jahre aus Italien, Spanien, später dann aus der Türkei, die noch allesamt Angestellte der Bauunternehmen waren, wurden nun Nachunternehmer, nicht selten geführt von den türkischen Mitarbeitern, die einer der vielen Entlassungswellen zum Opfer gefallen waren. Mit dem Fall des eisernen Vorhangs kamen Anfang der 90er Jahre die „osteuropäischen Kontingente" und haben für eine weitere Kostensenkungswelle bei den Generalunternehmern gesorgt.

Mit der immer extremeren Verringerung der Fertigungstiefe der Generalunternehmer änderte sich deren Mitarbeiterstruktur dramatisch. Viele Schlüsselfertigbauer haben keine gewerblichen Mitarbeiter mehr, nur noch Poliere zur Führung der Nachunternehmer und die arbeiten in der Regel als Angestellte. Solche Betriebe sind natürlich nicht mehr in der Lage, die von der öffentlichen Hand zunehmend geforderte Eigenleistung nachzuweisen und sind deshalb auch nur für private Bauherren tätig.

Mit dem extremen Zuwachs an Fremdleistung gewann die Einkaufsabteilung eine Schlüsselstellung und der scheinbar so leichte Einkaufserfolg führte zu immer rigideren Einkaufsmethoden und damit zum zunehmenden Ausbluten der Nachunternehmer, zuletzt auch der hoch effizienten Spezialfirmen, deren Erfolge viele Neueinsteiger angelockt hatte. Während der „Würger von Wolfsburg" längst an seine Grenzen gestoßen ist und die Autoindustrie begriffen hat, dass tote Nachunternehmer keine guten Nachunternehmer sind, feiern in der Bauindustrie die „Würger vom Bau" noch immer fröhliche „Urständ".

Wie lange wird es noch dauern, bis auch die Bauindustrie begriffen hat, dass der beste Preis dem Generalunternehmer keine Freude macht, wenn dabei die Qualität auf der Strecke bleibt und die Mängelbeseitigung in Millionenhöhe am Generalunternehmer hängen bleibt, weil viele Nachunternehmer die Preisdrückerei einfach nicht bis zum Ende der Gewährleistungsfrist überlebt haben.

Wie lange noch wird es dauern, bis die Bauindustrie und ihre Kunden gelernt haben, dass wirtschaftliches Bauen etwas mit Innovation, mit Produktivität und mit der Beherrschung von hochgradig vernetzten Abhängigkeiten zu tun hat zwischen Planern, Spezialisten für komplexe Gebäudekomponenten und den Koordinatoren alias Generalunternehmer. Hier werden hochspezialisierte Partner und keine strangulierten Leibeigenen gebraucht.

Generalunternehmer, die ihr Heil ausschließlich in der Nachunternehmervergabe gesucht haben müssen nun lernen mit den Folgen dieser Entwicklung umzugehen. Die neue Generation der Projektmanager kennen viele Technologien nur noch aus zweiter Hand von ihren Nachunternehmern. Die Zugriffsmöglichkeit auf die Vorgängergeneration von Projektleitern, welche die Feinheiten der einzelnen Gewerke noch aus der persönlichen Praxis kennen, nehmen von Jahr zu Jahr ab.

Was also ist passiert in diesen letzten 50 Jahren Entwicklung der deutschen Bauindustrie? Im ersten Schritt wurden die Prozesse auf der Baustelle durch zunehmenden maschinellen Einsatz und logistischen Aufwand rationalisiert, um so die steigenden Lohnkosten wenigstens teilweise kompensieren zu können. Im zweiten Schritt wurde dem Kunden ein Zusatznutzen eröffnet, durch das Angebot von schlüsselfertigen Bauwerken aus einer Hand. Und dies, bei gleichzeitiger Reduzierung der eigenen Fertigungstiefe durch Zukauf immer größerer Leistungspakete von spezialisierten Nachunternehmern.

Darüber hinaus wurden die Leistungen insbesondere der großen Generalunternehmer zunehmend mit weiteren Dienstleistungen aus dem früheren Aufgabenbereich des Bauherrn ergänzt, seien es Planungs- und Konstruktionsaufgaben, das Einholen von Genehmigungen, die Regelung nachbarschaftlicher Vereinbarungen, Verkehrsregelung oder gar die temporäre Unterbringung des Kunden in Ersatzräumen während der Bauphase mit anschließendem Umzugservice ins neue Büro. Auf diese Weise vollzog sich eine schleichende Entwicklung der Bauunternehmen vom bauindustriellen Fertiger von einst, zum modernen Baudienstleister von heute.

Aber die Entwicklung zum Baudienstleister ist noch längst nicht zu Ende. Entlang der Wertschöpfungskette zum Thema Bauen bleibt noch viel Raum rechts und links der eigentlichen Bauphase.

Da wäre die Projektentwicklungsphase eine ehemals klassische Bauherrenaufgabe, begründet durch die Tatsache, dass viele Nutzer von Gebäuden heute nicht mehr zwangsläufig auch die

Bauherrenrolle übernehmen wollen. Kleine Projektentwicklungsspezialisten ebenso wie große Kapitalsammelpools und die ganz großen Baudienstleistungskonzerne decken diesen Teil des Wertschöpfungsprozesses bereits heute mehr oder weniger gut ab.

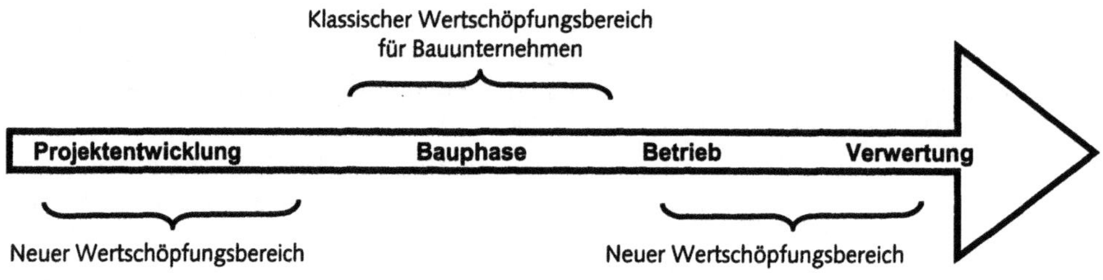


**Bild 3–2** Wertschöpfungskette

Das Gleiche gilt für die Betriebsphase eines Projekts, die in zunehmendem Maße von dem klassischen Bauherrn an Betreiberspezialisten oder eben wieder an die Töchter der großen Baudienstleistungskonzerne abgetreten werden. Das gilt für Gewerbeimmobilien aber auch für Krankenhäuser, für Straßen ebenso wie für Flughäfen. Im Ausland haben solche Betreibermodelle bereits eine viel längere Tradition. Hier hat der Staat viele seiner einstigen Aufgaben bereits heute an Privatunternehmen abgegeben. In Deutschland steckt in diesem Trend sicher noch einiges an Entwicklungsspielraum.

### *3.3.2.2 Der Kunde ist König oder vielleicht doch nicht?*

Wer in der Zeit der größten Rezession der deutschen Bauindustrie seit dem 2. Weltkrieg, geprägt von Überkapazitäten und Unterauslastung, Auszehrung und Insolvenzen bei den Bauunternehmern und dem daraus resultierenden Käufermarkt, an den Kunden denkt, dem fällt dabei schnell, vielleicht zu schnell der Begriff König ein.

König Kunde also. Sicher, wozu sind wir Unternehmer nicht alles bereit – im Kampf um den Auftrag von König Kunde. Aber wie steht es mit der Zeit davor und danach? Kaum ist die Tinte auf dem Auftragsschreiben getrocknet, erhält unser Kunde sein erstes schneidiges Behinderungsschreiben von seinem frisch gebackenen Auftragnehmer, gefolgt vom ersten Nachtragsangebot und von der ersten Bedenkensanmeldung. Ja wir haben sie eben drauf die VOB und wissen damit umzugehen.

Und wir fühlen uns im Recht. Was sind wir doch gequält worden, von den Schergen des Bauherrn 13-mal mussten wir das Angebot überarbeiten, über 4 Nachlassrunden sind wir stranguliert worden. Da ist es wohl recht und billig, wenn wir uns, was uns zusteht, über die Nachtragsschiene wieder zurückholen. So oder so ähnlich läuft es nur zu oft im Verhältnis Kunde zu Unternehmer in der ganzen Republik. Das heißt höchste Aufmerksamkeit für den Kunden in der Angebotsphase, nüchterne bis aggressive Sachlichkeit in der Vertragserfüllungsphase und nach dem Ende der Arbeiten wieder Funkstille bis zum nächsten Auftrag. Wer kann sich da als König fühlen?

Also doch „Servicewüste Deutschland“. Aber denken wir doch einmal nach. Wer sind denn unsere Kunden am Bau? Eher ausnahmsweise sind unsere Kunden Einzelpersonen, meist eine Körperschaft des öffentlichen oder des privaten Rechts, aber diese Körperschaften werden dann doch wieder von einem Amtsleiter einem Geschäftsführer oder deren Abteilungsleiter, Projektleiter, Sachbearbeiter oder deren Erfüllungsgehilfen also Architekt, Projektsteurer, Gutachter, Sachverständige oder sonstigen Ingenieurbüros vertreten. Damit wird der Begriff des Kunden schnell unübersichtlich und es lohnt sich neue Begriffe einzuführen, die mehr aussagen über ihre Funktion und Bedeutung in der Beziehung zwischen Kunde und Unternehmer bzw. zwischen Auftraggeber und Auftragnehmer.

Da ist zunächst einmal die Gruppe der Kaufentscheider und der **Kaufbeeinflusser**. Das sind diejenigen Menschen, die im Prozess der Vergabe im wahrsten Sinne der Bedeutung einen großen Einfluss auf die Vergabe ausüben oder eben die finale Entscheidung treffen. Leider gibt es keine Standardlösung auf die Frage nach dem oder den Kaufbeeinflussern sondern nur Erfahrungen aus ähnlichen Fällen.

Im **öffentlichen Bereich** sind die Kaufbeeinflusser erstaunlicherweise häufig die Vertreter der **beratenden Ingenieurbüros**, denn ihre Aufgabe ist es in der Regel die Sondervorschläge aus den einzelnen Angeboten technisch zu werten. Hier kommt es nicht nur darauf an einen technisch und wirtschaftlich vorteilhaften Sondervorschlag zu machen, sondern der Vorteil muss von eben diesen beratenden Ingenieurbüros erkannt und richtig gewertet werden. Und Sie wissen ja, irren ist menschlich und bei solch technischen Entscheidungen ist es auch nicht ganz einfach, gegen die Wertung nachträglich vorzugehen. Da ist es natürlich immer gut, wenn das kaufbeeinflussende Ingenieurbüro zum anbietenden Unternehmen ein hohes Grundvertrauen bzw. gute Erfahrungen aus der früheren Zusammenarbeit mit diesem Unternehmen hat.

Denn hat ein kaufbeeinflussendes Ingenieurbüro einen Sondervorschlag erst einmal positiv bewertet, es würde sich beim Bauherrn sehr blamieren wenn der Sondervorschlag sich urplötzlich als doch nicht so vorteilhaft für den Bauherrn erweisen würde. Verfügt ein öffentlicher Bauherr über entsprechende Kompetenzen im eigenen Hause, so ist der Kaufbeeinflusser selbstverständlich auch dort zu suchen. Für den Fall, dass die Wertung im öffentlichen Bereich keinen eindeutigen Sieger hervorbringt, wird plötzlich die vorgesetzte Behörde, bei Bundesprojekten nicht selten das Bundesverkehrsministerium zum **Kaufentscheider**.

Im **halböffentlichen Bereich**, wie zum Beispiel bei der Deutschen Bahn AG führen alle Kaufentscheidungen über den Einkauf in Frankfurt. Trotzdem werden auch hier externe Ingenieurbüros bei der Wertung von Sondervorschlägen zu Kaufbeeinflussern und nicht selten fällt in komplizierten Fällen die letzte Entscheidung im Vorstand der Bahn AG.

Im **privaten Bereich** ist es natürlich ebenso gängige Praxis, das Erstellen der Ausschreibung und die technische Wertung der Angebote an externe beratende Ingenieurbüros zu vergeben, was diese wie oben erwähnt dann schnell zumindest im Bereich der Sondervorschläge zu Kaufbeeinflussern werden lässt. Häufig wird dann mit den Einkaufsabteilungen der Häuser weiterverhandelt die aber nur Vergabevorschläge erarbeiten. Die endgültigen Entscheider sind je nach Unternehmensgröße dann die Geschäftsführer oder Hauptabteilungsleiter. Im Bereich der großen industriellen Bauherrn sitzen die Kaufentscheider aber auch direkt in den Einkaufsabteilungen

Was lernen wir daraus?

- Wichtige Leute für die Vergabe sind die **Kaufentscheider**
- Nicht weniger wichtig sind die **Kaufbeeinflusser**

- Beide sind nicht immer einfach zu **identifizieren**
- Die **obersten Chefs** der Auftraggeber gehören häufig dazu
- Die **beratenden Ingenieurbüros** sind häufig **Kaufbeeinflusser**

Doch wie gehen wir als Unternehmen mit diesen Kaufentscheidern und Kaufbeeinflussern um? Meist bemühen wir uns um sie, wenn wir dringend einen Auftrag brauchen. Danach bombardieren wir ihre Mitarbeiter wieder bedenkenlos mit den gröbsten VOB-Briefen und nach der Fertigstellung des Auftrags bzw. nach der letzten Schlussverhandlung strafen wir sie wieder mit Missachtung. Das heißt, die meisten Bauunternehmer behandeln ihre wichtigsten Kundenvertreter, die Kaufbeeinflusser und die Kaufentscheider eher schlecht als recht und schon gar nicht wie einen guten Kunden.

Viele beratende Ingenieurbüros sind mit der Ausarbeitung des Ausschreibungsentwurfs befasst gewesen. Da macht es sich nicht gut, wenn eben dieses Büro in der Begründung für den Sondervorschlag lesen muss, dass der angebotene Sondervorschlag mit Abstand besser als der Ausschreibungsentwurf ist. Dabei tut es nicht weh, den Ausschreibungsentwurf zu loben, mit dem Hinweis dass der Sondervorschlag darüber hinaus noch ein paar zusätzliche Vorzüge bieten kann.

Was können wir also besser machen?

- Wir identifizieren mögliche **Kaufentscheider** so **früh** wie möglich
- Wir pflegen den Kontakt auch **nach Abschluss** des Projekts
- Wir pflegen mit **allen** Vertretern des Kunden einen **positiven Umgangston**
- Wir **diffamieren niemals** den Ausschreibungsentwurf

#### *3.3.2.3 Dienstleistung als Chance für den Mittelständler*

Die Entwicklung vom bauindustriellen Fertiger zum Baudienstleister steht nicht nur den Großunternehmen offen. Jeder kleine und mittelständige Bauunternehmer ist in der Lage seine reine Fertigungstätigkeit durch zusätzliche Dienstleistungen zu ergänzen, dem Kunden damit einen besseren Service zu bieten und sich so von der Konkurrenz zu differenzieren. Dazu bedarf es nichts anderes als den richtigen Leuten auf der Kundenseite zuzuhören. Vor allem im privaten Bereich gibt es nahezu unendliche Möglichkeiten den Wünschen unserer Kunden nach zu kommen.

Nichts ist dem privaten oder industriellen Kunden lästiger, als mehrere Gewerke zu koordinieren, Genehmigungen einzuholen, knifflige individuelle Lösungen auszuarbeiten, bestehende Anlagen zu schützen, den Verkehr umzuleiten ein Zwischenlager anzubieten oder was es da sonst noch an Kundenwünschen gibt.

Dazu bedarf es nicht mehr als der richtigen Einstellung oder, um es anders auszudrücken, der richtigen Strategie eines Unternehmens. Und das heißt, dass alle unsere Mitarbeiter mit Kundenkontakt lernen die Bedürfnisse der Kunden zu erkennen und sie gerne zu erfüllen.

- Wir sind stets bereit den Wert unserer Leistungen durch **zusätzliche Dienstleistungen** zu steigern
- Wir nutzen den Kundenkontakt für die **Suche nach neuen Dienstleistungsideen**
- Wir nutzen damit unsere Möglichkeiten uns von der **Konkurrenz** zu **differenzieren**

#### *3.3.2.4 Erfolg durch Spezialisierung*

Um als Bauunternehmen im Wettbewerb bestehen zu können sind schon viele Wege versucht worden. Der Weg der schieren Größe, des Generalisten, der alles kann, der alles gut kann und in alle Aufgaben seine gesamte Marktmacht stecken kann. Diesem Ideal sind lange Zeit praktisch alle großen Bau Aktiengesellschaften in Deutschland gefolgt, ohne dass die meisten wirklich damit erfolgreich gewesen wären.

Auch die Größten unter ihnen, wie zum Beispiel die Philip Holzmann AG, war nicht vor Missmanagement und dem Grundproblem großer Unternehmen, der zunehmenden Eigenträgheit der Organisation gefeit und ist am Ende an der Kombination aus beiden zu Grunde gegangen. Als Reaktion auf die Rezession der letzten Jahre, auf den Druck durch den immer enger werdenden Baumarkt, haben praktisch alle großen deutschen Bauunternehmen ihre flächendeckenden Regionalorganisationen umgebaut in Spartenorganisationen.

Damit sollte zum einen eine höhere Spezialisierung erreicht werden die über Rationalisierungseffekte zu niedrigeren Kosten und höherer Qualität führt. Zum anderen sollte damit eine bessere und damit professionellere Betreuung der jeweiligen Zielkunden ermöglicht werden. Das heißt nicht Größe durch Bündelung von Generalisten, sondern Größe durch Bündelung von Spezialisten.

Der Drang zur Spezialisierung dürfte nicht verkehrt sein und bietet vor allem für den Mittelständler die größten Chancen der Differenzierung im Wettbewerb. Die Devise heißt hier schlicht und einfach:

**Weniger besser machen**

Ausgangspunkt kann hier die Stärken-Schwächen-Analyse sein. Dabei gilt es so zielsicher wie möglich heraus zu finden, in welchem Sektor des eigenen Geschäfts, bei welchen Kunden noch die besten Erträge gemacht werden. Durch Fokussierung auf das Wesentliche, durch Abwerfen von überflüssigem Ballast, lässt sich in der Regel eine massive Effizienz- und Ertragssteigerung einleiten.

Das Gleiche gilt für die Konzentration der Ressourcen auf die verkleinerte Produkt-, Dienstleistungs- oder Kundenpalette. Dabei ist es extrem wichtig die neue Strategie so zu kommunizieren, dass alle im Unternehmen sie in gleicher Weise verstehen.

Selbstverständlich ist eine Spezialisierung auch mit Risiken verbunden. Führt die Spezialisierung etwa zu einer Abhängigkeit von einem oder wenigen Kunden, so wird sie natürlich zur Gefahr. Doch ist ein Geschäftsmodell bei einem Kunden erfolgreich, so lässt sich meist auch ein zweiter und ein dritter Kunde mit diesem Modell erobern.

## 3.4 Die Prozesse

### 3.4.1 Der Auftragsabwicklungsprozess

Die Organisation eines Bauunternehmens hat sich immer am Prozess der Auftragsabwicklung zu orientieren. Je nach Größe des Unternehmens und je nach Komplexität der Bauaufgaben ist hierzu eine sinnvolle Arbeitsteilung erforderlich. Zunehmende Arbeitsteilung führt zu einer höheren Spezialisierung und damit vordergründig zu einem effizienteren Arbeitsablauf. Nachteilig wirken sich die damit verbundenen zusätzlichen Schnittstellen und damit weiterer

Informationsaufwand und der Gefahr von Übertragungsfehlern aus. Der daraus resultierende Zielkonflikt begleitet praktisch jede Organisationsentwicklung.

Die Komplexität des Prozesses Auftragsabwicklung Bau wird aus Abbildung 3–3 deutlich.

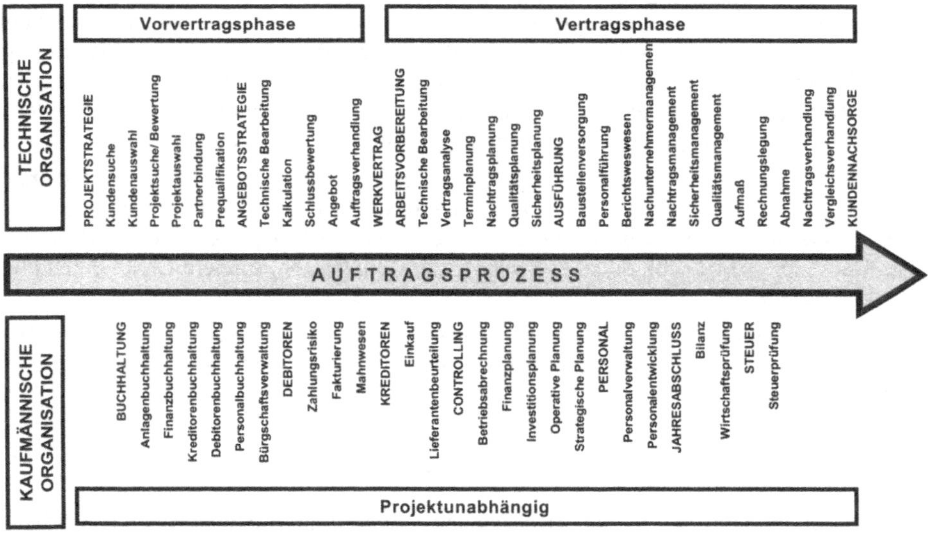


**Bild 3–3** Auftragsentwicklungsprozess

## 3.4.2 Die Angebotsphase

### *3.4.2.1 Kundensuche, Kundenwahl und Kundenpflege*

Die Kundensuche, Kundenwahl und Kundenpflege gehören mit zu den obersten Aufgaben und sollten konsequent der vereinbarten Strategie des Unternehmens entsprechen. Das heißt, nach der grundsätzlichen Wahl des Kundenkreises werden die Wunschkunden identifiziert und wie bereits im Abschnitt „der Kunde ist König, oder vielleicht doch nicht?" aufgeführt, die maßgeblichen Kaufbeeinflusser und Kaufentscheider identifiziert und mit dem Unternehmen und seinem Leistungsspektrum bekannt gemacht werden. Das ist in der Regel eine nicht zu unterschätzende Kernerarbeit und bedarf Fleiß, Konsequenz und Ausdauer von der ganzen Vertriebsmannschaft. Die Erkenntnisse aus den Kundenbesuchen sollten soweit möglich in einem Customer Relation Management System dokumentiert werden, um so für die Kollegen im Betrieb nutzbar zu werden.

Entscheidend für die Kundenbindung ist die Aufrechterhaltung des Kontakts der Führungs- und Vertriebsmitarbeiter während und insbesondere nach Abschluss der Arbeiten, um auf allfällige Befindlichkeiten der Kunden aus der rauen Bauabwicklung sofort eingehen zu können. Ernsthaftes und professionelles Bemühen um eine einwandfreie Ausführungsqualität selbstverständlich vorausgesetzt. Nur so wird aus einem Kunden der gewünschte zufriedene Stammkunde.

Wer glaubt, öffentliche Kunden müssten nicht gepflegt werden, weil ja eh immer der Billigste den Zuschlag bekommt, der irrt ganz gewaltig. Auch öffentliche Kunden sind an einer partnerschaftlichen Zusammenarbeit, an umfassende Informationen über die Bauunternehmen und an einer zeitnahen Nachsorge interessiert. Die einzige Phase an der öffentliche Entscheider zugeknöpft sein müssen, um sich nicht dem Vorwurf der Ungleichbehandlung der Bieter auszusetzen, ist in der heißen Phase der Vergabe.

### *3.4.2.2 Projektwahl*

Die Projektwahl folgt wie die Kundenwahl wiederum der Unternehmensstrategie, allerdings unter einer verstärkten Chancen-Risiko-Betrachtung. Wie immer im Leben kommt es auch hier darauf an frühzeitig zu agieren, um bis zum Beginn der eigentlichen Angebotsbearbeitung schon über alle wesentlichen Informationen zum Projekt zu verfügen. Wer mit dem Sammeln der wichtigen Informationen zu einem Projekt erst zum Zeitpunkt der Veröffentlichung der Ausschreibungsunterlagen beginnt, hat in der Regel schon verloren.

Um an die wirklich wichtigen Daten eines Projekts zu kommen, an die Namen der Erfüllungsgehilfen, der Kaufbeeinflusser und Kaufentscheider, an die Hintergründe des Projektkonzepts, die späteren Käufer oder Nutzer, an offene Punkte im Nachbarschaftsverhältnis, an Daten zur Historie der Grundstücksnutzung, an Informationen über den Zustand der Nachbarschaftsbebauung um nur einige Beispiele zu nennen. Nur wer hier über einen ausreichend großen Wissensvorsprung gegenüber der Konkurrenz verfügt, hat eine Chance, das richtige Projekt mit den besonderen Chancen und den geringeren Risiken zu finden. Wer die Projektauswahl ausschließlich auf der Basis der Angaben im amtlichen Ausschreibungsblatt trifft, wird weitaus häufiger das für sein Unternehmen schlechtere Projekt anbieten und viele Chancen eines Projekts nicht erkennen. Das ist im heutigen harten Wettbewerb nicht nur gefährlich sondern führt zu einer dauerhaft niedrigeren Durchschnittsbonität der Projekte.

Wo große Risiken stecken, da können, aber müssen nicht zwangsläufig auch große Chancen schlummern. Wo wenige Risiken zu finden sind, da lassen sich meist auch wenige Chancen erkennen. Wie immer im Leben gibt es hiervon auch die berühmten Ausnahmen, die eine Regel bestätigen. Projektwahl heißt deshalb stets zuerst:

**Chancen suchen und Risiken eingrenzen**

Für die Chancen-Risiko-Bewertung kann die nachfolgende Tabelle 3–3 eventuell gute Dienste als Checkliste leisten. Dabei gilt: A für große Chancen/Risiken, B für mittlere und C für geringe Chancen und Risiken. Die Bewertung ist subjektiv und basiert auf persönlichen Erfahrungswerten und sollte somit nur als Anregung und Orientierung nicht jedoch als Absolutwert betrachtet werden.

**Tabelle 3–3** Chancen Risikobewertung

| Hauptthema | Thema | Chance | Risiko |
|---|---|---|---|
| Kunde | Solide Gesellschaftsverhältnisse, Bonität, Ruf des Kunden | C | A |
| | Hohe Professionalität des Kunden | B | A |
| | Besondere Kundenbeziehungen | A | C |
| | Gute Erfahrungen bei früheren Projekten des Kunden | A | C |
| | Kunde beabsichtigt Eigennutzung | A | B |
| | Kunde ist Projektentwickler und Vermarkter | B | B |
| | Kunde ist Generalübernehmer | C | A |
| | Öffentlicher Kunde | B | B |
| | Privater Kunde | A | A |
| Vertragsform | VOB-Vertrag | B | B |
| | Einheitspreisvertrag | B | B |
| | Pauschalvertrag | A | A |
| | Generalübernehmervertrag | A | A |
| | Garantierter Maximalpreisvertrag | B | A |
| Vertragsinhalte | Ausschluss VOB/B § 2.5, 2.6, 2.7 | C | A |
| | Gültigkeit Lohn und Materialpreisklauseln | A | C |
| | Übernahme Baugrundrisiko | C | A |
| | Übernahme Spartenrisiko | C | A |
| | Übernahme Genehmigungsrisiko | C | A |
| | Einschränkung von VOB/B § 6.1, 6.2, 6.6 | C | A |
| | Ausschluss VOB/B § 7 | C | A |
| | Unrealistisch knappe Ausführungsfristen | C | A |
| | Ausschluss Schadenersatz bei Kündigung durch AG | C | A |
| | Ungünstige Rangfolge Angebot im Vertrag | C | A |
| | Freistellung AG von Ansprüchen Dritter | C | A |
| | Freistellung AG von VOB/B § 9.3 | C | A |
| | Pauschaler Schadenersatz statt zeitabhängiger Schadenersatz | C | A |
| | Verschuldens unabhängige Haftung des AN | C | A |
| | Keine Anrechnung Vertragsstrafe auf Schadensersatz | C | A |
| Nachbarn, Umwelt | Sensible vorgeschädigte Nachbarbebauung, Leitungen usw. | A | A |
| | Hohe Anforderungen an Schallschutz, Erschütterungsschutz etc. | B | A |
| | Beengte Verkehrsverhältnisse, Fehlende Zufahrten | C | A |
| | Wenig bis keine BE Fläche | C | A |
| | Nachbarschaftliche Auseinandersetzungen zu Genehmigungsfragen | A | A |
| | Schlechte Versorgung mit Wasser, Energie, Telekommunikation | C | A |
| | Kritische Bauphase im Winter | B | A |
| Bauwerk | Bauteile außerhalb der Norm (hochfest, extrem lang, extrem schlank) | A | A |
| | Bauverfahren außerhalb der Norm | A | A |
| | Exklusive Baumaterialien | A | A |
| | Exklusive Architektur | A | A |

### *3.4.2.3 Partnerwahl*

Je nach Größe und Spezialisierung eines Bauunternehmens wird es sinnvoll oder notwendig sein Partner zu suchen und zu binden. Wie bei der Projektwahl sollte die Partnerwahl mit Sinn und Verstand durchgeführt werden. Zunächst gilt es zu klären, wofür das Partnerunternehmen gebraucht wird. Ist das Projekt schlicht und einfach zu groß für Ihr Unternehmen, dann suchen Sie möglichst Partnerunternehmen, die die ihnen fehlenden Ressourcen mitbringen.

Wenn möglich sollte das Partnerunternehmen sich mit den Stärken und Schwächen Ihres Unternehmens so weit ergänzen, dass Sie gemeinsam stärker sind, als der reinen Addition der Ressourcen entspräche.

Lässt Ihre Spezialisierung die Abgabe des Gesamtangebots gar nicht zu, so werden sie einen oder mehrere Partner suchen, die sich mit Ihrem Unternehmen zu einer Arbeitsgemeinschaft (Arge) ergänzen, die dann auch wieder in der Lage ist, das Gesamtprojekt anzubieten und auch erfolgreich auszuführen. Neben der fachlichen Qualität der Partner kommt es natürlich auch auf die projektbezogenen Stärken ihrer Partner an. Das heißt auf deren Kundenbeziehungen, auf deren Projektwissen bezüglich aller Informationen, die für eine erfolgreiche Gestaltung des Angebots und eine erfolgreiche Baudurchführung von Bedeutung sind.

Bereits in dieser frühen Phase gilt es zu entscheiden, in welcher Art der Arbeitsgemeinschaft das Projekt ausgeführt werden soll. In einer Beistellungsarge oder in einer Leistungsarge. Die Beistellungsarge auch Horizontale Arge genannt, ist immer dann sinnvoll, wenn sich die Leistungen und die Arbeitsabläufe nicht sinnvoll voneinander trennen lassen. Personal und Gerät werden dabei in der Regel zu so genannten Beistellungssätzen auf Stundenbasis bzw. Monatsbasis an die Arbeitsgesellschaft abgestellt bzw. vermietet. Verdient wird in einer solchen Arge über die Beistellungssätze im Idealfall jedoch über das Argeergebnis am Ende der Projektdurchführung. Der Gewinn der Arge wird dann entsprechend den Gesellschafteranteilen geteilt. Gleiches gilt natürlich auch für den Verlust.

Vorteil dieser Argeform ist, dass vorausgesetzt die Beistellungssätze sind richtig gewählt, jedem Gesellschafter klar ist, dass die Arge nur einen Gewinn abwerfen kann, wenn sich alle Gesellschafter mit ihrem ganzen Gewicht zu Gunsten der Arge einbringen. Das Risiko liegt in der Qualität des beigestellten Personals bzw. Geräts. Eine perfekte Qualitäts- und Leistungskontrolle für alle Beistellungen sind unbedingte Voraussetzung dafür, dass keiner der Partner durch Beistellung von billigem und dabei schlecht qualifiziertem Personal oder schlechtem Gerät, Gewinne aus der Beistellung abschöpft und nur den Argeverlust dann mit den Partnern teilt.

Jede Arge in Deutschland ist eine so genannte Gesellschaft bürgerlichen Rechts, die nur für die Dauer des Projekts gegründet wird, mit unbegrenzter gesamtschuldnerischer Haftung aller Gesellschafter gegenüber dem Auftraggeber und der gesamten Außenwelt der Arge. Deshalb ist es zwingend notwendig bei der Auswahl der Argepartner auch deren Bonität im Auge zu behalten, will man nicht plötzlich alleine mit dem Gesamtprojekt da stehen, weil der Partner schon kurz nach Baubeginn Insolvenz anmelden musste.

Die Leistungsarge, bisweilen auch Vertikale Arge, Leistungsarge oder Konsortium genannt, ist ebenfalls eine Gesellschaft bürgerlichen Rechts allerdings fungiert diese als Dacharge und vergibt die einzelnen Leistungspakete an Ihre Gesellschafter als Nachauftragnehmer. Diese Argeform bietet sich immer dann an, wenn die Leistungen zweier oder mehrerer spezialisierter Bauunternehmen zu der vom Auftraggeber gewünschten Gesamtleistung ergänzt werden kann. Vorteil dieser Argeform ist dabei, dass die einzelnen Argepartner innerhalb der Arge für ihr Leistungspaket alleine verantwortlich sind. Ein Ausruhen eines Argepartners auf den Leistungen des anderen kann bei dieser Argeform praktisch nicht vorkommen. Gewinn oder Verlust entstehen für den einzelnen Argepartner nur innerhalb seines Leistungspakets, es sei denn es ergibt sich ein Einfluss auf das Argeergebnis der nicht einem der Gesellschafter zugewiesen werden kann, wie etwa aus der gesamtschuldnerischen Haftung.

In der Kalkulationsphase gilt es aufzupassen, dass sich keiner der Partner zu Lasten des anderen einen Bonitätsvorteil sichert. Dies geschieht, in dem ein Argepartner die anderen durch geschickte Argumentation dazu bewegt, ihr Angebotsniveau sukzessive auf den untersten

Level zu drücken während dieser für seine Preise durch ein besonders hohes Ausgangsniveau einen deutlich besseren Level erhält. Grundkenntnisse im Spezialgebiet der Partner zum Gegenprüfen ihrer Angebotskalkulation sind hier sehr hilfreich. So ist es gängige Praxis die Preise der Partner durch eigene Anfragen am Markt so weit wie irgend möglich gegenzuprüfen.

Des Weiteren ist bereits bei der Suche und Bindung der Partner darüber zu entscheiden, wer der Partner die Kaufmännische und wer die Technische Geschäftsführung übernimmt und welche Vergütung ihm dafür zusteht. Darüber hinaus sollten die wesentlichen Elemente des späteren Argevertrags vereinbart und fixiert werden. All diese Details müssen schon weit vor Beginn der Angebotsphase in einer Bietervereinbarung festgelegt werden, um zu verhindern, dass nach Auftragserhalt das große „Hauen und Stechen" um all diese Fragen beginnt.

Bitte denken sie daran. Solange die Gesellschafter keine Bietervereinbarung bzw. kein Gesellschaftervertrag bindet, ist die Bietergemeinschaft am ehesten mit einer Erbengemeinschaft zu vergleichen. Das heißt, Zwang zur Einstimmigkeit, was im schlimmsten Fall in der Handlungsunfähigkeit einer solchen Arge enden kann. Oftmals ist erst die Kündigungsandrohung des Auftraggebers in der Lage, die Partner solcher Argen wieder zur Vernunft zu bringen. Deshalb gilt es möglichst alle Details des späteren Argevertrags, mindestens aber seine zentralen Punkte bereits in der Bietervereinbarung zu fixieren. Zu diesem Zeitpunkt ist die Begehrlichkeit der Partner noch gering. Ist der Auftrag erst im Hause, so ändert sich das oft schlagartig.

#### *3.4.2.4 Angebotsbearbeitung*

Die Angebotsbearbeitung sollte die solide Basis des späteren Auftrags werden, vorausgesetzt, dass alle Register gezogen werden und die Submission beim Öffentlichen Kunden oder die Auftragsverhandlung beim Privaten Kunden am Ende für das eigene Unternehmen entschieden werden können.

Bei der Angebotsbearbeitung ist stets und immer zwischen einem öffentlichen oder halböffentlichen und einem privaten Kunden zu unterscheiden. Denn beim öffentlichen hat jedes Unternehmen in der Regel nur „einen Schuss" frei und der sollte sitzen. Beim halböffentlichen Bauherrn im Verhandlungsverfahren zum Beispiel bei der Bahn AG darf einmal „nachgeladen" werden. Beim privaten Bauherrn gibt es solche Beschränkungen nicht. Wohl aber macht es einen sehr unprofessionellen Eindruck, wenn das erste Angebot um Meilen vom späteren Auftragswert entfernt liegt.

Trotzdem ergibt sich für alle Auftraggeber in etwa die folgende Reihenfolge in der Angebotsbearbeitung:

**Tabelle 3–4** Schritte der Angebotsbearbeitung

| Schritte der Angebotsbearbeitung | Ergänzungen |
|---|---|
| Erste Information über ein interessantes Projekt | |
| Besichtigung der zukünftigen Baustelle und ihrer Umgebung | |
| Einholen aller verfügbaren Informationen zum Kunden, seinen Entscheidern und seinen Erfüllungsgehilfen | |
| Kontakt mit den Projektbeteiligten soweit möglich | |
| Chancen Risikobetrachtung Kunde | |
| Chancen Risikobetrachtung Projekt | |
| Vorentscheidung zum Kunden und zum Projekt | |
| Bemühen um Teilnahme am Wettbewerb | evtl. Teilnahmewettbewerb |
| Aufforderung zum Teilnahmewettbewerb | |
| Teilnahmewettbewerb | soweit erforderlich |
| Aufforderung zur Teilnahme am Wettbewerb | öffentlich, nichtöffentlich |
| Anforderung der Teilnahmeunterlagen | öffentlich, nichtöffentlich |
| Eingang der Ausschreibungsunterlagen | |
| Studium der Ausschreibungsunterlagen | |
| Chancen und Risikoanalyse (Erkennen der Chancen, Eingrenzen der Risiken) | |
| Massenermittlung und Massenvergleich | Pläne zu LV-Fordersätzen |
| Kalkulation der ausgeschriebenen Leistungen ohne Masseneffekte | 0-Kalkulation |
| Ausloten der Effekte aus Massendifferenzen | als Basis zur Spekulation |
| Ausloten von Ausführungsvarianten und Sondervorschlägen | |
| Vorstatik und Massenermittlung für die Ausführungsvarianten und Sondervorschläge | |
| Chancen und Risikoanalyse der Ausführungsvarianten und Sondervorschläge | |
| Kalkulation der Ausführungsvarianten und Sondervorschläge | 0-Kalkulation |
| Optimierung der 0-Kalkulationen auf Basis der Erkenntnisse aus den Massendifferenzen, der Risikoanalyse und ggf. der Nachtragschancen | Spekulation |
| Optimierung des Gesamtangebots unter unternehmenspolitischen Gesichtspunkten | Auslastung, Auftragsbestand |
| Ergänzung des Angebots um die geforderten Nachweise und Dokumente | |
| Ergänzung des Angebots mit einer perfekten Erläuterung der Ausführungsvarianten und Sondervorschläge | |
| Ergänzung des Angebots um alle geforderten Nachweise und Erklärungen | Finanzamt, Sozialkassen, etc. |
| Ergänzung des Angebots um sinnvolle Infos zum Unternehmen | |
| Zusammenstellung aller Angebotskomponenten | perfektes Lay-Out |
| Vorbereitung einer perfekten Kundenpräsentation von Unternehmen und Angebot für das erste Aufklärungsgespräch. | Power Point Präsentation |

Das genaue Studium der zukünftigen Baustelle und seiner Umgebung, Erkundigungen zum Bauherrn, seinen Entscheidern und Erfüllungsgehilfen, zusammen mit einer genauen Chance und Risikoanalyse, sind für mich die zwingend notwendigen Voraussetzungen für eine qualifizierte Vorentscheidung über die Teilnahme am Wettbewerb. Bedenken Sie die Kosten für ein qualifiziertes Angebot mit umfangreichen Recherchen Vorstatik und Massenermittlungen, umfangreichen Anfragen bei Lieferanten und Nachunternehmern, dann kommen schnell Bearbeitungskosten von 1–3 % der Angebotssumme zusammen. Wer hier spart und schlampig recherchiert, wird all zu häufig keinen Auftrag oder den „Falschen Auftrag" bekommen. Der „Falsche Auftrag" ist der mit dem zu hohen Risiko, der zu schlechten Bonität, dem zu unfairen Kunden. Das Ausfüllen von Leistungsverzeichnissen im Schnellverfahren ohne die detaillierten Voruntersuchungen ist entweder Zeitverschwendung oder einfach „Russisches Roulette" des Unternehmers. Die Tatsache, dass genau dieses Verhalten bei vielen Unternehmen in der deutschen Bauindustrie noch immer tägliche Praxis ist, spricht nicht gerade für die Branche. Gleiches gilt natürlich für ein genaues Studium aller Ausschreibungsunterlagen, sonst sind die späteren Überraschungen während der Ausführung schon vorprogrammiert.

Lässt sich beim Studium der Ausschreibungsunterlagen und bei der Massenermittlung auf der Basis einer Vorstatik erkennen, dass die ausgeschriebenen Vordersätze erheblich von den zu erwarteten abweichen, dann ist es natürlich sinnvoll und hilfreich diese Erkenntnisse im Rahmen der Kalkulationsfreiheit des Unternehmers zu seinem Vorteil zu nutzen. Dabei gilt es natürlich die generelle Erklärbarkeit eines Preises im Rahmen des späteren Aufklärungsgesprächs sowie die notwendige Logik und Übereinstimmung mit der Urkalkulation immer im Auge zu behalten. Es gibt Kunden, die auch die wildesten Erklärungen durchgehen lassen und andere, die solche Anbieter einfach und gnadenlos disqualifizieren. Über die geschickte Ausnutzung von Massendifferenzen sowie Informationen über den Einfluss auf einzelne Vordersätze von LV-Positionen sind schon ganze Bücher geschrieben worden. Eine detaillierte Auseinandersetzung ist im Rahmen dieses Werks jedoch aus Platzgründen nicht möglich.

Die Abgabe des Angebots erfolgt in der vom Kunden gewünschten Form, also meist im verschlossenen Kuvert und zum vereinbarten Termin. Druckreife Qualität bunte Bilder und perfektes Layout sind heute Standard und bilden die erste Visitenkarte des Unternehmens. Fehlende Professionalität ist hier durch nichts zu entschuldigen.

### 3.4.2.5 *Aufklärungsgespräch*

Im Bereich der öffentlichen Auftraggeber richten sich Ausschreibung und Vergabe nach der VOB/A. Damit ist festgelegt, dass in Fällen der öffentlichen Vergabe und der Beschränkten Vergabe, Preisverhandlungen unzulässig sind, wohl aber eine so genannte Aufklärung des Angebotsinhalts oder verkürzt ein so genanntes Aufklärungsgespräch. Das Ziel des Aufklärungsgesprächs ist in der VOB/A Abschnitt 1, Abschnitt 2 bzw. Abschnitt 3 jeweils § 24 wie folgt beschrieben:

„Bei Ausschreibungen darf der Auftraggeber nach Öffnung der Angebote bis zur Zuschlagserteilung mit einem Bieter nur verhandeln, um sich über seine Eignung, insbesondere seine technische und wirtschaftliche Leistungsfähigkeit, das Angebot selbst, etwaige Änderungsvorschläge und Nebenangebote, die geplante Art der Durchführung, etwaige Ursprungsorte oder Bezugsquellen von Stoffen oder Bauteilen und um sich über die Angemessenheit der Preise, wenn nötig durch Einsicht in die vorzulegenden Preisermittlungen (Kalkulationen), zu unterrichten."

Weiter heißt es im Absatz 3: „Andere Verhandlungen, insbesondere über Änderung der Angebote oder Preise, sind unstatthaft, außer wenn sie bei Nebenangeboten, Änderungsvorschlägen oder Angeboten aufgrund eines Leistungsprogramms nötig sind, um unumgängliche technische Änderungen geringen Umfangs und daraus sich ergebende Änderungen des Preises zu vereinbaren."

Ausgenommen hiervon sind selbstverständlich die freihändige Vergabe etwa im Nachgang zu einer aufgehobenen öffentlichen oder beschränkten Vergabe und das Verhandlungsverfahren das jedoch nur bei Unternehmen im Bereich der Wasser-, Energie- und Verkehrsversorgung sowie im Telekommunikationssektor zulässig ist, die der so genannten EU-Sektorenrichtlinie unterliegen (vergleiche „Halböffentliche Unternehmen"). In diesen Fällen wird selbstverständlich auch über Preise verhandelt.

Auch wenn im Aufklärungsgespräch nicht wie in den oben genannten Ausnahmefällen oder wie bei den privaten Auftraggebern über Preise verhandelt werden darf, so kann es doch entscheidend für die endgültige Vergabe sein. Die Vorteile so mancher Sondervorschläge sind vom Auftraggeber erst im Rahmen eines Aufklärungsgesprächs in ihrer vollen Tragweite erkannt worden. So manche Tretmine aus einer Spekulation zum Ausschreibungsentwurf konnte im Aufklärungsgespräch noch entschärft werden. Eine perfekte Vorbereitung auf dieses Aufklärungsgespräch ist deshalb zwingend notwendig.

Insbesondere bei großen Bauvorhaben ist es durchaus üblich den Bietern zur Vorbereitung für das Aufklärungsgespräch einen Fragenkatalog zu schicken, der dann entweder schriftlich oder im Rahmen des Aufklärungsgesprächs zu beantworten ist. Art und Umfang der Fragen lassen bereits erkennen, wo die Themenschwerpunkte liegen, trotzdem sind überraschende Wendungen im Verlauf solcher Aufklärungsgespräche immer möglich. Der möglichen Tragweite dieses Gesprächs entsprechend, sollten Sie zunächst eine Entscheidung treffen, wer an diesem Aufklärungsgespräch von Ihrer Seite teilnimmt. Dabei können die folgenden Tipps helfen:

- Wählen Sie Ihre Verhandlungsdelegation nie größer als die des Auftraggebers
- Ein hochrangiger Verhandlungsführer in Ihrer Delegation wertet die Auftraggebervertreter auf
- Jedes Mitglied Ihrer Delegation kennt seine Rolle und ist bestens darauf vorbereitet
- Definieren Sie mit Ihrer Delegation vorab klare Ziele und darauf aufbauend einen Gesprächsleitfaden für das Aufklärungsgespräch

Das bedeutet natürlich, dass Sie als Chef, je nach der Große Ihres Unternehmens und je nach der Größe des Projekts, unter Umständen viele dieser Aufklärungsgespräche zusammen mit Ihrem Kalkulator und gegebenenfalls ergänzt um interne oder externe Fachleute wie Statiker, Gutachter oder sonstige Experten führen müssen schon um dem Stellenwert der Auftraggeberseite gerecht zu werden. Was sollte nun der Inhalt Ihrer Gesprächsvorbereitung sein, um sicher zu stellen, dass das Aufklärungsgespräch ein Erfolg wird? Die nachfolgende Tabelle kann dabei als Checkliste dienen:

**Tabelle 3–5** Checkliste für den Gesprächsleitfaden

| **Checkliste für den Gesprächsleitfaden** | |
|---|---|
| Gesprächspartner AG-Seite | Wer ist Verhandlungsführer, Kaufbeeinflusser, Kaufentscheider? |
| | Wie viele Gesprächspartner werden Ihnen gegenübersitzen? |
| | Wer gehört ggf. zu den Befürwortern Ihres Unternehmens? |
| | Wer gehört ggf. zu den Gegnern Ihres Unternehmens? |
| | Welche Erwartungen könnten die Gesprächspartner haben? |
| | Was ist dem Kunden oder seinen Kaufbeeinflussern besonders wichtig? |
| | Gibt es eine gemeinsame Historie mit den Gesprächspartnern? Welche? |
| | Gab es Reklamationen? Hausaufgaben? |
| | Wie sieht die Interessenslage unter den Gesprächspartnern der AG-Seite aus? |
| | Gibt es Infos über persönliche Interessen der Gesprächspartner? |
| Kundenfragen | Analyse der Vorabfragen des Kunden auf kritische Stellen im Angebot |
| | Soweit möglich, Vorbereitung der Antworten |
| Angebotsanalyse | Überprüfung der Angebotsunterlagen auf mögliche Formfehler |
| | Überprüfung/Verständnis der Risiken aus Spekulationen |
| | Überprüfung/Verständnis der Urkalkulation |
| | Überprüfung/Verständnis der Risiken aus den Sondervorschlägen |
| | Überprüfung/Verständnis aller Kundenvorteile aus den Sondervorschlägen |

| Checkliste für den Gesprächsleitfaden | |
|---|---|
| Ziele | Einen erstklassigen professionellen Eindruck hinterlassen |
| | Alle Bedenken des Kunden und seiner Kaufentscheider ausräumen |
| | Wunschpartner für Kunden/Entscheider/Kaufbeeinflusser werden |
| | Auch schwierige Gesprächspartner nicht schlecht aussehen lassen |
| | Auf Fragen eingehen, Zuhören können |
| Positiver Einstieg | Zeitnahes positives Ereignis aus der Kundensphäre |
| | Interessantes Bild, Gegenstand mit Bezug zum Kunden |
| | Erinnerung an gemeinsame gut gelaufene Baustelle |
| Vorstellung Ihres Unternehmens | Wenn möglich vorab den Kunden um sein Einverständnis bitten |
| | Vorhandene Medien beim Kunden erfragen, im Zweifelsfall mitbringen |
| | Interessant, kurz, prägnant, aussagekräftig z. B. Power Point Vortrag |
| | Keinesfalls nichts sagende Hochglanzbilder ohne Aussagekraft |
| Präsentation des Angebots | Eingehen auf alle bekannten Vorabfragen des Kunden |
| | Eingehen auf das was dem Kunden wichtig sein könnte |
| | Herausarbeiten der Vorteile der Ausführungsvarianten, Sondervorschläge |
| | Erläuterung aller Sondervorschläge bei Würdigung des Bauherrenentwurfs |
| | Herausarbeiten des besonderen Kundennutzens |
| Positiver Ausklang | Dank für die Einladung/Positives Gesprächsatmosphäre usw. |
| | Bestätigen eventueller Hausaufgaben und Termine aus dem Projekt |
| | Bestätigen eventueller Vereinbarungen im Persönlichen |
| Nachbereitung | Manöverkritik mit Ihrer Verhandlungsdelegation |

Der wesentliche Vorteil bei der Ausarbeitung eines Gesprächsleitfadens ist, dass alle die daran mitarbeiten, die Ziele der Auftragnehmerdelegation, die vereinbarte Rollenverteilung und viele der möglichen Chancen und Risiken rund um das Angebot aus der Diskussion bereits kennen und damit die besten Voraussetzungen für einen souveränen Auftritt beim Kunden geschaffen haben. Wer seinen Kalkulator alleine zum Aufklärungsgespräch schickt oder gar selbst unvorbereitet zum Kunden geht, braucht sich nicht wundern, wenn er am Ende als zweiter Sieger aus dem Rennen um den Auftrag geht.

### *3.4.2.6 Die Auftragsverhandlung*

Im Gegensatz zum Aufklärungsgespräch der öffentlichen Auftraggeber werden bei der Auftragsverhandlung der privaten Auftraggeber natürlich keine Rücksichten auf die VOB/A genommen. Die privaten Auftraggeber unterwerfen sich gerade nicht der VOB/A und einige von ihnen sind geradezu Vorreiter geworden im Wettlauf beim Verfall der guten Sitten am Bau. Meist sind solche Bauherrenvertreter schon an ihren Ausschreibungen zu erkennen. Die VOB/B ist dort nur in soweit zu finden wie sie die Rechte des Auftraggebers gewährleistet. Die Rechte des Auftragnehmers wurden von findigen Anwälten eliminiert und sämtliche normalen Bauherrenrisiken gibt es für den Auftragnehmer als „Dreingabe" dazu. Solche potenziellen Auftraggeber sollten schon bei der Kundenwahl, spätestens bei der Projektwahl wegen zu großer Risiken eliminiert werden. Sollten Sie wirklich erst bei der Auftragsverhandlung erkennen, dass Ihre Gesprächspartner zu dieser Sorte Bauherren gehört, zögern Sie nicht. Stehen sie auf und gehen Sie.

Doch nun zum Regelfall des privaten Bauherren, der das Ziel hat, sein Projekt vom besten Unternehmen zum günstigsten Preis gebaut zu bekommen und dagegen ist erst einmal nichts einzuwenden. Die Auftragsverhandlung unterscheidet sich in diesen Fällen nur in sofern vom

Aufklärungsgespräch, als hier eben auch zusätzlich noch über den Preis verhandelt wird. Ansonsten gilt alles was bereits über das Aufklärungsgespräch erläutert wurde.

## 3.4.3 Die Ausführungsphase

### *3.4.3.1 Arbeitsvorbereitung*

Je nach der Größe der Projekte betreut ein Bauleiter bzw. Projektleiter in einem mittelständischen Unternehmen üblicherweise zwei bis sechs Bauvorhaben gleichzeitig und verantwortet entsprechend einen Umsatz von 2 bis 5 Millionen EUR pro Jahr. Nicht immer steht ihm für die Arbeitsvorbereitung eine zentrale Serviceabteilung zur Verfügung. So ist es nicht ungewöhnlich, wenn sich ein Teufelskreis auftut aus Problembewältigung in Folge ungenügender Arbeitsvorbereitung bei der laufenden Baustelle, daraus enorme Zeitbelastung für den Bauleiter und daraus in der Konsequenz keine Zeit für die Vorbereitung der nächsten Baustelle. Das Ergebnis sind: ein stets gehetzter Bauleiter, teure Pannen im Bauausführungsprozess, unzufriedene Kunden und ein schlechtes Baustellenergebnis. Diesem Teufelskreis begegnen wir in schöner Regelmäßigkeit bei vielen Jungbauleitern und doch immer noch vereinzelt bei den „Alten Hasen".

Wer sich mit den Prozessen einer Organisation auseinander setzt, weiß, wie wichtig es ist, den Großteil der Energie in die Planung und Vorbereitung eines Projekts zu legen und sie eben nicht, wie so häufig zu beobachten, zur Lösung des selbst verursachten Chaos in Folge der fehlenden oder schlechten Arbeitsvorbereitung investieren zu müssen. Jeder in der Vorbereitung eingesparte Euro wird später mit Zins und Zinseszins nachbezahlt. Das gilt übrigens nicht nur für die Bauindustrie sondern für praktisch jeden Produktions- und Serviceprozess. Natürlich macht es bei einem Betrieb mit zwei Bauleitern keinen Sinn die Arbeitsvorbereitung arbeitsteilig zu organisieren. Auch der große mittelständische Baubetrieb mit überwiegend kleinen Baustellen von 20 bis 200.000 EUR und weitestgehend standardisierten Arbeitsabläufen wird unter Umständen die Nachteile der zusätzlichen Schnittstelle höher bewerten und die Arbeitsvorbereitung durch den Bauleiter in Personalunion organisieren. Entscheidend für den Erfolg eines Unternehmens ist, dass sich die gesamte Führungsmannschaft der hohen Priorität einer perfekten Arbeitsvorbereitung bewusst ist und für diese Aufgabe die erfahrensten Mitarbeiter mit ausreichendem Zeitrahmen zur Verfügung stehen.

Doch was gehört zu einer guten Arbeitsvorbereitung außer der Erkenntnis, dass sie gleichsam „kriegsentscheidend" für den Erfolg einer Baustelle ist? Die nachfolgende Tabelle soll dazu dienen die wesentlichen Inhalte einer guten Arbeitsvorbereitung aufzulisten.

**Tabelle 3–6** Arbeitsvorbereitung

| Themen | Maßnahmen |
|---|---|
| Auftragskalkulation | Alle Veränderungen aus der Vertragsverhandlung werden in die Angebotskalkulation eingearbeitet<br>• Überarbeitung Einheitspreise der Teilleistungen<br>• Überarbeitung Kostenstruktur<br>• Überarbeitung Leistungsansätze, Leistungsvorgaben |

| Themen | Maßnahmen |
|---|---|
| Vertragsanalyse | Ermitteln des Bausolls für alle zukünftigen Detailabläufe:<br>• Ermitteln der Teilleistungen aus Pauschalen<br>• Materialspezifikationen<br>• Massenermittlung<br>• Terminabläufe, Vertragstermine, kritische Wege<br>• Festlegen des notwendigen Berichtswesens |
| | Chancen und Risikoanalyse aller Teile und Passagen des Bauvertrags und daraus:<br>• Eindeutigkeit der Baubeschreibung<br>• Massenrisiken, Massenchancen<br>• Verfahrensrisiken, Verfahrenschancen<br>• Terminrisiken, Terminchancen<br>• Baugrundrisiken, Baugrundchancen<br>• Spartenrisiken, Chancen<br>• Genehmigungsrisiko, Chancen<br>• Nachbarschaftsrisiken, Chancen<br>• Chancen und Risiken aus Materialspezifikationen<br>• Festlegen der Risikovermeidungsstrategien- und Maßnahmen<br>• Ermittlung der möglichen Nachtragschancen |
| Baupartner | Ermitteln der Vertreter des Auftraggebers und seiner Erfüllungsgehilfen<br>• Informationen über die handelnden Personen, frühere Erfahrungen, Eigenheiten<br>• Wer sind die Entscheider, Befugnisse?<br>• Wer sind die Meinungsbilder, Befugnisse? |
| ARGE-Partner | Vorbereitung der Konstituierenden ARGE-Sitzung (soweit noch nicht in der Bietergemeinschaftsvereinbarung festgelegt)<br>• Ziele des Unternehmens zur ARGE-Form<br>• Ziele des Unternehmens zum ARGE-Vertrag<br>• Ziele des Unternehmens zur Geschäftsführung<br>• Ziele des Unternehmens zu den Verrechnungssätzen<br>• Ziele des Unternehmens zur Beistellung<br>Einladung zur Konstituierenden ARGE-Sitzung (Kfm. Geschäftsführung)<br>• Umsetzung der Unternehmensziele zur ARGE<br>• Verhandlung ARGE-Vertrag<br>• Regelung zur Geschäftsführung, Verrechnungssätzen<br>• Konten, Vollmachten, Bürgschaften, Unterbürgschaften<br>• Beistellungen, Sätze, Qualitätsniveau der Beistellungen<br>• Technische Bearbeitung, Einkauf, Buchhaltung,<br>• Korrespondenz, Dokumentenmanagement, Vollmachten<br>• Besprechungszyklen, Jour Fixe |
| Nachtragsmanagement | Ermittlung aller potenziellen Nachtragschancen<br>• Listung der Chancen und Risiken<br>• Definition der notwendigen Anspruchsgrundlagen<br>• Festlegung des erforderlichen Berichtswesens<br>• Festlegung der notwendigen Maßnahmen |
| Berichtswesen | Festlegen des erforderlichen und notwendigen Berichtswesens, IT Unterstützung<br>• Tagesberichte, Abgabetermine, Unterschriften<br>• Korrespondenz, Verteiler, EDV-Plattform<br>• Genehmigungen, Freigaben<br>• Pläne, Verteiler, Prüflauf, Freigaben<br>• Archivierung Dokumente ggf. digital |

| Themen | Maßnahmen |
|---|---|
| Terminmanagement | Analyse und Ausarbeitung der Terminpläne<br>• Vertragsterminplan, Terminkontrollsystem<br>• Bauablaufplan, Feinterminpläne, Kontrollsystem |
| Fakturierung | Ermittlung der vertraglich vereinbarten Rechnungslegungsvorschriften<br>• Rechnungsform, Anzahl Kopien, Prüflauf<br>• Rechnungslegungsfristen, Zahlungsfristen<br>• Aufmaßvorschriften, Form, Prüflauf, Termine<br>• Erforderliche Nachweise, Bescheinigungen,<br>• Bürgschaften, Termine |
| Baustellencontrolling | Entscheidung über Datenerfassung auf der Baustelle oder im Unternehmen<br>• Aufbau Budget auf Basis Kalkulation<br>• Einrichtung Baustelle im Controllingsystem<br>• Festlegung Belegfluss, Termine<br>• Regelmäßige Auswertung Soll-Ist-Vergleich<br>• Bei ARGEN-Einbindung ARGE-Buchhaltung |
| Technische Arbeitsvorbereitung | Entscheidung zur Verfahrenstechnik auf der Basis von:<br>• Vertragsanalyse<br>• Chancen Risiko Analyse<br>• Wirtschaftlichkeitsrechnung<br>• Unternehmenserfahrung<br>• Vorstatik, Massenermittlung<br>Einkauf von Material und Nachunternehmer<br>• Ausschreibung Nachunternehmer<br>• Ausschreibung Schalung, Gerüste, Hebezeuge<br>• Ausschreibung Stahl, Beton, Fugenbänder, Einbauteile usw..<br>• Verhandlung Lieferanten und Nachunternehmer<br>• Vergabe Lieferanten und Nachunternehmer<br>Baustelleneinrichtung<br>• Baustelleneinrichtungspläne, Büro, Gerätestandorte,<br>• Strom, Wasser, Telekom,<br>• Kranstandorte, Autokranstandorte<br>• Leitungspläne, Nachbarbebauung, Beweissicherung<br>• Logistik, Zufahrten, Standplätze, Lagerplätze<br>• Vermessung, Hauptachsen, Sicherung<br>Tiefbauarbeiten<br>• Abbruchkonzepte, Abbruchstatik, Genehmigungen<br>• Erdarbeiten, Aushubpläne, Rampen, Deponie<br>• Kontaminationen, Analyse, Entsorgungswege<br>• Baugrubensicherung, Gründung, Bodenverbesserung<br>• Wasserhaltung, Vorflut, Genehmigung<br>Ingenieurbauarbeiten<br>• Schalpläne, Gerüste,<br>• Vorschubkonzepte, Einschwimmkonzepte<br>• Hebezeuge, Pumpenstandorte<br>• Betonrezepturen, Prüfzeugnisse, Eignungsprüfungen<br>• Planung Fertigteillogistik |
| Qualitätssicherung | Ausarbeitung des Qualitätssicherungsplans<br>• Ausarbeiten Arbeitsanweisungen für alle Gewerke<br>• Festlegung Prüfpunkte und Prüfroutinen<br>• Einrichtung Mess- und Regeltechnik, Dokumentation |

Selbstverständlich kann diese Liste nur eine Orientierung sein und kann keinen Anspruch auf Vollständigkeit erheben. Trotzdem wird an der Fülle der angesprochenen Themen sofort klar, dass Arbeitsvorbereitung keine Kleinigkeit ist, die ein Jungbauleiter mal eben so nebenbei erledigt. Hier sind Profis mit langjähriger Erfahrung gefragt. Die wichtigste Aufgabe für die Unternehmensleitung ist es dafür zu sorgen, dass diese für das Baustellenergebnis kriegsentscheidende Aufgabe rechtzeitig und professionell erledigt wird.

#### *3.4.3.2 Nachtragsmanagement*

Beinahe zehn Jahre Rezession in der deutschen Bauindustrie haben den Baumarkt zum eindeutigen Käufermarkt werden lassen. Das heißt immer weniger Auftraggebern stehen immer noch zu viele Unternehmen gegenüber. Die Folgen sind ein Verfall der Preise und was noch viel schlimmer ist, ein Verfall der Sitten am Bau. Die Bauherren versuchen zunehmend massiv durch immer umfangreichere und ausgefeiltere Verträge die klassischen Bauherrenrisiken zu Lasten der Auftragnehmer zu verschieben. Die Auftragnehmer versuchen durch aggressives Nachtragsmanagement ihre nicht auskömmlichen Preise auf ein einigermaßen erträgliches Niveau zu heben und hoffen damit am Ende doch noch mit einem positiven Ergebnis aus dem Auftrag heraus zu kommen. Wer da kein professionelles Nachtragsmanagement betreibt, wird Geld verlieren, das er beim heutigen Preisniveau dringend braucht oder er wird durch unprofessionelle Mehrkostenforderungen das Klima auf der Baustelle so vergiften, dass an eine vernünftige Zusammenarbeit nicht mehr zu denken ist. Im schlimmsten Fall heißt es dann: Geld verloren und Kunden verloren!

Um das zu verhindern, gilt es ein professionelles Nachtragsmanagement einzurichten, das darauf ausgerichtet ist alle Nachtragschancen zu wahren, sie aber so zu platzieren, dass der Auftraggeber sich zu keinem Zeitpunkt übervorteilt fühlt. Das heißt, neben den Fragen von Anspruchsgrundlage und Anspruchshöhe gilt es stets auch im Auge zu behalten, ob ein Erfüllungsgehilfe des Bauherrn durch Form oder Inhalt der Mehrkostenanmeldung gegenüber dem Bauherrn in ein nachteiliges Licht kommen könnte. Hier heißt es nicht auf die Mehrkostenanmeldung und auf die Durchsetzung des Nachtrags zu verzichten, sondern sie gegebenenfalls so mit den potenziell betroffenen Erfüllungsgehilfen des Auftraggebers vor zu besprechen und eventuell auch noch zu verifizieren, dass diese mit Form und Inhalt einigermaßen leben können, ohne sich beim Auftraggeber dabei bis auf die Knochen zu blamieren.

Hier ist also Fingerspitzengefühl gefragt, ohne das eigentliche Ziel der Mehrkostenanmeldung aus den Augen zu verlieren. Ein Baugrundsachverständiger wird, um den Aufbau des Baugrundes zu erkunden, nur eine wirtschaftlich vertretbare und damit endliche Anzahl von Aufschlussbohrungen durchführen und auswerten können. Seine Beurteilung des Baugrundes kann sich letztendlich exakt nur auf diejenigen Punkte beziehen, die im Zuge der Baugrunderkundung erbohrt worden sind. Bezüglich der Flächen zwischen den Bohrungen wird sich ein erfahrener Baugrundsachverständiger immer nur mit Einschränkungen äußern, denn hier kann er ja nur von den Ergebnissen weniger Aufschlussbohrungen auf das große Bodenvolumen dazwischen extrapolieren.

Nachdem man vor Überraschungen im Baugrund nie sicher sein kann, ist es für den Baugrundsachverständigen auch kein Problem, wenn sich später herausstellt, dass in einem Feld zwischen zwei Bohrungen ein anderer Baugrund festgestellt wird, als infolge der Extrapolation der Ergebnisse der Aufschlussbohrungen zu erwarten war. In diesem Fall wird es für den Baugrundsachverständigen auch in der Regel nicht zum Problem, wenn daraus Mehrkosten für Bodenaustausch, Bodenverbesserung oder Dekontamination anfallen. Der gleiche Baugrundsachverständige hat aber sofort ein gewaltiges Problem und wird sich entsprechend zu verteidigen versuchen, wenn das ausführende Bauunternehmen unmittelbar neben einer Bohrung aus dem Baugrunderkundungsprogramm völlig andere Baugrundverhältnisse glaubt festgestellt zu haben. Natürlich gibt es hier Variationen zum Thema, wenn der Baugrundsachverständige die Abweichungen im maßgeblichen Feld infolge einer logischen Interpretation der Bohrergebnisse und auf Grund seiner Erfahrung hätte erkennen müssen. Das heißt, bei jedem Nachtrag empfiehlt es sich im Hinblick auf seine spätere Durchsetzbarkeit die Position der von einem Nachtrag tangierten Erfüllungsgehilfen des Bauherren im Auge zu behalten.

Ein weiterer wichtiger Aspekt im Bereich des Nachtragsmanagements ist die Sensibilisierung und Vorbereitung der gesamten Baustellenmannschaft für die Notwendigkeit einer perfekten Dokumentation. Nichts ist ärgerlicher als Anspruchsgrundlage und Anspruchshöhe infolge eines unprofessionellen Berichtswesens nicht oder nicht ausreichend durchsetzen zu können. Eine logische und saubere Begründung einer Mehrkostenanmeldung und des darauf folgenden Nachtragsangebots mit Bezug zur Urkalkulation, einer sauberen und logisch nachvollziehbaren Nachtragskalkulation, perfekten Feinterminplänen und einer erdrückenden Flut von Einzelnachweisen nimmt dem Auftraggeber die Chance, den Nachtrag vorschnell in die Ecke von unseriöser Abzockerei zu stellen. Der Eindruck von Professionalität wird noch verstärkt, wenn alle Aktivitäten des AN nicht nur logisch und sauber, sondern auch noch zeitnah beim AG eingehen. Dies ist der beste Schutz, um zu verhindern, dass der Nachtrag bis weit über das Baustellen Ende hinaus verschleppt wird.

Als Anregung für eine Checkliste zum Nachtragsmanagement kann die nachfolgende Tabelle dienen. Die Tabelle kann dabei keinen Anspruch auf Vollständigkeit erheben.

**Tabelle 3–7** Nachtragsmanagement

| **Nachtragsmanagement** | |
|---|---|
| Ermittlung der potentiellen Nachtragschancen auf der Basis von<br>• Vertrag<br>• Arbeitsvorbereitung<br>• Erfahrung<br>• Kenntnis der Vertragspartner<br>• Chancen/Risikoanalyse<br>• Qualitätssicherung | Abbruch, Abweichungen vom Bausoll<br>• Strukturen des Gebäudes<br>• Materialien, Asbest,<br>• Leitungen, Kanäle<br>Baugrund, Abweichungen vom Baugrundgutachten<br>• Bodenklassen, Schichtaufbau<br>• Bodenmechanische Eigenschaften, Tragfähigkeit, Steifigkeit<br>• Kontaminationen, Baugrund, Wasser<br>Vertraglich geschuldete bauseitige Leistungen, verspätete Lieferung<br>• Ausführungsunterlagen, Pläne, Gutachten, Beweissicherung<br>• Hauptachsen, Strom, Wasser, Zufahrt<br>• Baugenehmigung, nachbarschaftliche Genehmigung<br>Massenmehrung/Minderung (VOB/B § 2 Nr.3)<br>• Massenmehrung/ Minderung der Teilleistung<br>• Ausgleich durch andere Teilleistungen<br>Pauschalen<br>• Änderung der Grundlage der Preisermittlung (VOB/B § 2 Nr. 7 mit Nr. 5)<br>– Gebäudegeometrie<br>– Nachbarschaftsverhältnisse<br>• Erhebliche Abweichung der Massen VOB/B § 2 Nr. 7 mit § 242 BGB<br>Bauentwurfsänderungen VOB/B § 2 Nr. 5<br>• Widersprüche in der Leistungsbeschreibung<br>• Anordnungen des Bauherrn<br>• Vom Bauherrn gestellte Materialien erfüllen nicht die zugesicherten Eigenschaften |

| Nachtragsmanagement | |
|---|---|
| | Zusätzliche Leistungen VOB/B § 2 Nr. 6, VOB/B § 2 Nr. 9<br>• Anordnungen des Bauherrn<br>Gestörter Bauablauf<br>• Fehlende Vorleistung der Erfüllungsgehilfen des Auftraggebers<br>• Fehlende Entscheidungen des Auftraggebers<br>• Fehlende Genehmigungen, Freigaben<br>• Behinderungen durch Vorunternehmer<br>• Insgesamt gestörter Bauablauf aus Mehrfachbehinderungen<br>• Gemeinkosten aus gestörtem Bauablauf |
| Identifikation und Minderung von Nachtragsrisiken | Formale Risiken<br>• Mehrkostenanmeldung nicht rechtzeitig, unvollständig, fehlerhaft<br>• Fehlerhafte Nachweise für Mehrkostenermittlung,<br>• Ungünstige Urkalkulation<br>• Fehlende/ungenügende Dokumentation der Anspruchsgrundlagen<br>Emotionale Risiken<br>• Mehrkostenanmeldung dokumentiert die Fehler von Erfüllungsgehilfen des AG<br>• Mehrkostenanmeldung kommt überraschend für den AG<br>• Mehrkostenanmeldung ist aggressiv formuliert<br>• Anspruchsgrundlage ist nicht einsichtig/unlogisch formuliert<br>Faktische Risiken<br>• Verspätete Vorleistungen des AN behindern Vorleistungen des AG<br>• Mangelhafte Leistungen AN beeinflussen Vorleistungen AG<br>• Behinderungen kommen nicht aus der unmittelbaren Sphäre des AG<br>• Eigene Qualitätsmängel, Terminmängel |
| Vorbereitung der Anspruchsgrundlagen | Bereitstellung der Standardmusterschreiben |
| Festlegung des erforderlichen Berichtswesens | Klare Aufgabenverteilung<br>• Definition Berichtsform und Mindestinhalte<br>• Definition Aufgaben, Kundenbetreuung<br>• Checkliste der baustellenspezifischen potentiellen Nachtragschancen |
| Festlegung der notwendigen Maßnahmen | Qualitätssicherung<br>• Ausführungsqualität<br>• Terminmanagement<br>• Kontrolle Berichtswesen<br>• Nachtragsverfolgung<br>• Gesprächsvorbereitung |

### *3.4.3.3 Abrechnung*

Es ist in der Regel relativ einfach regelmäßig die Abschlagsrechnung zu schreiben, wenn die Vorleistung durch den Bauleiter vorliegt. An dieser Vorleistung, an den Aufmaßen, den Massenvordersätzen und den in vielen Fällen notwendigen Unterschriften des Auftraggebers fehlt es dann häufig und damit rutscht so mancher Rechnungslegungstermin immer weiter nach hinten. Hier gilt es anzusetzen durch ein striktes Regime, das fixe Rechnungslegungs- und Aufmaßtermine erzwingt. Apropos fixe Rechnungslegungstermine. Die VOB/B § 16 Nr. 1 gibt keine Zeitabstände vor, sondern fordert lediglich möglich kurze Zeitabstände für die Rechnungslegung; das heißt, soweit vertraglich nichts anderes vereinbart wurde, ist ein wöchentlicher Rechnungslegungstermin vom AG nicht zu beanstanden. Ein Blick auf die Liquiditätsbindung in Folge längerer Rechnungslegungsabstände zeigt, dass sich die Mühe bei den für Bauunternehmen üblichen niedrigen Liquiditätsspielräumen lohnt.

Parallel zu einer qualifizierten Rechnungslegung gilt es, alle Stolperfallen aus dem Weg zu räumen, die eine zügige Bearbeitung und Bezahlung durch den Auftraggeber gefährden könnten. Wie später noch im Kapitel Liquidität zu berichten sein wird, nutzen zahlungsunwillige Auftraggeber mit Vorliebe die Nachlässigkeiten ihrer Auftragnehmer, um Zahlungen formal begründbar zu verzögern. Dabei werden an den unterschiedlichsten Stellen des Werkvertrages diverse Vorbedingungen für die erste Abschlagszahlung aufgeführt. Diese sind neben Formvorschriften, wie die Anzahl der Prüf- und Rücklaufkopien, insbesondere Nachweise, die infolge der umfangreichen Gesetzgebung gegen die Schwarzarbeit zum Schutz der Hauptunternehmer im Baugewerbe gängige Praxis geworden sind.

Basis für dieses Verlangen der Hauptunternehmer nach diversen Nachweisen ist die Nachunternehmerhaftung gemäß Arbeitnehmerentsendegesetz. Demnach haftet ein Unternehmer (Auftraggeber), der einen anderen Unternehmer (Nachunternehmer) mit der Erbringung von Bauleistungen i. S. d. § 211 Abs. 1 Sozialgesetzbuch III (SGB III) beauftragt, für die Verpflichtungen dieses Nachunternehmers zur Zahlung des Mindestentgelts an seine Arbeitnehmer sowie zur Zahlung von Beiträgen an die Sozialkassen des Baugewerbes. Diese Verpflichtung setzt sich im Sinne einer Durchgriffshaftung von den Mitarbeitern des letzten Nachunternehmers oder Verleihers über mögliche weitere Nachunternehmer bis zum Hauptunternehmer durch. Der Gesetzgeber hat geregelt, dass eine Haftung nur dann entfällt, wenn der Auftraggeber nachweist, dass er ohne eigenes Verschulden davon ausgehen konnte, dass der Nachunternehmer seine Zahlungspflicht erfüllt.

Das heißt, der Hauptunternehmer muss belegen, dass er bei der Auswahl seines Nachunternehmers die Sorgfaltspflicht eines ordentlichen Kaufmanns aufgewandt hat. Dies kann durch Prüfung der Seriosität des Angebots, der einkalkulierten Lohnzusatzkosten, der behördlichen Meldung des Nachunternehmers, sowie der regelmäßig bezahlten Sozialabgaben erfolgen. Kann der Hauptunternehmer diesen Nachweis nicht führen, so haftet er grundsätzlich für die nicht gezahlten Sozialversicherungsbeiträge. In der gesetzlichen Unfallversicherung genügt dieser Nachweis nicht, hier haftet der Hauptunternehmer bzw. der Auftraggeber nach den derzeitig gültigen Bestimmungen bei Nichtzahlung der Beiträge durch seinen Nachunternehmer immer voll, ohne die Möglichkeit einer Haftungsfreistellung zu haben.

Wie kann der Auftraggeber dieses Haftungsrisiko nun praktisch vermindern? Das generelle Haftungsrisikos bleibt, aber der Auftraggeber hat die Möglichkeit, dieses zu minimieren, indem er sich sehr sorgfältig über die Seriosität seines möglichen Vertragspartners erkundigt und entsprechende Belege beizieht. Dies können sein:

- Gewerbeanmeldung
- Handwerksrolleneintrag, soweit für das jeweilige Gewerk vorgeschrieben
  Bei GmbH = Handelsregisterauszug
- Freistellungsbescheinigung des Finanzamtes
- Aktuelle Unbedenklichkeitsbescheinigung der zuständigen Einzugsstelle für die Sozialversicherungsbeiträge
- Aktuelle Unbedenklichkeitsbescheinigung der zuständigen Berufsgenossenschaft

Die Erfahrungen der Bau-Berufsgenossenschaften zeigen, dass manche Nachunternehmer nur eine geringe Anzahl von Mitarbeitern „über die Bücher laufen lassen", aber in Wirklichkeit mit dem doppelten, in Einzelfällen auch mit dem 10 bis 20-fachen Personal vor Ort arbeiten. Achten Sie deshalb bei neuen und unbekannten Nachunternehmern in Ihrem eigenen Interesse darauf, dass Ihr Nachunternehmer Ihnen gegenüber belegt, wie viele Personen aktuell bei den Sozialversicherungsträgern gemeldet sind. Sollte sich die Auftragsdurchführung über einen längeren Zeitraum erstrecken (mehrere Monate oder Jahre), so ist dringend zu empfehlen, vor Bedienung der Schlussrechnung sich nochmals eine aktuelle Unbedenklichkeitsbescheinigung der Sozialversicherungsträger vorlegen zu lassen.

So sinnvoll dieses Gesetz im Kampf gegen Schwarzarbeit und Lohndumping auch sein mag, es bietet eine Menge zusätzlichen Stoff, um Stolperfallen auf dem Wege zur ersten Abschlagszahlung aufzubauen. Sind Sie der Nachunternehmer, so richten sich diese Waffen zum Schutz des Hauptunternehmers gegen Ihr Unternehmen und können zur Verzögerung der ersten Abschlagszahlung und gegebenenfalls auch der Schlusszahlung führen. Um solchen Verzögerungstaktiken durch ihren Auftraggeber den Nährboden zu nehmen, gilt es alle vertraglich vereinbarten Regelungen zur Rechnungslegung peinlichst genau zu analysieren und einzuhalten. Im Wesentlichen sind es die nachfolgend in der Tabelle 3–8 aufgeführten Formalien rund um die Rechnungslegung, deren Einhaltung häufig als Voraussetzung für eine fällige Auszahlung vertraglich festgelegt wurde.

Da immer wieder neue Forderungen einzelvertraglich durch die AG in die Werkverträge gedrückt werden, wird diese Liste nie absolut vollständig sein können. Trotzdem gibt sie eine Orientierung darüber, was da so alles schon erfunden und in die Verträge gepackt wurde. Besonders gemein wird es, wenn einzelne Forderungen über mehrere Vertragsbestandteile verteilt wurden und erst eine Vollrecherche erforderlich wird, um alle aufzuspüren. Selbstverständlich müssen die Wortschöpfungen der Auftraggeber damit noch lange nicht erschöpft sein. Langer Rede kurzer Sinn, um nicht auf eine dieser Tretminen zur Zahlungsverzögerung zu treten, ist es notwendig, alle Vertragsbestandteile des Werkvertrags auch die Allgemeinen Geschäftsbedingungen gründlich hinsichtlich der Voraussetzungen für eine ungehinderte Zahlung zu analysieren. Als Hilfestellung dient die nachfolgende Checkliste:

**Tabelle 3–8** Rechnungslegung

| Checkliste für die Rechnungslegung | |
|---|---|
| Rechnung | Rechnungsform<br>• Originalrechnung mit Rücklaufexemplar<br>• Kopien nach Kundenwunsch 1 bis 4<br>• Kopien Bauakt, Mahnakt, Rechnungswesen<br>Rechnungskopf<br>• EU-Umsatzsteuer-Identitätsnummer, Umsatzsteuernummer<br>• Kundenadresse, Kundennummer<br>• Bauvorhaben, Rechnungsnummer,<br>• Datum<br>• Abschlagsrechnung Nr., Datum, Bearbeiter, Tel, Fax, E-Mail<br>Rechnungsinhalt<br>• Losnummer. Bauteil, Position,<br>• Vordersatz, Nettoeinheitspreis, Gesamtpreis,<br>• Titelsumme, Gesamtpreis<br>• Seitenübertrag, Gesamtpreis<br>• Nettogesamtpreis<br>• Abzüge aus Nachlässen<br>• Nettogesamtpreis<br>• Abzüge aus vereinbartem Sicherheitseinbehalt<br>• Summe Netto, Mehrwertsteuer, Summe Brutto<br>• Abzgl. Zahlungseingang Brutto<br>• Fällig Brutto<br>• Fälligkeit der Zahlung |

| Checkliste für die Rechnungslegung | |
|---|---|
| | • Ihre Zahlungen bis zum Datum:<br>• Nettozahlung, Mehrwertsteuer, Bruttozahlung |
| Garantien | Vorauszahlungsbürgschaft<br>• Fast immer Bankbürgschaft auf erstes Anfordern<br>– Bürgschaftsform klären<br>– Akzeptierte Bank klären<br>Ausführungsbürgschaft/Gewährleistungsbürgschaft<br>• Soweit möglich Bürgschaft eines Kautionsvereins durchsetze (Bankbürgschaft könnte zu Lasten der freien Linien angerechnet werden)<br>– Bürgschaftsform klären<br>– Evtl. aufteilen zwecks Umwandlung in Gewährleistungsbürgschaft |
| Nachweise | Bestätigung zur Legalität der Gesellschaftsform<br>• Handelsregisterauszug / Handwerksrollenauszug<br>– Geforderte Aktualität des Auszugs, Bestätigung<br>Nachweise zur Abwehr der Durchgriffshaftung für den Hauptunternehmer<br>• Unbedenklichkeitsbescheinigung Finanzamts bzgl. Steuerschulden<br>– Unbedenklichkeitsbescheinigung Lohnsteuer<br>– Unbedenklichkeitsbescheinigung Unternehmenssteuern<br>– Aktualität der Unbedenklichkeitsbescheinigung<br>• Unbedenklichkeitsbescheinigung Krankenkassen<br>– In der Regel genügt stv. Bescheinigung der AOK<br>– Aktualität klären<br>• Unbedenklichkeitsbescheinigung der Sozialkassen des Baugewerbes<br>– Aktualität klären<br>• Erklärungen zum Mindestlohns<br>– Art und Umfang klären<br>– Im Extremfall Erklärung der MA gefordert<br>Tariftreueerklärung bei öffentlichen Auftraggebern, soweit nicht schon vor Auftragserteilung eingefordert<br>• Erklärung Unternehmen und Betriebsrat<br>– Aktualität klären |
| Fristen | Rechnungslegungsintervalle<br>• Vertragliche Regelungen abweichend zur VOB klären, sonst frei<br>Prüffristen/Zahlungsziele<br>• Vertragliche Regelungen klären |
| Technische Nachweise | Aufmaße<br>• Klären der gewünschten/vertraglich geregelten Form<br>• Klären notwendigen Unterschriften der AG Vertreter<br>Abnahmen<br>• Vertragliche Form der Abnahme klären<br>• Abnahmen und Teilabnahmen rechtzeitig anmelden<br>Zeugnisse<br>• Vertraglich geschuldete Zeugnisse für Materialien identifizieren |

## 3.4.4 Controlling

### *3.4.4.1 Grundsätze*

Der Begriff Controlling ist, wie so vieles aus dem amerikanischen Sprachgebrauch entlehnt und wird heute vereinfacht im Sinne von „Kontrollieren" verwendet. Er steht jedoch in einem engen Zusammenhang für die Koordination der vergangenheitsbezogenen Tätigkeit des Kontrollierens mit der zukunftsgerichteten Tätigkeit des Planens und Steuerns sowie der Informationsunterstützung für die Führung des Unternehmens im Sinne eines Regelkreises wie aus der nachfolgenden Bild 3–4 hervorgeht.

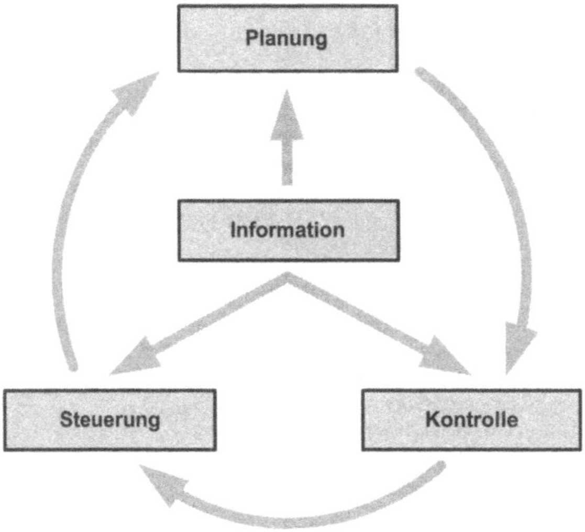


**Bild 3–4** Regelkreis

Sowohl über die Aufgaben, wie auch über den Umfang eines Controllings bestehen zum Teil erhebliche Auffassungsunterschiede. Art und Umfang eines Controllingsystems sollten aber immer zur Größe eines Bauunternehmens passen, damit Aufwand und Ertrag noch in einem gesunden Verhältnis stehen. Allerdings machen es die immer schlechteren Margen im deutschen Baugewerbe erforderlich das Unternehmen wesentlich feiner zu steuern und zu kontrollieren, wodurch zwangsläufig auch die Qualitätsanforderungen an ein Controllingsystem steigen müssen. Hat es in den Boomjahren nach dem Krieg für ein kleineres mittelständiges Bauunternehmen genügt, einmal im Jahr zu wissen, wo es wirklich steht, so sind diese Zeiten längst vorbei. Wer bei der Steuerung seines Unternehmens ausschließlich auf die Informationen aus der handelsrechtlich vorgeschriebenen jährlichen Bilanz, Gewinn- und Verlustrechnung des Steuerberaters angewiesen ist, hat im heutigen Wettbewerb schon verloren.

Auch für kleine Bauunternehmen ist es somit zwingend geboten, neben der für den Jahresabschluss notwendigen Finanzbuchhaltung eine Kostenrechnung aufzubauen, die wenigstens einmal im Monat klare Informationen über die essentiellen Kennzahlen des Unternehmens liefern. Für ein Bauunternehmen, das im betriebswirtschaftlichen Sinne nahezu ausschließlich eine Einzel- oder Variantenfertigung betreibt, ist der zentrale Kostenträger die Baustelle und nicht wie etwa bei einem Serienfertiger das Produkt bzw. die Produktlinie. Die essentiellen Kennzahlen werden somit auf Unternehmens- wie auf Baustellenebene benötigt. Entsprechend ihrer Bedeutung für Entwicklung und Wohlergehen des Unternehmens sind dies vor allem die Liquidität zum Erhalt des finanziellen Gleichgewichts und die Rentabilität als Maßstab für Erfolg oder Misserfolg jedes einzelnen Projekts sowie ihre Abweichungen gegenüber der Planung, Kalkulation und Budget. Im Sinne der Unternehmensstrategie (siehe Kapitel 3.2) bewegt sich dieser Kernbereich des Controllings natürlich ausschließlich in der Ergebnisperspektive.

Eine für Bauunternehmen gut geeignete Art der Kostenrechnung ist die Deckungsbeitragsrechnung, die sich durchgängig von der Kalkulation über das Baustellenbudget bis zu Betriebsabrechnung auf Baustellenebene einsetzen lässt. Dabei werden alle einem Kostenträger (Baustelle) direkt zuordenbaren Kosten wie Personal, Geräte, Material, Verbrauchsstoffe, Transporte sowie die Baustellengemeinkosten eins zu eins kalkuliert bzw. gebucht. Alle nicht direkt zuordenbaren Kosten, wie zum Beispiel Abteilungsgemeinkosten oder Firmengemeinkosten, sowie je nach Detailschärfe der Kostenrechnung auch Zinsen und Avalkosten, können auf Baustellenebene nur prozentual auf Basis der Planwerte als Deckungsbeitrag berücksichtigt werden.

Liquidität und Rentabilität sind zwar sicher die wichtigsten, aber längst noch nicht alle Kennzahlen eines Bauunternehmens, die über ein Controlling erfasst und kontrolliert werden können. Sämtliche Prozesse eines Unternehmens lassen sich in ein Controllingsystem integrieren. Das beginnt im Vertrieb mit dem Customer Relation Management (CRM) das die Kundenperspektive also im Wesentlichen die Bereiche Kunden, Entscheider, Kaufbeeinflusser, Partner und Konkurrenten mit dem Markt und seinen konkreten Projekten verknüpft und damit einem Controlling zugänglich macht. Damit ist es auch möglich, den Erfolg von Strategieumsetzungsprozessen im Bezug auf Markt und Kunden, zu kontrollieren. Im Beispiel aus Kapitel 3.2.3, geht es um die Umwandlung des „Allerweltshochbauers" zum „Spezialisten für Luxusvillen mit erstklassigem Image für hohe Exklusivität und Qualität mit dynamischem Wachstum und hoher Rentabilität". Um in diesem Beispiel die erwünschten Veränderungen in der Angebots-, Kunden-, und Projektstruktur zu überwachen und so die Möglichkeit zu eröffnen, fehlende Dynamik in den Veränderungsprozessen rechtzeitig erkennen und korrelieren zu können, bietet sich der Einsatz eines CRM-Systems geradezu an.

Weitere Erweiterungsmöglichkeiten für ein Controllingsystem in der Prozessperspektive sind die Prozesse Einkauf, Nachunternehmervergabe, Arbeitsvorbereitung, Mahnwesen und Avalmanagement. Ein für den Erfolg eines Unternehmens ganz zentraler Prozess ist das Qualitätsmanagement oder etwas drastischer formuliert das Fehlerkostenmanagement, gilt es doch hier Potenziale in Größenordnungen von 5 bis 10% und in Einzelfällen auch mehr zu heben. In der Potenzialperspektive bietet sich das Thema Mitarbeiter, Aus- und Weiterbildung bis hin zur, Führungskräfteentwicklung als lohnendes und wichtiges Thema für ein weiterentwickeltes Controllingsystem an.

Sind die zu „controllenden" Prozesse des Unternehmens festgelegt, dann gilt es im Rahmen der Jahresplanung die Planwerte für diese Prozesse zu ermitteln. Dies fällt für Bereiche, die zum ersten Mal in das Controlling integriert werden logischerweise nicht leicht, da keine gesicherte Basis in Form von Vergangenheitswerten existiert. Hier gilt es Kernerarbeit zu leisten und die Basiswerte des Vorjahres näherungsweise aus existierenden Quellen wie zum Beispiel dem Jahresabschluss zu herzuleiten, oder aus Kurzzeiterhebungen zu extrapolieren. Dabei werden nicht unerhebliche Ungenauigkeiten in den Planwerten in Kauf genommen werden müssen. Im zweiten Jahr steht dann schon eine sichere Datenbasis zur Verfügung. Auf der Basis der neuen Jahresplanung ist es dann möglich, die ausgewählten Prozesse mit ihren spezifischen Kennzahlen, als laufenden, in der Regel monatlichen Soll-Ist-Vergleich darzustellen. Für das Einzelprojekt, bzw. die Einzelbaustelle ergibt sich die gleiche Logik durch Vergleich der Kalkulations- bzw. der Budgetwerte mit den Ist-Werten.

Mittlerweile stehen für das Controlling zahlreiche Computerprogramme am Markt zur Verfügung die es sich insbesondere zum Ziel gesetzt haben möglichst viele dieser Teilprozesse in einem möglichst hoch integrierten System zu vereinen. Bei der Einführung solcher Systeme sollte man sich aber darüber im Klaren sein, dass es schon sehr fundierter Kenntnisse bedarf, die Brauchbarkeit eines Computersystems für den eigenen Betrieb gesichert zu beurteilen. Darüber hinaus müssen für die Einführung solcher Programme zu den reinen Lizenzkosten noch Hardware- und insbesondere Personalkosten dazugerechnet werden, die meist ein Vielfaches der Softwarekosten verschlingen. Da das gesamte Spektrum des Controllings den Rahmen dieses Werks sprengen würde, sollen nur die Bereiche Liquidität und Zahlungsausfall beispielhaft weiter vertieft werden.

### *3.4.4.2 Liquidität*

Als Illiquidität, bezeichnet man den Verlust des finanziellen Gleichgewichts bzw. den Verlust der Fähigkeit, zu jedem Zeitpunkt den dann fälligen finanziellen Verpflichtungen des Bauunternehmens nachzukommen. Volkstümlich ausgedrückt ist ein illiquides Unternehmen einfach nicht mehr flüssig, kann also nicht mehr zahlen, wenn es möchte oder muss. Illiquidität ist sicher der weitaus häufigste Grund für den Insolvenzantrag den in der derzeit längsten Rezessionsphase der Bauindustrie bis zu 7000 Unternehmen pro Jahr stellen mussten. Ein sicherlich zentraler Grund für die Illiquidität liegt in der zunehmend schlechteren Zahlungsmoral der Privaten aber auch der öffentlichen Kunden. So gelten Verzögerungen bei den Zahlungen fälliger Forderungen als Kavaliersdelikt. Weitaus schlimmer sind die gezielten Methoden Rechnungen massiv und willkürlich zu kürzen, um so die Zahlungsverpflichtungen nach hinten verschieben zu können.

Verzögerungen bei der Bearbeitung fälliger Nachträge durch das übliche Arsenal der kategorischen Ablehnung, gefolgt von der Forderung nach weiteren Nachweisen, Verzögerungen beim Finden eines Verhandlungstermins und so weiter, lassen es zur Normalität werden, dass eine Vergütung von Nachträgen oft erst weit nach der Fertigstellung des Bauvorhabens gelingt. Der häufig faule Kompromiss zur Vermeidung eines jahrelangen Rechtsstreits ist dabei Teil der Auftraggeberstrategie. Das Aufbauen von Gegenforderungen aus vermeintlichen oder tatsächlichen Terminverzügen, Mängeln usw. tun ein Übriges, um die Liquiditätssituation der Bauunternehmen bis über die Grenze der Belastbarkeit zu strapazieren.

Eine weitere beliebte Methode, fällige Zahlungen nach hinten zu verschieben, nutzt der zahlungsunwillige Auftraggeber durch die Forderung nach diversen Auflagen zur Rechnungsform und zahlreichen selbstverständlich hoch aktuellen Nachweisen, Bestätigungen und Freistellungserklärungen diverser Sozialkassen und Ämter. Nach Ablauf der Rechnungsprüfungsfrist wird die Rechnung dann mit dem auch noch berechtigten Hinweis auf das fehlende oder inkorrekte Detail an den Auftragnehmer zurückgeschickt. Versehen mit der Bitte die Rechnung doch bitte noch einmal aber korrekt beim Auftraggeber einzureichen. Nach Eingang der diesmal formvollendeten Rechnung beim Auftraggeber beginnt die Prüffrist selbstverständlich noch einmal von vorne.

Doch das ist nur die eine Seite der Liquiditätsschere. Die zweite und mindestens ebenso gefährliche Seite hat ihre Ursache in der extrem restriktiven Haltung der deutschen Banken gegenüber der derzeit nicht völlig unbegründet in Generalverdacht stehenden deutschen Bauindustrie. Der Insolvenzboom in der Bauindustrie hat unter Anderem massive Bremsspuren in den Bilanzen der Banken hinterlassen. Das teilweise sorglose Engagement in phantasielose Immobilienprojekte mancher Banken und der Katzenjammer danach haben das Vertrauen in die Bau- und Immobilienbranche erschüttert.

Die hausgemachte Krise der deutschen Banken und Versicherungen nach der Jahrtausendwende mit Börsencrash und Eigenkapitalprobleme sogar bei den bekannteren Namen und das alles im Schatten von Basel II haben zu dieser extrem restriktiven Haltung vieler Banken gegenüber Baufirmen geführt.

Damit ist die Liquiditätsschere komplett. Ein höherer Liquiditätsbedarf infolge schlechteren Zahlungsverhaltens der Auftraggeber steht einer Liquiditätsverknappung durch das restriktive Verhalten der Banken gegenüber. Um zu verhindern dass diese Liquiditätsschere dem Bauunternehmen zum Verhängnis wird, gilt es die Liquiditätsfresser eines Bauunternehmens zu identifizieren und besonders im Fokus zu behalten.

Die gebundene Liquidität eines Unternehmens erschließt sich sehr einfach aus der Bilanz. Im nachfolgenden Beispiel wurden die für ein Bauunternehmen relevanten Bilanzpositionen der Aktivseite also das Vermögen des Bauunternehmens aufgestellt. Dabei wurden die für ein Bauunternehmen bedeutenderen Posten detaillierter, die anderen nur mit ihren Überschriften erfasst.

**Tabelle 3–9** Bilanzpositionen eines Bauunternehmens

| Aktiva | Beispiele |
|---|---|
| **A. Anlagevermögen** | |
| Immaterielle Vermögensgegenstände | Konzessionen, Lizenzen |
| Sachanlagen | Grundstücke, Gebäude, Maschinen |
| Finanzanlagen | Beteiligungen z. B. an Tochterunternehmen |
| **B. Umlaufvermögen** | |
| Vorräte | |
| Roh-, Hilfs-, und Betriebsstoffe | Lagerbestände Bauhof und Baustelle |
| Unfertige Leistungen | Leistung aus laufenden Baustellen |
| Geleistete Anzahlungen | abzgl. erhaltene Anzahlungen darauf |
| Forderungen und sonstiges Vermögen | |
| Forderungen aus Lieferung/Leistung | Forderungen aus schlussgerechneten Baustellen |
| Ford. gegen Verbund. Unternehmen | Forderungen gegen Tochterunternehmen |
| Ford. gegen Beteiligungsunternehmen | Forderungen gegen Beteiligungsunternehmen |
| Sonst. Vermögensgegenstände | Alles was sonst nirgends hinein passt |
| Wertpapiere | |
| Guthaben | Bankguthaben, Schecks usw. |
| **C. Rechnungsabgrenzungsposten** | Werte aus Periodenverschiebungen |

Alle Positionen des Anlagevermögens erfordern eine aktive Handlung des Unternehmens und unterliegen somit auch vollständig der Kontrolle des Managements je nach Größe des Unternehmens häufig sogar exklusiv der Kontrolle der Geschäftsleitung. Darüber hinaus bleibt bei jeder Investitionsentscheidung die Wahl zwischen Kaufen und damit finanzieren, Leasen oder ganz einfach Mieten. Kaufen bindet langfristig eigene Liquidität, leasen bindet das Unternehmen langfristig an feste Leasingraten und mieten bindet für die vereinbarte, ggf. auch variable Mietdauer an laufende Mietzahlungen.

Wesentlich kritischer sieht es beim Umlaufvermögen aus, da hier bei den meisten Positionen die Entscheidungsfreiheit des Unternehmers mehr oder weniger stark durch externe Einflüsse beschränkt wird. Beim Umlaufvermögen kann nur durch ein gutes Controlling und eine gute Unternehmenspolitik versucht werden, das Maß der Fremdbestimmung so gering wie möglich zu halten. Auf diesem Grunde soll auf die Positionen des Umlaufvermögens näher eingegangen werden.

Die Roh-, Hilfs-, und Betriebstoffe sind noch einigermaßen harmlos, werden sie doch nur vom Unternehmen beeinflusst. Allerdings systembedingt unterliegen sie keiner so strengen Kontrolle wie das Anlagevermögen. Meist entscheiden ein Lagermeister, was für den Bauhof nachbestellt und die Bauleiter, was für die Baustelle geordert werden muss. Und doch hat jedes Bauunternehmen zu kämpfen, mit der Suche nach dem Optimum zwischen Verfügbarkeit der Roh-, Hilfs- und Betriebsstoffe und den Kosten für ihre Vorratshaltung.

Wirklich kritisch können die Positionen unfertige Leistungen und die darauf geleisteten Anzahlungen werden, denn hier mischen zum ersten Mal die Auftraggeber mit ihrem kompletten Instrumentarium der Zahlungsverzögerungen mit und sind in der Lage ein ansonsten gesundes Bauunternehmen in arge Bedrängnis zu bringen.

Praktisch identisch ist die Brisanz bei der Position Forderungen aus Lieferungen und Leistungen, die sich nur dadurch von den beiden Positionen Unfertige Leistungen abzüglich darauf erhaltener Anzahlungen unterscheidet, dass es sich im einen Fall um die Forderungen aus noch in Bau befindlicher Leistung, im anderen Fall um Forderungen aus fertig gestellter und schlussgerechneter Leistung handelt. Beide Positionen unterliegen ebenso dem Einfluss der Aufraggeber und ihrer Methoden zur Zahlungsverzögerung.

Selbstverständlich sind Sie bei diesen Positionen nicht nur fremd bestimmt, sondern haben durchaus auch selbst Einfluss auf die daraus resultierende Liquiditätsbindung. Zum einen, durch eine regelmäßige, zeitnahe und sorgfältige Rechnungslegung, durch vertraglich vereinbarte kurze Zahlungsziele und nicht zuletzt auch durch ein schlagkräftiges Mahnwesen.

Ihr betriebseigenes Controlling sollte diese Bilanzpositionen laufend kontrollieren, um ihr Baustellenmanagement an Disziplin beim Eintreiben von Forderungen von Anfang an zu gewöhnen. Dazu bietet es sich an, eine Kennziffer zu definieren und regelmäßig, im Idealfall wöchentlich zu kontrollieren: Abweichungen müssen sofort analysiert und soweit irgend möglich abgestellt werden. Die Erfahrung zeigt, dass ein schlagkräftiges Controlling auf diesem Gebiet, regelmäßige Rechnungslegung und konsequentes Mahnwesen, verbunden mit zeitnaher und konsequenter Reaktion auf alle Abweichungen nicht unbemerkt von den Kunden bleibt und somit die Hemmschwelle für die miesesten Zahlungsverzögerungstricks nach oben schiebt.

Eine gute Möglichkeit, die Liquiditätsbindung eines Bauunternehmens einfach und vor allem für Techniker verständlich darzustellen, ist die Einführung einer Liquiditätskennziffer, die eine gute Aussagekraft über die Liquiditätsbindung eines Bauunternehmens zulässt. Sie setzt sich zusammen aus den 4 Bilanzpositionen Forderungen aus Lieferungen und Leistungen, abzüglich darauf gebuchte Wertberichtigungen (werthaltige Forderungen aus schlussgerechneten Baustellen) und Unfertige Leistungen (aus laufenden noch nicht schlussgerechneten Baustellen) abzüglich darauf erhaltene Anzahlungen. Somit gilt:

$$L = F_s - \mathrm{Wb} + L_U - \mathrm{Az}$$

Dabei bedeutet:
- $L$ = Liquiditätsbindung
- $F_s$ = Forderung aus der Schlussrechnung
- Wb = Wertberichtigung (z. B. für erw. Abstriche aus Nachträgen)
- $L_U$ = unfertige Leistung
- Az = erhaltene Abschlagszahlungen

Setzt man nun diese Liquiditätsbindung in Bezug zum Durchschnitt der letzten 3 Monatsumsätze, so erhält man eine aussagekräftige Kennzahl für die Liquiditätsbindung aus den offenen Forderungen gegenüber den Kunden (Debitoren).

Eine angemessene Höhe für diese Kennzahl ergibt sich aus Tabelle 3–10, einen VOB-Vertrag bzw. VOB-Zahlungsfristen sowie die nachfolgenden Annahmen einmal vorausgesetzt:

**Tabelle 3–10** Einfluss von Abrechnungsstörungen

| Einfluss von Abrechnungsstörungen auf die Liquiditätsbindung des Unternehmens | | | |
|---|---|---|---|
| 12 Monate Bauzeit, gleichmäßiger Monatsumsatz | | | |
| Rechnungslegungsperiode (Wochen) | 1 Wo. | 2 Wo. | 4 Wo. |
| Planmäßige Finanzierungsperioden | Monate | Monate | Monate |
| Erbrachte Leistung bis zur Rechnungslegung | 0,13 | 0,23 | 0,5 |
| Zeitspanne bis Rechnungseingang beim Kunden | 0,13 | 0,13 | 0,13 |
| Zeitspanne bis zum vertraglichen Zahlungstermin | 0,6 | 0,6 | 0,6 |
| 10 % Sicherheitseinbehalt | 0,6 | 0,6 | 0,6 |
| Zusatzzeit aus Schlussrechnung 5% Restleistung | 0,15 | 0,15 | 0,15 |
| Summe planmäßig vorfinanzierte Monatsumsätze | 1,6 | 1,7 | 2,0 |
| Außerplanmäßige Finanzierungsperioden | | | |
| 20 % Nachtragsvolumen über 12 Monate | 2,4 | 2,4 | 2,4 |
| Wegen Formfehler einmalig zurückgesandte Rechnung | 0,1 | 0,1 | 0,1 |
| 10 % Abzug vom Gesamtwerklohn über 12 Monate | 1,2 | 1,2 | 1,2 |
| Summe außerplanmäßig finanzierte Monatsumsätze | 3,7 | 3,7 | 3,7 |
| Gesamtsumme vorfinanzierte Monatsumsätze | 5,3 | 5,4 | 5,7 |

Das heißt, je nach Rechnungsperiode und ohne Berücksichtigung von außergewöhnlichen, aber nicht unüblichen Zahlungsverzügen zum Beispiel aus strittigen Nachtragsforderungen, finanzieren Sie problemlos 1,5 bis 2,0 Monatsumsätze vor, was noch zu akzeptieren ist. Kommt dann noch das leider nicht unübliche Schreckenszenario der professionellen Zahlungsverzögerung dazu, so summiert sich die Vorfinanzierung für solch ein Schreckensprojekt schnell auf bis zu 6 Monatsumsätze. Das kann ein Bauunternehmen bereits in arge Liquiditätsnöte bringen.

Was können Sie gegen die Zahlungsverzögerungstaktik Ihrer Kunden tun? So attraktiv ein schlagkräftiges Nachtragsmanagement ist, jeder Nachtrag führt auch bei bestem Nachhalten zunächst erst einmal zu einer zusätzlichen Liquiditätsbindung. Auch wenn die VOB/B § 2 Nr. 5[8] eine „zeitnahe Vereinbarung des neuen Preises, soweit möglich vor Ausführung" fordert, so ist in VOB/B § 2 Nr. 6 nur noch von „sollte vor Ausführung ein neuer Preis vereinbart werden" die Rede. Ansonsten macht das Werkvertragsrecht, hier hilft auch die VOB nicht weiter, die Durchsetzung einer Preisvereinbarung nicht wirklich leicht, geht sie doch immer von der Leistungsverpflichtung des Unternehmers aus. Damit ist es selbst im Falle VOB/B § 2 Nr. 6 (zusätzliche Leistung) praktisch nicht möglich, die Vereinbarung eines neuen Preises vor Beginn der Ausführung, beispielsweise durch Leistungsverweigerung, zu erzwingen.

Was bleibt, ist ein ausgefeiltes Nachtragsmanagement aus professioneller Anmeldung und Begründung, extrem zeitnahem Nachtragsangebot auf der Basis der Urkalkulation, mit allen erforderlichen akribisch zusammengestellten Nachweisen und einer Frist für die Verhandlungsaufnahme. Positiv ist dabei sicher ein gutes Verhältnis zu den Entscheidern und Erfül-

---

[8] Deutscher Vergabe und Vertragsausschuss für Bauleistungen: Vergabe und Vertragsordnung für Bauleistung

lungsgehilfen des Auftraggebers. Soweit möglich und sinnvoll kann die mündliche Voranmeldung und Vorbesprechung der Nachtragsanmeldung wie auch des Nachtragsangebots helfen unnötige Konflikte mit dem Nachtrag im Vorfeld abzumindern oder gar ganz herausnehmen zu können. Konsequentes und zeitnahes Handeln macht es den Auftraggebern schwer ihr ganzes Repertoire an Verzögerungstaktik auszuspielen. Ganz ohne zusätzliche Liquiditätsbindung geht es bei Nachträgen auch bei optimalen Voraussetzungen jedoch nie ab.

#### *3.4.4.3 Zahlungsausfall*

Die Insolvenzen großen Baufirmen oder großen Projektentwicklern wie „Holzmann" und „Dr. Schneider" verlaufen meist spektakulär, geht es doch häufig um viele Arbeitsplätze und um viel Geld. Weitestgehend unbeachtet in der Öffentlichkeit bleiben dagegen die zahllosen Handwerker und Baufirmen die im Schlepptau von Insolvenzen Schaden nehmen oder gar selbst zahlungsunfähig werden. Dieses Schicksal ist jedoch vermeidbar, wenn in einem Bauunternehmen kaufmännische Disziplin an Stelle von Gutgläubigkeit und Fatalismus vorherrschen. Viele Jahre galt es geradezu als Affront, wenn der Vertriebsingenieur eines Bauunternehmens von einem Kunden wie ehemals „Dr. Schneider" nach Zahlungssicherheiten gefragt hat. Mir klingen noch die Worte in den Ohren: „Sie erlauben sich mich nach Zahlungssicherheit zu fragen. Wissen Sie, mit wem Sie sprechen? Sie sprechen mit Dr. Schneider!" Die meisten Firmenrepräsentanten in jener Zeit sind nach diesem Auftritt eingeknickt und haben auf Sicherheiten verzichtet. Nur wenige haben sich für die strengen Richtlinien ihres Hauses entschuldigt, haben sich noch für den Kaffee bedankt und sind wie ein begossener Pudel davon gezogen. Das war dann das Aus für den Auftrag über vielleicht fünf Millionen Euro, den sie über Monate gekämpft hatten.

Heute wissen wir, dass es ein Segen war, für jeden der standhaft geblieben ist. Für solche Fälle gilt eine eiserne Regel, die da heißt: für jeden Kunden ist das projektbezogene Zahlungsrisiko zu ermitteln und durch geeignete Sicherheiten abzusichern. Dr. Schneider wurde zu jener Zeit schon nicht mehr in ausreichender Höhe versichert. Was nach dieser Regel dazu geführt hätte, dass nach zusätzlichen Sicherheiten gesucht werden müsste, wie zum Beispiel eine Zahlungsbürgschaft. Und die wollte und wahrscheinlich auch konnte Dr. Schneider zu jenem Zeitpunkt schon nicht mehr aufbringen. Die Erfahrung aus jener Zeit hat gelehrt, dass es genügend Firmen gab, die bereit waren, auch ohne Sicherheiten zu arbeiten. Inzwischen hat sich das grundlegend geändert. Das Thema Zahlungssicherheit kann zumindest bei seriösen Kunden heute sachlich und emotionsfrei angesprochen werden

Deshalb kann ich ihnen nur absolute Disziplin auf dem Gebiet der Zahlungssicherheit empfehlen. Und das geht relativ einfach wie folgt:

- Ermitteln des Zahlungsrisikos
- Abdecken des Zahlungsrisikos mit Hilfe von:
  - Kreditversicherung
  - Vorauszahlung
  - Zahlungsbürgschaft
  - Handwerkersicherungsbürgschaft
  - Kürzere Zahlungsziele
  - Konzernbürgschaft

Für die Ermittlung des Zahlungsausfallrisikos empfehle ich eine einfache für jeden Techniker im Vertrieb nachvollziehbare Formel die in etwa so aussehen könnte:

$$Z = (W_D + W_M) \times 0{,}5 \times (0{,}5 \times R_P + Z_Z + R_L + M_R)$$

Dabei gilt:

- $Z$ = Zahlungsausfallrisiko
- $W_D$ = durchschnittlicher Wochenumsatz
- $W_M$ = maximaler Wochenumsatz
- $R_P$ = Rechnungsstellungsperiode ( 1–4 Wochen, siehe Vertrag)
- $Z_Z$ = Zahlungsziel ( z. B.18 Werktage VOB/B für Abschlagszahlungen)
- $R_L$ = Rechnungslegungsdauer ( Aufmaß, Fakturierung, Postweg )
- $M_R$ = Mahnreaktionszeit

Natürlich ist dieser Vorschlag nur eine Näherungsformel aber mit ihr lassen sich die meisten Fälle mit einer hinreichenden Genauigkeit erfassen. Am Beispiel einer Auftragssumme von 500.000 EUR, einer Bauzeit von 25 Wochen, einer maximalen Wochenleistung von 50.000 EUR einer Rechnungsstellungsperiode von 4 Wochen und einem ansonsten normalen VOB Vertrag ergibt sich ein Zahlungsrisiko wie folgt:

$$Z = (20.000 + 50.000) \times 0{,}5 \times (0{,}5 \times 4 + 3 + 1 + 1) = 245.000 \text{ EUR}$$

Das heißt beinahe 50 % der Auftragssumme müssen bei diesem Beispiel durch eines oder mehrere Zahlungssicherungsinstrumente abgesichert werden. Leider gibt es diese Sicherungsinstrumente nicht umsonst. Die Kreditversicherer verlangen seit dem Höhepunkt der Baukrise zwischen 1,5 % und 3 % des zu versichernden Betrages und sind durch die zahlreichen Pleiten der letzten Jahre sehr restriktiv in ihrer Beurteilung geworden. Somit werden viele Projektentwickler und Projektgesellschaften nur mit verschwindend geringen Beträgen, nicht selten auch einfach gar nicht versichert. Der wesentliche Vorteil der Kreditausfallversicherung ist die Möglichkeit dem Kunden den Sicherungsbedarf anhand der Ablehnung durch den Kreditversicherer plausibel und nachvollziehbar zu belegen. Der Böse ist in diesem Falle nicht Ihr Vertriebsingenieur, sondern der „gemeine" Kreditversicherer.

Damit kommt Sicherungsinstrument Nummer zwei ins Spiel die Vorauszahlung. Vorteil dieser Methode ist die sofortige Verbesserung der Liquidität. Nachteil ist die Notwendigkeit diese Vorauszahlung durch den Auftragnehmer mit einer Bankbürgschaft und meist auch noch auf erste Anforderung abzusichern. Wird diese Bürgschaft von Ihrer Bank dann noch gegen die Bahrlinien verrechnet, dann ist der Liquiditätsvorteil dahin. Darüber hinaus ist vorab zu klären, ob sich die Vorauszahlung linear mit den Abschlagszahlungen abbaut oder aber bis zur Schlussrechnung stehen bleibt

Ein weiteres Instrument ist die Stellung einer Zahlungsbürgschaft einer Bank durch den Kunden, was aber zu Lasten dessen Linien geht und deshalb nicht immer problemlos umgesetzt werden kann. Seit 1996 gibt es das Instrument der Handwerkersicherungsbürgschaft nach § 648a BGB, die den großen Vorteil hat, dass der Auftragnehmer diese bis in Höhe der Auftragssumme vom Auftraggeber verlangen kann. Weigert sich der Auftraggeber diesem Verlangen nachzukommen oder ist er dazu nicht in der Lage, so entsteht durch seine Weigerung nach Ablauf einer angemessenen Frist und bei Einhaltung eines strengen Procedere eine Kündigung durch den Auftraggeber im Sinne VOB/B § 8. Das heißt, die Handwerkersicherungsbürgschaft nach § 648a BGB ist ein durchaus mächtiges Werkzeug und sollte entsprechend genutzt werden. Wie immer im Leben gibt es auch hier einen Pferdefuß: Die Kosten in Höhe von in der Regel 2 % trägt der Auftragnehmer.

Betrachtet man die Formel genau, so lässt sich feststellen, dass die Rechnungsperiode von zum Beispiel 4 Wochen, für die sich so mancher Bauherr bei Vertragsabschluß sehr stark gemacht hat, das Sicherungsbegehren in unserem Beispiel sofort um 35.000 EUR nach oben treibt. Viele unserer Kunden haben einer Verkürzung der Rechnungsstellungs-, Prüf- und Mahnfristen zugestimmt, wenn dadurch unser Sicherungsbegehren reduziert und die Avallinien des AG geschont werden konnten.

Die Konzernbürgschaft ist immer ein sinnvolles Instrument, wenn zum Beispiel an und für sich erstklassige Gesellschafter eine Projektgesellschaft mit 50.000 EUR Stammkapital gegründet haben, die wegen fehlender Historie von keiner Kreditversicherung im erforderlichen Maß versicherbar ist. Hier hat es sich häufig als gute Lösung angeboten, die Zahlungen durch eine Patronatserklärung der Gesellschafter abzusichern. Zeitverzögerungen und Schwierigkeiten können in solchen Fällen immer dann entstehen, wenn für eine solche Patronatserklärung erst ein formaler Aufsichtsrats- oder Gesellschafterbeschluss der Mutterfirma der Projektgesellschaft erforderlich wird.

Wie Sie sehen, ist es zwar mühsam, aber dank dem Druckmittel Handwerkersicherungsbürgschaft fast immer möglich das Risiko von Zahlungsausfall weitestgehend auszuschließen. Natürlich bleibt auch bei einer konsequenten Anwendung dieser Regeln noch das Risiko aus Selbstbehalt bei der Kreditversicherung, sowie Unschärfen aus Bauablaufänderungen. In jedem Fall ist es möglich, das Zahlungsausfallrisiko mit dieser Methode auf ein nicht mehr existenzbedrohendes Restrisiko zu vermindern.

### 3.4.5 Qualität

„Sind Sie zertifiziert?" „Nein! Das ist aber schlecht. Wir dürfen nur Aufträge an Qualitätsbetriebe vergeben die nach DIN EN ISO 9001 zertifiziert sind." So oder so ähnlich könnte es Ihnen ergehen, wenn sich die Idee durchsetzt, welche die Väter der Norm vor Augen hatten, als sie begannen Qualitätsmanagement als stetigen Verbesserungsprozess in einer Norm festzuschreiben. Inzwischen haben viele Industriebetriebe aus praktisch allen Branchen, aber auch Dienstleistungsbetriebe wie Banken, Versicherungen, Krankenhäuser, Altenheime und Arztpraxen Qualitätsmanagementsysteme eingeführt und sich als Qualitätsbetrieb von einer der Zertifizierungsstellen wie die DQS oder TÜV, um nur einige zu nennen, zertifizieren lassen.

Die Grundidee der DIN EN ISO 9001 in der Fassung von 1990 geht davon aus, dass alle wesentlichen Abläufe in einem Unternehmen vom Unternehmen definiert und in so genannten Arbeitsanweisungen möglichst eindeutig beschrieben werden. Durch Vergleich der tatsächlichen Abläufe mit den Arbeitsanweisungen wird die Einhaltung der Arbeitsanweisungen mittels internen und externen Audits geprüft. Abweichungen werden festgehalten und die Abläufe werden im Sinne der Verfahrensbeschreibung korrigiert. Grundlage zur Erlangung der Zertifizierung durch eine der zugelassenen Zertifizierungsstellen ist der Aufbau eines Qualitätshandbuchs nach den Regeln der DIN EN ISO 9001 und ein erfolgreich bestandenes externes Audit.

Dabei wurde lediglich geprüft, in wie weit die durch das Unternehmen selbst festgelegten und beschriebenen Abläufe von den Mitarbeitern in der Realität tatsächlich eingehalten werden. Sinn oder Unsinn der beschriebenen Abläufe wurden von der Zertifizierungsstelle nicht geprüft. Eine weitere Norm, die DIN EN ISO 9004 war ein Leitfaden zur Leistungsverbesserung. Mit der Überarbeitung der DIN EN ISO 9001 im Jahre 2000 werden die Normen DIN

EN ISO 9001 bis 9004 von 1990 und 1994 ersetzt. Darüber hinaus konnten einige wesentlichen Schwächen der alten Norm beseitigt werden. Die Grundstrukturen der Norm sind jetzt eindeutig prozessorientiert und die Norm ist viel besser in der Lage, die Unternehmensprozesse im Sinne einer stetigen Verbesserung zu unterstützen und schließt damit den Kreis zur Philosophie von international etablierten Systemen wie EFQM oder BSC.

Bevor Sie sich jedoch daran machen, die Frage Ihrer Kunden nach Ihrer Zertifizierung zukünftig mit ja beantworten zu können, sollten Sie sich darüber im Klaren werden, was Sie damit tatsächlich erreichen wollen. Geht es Ihnen nur um das Zertifikat, oder wollen Sie ernsthaft, konsequent, dauerhaft und systematisch Ihre Unternehmensprozesse verbessern und sind auch bereit, den dazu nötigen, nicht unerheblichen Aufwand auf sich und alle Ihre Mitarbeiter zu nehmen. Wenn Sie nur ein Zertifikat wollen, können Sie sich eines der zahlreichen externen Berater bedienen, um sich im Schnellverfahren ein Qualitätshandbuch und das notwendige Training Ihrer Mitarbeiter zu kaufen. Sie werden wahrscheinlich das erste Audit bestehen und auch Ihr Zertifikat erhalten. Aber, solch ein Qualitätsmanagement wird nicht wirklich gelebt und was das Schlimmste ist, es wird die Qualität und Effizienz Ihrer Unternehmensprozesse nicht wirklich verbessern. Kurzum ein solches Zertifikat ist das Papier nicht wert auf dem es gedruckt ist. Und ein Qualitätsmanagementsystem, das nicht gelebt und von allen Mitarbeitern des Unternehmens getragen wird, fliegt spätestens beim nächsten Wiederholungsaudit auf. Ein Aberkanntes QM Zertifikat ist schlimmer als gar keines.

Zur Einführung eines QM Systems nach DIN EN ISO 9001 sind im Wesentlichen die folgenden Schritte erforderlich:

**Tabelle 3–11** Einführung der DIN EN ISO 9001

| Elemente | Maßnahmen |
|---|---|
| Allgemein | • Festlegen der wichtigsten Unternehmensprozesse (siehe Auftragsabwicklungsprozess)<br>• Festlegen der Wechselwirkung zwischen den einzelnen Prozessen<br>• Festlegen der Kriterien für die Lenkung der Prozesse<br>• Sicherstellung der Ressourcen zur Durchführung und Überwachung der Prozesse<br>• Prozesse überwachen, messen, analysieren<br>• Einführung von Maßnahmen zur Erreichung der geplanten Ergebnisse der Prozesse |
| Dokumentation | • Dokumentierte Qualitätspolitik<br>• Qualitätsmanagementhandbuch<br>– Anwendungsbereich des QM Systems<br>– Dokumentation der Prozesse<br>– Beschreibung der Wechselwirkung der Prozesse<br>• Dokumente zur Planung, Durchführung und Lenkung der Prozesse<br>– Aktualisierung und Genehmigung<br>– Verfügbarkeit der Dokumente<br>– Lesbarkeit der Dokumente |
| Verantwortung der Leitung | • Verpflichtung der Leitung<br>– Vermittlung der Bedeutung der Kundenanforderungen, gesetzliche Bestimmungen<br>– Festlegung der Qualitätspolitik<br>– Festlegen der Qualitätsziele<br>– Durchführung der Managementbewertung<br>– Sicherstellen der Verfügbarkeit der Ressourcen |

| Elemente | Maßnahmen |
|---|---|
| | • Kundenorientierung<br>– Ermitteln der Kundenanforderung und Sicherstellung der Kundenzufriedenheit<br>• Qualitätspolitik<br>– Sicherstellen der Angemessenheit<br>– Ständige Verbesserung der Wirksamkeit<br>– Rahmen zur Festlegung und Bewertung der Qualitätsziele<br>– Vermitteln der Qualitätspolitik an die Mitarbeiter des Unternehmens<br>• Planung des Qualitätsmanagementsystems und der Qualitätsziele<br>• Managementbewertung zur Sicherstellung der Eignung, Angemessenheit und Wirksamkeit des Qualitätsmanagementsystems |
| Management von Ressourcen | • Bereitstellung von Ressourcen<br>• Personelle Ressourcen<br>– Fähigkeit, Bewusstsein und Schulung der Mitarbeiter<br>– Infrastruktur, Arbeitsumgebung, Arbeitsplatz der Mitarbeiter |
| Produktrealisierung | • Planung der Produktrealisierung<br>• Kundenbezogene Prozesse<br>– Ermittlung der Kundenbedürfnisse<br>– Ermittlung der Anorderungen an Produkt/Dienstleistung<br>– Ermittlung der gesetzlichen Anforderungen<br>– Bewertung der Einhaltung von Anforderungen an Produkt/Dienstleistung<br>• Entwicklung<br>– Entwicklungsplanung<br>– Entwicklungsziele<br>– Entwicklungsergebnisse<br>– Bewertung der Entwicklungsergebnisse<br>– Entwicklungsverifizierung und Validierung<br>• Beschaffung<br>– Beschaffungsprozess<br>– Beschaffungsanforderungen, Spezifikation der zu beschaffenden Produkte und<br>– Dienstleistungen<br>– Qualitätssicherung der zu beschaffenden Produkte und Dienstleistungen<br>• Produktion und Dienstleistungserbringung<br>– Lenkung der Produktion durch Arbeitsanweisungen<br>– Validierung der Prozesse, Personalanforderungen, Verfahren usw.<br>– Dokumentation und Rückverfolgbarkeit<br>– Erhaltung der Produktqualität<br>• Lenkung von Überwachung und Messmitteln |
| Messung, Analyse, Verbesserung<br><br><br>Messung, Analyse, Verbesserung | • Kundenzufriedenheit<br>• Interne Audits<br>• Überwachung und Messung von Prozessen<br>• Überwachung und Messung des Produkts / der Dienstleistung<br>• Lenkung fehlerhafter Produkte / Dienstleistungen<br>• Datenanalyse zur Beurteilung der Wirksamkeit des QM Systems<br>• Verbesserung, Korrekturmaßnahmen, Vorbeugungsmaßnahmen |

## 3.5 Potenziale

Unter den Potenzialen eines Unternehmens versteht man die Grundlagen, Möglichkeiten und Fähigkeiten eines Unternehmens. Das wichtigste Potenzial sind natürlich die Mitarbeiter, mit ihrem Wissen, ihren Fähigkeiten und ihrem Fleiß. Daneben stehen die für ein Bauunternehmen nicht unbedeutenden Geräte, ebenso wie das zum Erwerb von Anlagevermögen und den Einsatz von Umlaufvermögen notwendige, heute schon überlebensnotwendige Eigenkapital eines Bauunternehmens. Darüber hinaus ist es das in einem Unternehmen gebündelte Know-how, also die Fähigkeit bestimmte Produkte oder Dienstleistungen in einwandfreier Qualität und möglichst hochproduktiv und damit zu wettbewerbsfähigen Kosten anzubieten und herzustellen. Weitere Potenziale sind zum Beispiel ein fester Stamm von Kunden und Partnern, bis hin zu einem guten Betriebsklima und einer menschenorientierten Unternehmenskultur.

**Mitarbeiter**

Maschinen lassen sich problemlos kaufen, die nötigen Finanzmittel einmal vorausgesetzt. Gute und loyale Mitarbeiter sind auch im Zeitalter von Headhuntern nicht beliebig vermehrbar, sondern das Ergebnis jahrelanger, bisweilen auch jahrzehntelanger Ausbildungs-, Motivations- und Betreuungsarbeit, mithin das Ergebnis eines mühsamen und durchaus teuren Entwicklungsprozesses. Umso wichtiger ist es für den Leiter eines Unternehmers, diesen Wert, dieses Potenzial in seinen Mitarbeitern zu erkennen und alles zu tun, um diesen seinen Mitarbeitern ein motivierendes Umfeld zu schaffen und zu erhalten. Nach unseren heutigen Erkenntnissen bedarf es dabei insbesondere der Einsicht, dass die wichtigsten Leistungstreiber der Mitarbeiter wie Freude an der Arbeit, Erfolg und Stolz auf die eigene Leistung, nur auf dem Boden von Selbstdisziplin, Selbstverantwortung, Anerkennung offener Kommunikation und Vertrauen gedeihen können. Dies sind Erkenntnisse, die den Vorstellungen der Nachkriegsgeneration mit ihren eher autoritär geprägten Führungsstilen in vielen Punkten widersprechen.

**→ Führung**

Wie führen Sie, autoritär oder kooperativ? Funktioniert Ihr Unternehmen nach dem Prinzip Befehl und Gehorsam, oder können Sie es ertragen, wenn Ihre Mitarbeiter eine andere Meinung haben und diese auch artikulieren? Haben sie das Gefühl ohne Sie geht gar nichts und nicht geschimpft ist schon genug gelobt oder sind Ihre Mitarbeiter gewohnt selbstständig zu entscheiden und haben sie das Vertrauen in Ihre Mitarbeiter, dass diese richtig entscheiden. Was also ist für sie der richtige Führungsstil?

Noch Jahre nach dem 2. Weltkrieg war man der Meinung, dass ein Unternehmensleiter möglichst das unumschränkte Meinungs-, Wissens- und Machtmonopol innehaben muss, um ein Unternehmen erfolgreich führen zu können. Dieser „arme und einsame Übermensch" war zwar der unumschränkte Herr (Patriarch) im Unternehmen, was vordergründig durchaus positiv erscheint, konnte aber auch bei besten Voraussetzungen schon damals das geforderte Wissensmonopol nicht erfüllen. Inzwischen ist es eine Selbstverständlichkeit, dass angesichts der gigantischen Wissensvermehrung in unserer Zeit ein Wissensmonopol undenkbar geworden ist. Entsprechend macht auch ein Entscheidungsmonopol schon lange keinen Sinn mehr, denn wenn das Wissen auf viele Menschen verteilt ist, müssen auch die Entscheidungen dort getroffen werden, wo das entsprechende Wissen vorhanden ist.

Deshalb haben wir uns heute längst von diesem Führungsideal verabschiedet und streben keinen autoritären, sondern einen kooperativen Führungsstil an. Dabei gilt als akzeptiert dass ein Team wesentlich leistungsfähiger ist als ein einzelner noch so genialer Führer, der quasi alleine für eine ganze Gruppe von Menschen denken müsste, während die Übrigen sich geistig ausruhen und als reine Befehlsempfänger agieren. Eine der wichtigsten Voraussetzungen für diesen kooperativen Führungsstil ist eine systematische, offene Kommunikationskultur, die sicherstellt, dass alle Mitarbeiter über die für sie in der Zusammenarbeit wichtigen Themen laufend umfassend und aktuell informiert werden.

Dazu ist es erforderlich, der Größe des Unternehmens entsprechend, zielgerichtet ein mehr oder weniger großes Arsenal von Kommunikationseinrichtungen, wie wöchentliche Jour Fixes für die Führungskräfte, Betriebsversammlungen, Mitarbeiterbriefe, Hauszeitung, Schulungs- und Informationsveranstaltungen im Sinne einer hohen Informations- und Weiterbildungsdichte für die Mitarbeiter vorzuhalten.

Um diesen kooperativen Führungsstil zu Höchstleistungen zu kultivieren, bedarf es auch von Anfang an der richtigen Personalstrategie, um die richtigen, für diesen Führungsstil geeigneten Nachwuchskräfte zu finden. Sie zeichnen sich vor allem durch Offenheit und großes Interesse an allem Neuen, sowie durch eine gute Kommunikations- und Auffassungsgabe aus. Dies gilt nicht nur für die Ingenieure und Kaufleute, sondern auch für die gewerblichen Leistungsträger, wie Vorarbeiter und Poliere, die ja später mit Ihren Kunden und Partnern täglich und möglichst für Ihr Unternehmen erfolgreich kommunizieren müssen. Diese Nachwuchskräfte gilt es wie Rohdiamanten durch ein gutes Trainings- und Weiterbildungsprogramm zu schleifen und zu hoch qualifizierten Mitarbeitern heran reifen zu lassen. Dieses Trainings und Weiterbildungsprogramm sollte der Größe und den Möglichkeiten angemessen gestaltet und unter keinen Umständen dem Zufall überlassen werden.

Kooperativer Führungsstil und Disziplin schließen sich nicht aus. Nur sollte die Disziplin auf der Grundlage von Selbstverantwortung und der Vorbildwirkung kooperativer und diszipliniert handelnder Vorgesetzter entstehen und nicht etwa als Folge von Druck, Zwang und Repressalien. Unter einer repressiven Führung gedeihen keine Selbstverantwortung und schon gar keine Freude an Leistung, Qualität und Erfolg. Ein kooperatives Management dagegen führt über Zielvereinbarungen, das heißt mit den Mitarbeitern werden in regelmäßigen Abständen persönliche und berufliche Ziele vereinbart und ihre Umsetzung wird im Nachgang zusammen mit den betroffenen Mitarbeitern überprüft. Die aus einem kooperativen Führungsstil resultierende Selbstverantwortung und Selbstständigkeit der Mitarbeiter ist die notwendige Voraussetzung für die heute in der Bauindustrie überlebensnotwendige hohe Innovationsbereitschaft, Arbeitsproduktivität, sowie eine über alle Ebenen ausgeprägte Kundenorientierung und Servicebereitschaft. Welchen Führungsstiel pflegen Sie in Ihrem Unternehmen? Wie viel Energie investieren sie in ein gutes und dennoch leistungsorientiertes Arbeitsklima?

### → Innovationen

Die Bauindustrie und da macht die deutsche Bauindustrie leider keine Ausnahme, gilt gemeinhin und – wie ich sicher zu Recht meine – als nicht besonders innovativ. Betrachtet man die Entwicklung der letzten 100 Jahre, so fällt auf, dass beispielsweise im Hochbau die Schaltechnik sich nicht wirklich revolutionär verändert hat. Zwar sind die Schalelemente entsprechend der höheren Krankapazitäten größer und damit rationeller geworden, aber noch immer werden in 90 % aller Fälle Kombinationen aus mehr oder weniger veredelten Holzplatten und Kanthölzer als Schalungselemente eingesetzt, noch immer werden Bewehrungskörbe von Hand geflochten und noch immer wird der meiste Beton als Ortbeton in die nur bedingt verbesserten Schalungen gegossen.

Die Innovation im Schalungsbau der letzten hundert Jahre beschränkt sich mithin auf die wenigen Ingenieurbauten, die den Einsatz von Gleitschalungen, Vorschubgerüsten oder anderen Stahl und Maschinenteilen zur Steigerung der Fertigungsgeschwindigkeit erlauben. Darüber hinaus auf die immer leistungsfähigeren Hilfsgeräte wie Kräne, Betonpumpen aber auch Bohranlagen, Erdbewegungsmaschinen oder Tunnelbohranlagen. Die Revolution kam, wenn überhaupt, über Innovationen im Maschinenbau und weniger über Innovationen in der Bautechnik. Die Steigerung der Festigkeit des Betons hielt sich in engen Grenzen, der Stahlfaserbeton konnte den klassischen Stahlbeton nicht verdrängen und auch bei mittelgroßen, mehrgeschossigen Hochbauten findet noch immer die Methode Stein auf Stein in den meisten Fällen ihre Anwendung.

Natürlich sind Fertigteile entwickelt worden, aber dem Einsatz von Fertigteilen werden durch die Lust unserer Bauherren und Planer an der Individualität enge Grenzen gesetzt. Und Fertigteile lassen sich eben nur dort sinnvoll einsetzen, wo möglichst viele Wiederholteile zum Einsatz kommen. Damit beschränkt sich heute ihr Einsatz auf Stützen, Binder und Brückenträger im Ingenieurbau sowie Treppen, Stürze und Fassadenelemente im Hochbau und natürlich auf holzbasierte Tafelbauelemente für Fertighäuser im Wohnhausbau.

Die notwendige Steigerung der Arbeitsproduktivität wurde in den letzten 15 Jahren nahezu ausschließlich durch die Senkung der Lohnkosten mittels Einsatz von Arbeitskräften aus Billiglohnländern ersetzt. Zuerst waren es Arbeiter aus der Türkei, später aus Portugal, dann aus Polen, Tschechien, Ungarn und Rumänien und die Suche nach immer noch günstigeren Arbeitskräften wird uns weiter Richtung Osten in die Ukraine, nach Moldawien und nach Weißrussland führen. So richtig innovativ ist das eigentlich nicht und die Mindestlöhne sollten diesen Weg auch zunehmend unattraktiv werden lassen, wenn, ja wenn da nicht der eine oder andere auf die Idee käme, die Mindestlöhne durch Abzüge im Heimatland der Arbeiter aus Osteuropa zu umgehen.

Das ist kriminell, kann aber nur bedingt kontrolliert werden, durch Razzien auf Baustellen in Deutschland mit Befragung der osteuropäischen Arbeiter und der Hoffnung, dass diese sich verplappern und zugeben, was ihnen alles in ihrem Heimatland wieder vom Lohn abgezogen wird. Wird ihr Unternehmen erwischt, führt das zwar zur Sperrung des Unternehmens, aber damit auch meist zum Verlust des Arbeitsplatzes für die betroffenen Arbeiter oder sonstigen Sanktionen im Heimatland. Daraus resultiert ganz automatisch eine hohe Motivation der betroffenen Arbeitskräfte das zu erzählen, was ihnen vorher eingetrichtert wurde. Was bleibt, ist ein hoher Anreiz für kriminelle Machenschaften, was das ohnehin schon schlechte Image der deutschen Bauindustrie auch nicht wirklich verbessert.

Als Folge dieser Konzentration auf Billiglöhne als Allheilmittel zur Steigerung der Wettbewerbsfähigkeit sind die Entwicklungskosten in der deutschen Bauindustrie auf ein erschreckend niedriges Niveau von unter einem Prozent vom Umsatz gesunken. Im Vergleich mit anderen Industrien ist das gerade zu lächerlich und in Bezug auf die internationale Wettbewerbsfähigkeit geradezu fahrlässig. Die Grenzen nach Osteuropa werden im Mai 2004 geöffnet und die Übergangsfristen bis zur völligen Liberalisierung des deutschen Baumarktes für osteuropäische Baufirmen werden auch bei großzügigster Verlängerung nicht verhindern können, dass der Exodus der deutschen Bauindustrie weitergehen wird.

Dabei wäre es dringend notwendig, mit Innovationen in der Bautechnik, in der Verfahrenstechnik und durch eine weitere Mechanisierung in eine Verbesserung der internationalen Wettbewerbsfähigkeit zu investieren, anstatt nur auf die Karte der Billiglöhne zu setzen. Auch kleine Bauunternehmen haben eine Überlebenschance, wenn sie es verstehen neben einer erstklassigen Kundenorientierung ihre Fertigungskosten durch ein straffes Management und viele kleine, aber wirkungsvolle Innovationen im Fertigungsprozess zu optimieren.

Dies kann aber nur gelingen, wenn das Thema Innovation im Fertigungsprozess, Rationalisierung und ständige Qualitätsverbesserung von der Unternehmensführung hoch aufgehängt und im Sinne eines ständigen Verbesserungsprozesses vorangetrieben wird. Dabei ist es ein guter Ansatz die Fertigungsprozesse in allen Details mit der Führungsmannschaft zu analysieren und ein Programm zur Halbierung der Durchlaufzeiten für die einzelnen Teilprozesse aufzulegen. Dabei ist es von besonderer Bedeutung, dass nach und nach immer mehr Mitarbeiter vor allem die Poliere und Vorarbeiter in diesen Prozess integriert werden.

Darüber hinaus ist es notwendig sich ein System zur Messbarkeit der Durchlaufzeiten bzw. der Produktivität zu überlegen und einzuführen, um die Fortschritte auch nachhalten zu können. Es ist immer wieder erstaunlich zu beobachten, dass zu Beginn einer solchen Arbeit die Mitarbeiter das ehrgeizige Ziel einer Produktivitätssteigerung um den Faktor zwei für schlichtweg unmöglich halten. Die Realität beweist das Gegenteil. Eine Produktivitätssteigerung in diesen Dimensionen ist möglich, wenn es der Unternehmensführung gelingt in den Verbesserungsprozess möglichst alle Mitarbeiter des Unternehmens zu integrieren.

**→ Wissen**

Das verfügbare Wissen der Menschheit vermehrt sich heute mit geradezu atemberaubender Geschwindigkeit. Man geht derzeit davon aus, dass sich unser Wissen in weniger als 5 Jahren verdoppelt. Allerdings gilt das nicht für alle Branchen gleichermaßen und schon gar nicht für die deutsche Bauindustrie. Ähnlich wie im Bereich der Innovation bewegen sich die Budgets für Fortbildung in den meisten Unternehmen zwischen Null und einem Prozent des Umsatzes. In vielen Unternehmungen bleibt die Fort- und Weiterbildung im Wesentlichen der Eigeninitiative der Mitarbeiter überlassen und die Voraussetzungen für eine zeitnahe und erfolgreiche Anpassung der Unternehmen an die sich rasch wandelnde Umwelt bleiben damit weit hinter den Möglichkeiten zurück.

Dabei muss Fort- und Weiterbildung gar nicht teuer sein. Wie so häufig ist es eher eine Frage der Organisation. In jedem Mitarbeiter und in jeder Organisation schlummert ein erhebliches Wissenspotenzial und es ist nur eine Frage der Organisation, dieses Wissen nutzbar zu machen. In der Regel ist es leicht, die Wissensträger im Unternehmen zu identifizieren, meist sind sie ohnehin bekannt. Danach gilt es, Form und Methoden der Weiterbildung festzulegen und ein Schulungsprogramm für alle Mitarbeiter aufzulegen und konsequent umzusetzen. Werden die Seminare dann noch in die schwächeren Wintermonate auf Abende, Samstage und ähnliche eher der Freizeit zuordenbare Zeiten konzentriert, lässt sich Schulung auch für kleinere und eventuell weniger finanzkräftige Unternehmen sehr wirtschaftlich umsetzen. Darüber hinaus entsteht durch Maßnahmen, die möglichst viele Mitarbeiter in die Fort- und Weiterbildungsarbeit integriert, eine positive Lernkultur im Unternehmen der sich langfristig keiner der Mitarbeiter entziehen wird.

In vielen Branchen und Unternehmen wurde das Thema Fort- und Weiterbildung noch erweitert und unter dem Begriff Wissensmanagement zusammengefasst und mit der nötigen Ernsthaftigkeit professionalisiert. Dabei spielt die Datenverarbeitung eine zunehmend größere Bedeutung, geht es doch in großen vernetzten Unternehmen darum, das an vielen Stellen des Unternehmens in oftmals vielen „tausend Köpfen" vorhandene Wissen für alle nutzbar zu machen. Eine Herkulesaufgabe für die in großen Konzernen mittlerweile viel Geld ausgegeben wird.

Welches Wissen ist es nun, das es in einem mittelständischen Bauunternehmen zu vermitteln gilt. Eine kleine Auswahl hierzu entnehmen sie bitte der nachfolgenden Tabelle 3–12.

**Tabelle 3–12** Wissensinhalt

| Wissensbereich | Wissensinhalt (Beispiele) | Zielgruppe | | |
|---|---|---|---|---|
| Betriebswirtschaft | Angewandte Kostenrechnung | Ingenieure | Kaufleute | Poliere |
| Recht | Steuerrecht | X | X | |
| | ARGE-Buchhaltung | | X | |
| | Kalkulation | X | X | |
| | Baurecht (BGB, VOB/B) | X | X | |
| | ARGE-Recht | X | X | |
| | Arbeitsrecht | X | X | |
| Baumanagement | Unternehmensstrategie | X | X | X |
| | Terminmanagement | X | X | |
| | Nachtragsmanagement | X | X | |
| | Angebotsstrategie | X | | |
| | Qualitätsmanagement | X | X | |
| | Arbeitsvorbereitung | X | | |
| | Berichtswesen | X | X | X |
| Technik | Baustatik | X | | |
| | Normen | X | | |
| | Betontechnik | X | | X |
| | Schalungstechnik | X | | X |
| | Verfahrenstechnik | X | | X |
| | Maschinentechnik | X | | X |
| | Schweißtechnik | X | | X |
| Persönlichkeit | Rhetorik | X | X | |
| | Verhandlungsführung | X | X | |
| | Führungstechnik | X | X | |
| | Selbstorganisation | X | X | X |
| | Verkaufstraining | X | X | |

Für viele Themen aus Tabelle 3–10 findet sich in nahezu jedem Unternehmen ein geeigneter Referent. Damit ist es relativ einfach, ein durchaus anspruchsvolles Schulungsprogramm und was noch weitaus wichtiger ist, eine unternehmensweite Lernkultur aufzubauen. Für viele Themen bietet es sich auch an, den Stoff in kleinere Lektionen aufzuteilen und die Inhalte im Rahmen von Jour Fixe Veranstaltungen, wie zum Beispiel wöchentlichen Bauleitersitzungen, einzubringen. Dabei bietet es sich an, jeweils einen Bauleiter ein Einzelthema vorbereiten und vortragen zu lassen. Damit lässt sich gleich die Vortragstechnik der Bauleiter verbessern.

## 3.6 Ausblick

Wer einmal „Zeit zum Nachdenken" gefunden hat, wird festgestellt haben, dass es nicht nur lohnenswert, sondern sehr wohl auch interessant sein kann, einmal über das eigene Geschäft nachzudenken, anstatt nur als ein von den Tagesereignissen getriebener Unternehmer von Katastrophe zu Katastrophe zu hetzen. Wer es sich zur Gewohnheit hat werden lassen, von Zeit zu Zeit immer wieder aufs Neue innezuhalten und aus einer gewissen Distanz das eigene Tun zu beleuchten, wird in der Lage sein, Fehlentwicklungen im eigenen Unternehmen zu erkennen und eine Strategie zu für den Unternehmenserfolg zu entwickeln.

Das Kapitel „Der Unternehmer im Verbesserungsprozess" sollte Ansätze und Methoden aufzeigen, wie und an welcher Stellen im Unternehmen dabei angesetzt werden kann, um Defizite in der Unternehmensentwicklung auszugleichen und so das Unternehmen für den stetigen Anpassungsprozess an die sich rasch verändernden Umwelt- und Marktbedingungen fit zu machen. Die deutsche Bauindustrie durchlebt seit 1995 die längste Rezessionsphase seit dem zweiten Weltkrieg. Aber auch diese Rezessionsphase wird ein Ende haben. Allerdings werden nahezu 50% der deutschen Baufirmen von 1995 nicht mehr existieren. Wer in dieser Zeit des Umbruchs die „Zeit zum Nachdenken" nicht gefunden hat, wird mit hoher Wahrscheinlichkeit nicht mehr dazugehören.

# 4 Der Bauvertrag

Rechtsanwalt Dipl.-Ing. Helmuth Duve, Stuttgart

## 4.1 Einführung

Dieses Kapitel behandelt den Vertrag, der normalerweise jeder Bauleistung zu Grunde liegt. Da der Vertrag Ausgangspunkt für die Beantwortung baurechtlicher Fragen ist, werden zunächst die allgemein gültigen Grundzüge dargestellt. Das ermöglicht auch dem juristischen Laien, sein Verhalten als rechtserheblich einzuordnen.

Im Anschluss daran wird der Bauvertrag dargestellt. Dort findet der Leser Besonderheiten und Einzelheiten zu dieser speziellen Vertragsart. Die allgemeinen Ausführungen gelten jedoch auch für alle anderen Verträge.

Abgeschlossen wird die Darstellung mit Erläuterungen zur gerichtlichen Durchsetzung von Forderungen. Damit ist der Bogen von der Bindung der Parteien durch einen Vertrag bis zur – in manchen Fällen leider unvermeidlichen – Abwicklung durch eine gerichtliche Auseinandersetzung gespannt.

Die Kapitel sind vom Groben in das Feine, bzw. vom Grundsatz zu den Details und Ausnahmen, strukturiert. Man sollte nie außer Acht lassen, dass es keinen Grundsatz ohne Ausnahme gibt. Alle Ausnahmen, die im Einzelfall gemacht werden, können und sollen an dieser Stelle nicht aufgeführt werden.

Was dieses Kapitel leisten soll, ist eine erste Hilfe und Orientierung zu geben, und den Leser in die Lage zu versetzen, Sachverhalte richtig zu beurteilen. Was es nicht leisten kann, ist die Beantwortung konkreter Fragen, die sich aus einzelnen Verträgen ergeben. Jeder Vertrag ist anders, und „es kommt immer darauf an", wie der Jurist sagt. Dem Leser kann daher im Einzelfall das Studium dieses Kapitels den Gang zu einem Anwalt nicht immer ersparen.

Es sollte noch erwähnt werden, dass die Sprache der Juristen sich von der Sprache der Nichtjuristen unterscheidet.

Das ist in zweierlei Hinsicht von Bedeutung für dieses Kapitel:

Zum einen galten die Bemühungen des Verfassers der Verständlichkeit der Ausführungen. Juristen mögen die eine oder andere sich daraus ergebende Ungenauigkeit nachsehen.

Zum anderen mögen sich allerlei umgangssprachliche Ungenauigkeiten bei Nichtjuristen durchgesetzt haben, auf die es sich im Allgemeinen und alltäglichen Umgang nicht zu achten lohnt. Rechtlich sind diese falschen Bezeichnungen meist ohne Belang, da der Jurist Erklärungen „auslegt". Als Beispiel sei der Begriff „Auftrag" angeführt. Hat ein Unternehmer das Ziel, einen „Auftrag" zu bekommen, so würde der Jurist zunächst beim Blick in das Gesetz dem Unternehmer mitteilen müssen, dass § 662 BGB unter einem Auftrag „die unentgeltliche Besorgung eines übertragenen Geschäftes" versteht. Er würde sodann aber den Unternehmer beruhigen können, indem er ihm nach Einsicht in den Vertrag mitteilen kann, dass die Auslegung der Willenserklärungen ergibt, dass die beauftragte Leistung eine Gegenleistung in Form des Werklohnes vorsieht, also kein Auftrag, sondern ein Werkvertrag vorliegt.

In den Ausführungen wird versucht einen sprachlich vermittelnden Weg zwischen der juristischen Genauigkeit und der Verständlichkeit für den Nichtjuristen zu nehmen.

## 4.2 Der Vertrag

Kaum jemand bedenkt, dass beim täglichen Einkauf, beim Tanken, bei der Fahrt mit dem Bus, in der Gaststätte usw. ständig Verträge geschlossen werden. Für diese Art der Verträge sind je zwei übereinstimmende Willenserklärungen erforderlich[1], die in den genannten Fällen auch vorliegen. Verträge kommen also nicht nur zustande, wenn man Schriftstücke unterschreibt. Dieses Kapitel soll den Umfang des rechtserheblichen Verhaltens vermitteln.

### 4.2.1 Allgemeines zu Verträgen

Im deutschen Zivilgesetzbuch herrscht Vertragsfreiheit (§ 305 BGB). Diese beinhaltet zwei Dinge,

- die Abschlussfreiheit, d. h. wer mit wem einen Vertrag schließt

und

- die Gestaltungsfreiheit, d. h. welchen Inhalt der Vertrag hat.

Das bedeutet, dass jeder frei ist, mit wem er einen Vertrag welchen Inhaltes schließt[2]. Das mag banal klingen, aber es hat weitreichende Folgen. Grundsätzlich kann man sich zu jeglicher Leistung verpflichten. Grenzen sind natürlich gesetzliche Verbote, der Verstoß gegen die guten Sitten usw.

Gesetzliche Gebote können durch vertragliche Vereinbarungen teilweise ausgeschlossen werden. Man unterscheidet hier in disponibles Recht, d. h. Vorschriften, über die abändernde und ausschließende vertragliche Abreden getroffen werden können, und indisponible Vorschriften. Diese behalten in jedem Fall ihre Gültigkeit und können durch die Vertragsparteien nicht wirksam ausgeschlossen werden.

Ein Beispiel für disponibles Recht ist die Gewährleistungsdauer. Sie kann von den Vertragspartnern frei vereinbart werden, obwohl das BGB eine Gewährleistungsdauer (§ 634a BGB) vorsieht. Das bedeutet konkret, dass die Gewährleistungszeit frei verlängert oder verkürzt werden kann. Treffen die Parteien keine Regelung, so gilt die gesetzliche Dauer. Eine nicht disponible Vorschrift ist die Regelung über die Handwerkersicherungsbürgschaft (§ 648a BGB). Selbst wenn die Parteien in ihrem Vertrag festlegen, dass eine Bürgschaft nach § 648a BGB nicht vom Auftragnehmer verlangt werden darf, so kann er dies entgegen der vertraglichen Vereinbarung tun.

Auf das Fehlen der Geschäftsfähigkeit, zum Beispiel bei Kindern, sei an dieser Stelle nur hingewiesen. Dass in solch einem Fall eventuell kein Vertrag zustande kommt[3], erklärt sich von selbst. Hierzu gehören auch die Fälle, in denen der Erklärende nicht in der Lage ist, rechtsge-

---

[1] Genau genommen sind es bei einem abgewickelten Kaufvertrag vier Willenserklärungen, nämlich noch zwei für die Einigung des Eigentumübergangs.

[2] Zu den Besonderheiten der öffentlich rechtlichen Vergabe siehe im Kapitel Grundzüge des deutschen Bauvergaberechts.

[3] Auf die Ausnahmen der Erlaubnis und der Genehmigung wird später eingegangen.

schäftliche Erklärungen abzugeben, z. B. Bewusstlose, Betrunkene etc. (§§ 104, 105, 131 BGB). Diese Sachverhalte sollten hier keine Relevanz haben.

Kernfrage aller Verträge ist die Bestimmung des Leistungsinhaltes. Der Umfang der wechselseitigen Pflichten und Rechte ergibt sich dabei zunächst aus dem Vertrag selbst. Diese Selbstverständlichkeit wird in der Praxis häufig nicht beachtet. Gerade bei umfangreichen Verträgen, die aus verschiedenen Vertragsbestandteilen bestehen[4], sind den Parteien einzelne Regelungen gar nicht, oder zumindest nach einer Weile nicht mehr gegenwärtig. Es kann nicht oft genug geraten werden, den Vertragstext genau zu lesen, und zwar nicht nur vor der Unterzeichnung, sondern auch während der Abwicklung[5].

Gewisse Pflichten, die nicht im Vertrag festgehalten wurden, ergeben sich möglicherweise auch aus dem Gesetz und aus Grundsätzen, die von der Rechtsprechung entwickelt wurden. Zu den gesetzlichen Pflichten gehört beispielsweise Treu und Glauben (§ 242 BGB), d. h. unter anderem die Pflicht der Vertragspartner, sich nicht zu sich selbst widersprüchlich zu verhalten. Zu den Pflichten gehört auch die vom Bundesgerichtshof geprägte Kooperationspflicht der Parteien eines Bauvertrages.

Verträge können selbstverständlich auch mündlich abgeschlossen werden[6]. Mündliche Abmachungen sind gleichwertige, bindende Verträge. Problematisch bei einem mündlichen Vertragsabschluss ist es jedoch, das Vorliegen oder den Inhalt des Vertrages im Streitfall zu beweisen[7]. Die Schriftform dient daher bei Bauverträgen nur der Beweiserleichterung, d. h. dem Nachweis des Vereinbarten. Die Unterschrift des Vertrags ist die schriftliche Bestätigung des Einverständnisses mit den darüber stehenden Vertragsinhalten.

Bis jetzt lassen sich zwei Formen für eine Abgabe von Willenserklärungen ableiten; die schriftliche und die mündliche Form. Es ist jedoch auch möglich, Willenserklärungen in anderen Kommunikationsformen abzugeben. Dazu zählt z. B. die Gestik und Mimik.

*Fall:* *Der Gastwirt hält dem Gast ein Bierglas hin und schaut ihn mit hochgezogenen Augenbrauen an. Der Gast schaut zurück und hält die Hand mit drei ausgestreckten Fingern hoch.*

Jeder wird dieses Verhalten als die Willenserklärung des Wirtes verstehen, noch Bier zu bringen, sowie den Willen des Gastes noch drei Bier haben zu wollen. Obwohl nicht gesondert vereinbart, gilt der auf der Karte ausgewiesene Preis als gewollte Gegenleistung des Gastes. Der erhobene Daumen oder ein Kopfnicken signalisiert Zustimmung.

So genanntes „konkludentes" Handeln kann auch eine Willenserklärung sein. Hierzu zählt z. B. die Vornahme der gewünschten Leistung, eine wissende Duldung usw. Das Verhalten muss schlüssig sein.

*Fall:* *Sie bitten den die Außenanlagen bepflanzenden Unternehmer telefonisch auf dem Anrufbeantworter zum Preis der anderen, bereits von ihm gesetzten Bäume, weitere zehn Bäume zu pflanzen. Der Unternehmer pflanzt die Bäume am nächsten Tag.*

---

[4] Siehe hierzu unter Rangfolge der Vertragsbestandteile.

[5] Gerade die anwaltliche Praxis zeigt, dass sich viele „Vertragsprobleme" durch einfaches Nachlesen im Vertragstext beantworten lassen. Dem Fragesteller ist die jeweilige Vertragspassage, zumindest aktuell, nicht bekannt.

[6] Ausnahmen sind Verträge, die Grundstücke betreffen u. a., sie sind schriftlich abzuschließen.

[7] Siehe hierzu unter Punkt „Streit und seine Folgen".

Auch hier liegen zwei Willenserklärungen vor, nämlich Setzen von zehn Bäumen zum bekannten Preis, d. h. ein Vertrag ist zustande gekommen.

Obwohl diese Formen der Willenserklärung zu einem bindenden Vertrag führen, sind sie in der Praxis für Bauverträge ungeeignet, weil sich im Nachhinein schwer feststellen lässt, was vereinbart wurde[8]. Trotzdem ist es gerade in der Abwicklung einer Baumaßnahme immer noch an der Tagesordnung, mündliche Anweisungen für erweiterte Leistungen auf der Baustelle zu erteilen. Dies führt immer wieder zu Streitigkeiten über den genauen Leistungsumfang und die Bezahlung. Es kann nur dringend davon abgeraten werden.

Das reine Schweigen und Nichtstun ist in keinem Fall eine Willenserklärung. Es ist ein weit verbreiteter Irrtum, dass das Schweigen als eine zustimmende Willenserklärung angesehen werden kann. Dies kommt in der Praxis immer wieder in der Form vor, dass ein Angebot abgegeben wird, der andere aber schweigt.

Es gibt in der Abwicklung von Bauverträgen nur eine relevante Ausnahme, die genauer betrachtet gerade keine Ausnahme von dem Grundsatz ist. Es handelt sich um das kaufmännische Bestätigungsschreiben nach § 362 HGB. Voraussetzung ist aber zunächst, dass es sich bei den Vertragsparteien um Kaufleute im Sinne der §§ 1 ff. HGB handelt.

*Fall:* *Die Parteien, beides Kaufleute, verhandeln über den Einbau von Fenstern. Es kommt aber nicht zu einer Einigung. Am nächsten Tag schreibt der Auftragnehmer, er baue die Fenster zum Preis von 10.000 EUR ein. Der Auftraggeber reagiert nicht.*

Es lagen zu keinem Zeitpunkt zwei übereinstimmende Willenserklärungen vor. Mangels einer Einigung kommt kein Vertrag zustande. Hierbei handelt es sich nicht um einen Fall des kaufmännischen Bestätigungsschreibens.

*Fall:* *Die Parteien, beides Kaufleute, verhandeln über den Einbau von Türen. Man kommt überein, dass Türen zum Preis von 1.000 EUR eingebaut werden. Am nächsten Tag schreibt der Auftragnehmer, dass er die getroffene Vereinbarung vom Vortag bestätige, Türen vom Typ xy zum Preis von 1.000 EUR einzubauen.*

Hier ist ein Vertrag zustande gekommen, und zwar nicht durch das Schreiben, sondern bereits in der Verhandlung. Das Schreiben bestätigt nur den Inhalt der Vereinbarung, also die Pflichten der Parteien. In diesem Fall handelt es sich um ein kaufmännisches Bestätigungsschreiben, welches den Inhalt einer Vereinbarung unter Kaufleuten schriftlich bestätigt. Wenn nun der andere Vertragspartner nicht reagiert, so ist die Folge, dass in einem möglichen späteren Streit über den Vertragsinhalt davon ausgegangen wird, dass die Vereinbarung so getroffen wurde, wie sie in dem Bestätigungsschreiben steht.

Nochmals deutlich gesagt, es muss bereits eine Einigung erfolgt sein. Wenn das Bestätigungsschreiben Inhalte hat, über die keine Vereinbarung getroffen wurde, so kommt kein Vertrag zustande. Es handelt sich bei dem kaufmännischen Bestätigungsschreiben im Grunde genommen nur um eine Beweiserleichterung für den Inhalt eines mündlich abgeschlossenen Vertrages im Rahmen kaufmännischer Sitte.

In der Praxis kann jedoch nur geraten werden, sich nicht darauf zu verlassen. Es wird sogar ausdrücklich empfohlen, sich für den Fall der schriftlichen Bestätigung mündlicher Abreden diese von der anderen Seite durch deren Unterschrift bestätigen zu lassen. Somit liegt wieder ein schriftlicher Vertrag vor.

---

[8] Näheres findet man im Abschnitt „Der Gang des Verfahrens", Beweislast.

Sollte man eine Bestätigung einer getroffenen Abrede erhalten, die so nicht vereinbart wurde, so ist unverzüglich[9] zu widersprechen.

### 4.2.2 Abschluss eines Vertrages

Um die entscheidende Frage beantworten zu können, was vertraglich geschuldet ist, d. h. der Einzelne zu leisten hat, muss man zunächst klären, welche Art von Vertrag zustande gekommen ist.

Im Prinzip ist ein Vertrag geschlossen, wenn zwei übereinstimmende Willenserklärungen abgegeben werden. Die Willenserklärung ist die Kundmachung des rechtsgeschäftlichen Willens. Zu unterscheiden ist davon die Willenserklärung, die nicht auf die Folge der Auslösung eines Rechtsgeschäftes gerichtet ist.

*Fall: Sie laden einen Freund zum Essen ein, der die Einladung annimmt oder Sie sagen Ihre Hilfe bei dem Umzug eines Freundes zu.*

Die Einladung oder Zusage ist in beiden Fällen nicht verpflichtend im Sinne eines Rechtsgeschäftes gemeint und wird üblicherweise auch nicht so verstanden. Sollten Sie die Einladung oder Zusage absagen, so hätte das keine rechtlichen Konsequenzen.

Auch diese Willenserklärungen, die nicht auf den Abschluss eines Vertrages gerichtet sind, gibt es häufig. Ist man sich bei der Frage einer alten Dame an den Heizungsbauer, ob er ihr den Kleiderschrank umstellen könne, noch relativ sicher, dass es sich um die Frage nach einer Gefälligkeit handelt und nicht um ein Angebot, zur üblichen Vergütung Umzugsarbeiten zu leisten, so ist der folgende Fall sehr fraglich.

*Fall: Der Anwohner bittet die Gartenbauer um Mitnahme von Gartenabfällen. Der Gartenbauer stellt eine Rechnung. Oder der Bauherr bittet die Handwerker vor Ort, ob sie nicht gerade Mal, die Kelle in der Hand, an der Garage ein Stück Putz ausbessern können. Die Handwerksfirma stellt eine gesonderte Rechnung.*

Entscheiden werden sich diese Fälle je nachdem, ob der Vertrag angenommen wurde, was für die zwei letzten Fälle zutrifft. Des Weiteren stellt sich die Frage, ob eine Vergütung für die Tätigkeit vereinbart worden ist. Das ist in den dargestellten Fällen nicht geschehen, aber auch ohne eine ausdrückliche Vereinbarung gilt eine Vergütung nach § 632 BGB als stillschweigend vereinbart, wenn sie nach den Umständen erwartet werden kann. Diese Frage wird jeder Leser anders beantworten, je nachdem, wie der Sachverhalt detailliert wird. Man sieht, dass die Abgrenzung zwischen der Frage nach einer Gefälligkeit und der rechtsgeschäftlichen Erklärung zum Abschluss eines vergütungspflichtigen Vertrages schwierig sein kann.

Eindeutig liegt hingegen ein rechtsgeschäftlicher Wille vor, wenn sich die Parteien verpflichten, Leistung und Gegenleistung auszutauschen.

*Fall: Der Auftraggeber verpflichtet sich zur Zahlung für die Herstellung eines Hauses, der Auftragnehmer verpflichtet sich zur Herstellung.*

Bildlich verdeutlicht wird ein Vertrag in folgender Fallkonstellation geschlossen:

Die Kreise als Symbole zeigen die Übereinstimmung.

---

[9] Unverzüglich heißt ohne schuldhaftes Zögern zu handeln.

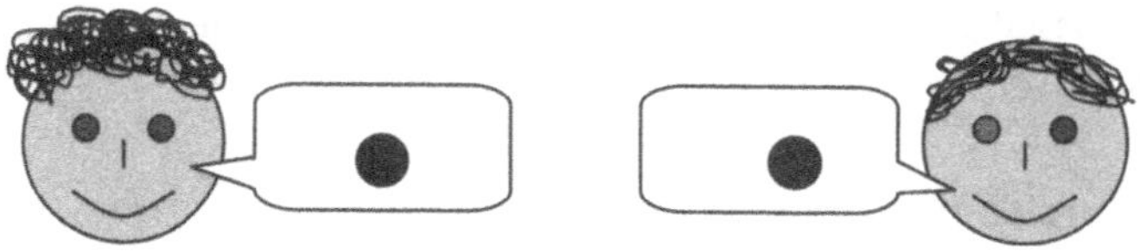

**Bild 4–1** Übereinstimmende Willenserklärung

Wenn die Willenserklärungen nicht übereinstimmen, dann kommt kein Vertrag zustande.

*Fall:* *Der Auftraggeber wünscht gegen Zahlung von xxx EUR die Herstellung eines Hauses, der Auftragnehmer will yyy EUR.*

Dies sieht bildlich verdeutlicht wie folgt aus:

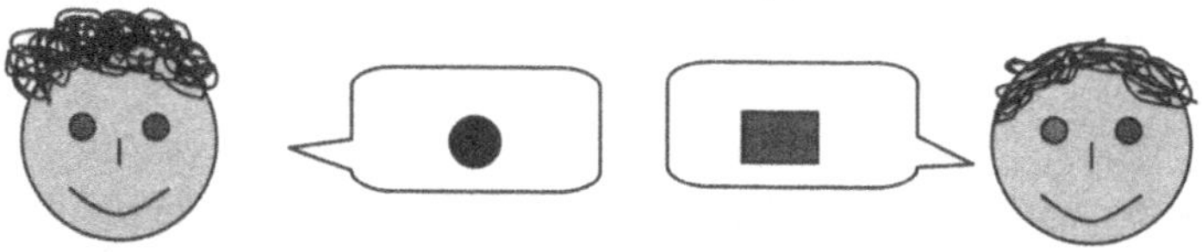

**Bild 4–2** Keine übereinstimmende Willenserklärung

Es wurde kein Vertrag geschlossen.

In der Praxis kommt es häufig zu einer anderen Fallkonstellation. Man einigt sich über die wesentlichen Punkte eines Vertrages. Bewusst oder unbewusst bleibt aber ein Punkt offen, über den keine Einigung erzielt wurde.

*Fall:* *Die Vertragsparteien sind sich einig, dass der Auftraggeber für die Errichtung eines Hauses 160.000 EUR bezahlt, der Auftragnehmer ist einverstanden. Einig ist man sich nicht, ob im Preis der Wintergarten enthalten ist. Eine Einigung wird schlicht vergessen. Die Parteien beginnen trotzdem den Vertrag abzuwickeln. Sie bemerken den offenen Punkt später, und es entsteht Streit über die Vergütung.*

Bildlich liegt Folgendes vor:

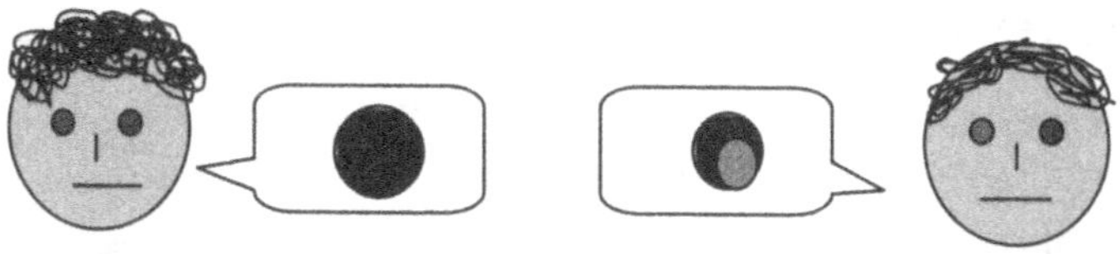

**Bild 4–3** Sich in der Hauptsache deckende Willenserklärung

Trotz der nicht erfolgten Einigung in dem Punkt besteht ein Vertrag. Entscheidend dafür ist, dass es sich nicht um den wesentlichen Vertragsinhalt handelt. Wenn sich die Parteien über einen wesentlichen Punkt, also zum Beispiel die Hauptleistung, nicht einigen, dann liegen natürlich keine sich deckenden Willenserklärungen, d. h. kein Vertrag vor.

Wenn die Parteien sich über den untergeordneten Punkt bei der Vertragsabwicklung nicht einigen, dann wird das Gericht im nachfolgenden Rechtsstreit den Vertrag ergänzend auslegen und ein Urteil fällen[10].

Genau genommen tritt dieser Fall deshalb so häufig ein, weil die Vertragsparteien vor Vertragsschluss schriftlich miteinander kommunizieren und jeweils das Schreiben des anderen annehmen, aber in bestimmten Punkten ändern.

*Fall:* *Der Auftraggeber schreibt dem Auftragnehmer, er möchte einen Preis anbieten für den Bau eines Hauses mit Gartenzaun. Der Auftragnehmer schreibt zurück, es koste 150.000 EUR ohne Gartenzaun. Der Auftraggeber schreibt zurück, 150.000 EUR sei in Ordnung, wenn der Zaun aus Metall sei. Der Auftragnehmer schreibt zurück, 150.000 EUR sei in Ordnung, aber der Zaun werde aus Holz hergestellt. Daraufhin schreibt der Auftraggeber, ohne, dass eine Einigung in dem Punkt erzielt wurde, er erteile den Auftrag auf Grundlage seines letzten Schreibens. Der Auftragnehmer antwortet, er nehme den Auftrag an unter Beachtung seines letzten Schreibens. Er beginnt mit der Ausführung.*

Rechtlich ist dieser Fall in der Beurteilung anders, als allgemein unterstellt wird. Landläufig besteht die Meinung, wer zuletzt schreibe, der habe das letzte, bestimmende Wort. Das ist jedoch nicht der Fall.

Ein Vertrag kommt zustande durch zwei übereinstimmende Willenserklärungen. Dies geschieht durch das Angebot des einen, und die Annahme genau dieses Angebotes durch den anderen. Diese Fälle wurden bereits zu Beginn des Kapitels behandelt, auch wenn die Begriffe Angebot und Annahme dabei noch nicht verwendet wurden.

Im vorliegenden Fall wird folgendes Prinzip verdeutlicht: Der Auftraggeber macht ein Angebot, der Auftragnehmer nimmt es aber nicht an. Er gibt keine übereinstimmende Willenserklärung ab. Er zeigt zwar grundsätzlich ein Interesse an, aber er ändert den Inhalt des Angebotes. Das nennt man eine ändernde Annahme, eigentlich ist es aber eine Ablehnung des Angebotes des Auftraggebers durch den Auftragnehmer mit der Erklärung eines neuen Angebotes an ihn.

Das neue Angebot des Auftragnehmers an den Auftraggeber ändert dieser erneut. Das heißt, es liegt wieder eine Ablehnung mit einem neuen Angebot vor. Wenn keine Übereinstimmung erzielt wird, so bleibt zumindest dieser Punkt ohne eine Einigung. Wenn die Vertragsparteien im dargestellten Fall trotzdem beginnen, einen Vertrag abzuwickeln, so ist unabhängig davon, wer zuletzt geschrieben hat, in diesem Vertragspunkt keine Einigung erzielt worden. Er unterliegt letztlich der gerichtlichen Beurteilung. Die Punkte, in denen Übereinstimmung bestand, gelten als vertraglich vereinbart, denn insoweit lagen übereinstimmende Willenserklärungen vor.

Das Angebot selbst ist eine schon bindende Willenserklärung. Das bedeutet, dass sich der Anbietende über den Umfang seiner Verpflichtung bei einer bestimmten Gegenleistung festlegt, allerdings nur dem Erklärten gegenüber, also demjenigen, dem er dieses Angebot ge-

---

[10] Siehe hierzu im Folgenden unter „Streit und seine Folgen".

macht hat. Wenn dieser das Angebot ohne Änderungen annimmt, dann ist der Vertrag geschlossen. Direkt mit der Annahme kommt der Vertrag zustande.

*Fall:* *Der Auftragnehmer hat ein Angebot abgegeben. Der Auftraggeber schickt ein „Auftragsschreiben", in dem er den Auftrag erteilt. Der Auftragnehmer schreibt zurück, er sei mit mehreren Punkten nicht einverstanden und wolle den Vertrag nur, wenn man sich diesbezüglich noch anders einige.*

In der Praxis wird häufig die Auftragserteilung bestätigt. Genau genommen ist das nicht die Willenserklärung für den Vertragsschluss, sondern eine an sich überflüssige Zugangserklärung. Fälle, in denen jemand in dieser „Zugangsbestätigung" bestimmte Vertragsinhalte ändern will, „andernfalls den Vertrag nicht annimmt", sind rechtlich ohne Belang, da der Vertrag bereits zustande gekommen ist. Es handelt sich bei dem Schreiben mit den Änderungswünschen um ein Angebot zur Änderung des Vertrages. Nimmt in dem Fall der Auftraggeber die Änderungsvorschläge nicht auf, so bleibt es bei dem Vertragsinhalt des ersten Angebotes, und der Auftragnehmer ist zur Leistung verpflichtet.

Wie lange der Anbietende sich an sein Angebot halten muss, ergibt sich je nach den Umständen des Einzelfalles und der Geschäftssitte. In vielen Fällen wird ein Zeitraum oder eine Bedingung für die Bindung an das Angebot beigefügt. Beispiele hierfür sind Formulierungen wie „das Angebot gilt bis zum ..." oder „das Angebot gilt solange der Vorrat reicht". Es ist in jedem Fall anzuraten, die Bedingungen, unter denen das Angebot wie lange gelten soll, mit aufzuführen.

Während bislang immer davon ausgegangen wurde, dass man seine Willenserklärung selbst abgibt, kann man sie auch von einer anderen Person abgeben lassen. Diese ist dann Stellvertreter und verpflichtet nicht sich selbst, sondern den vertretenen Dritten. Voraussetzung ist natürlich, dass der Stellvertreter auch eine Vollmacht in diesem Umfang hat.

Stellvertretungen sind in der Bauabwicklung an der Tagesordnung. Ein Klassiker ist die Frage des Umfangs der Architektenvollmacht. Kann der Architekt z. B. vergütungspflichtige Leistungen beauftragen? Handelt der Stellvertreter ohne Vollmacht, so verpflichtet er nicht den Dritten, sondern er selbst haftet. Immer wenn ein Stellvertreter handelt, sollte man sich eine Vollmacht vorlegen lassen oder den Vertretenen die Erklärung seines Vertreters schriftlich genehmigen lassen. Nur in diesen Fällen kann man sicher sein, dass man auch von dem vermeintlich vertretenen Vertragspartner die erwartete Gegenleistung bekommt. Es gibt nicht wenige Fälle, in denen Auftraggeber nach Ausführung die Vergütung verweigern, weil sie selbst nichts erklärt bzw. der Erklärende keine Vollmacht von ihnen gehabt hätte. Gerade bei der Beauftragung von Stundenlohnarbeiten ist Vorsicht geboten[11].

Als Notnagel mag man in solchen Fällen versuchen, eine so genannte Duldungsvollmacht darzulegen. Diese besteht, wenn der Vertretene die Handlungen seines „Stellvertreters", der jedoch keine Vollmacht hat, kennt und sich gegenüber dem Erklärungsempfänger so verhält, als ob der scheinbare Stellvertreter die Vollmacht von ihm hätte. Die Darlegung kann gelingen, wenn der „Vertretene" die Beauftragungen des Stellvertreters ohne Vertretungsmacht in allen bisherigen Fällen bezahlt hat, und der jetzt streitige Fall gleich gelagert ist. Anders verhält es sich, wenn es in den vorherigen Fällen um kleinere Beträge ging, nun aber um einen großen Betrag. Es bleibt dabei, bevor man Risiken eingeht, lasse man sich beim Handeln Dritter gleich zu Beginn eine Vollmacht vorlegen. Diese Vollmacht sollte den Umfang der Bevoll-

[11] Siehe hierzu in der VOB/B, es ist eine vorherige Beauftragung notwendig.

mächtigung enthalten und in jedem Fall von demjenigen unterschrieben sein, der verpflichtet werden soll, dem Vertretenen.

### 4.2.3 Folgen des Vertragsschlusses

„pacta sunt servanda" lautet der alte Grundsatz, „Verträge sind zu halten". Damit ist eigentlich schon alles gesagt. Es soll bedeuten, dass die Parteien verpflichtet sind, das Zugesagte zu erfüllen.

Jede Partei muss sowohl die eigene Leistung erbringen, als auch die Leistung des Vertragspartners annehmen.

Grundsätzlich ist jeder genau zu dem verpflichtet, was er zugesagt hat. Nachträgliche Änderungen des Geschuldeten bedürfen einer einvernehmlichen Änderung des Vertrages. Einigt man sich nicht, bleibt es bei dem ursprünglich Vereinbarten. Ausnahme hiervon ist allerdings der Werkvertrag mit der vereinbarten Gültigkeit der VOB/B[12]. Hier darf der Auftraggeber einseitig nach Vertragsschluss die Leistung ändern, d. h. er darf den vom Unternehmer zu erbringenden Leistungsteil vergrößern oder verkleinern. Das ist eine einmalige Ausnahme, die in der Praxis zu vielen Problemen bezüglich der ebenfalls vorgesehenen Vergütungsänderung führt. Dazu im folgenden Kapitel „Der Bauvertrag" mehr[13]. Ein nachträgliches Leistungsbestimmungsrecht einer Partei kann, bei beiderseitiger Zustimmung, aber auch in allen anderen Verträgen und ohne Vergütungsänderung vereinbart werden. Streitigkeiten sind in diesen Fällen programmiert.

Ein geschlossener Vertrag gilt nur „inter pares". Verpflichtet wird im Grundsatz nur der den Vertrag Schließende, ein unbeteiligter Dritter wird nicht durch den Vertrag verpflichtet. Ausnahmen gelten nur in den Fällen, in denen ein Rechtsnachfolger eine Vertragspartei in den vom Gesetz vorgesehenen Fällen ersetzt, zum Beispiel der Erbe oder der Insolvenzverwalter.

Forderungen aus Verträgen können abgetreten werden. Das bedeutet, dass derjenige, an den die Forderung aus dem Vertrag abgetreten wird, mit allen Rechten, aber auch allen Pflichten in den bestehenden Vertrag eintritt. Man kann dies als Wechsel einer Vertragspartei bezeichnen.

Die Abtretung kann vertraglich ausgeschlossen werden. In diesem Fall muss der ursprünglich den Vertrag Schließende bis zur Erfüllung persönlich eintreten. Da Bauverträge eine längere Laufzeit haben, während derer sich eine Menge ereignen kann, ist es ratsam, zumindest bei größeren Objekten eine Abtretung seitens der anderen Vertragspartei von der eigenen Zustimmung abhängig zu machen.

Zu unterscheiden ist in jedem Fall, ob ein Wechsel einer Vertragspartei vorliegt, also ein neuer Partner eintritt, oder ob nur eine Umbenennung bei einem Partner erfolgt.

*Fall: Auftraggeber ist die Z-GmbH. Während der Vertragsdurchführung teilt der Auftraggeber dem Auftragnehmer mit, dass nunmehr die XY-GmbH Auftraggeber sei.*

In diesem Fall, der häufiger vorkommen kann wenn eine Firma als Vertragspartner auftritt, ist zu prüfen, ob der Vertragspartner sich nur umbenannt hat, d. h umfirmiert, ohne dass sich andere Umstände ändern. Wenn dem so ist, handelt es sich nur um formelle Konsequenzen der Umstellung des Namens etc. Ist jedoch die XY-GmbH eine neue Firma, bei der eventuell

[12] Siehe hierzu auch im folgenden Kapitel zu den Weisungsrechten des Auftraggebers bei einem VOB-Vertrag.

[13] Siehe ebenda.

andere Vermögenslagen gegeben sind, so ist es ratsam, weitere Schritte zu unternehmen, wie zum Beispiel die Sicherung des Werklohnes, das Abfragen von Vollmachten etc.

### 4.2.4 Störungen in der vertraglichen Erfüllung

Für den Fall, dass eine Vertragspartei das Vereinbarte nicht leistet, macht sie sich ersatzpflichtig für den verschuldeten Vertragsbruch, d. h. sie hat den Vertragspartner so zu stellen, als ob der Vertrag ordnungsgemäß erfüllt worden wäre. In der Praxis wird die vertragsbrüchige Partei für Aufwendungen, die die andere Partei hatte, um sich so zu stellen, als ob der Vertrag abgewickelt worden wäre, finanziell aufkommen müssen. Im Baurecht sind das die Fälle der freien Kündigung des Auftraggebers[14], die Fälle der Kündigung mit Grund oder die Fälle der Einstellung der Arbeiten durch den Unternehmer ohne Rechtsgrund[15].

Die anderen Leistungsstörungen, d. h. zu spätes oder mangelhaftes Leisten, werden in dem Kapitel Baurecht näher erläutert.

### 4.2.5 Beendigung eines Vertrages

Nachdem das Zustandekommen eines Vertrages behandelt wurde, ist noch zu klären, wie ein Vertragsverhältnis beendet wird.

Zunächst ist der Regelfall die Erfüllung der beiderseitigen Pflichten. Die Parteien haben die versprochenen Leistungen ausgetauscht.

Es gibt zwar nachvertragliche Verpflichtungen, wie zum Beispiel die Gewährleistung, Schweigepflichten etc., das Vertragsverhältnis ist aber trotzdem beendet[16].

Eine frühzeitige Beendigung eines Vertrages ist immer durch eine Kündigung möglich. Hierbei kann sowohl der gesamte Vertrag, als auch nur ein Teil des Vertrages gekündigt werden. Teil eines Vertrages kann dabei ein gesonderter Teil der geforderten Leistung sein, wobei die sonstige Leistung noch zu erbringen ist, aber auch die ab einem bestimmten Zeitpunkt noch zu erbringende gesamte Restleistung.

Hierbei ist die Kündigung aus vertraglich vorgesehenen Gründen von der Kündigung aus wichtigem Grund zu unterscheiden.

Vertraglich können Kündigungsgründe vereinbart werden.

*Fall:* *Der Auftraggeber möchte die Möblierung eines ansonsten schlüsselfertig zu erstellenden Bürohauses nur dann vom Auftragnehmer geliefert haben, wenn derzeit noch nicht vorhandene Mieter es wünschen. Die Parteien vereinbaren die Möblierung als eine Leistung mit einem bestimmten Preis, vereinbaren aber auch, dass der Auftraggeber bis zum Datum xy diese Leistung frei kündigen kann ohne Vergütungspflicht.*

Liegt der beschriebene Kündigungsgrund vor, so kann die entsprechend berechtigte Partei den Vertrag oder den Vertragsteil durch Kündigung beenden. In diesem Beispiel würde ein Teil eines Vertrags gekündigt, also eine Teilleistung. Die anderen Vertragsbestandteile, die nicht gekündigt werden, bleiben vollumfänglich wirksam.

---

[14] Siehe § 649 BGB oder § 8 Nr. 1 VOB / B.

[15] Siehe hierzu im Kapitel „Die Durchführung des Bauvertrages".

[16] Siehe hierzu die Bedingungen für eine Ersatzvornahme in der Gewährleistungszeit. Eine Kündigung ist nicht erforderlich, genauer gesagt nicht möglich, da das Vertragsverhältnis bereits durch Erfüllung beendet ist.

Voraussetzung eines vertraglichen Kündigungsgrundes ist aber in jedem Fall, dass der Grund im Vertrag von den Parteien einvernehmlich vereinbart wurde. Ist dies nicht der Fall, liegt kein vertragliches Kündigungsrecht vor.

Auch ohne das Vorliegen eines vertraglichen Kündigungsgrundes haben beide Parteien das Recht zur außerordentlichen Kündigung, auch „Kündigung aus wichtigem Grund" genannt. Dieses Recht ist gesetzlich verankert und kann vertraglich nicht ausgeschlossen werden[17].

Ein wichtiger Grund liegt immer dann vor, wenn es einer Vertragspartei nicht zugemutet werden kann, an der weiteren Abwicklung des Vertrages festzuhalten. Das ist beispielsweise der Fall, wenn ein Vertragspartner betrügt, seine Leistung unberechtigt verweigert usw. Das Vorliegen eines Kündigungsgrundes sollte jedoch in jedem Fall einer rechtlichen Prüfung unterzogen werden, denn die Folgen eines zu Unrecht gekündigten Vertrages können die kündigende Partei teuer zu stehen kommen. Der andere Vertragspartner kann Schadenersatzansprüche geltend machen, beispielsweise den Vertrag durch einen Dritten erfüllen lassen und verlangen, dass ihm die Mehrkosten ersetzt werden.

Eine weitere Möglichkeit der Vertragsbeendigung ist die einer einvernehmlichen Regelung durch die Parteien, es handelt sich in diesem Fall um einen Aufhebungsvertrag. Wie den Regelungen zum Abschluss eines Vertrages zu entnehmen ist, gilt für einen Aufhebungsvertrag das Gleiche. Wenn sich die Parteien einig sind und den Vertrag auflösen wollen, können sie ihn jederzeit beenden. Die Folgen sind in diesem Aufhebungsvertrag festzulegen, z. B. ein eventueller Vergütungsanteil für bereits erbrachte Leistungen, die Beschaffung eines Ersatzunternehmers oder dergleichen mehr[18].

Darüber hinaus gibt es noch weitere Formen der Vertragsbeendigung. Dabei handelt es sich jedoch um Einzelfälle, die hier nicht behandelt werden. Auf einen Fall soll jedoch noch hingewiesen werden.

Manchmal kommt es vor, dass Verträge geschlossen werden, die Parteien den Vertrag aber nicht abwickeln, indem sie die Leistungen des jeweils anderen nicht abrufen.

*Fall: Der Auftraggeber und der Auftragnehmer vereinbaren die Ausführung von Tapezierarbeiten im Zuge einer Gebäuderenovierung. Zum eigentlich vorgesehenen Zeitpunkt ruft der Auftraggeber die Leistung nicht ab, der Unternehmer meldet sich auch nicht.*

Trotz der grundsätzlichen Bindung der Parteien an ihr Leistungsversprechen stellt sich in diesem Fall die Frage, ob durch die verstrichene Zeit zwischen Vertragsschluss und Abruf der Leistung, welche die Partei dann nicht mehr erbringen möchte, ein Zustand eingetreten ist, in dem die leistungsverweigernde Partei darauf vertrauen durfte, dass sie nicht mehr verpflichtet wird. Im Einzelfall könnte der Unternehmer auf den Auftraggeber zukommen mit der Forderung der Zahlung des Werklohnes abzüglich ersparter Aufwendungen wegen einer freien Kündigung, es könnte aber auch der Auftraggeber auf den Unternehmer zukommen mit der Aufforderung, die Arbeiten zu beginnen, während der Unternehmer nun gerade andere Aufträge ausführt.

Ob die Vertragsparteien zur Erfüllung ihrer Leistungen verpflichtet sind, hängt stark von dem Vertrag, den Leistungen, den Umständen und der Zeitdauer ab. Es kann dazu keine allgemein

---

[17] Vgl. oben in Kapitel 4.2.1 zu indisponiblem Recht.

[18] Viele kennen dies zum Beispiel aus Mietverhältnissen. Wenn der Mietvertrag noch läuft, also nicht gekündigt werden kann, man aber ausziehen möchte, so bietet man einen Nachmieter an. Wenn der Vermieter einverstanden ist, dass der Mieter wechselt, so handelt es sich um einen Aufhebungsvertrag für das alte Mietverhältnis.

geltende Aussage gemacht werden und nur empfohlen werden, rechtzeitig Klarheit zu schaffen.

Weiterhin gibt es die Möglichkeit, bedingte Verträge abzuschließen. Das ist sinnvoll, wenn zum Beispiel ein Generalunternehmer noch nicht weiß, ob er einen Auftrag erhält, aber einen Nachunternehmer schon bindend verpflichten möchte für den Fall, dass er den Auftrag ausführen soll. Die Bedingung sollte klar formuliert werden. Tritt die Bedingung ein, so ist der Vertrag durchzuführen.

Es kann vorkommen, dass der Besteller nach den §§ 636, 323, 326 Abs. 5 BGB vom Vertrag zurücktritt. Das kommt in der Praxis sehr selten vor, so dass die weiteren Varianten der Vertragsbeendigung hier nicht weiter erläutert werden sollen. Weitere Ausführungen zur Kündigung finden sich im Kapitel 5, dass sich mit dem Thema Baurecht beschäftigt.

### 4.2.6 Allgemeine Geschäftsbedingungen

#### *4.2.6.1 Allgemeines*

Wer mit Bauen zu tun hat, der hat auch mit allgemeinen Geschäftsbedingungen zu tun, besser bekannt unter dem Kurznamen AGB. Die Rechtsprechung zur Gültigkeit von Allgemeinen Geschäftsbedingungen ist umfangreich und würde den Rahmen der Darstellung sprengen. Es werden daher nur die allgemeinen Grundlagen dargestellt, die zum Verständnis notwendig sind. Der Leser sollte damit in der Lage sein, eine Problematik im Bereich Allgemeiner Geschäftsbedingungen zu erkennen. Im Einzelfall ist dann die Wirksamkeit einer Klausel einer rechtlichen Prüfung zu unterziehen, wofür juristische Hilfe ratsam ist.

Zunächst stellt sich die Frage, warum Allgemeine Geschäftsbedingungen überhaupt einer besonderen Erwähnung bedürfen, obwohl Vertragsfreiheit herrscht. Danach können die Parteien ihren Vertragsinhalt frei und eigenverantwortlich bestimmen. Im Grundsatz ist das auch richtig, doch ist der Gesetzgeber in dem Bereich der Allgemeinen Geschäftsbedingungen einem Schutzbedürfnis der Vertragspartei nachgekommen, an die allgemeine Vertragsbedingungen gestellt werden. Man hat gesehen, dass in „dem Kleingedruckten" häufig von einer Vertragspartei Dinge übersehen werden, die für sie erhebliche Nachteile bringen, und von der anderen Vertragspartei dort bewusst platziert worden sind, um sie nicht direkt kenntlich zu machen. Deshalb hat man durch gesetzliche Vorschriften[19] ermöglicht, dass diese Klauseln, insoweit sie gegen diese gesetzlichen Vorschriften verstoßen, für unwirksam erklärt werden. Kurz gesagt handelt es sich um einen Schutz des Vertragspartners vor vorformulierten Bedingungen, die im Gegensatz zu einer Individualvereinbarung an strengeren gesetzlichen Vorschriften geprüft werden.

Diese so genannte Inhaltskontrolle wird dann durchgeführt, wenn eine Regelung in allgemeinen Geschäftsbedingungen dispositives Recht[20] zum Vorteil des Verwenders ändert. Die Klauseln sind zum Beispiel unwirksam, wenn sie den Vertragspartner unangemessen benachteiligen oder die Klausel überraschend ist. Wenn sie unwirksam sind, gilt stattdessen die entsprechende gesetzliche Regelung. Der übrige Vertrag bleibt wirksam. Auf die Unwirksamkeit einer Klausel darf sich der Verwender selbst nicht berufen. Er muss Nachteile aus seinen eigenen Klauseln, die für ihn entstehen können, gelten lassen. Auch Widersprüche und Unklarheiten gehen immer zu Lasten des Verwenders.

---

[19] Es handelt sich um die §§ 305 ff. BGB, vor der Schuldrechtsreform bekannt als AGB Gesetz.

[20] Siehe hierzu die Ausführungen in dem Kapitel Allgemeines zu Verträgen.

Da in Bauverträgen die Verwendung von standardisierten Formulierungen an der Tagesordnung ist, man denke nur an die vielen besonderen oder zusätzlichen Vertragsbedingungen, wird man sich auch in den meisten Fällen mit der beschriebenen Problematik, der Frage der Gültigkeit, auseinandersetzen müssen.

#### *4.2.6.2 Die rechtlichen Grundzüge*

Zunächst stellt sich die Frage, wann überhaupt Allgemeine Geschäftbedingungen vorliegen. Im Grundsatz sind dies vorformulierte Vertragsbedingungen, für eine Vielzahl von Verträgen bestimmt, die einer Vertragspartei von dem Verwender gestellt werden. Vorformuliert bedeutet dort, dass sie unabhängig von einem Einzelfall für weitere Vertragsschließungen verfasst werden und die Absicht besteht, sie auch zukünftig einzusetzen. Eine Mehrfachverwendung liegt vor, wenn die Vertragsbedingungen in mindestens drei Fällen verwendet worden sind.

Gleichgültig ist dabei die äußere Form. Es kann sich lediglich um einen vorformulierten Satz handeln, aber auch um seitenweise Vordrucke. Die äußere Form ist ein Indiz für das Vorliegen von Allgemeinen Geschäftsbedingungen, zumal bei formatierten Vordrucken.

Die Allgemeinen Geschäftsbedingungen müssen der anderen Vertragspartei gestellt werden. Das bedeutet nichts anderes, als die Vorlage der AGB's durch eine Partei. Anders verhält es sich, wenn beide Seiten sich gemeinsam auf die Verwendung bestimmter Vordrucke einigen. Dann sind diese nicht „gestellt".

Selbstverständlich ist die Einbeziehung von Allgemeinen Geschäftsbedingungen der anderen Vertragspartei mitzuteilen. Es ist am besten, die Bedingungen ausgedruckt dem Vertrag als Vertragsbestandteil beizulegen.

Liegen Allgemeine Geschäftsbedingungen vor und sind diese in einen Vertrag einbezogen, so sind die Klauseln der Allgemeinen Geschäftsbedingungen nur in den Fällen wirksam, in denen sie einer Prüfung an den Maßstäben der §§ 305 ff. BGB standhalten.

Nun stellt sich die Frage, in welchen Fällen es sich nicht um Allgemeine Geschäftsbedingungen handelt.

Einfach ist es bei der Individualvereinbarung. Wenn man über Allgemeine Geschäftsbedingungen im Rahmen der Vertragsgespräche verhandelt, diese nach der Verhandlung vereinbart, eventuell nach Einfügung von Änderungen, so ist die entsprechende Regelung eine Individualvereinbarung; wohlgemerkt, die einzelne Regelung, nicht die gesamte Geschäftsbedingung mit allen Regelungen. Als solche ist sie dann gültig und wirksam. Es reicht für ein Aushandeln natürlich nicht aus, wenn man als Allgemeine Geschäftsbedingung aufnimmt, dass die Allgemeinen Geschäftsbedingungen als ausgehandelt gelten. Weiterhin reicht es nicht aus, wenn man die Regelungen anspricht, um sie dann als verhandelt zu bezeichnen. Im Zweifelsfall ist über die Klausel so zu verhandeln, dass beweisbar deren Inhalt zur Disposition stand.

Man sieht, dass es zwar möglich ist, aus einer vorformulierten Allgemeinen Geschäftsbedingung eine in jedem Fall gültige Individualvereinbarung zu machen, es aber leichter ist, gleich eine entsprechende individuelle Regelung auszuhandeln und deren Inhalt niederzulegen. In diesem Fall ergibt sich gar nicht erst das Problem, dass eventuell eine Allgemeine Bedingung vorliegt, deren Wirksamkeit fraglich ist.

Es liegt ebenfalls keine auf Wirksamkeit zu prüfende Allgemeine Geschäftsbedingung vor, wenn sie die von den Vertragsparteien zu erbringenden Leistungen beschreibt, d. h. insbesondere die Bauleistung selbst, beispielsweise das Standardleistungsbuch oder den Preis.

Hier beginnt aber bereits die Grauzone in der man genau auf Formulierungen und Inhalte schauen muss und in dem es eine Reihe von Urteilen zu Einzelfällen gibt, die sich mit der Frage beschäftigen, ob z. B. Klauseln über die Gewährung von Rabatten, zu Preisänderungen oder Fälligkeiten zu der Preisvereinbarung gerechnet werden. Einen Einstieg in dieses Thema gibt der Klassiker auf diesem Gebiet, das Buch Unwirksame Bauvertragsklauseln[21]. Letztlich wird man aber für die Beurteilung der Frage, ob in einem Vertrag Allgemeine Geschäftsbedingungen vorliegen und ob diese wirksam sind, Hilfe durch einen Anwalt in Anspruch nehmen müssen.

In der Rechtsprechung zeichnet sich immer deutlicher ab, dass eine Tendenz besteht, im Zweifelsfall vertragliche Regelungen als Allgemeine Geschäftsbedingungen anzusehen. Trotzdem kann man auch nicht dazu raten, bewusst auf von anderen gestellte Allgemeine Geschäftsbedingungen einzugehen, da man sie für unwirksam hält und davon ausgeht, dass man im Nachhinein eventuell Vorteile durch nicht abgegoltene Mehrleistungen erhält. In aller Regel führt dies zu Streitigkeiten, eine partnerschaftliche Vertragsabwicklung lässt sich so kaum erreichen.

Zusammenfassend kann man sagen: Wer sicher sein will, dass vertragliche Formulierungen wirksam sind, der formuliere keine Vertragsbedingungen vor. Wer aber mit vorformulierten Bedingungen arbeitet, der überlege sich, was bei dem einzelnen Vertrag für ihn besonders wichtig ist, und formuliere wenigstens diese Vertragsteile individuell. Die Individualvereinbarung steht über allen vorformulierten, allgemeinen Vertragsbedingungen und geht vor.

#### *4.2.6.3 Die VOB/B und ihre Besonderheiten*

Zunächst sei angemerkt: Die VOB/B ist eine Allgemeine Geschäftsbedingung. Sie ist kein Gesetz. Für die Teile VOB/B und C gelten daher die oben stehenden Ausführungen über die Allgemeinen Geschäftsbedingungen.

Davon abweichend gibt es eine Besonderheit: Die VOB/B gilt in ihrer Gesamtheit als eine Regelwerk, welches in gleichen Teilen den Auftraggeber und den Auftragnehmer bevor- und benachteiligt. Ist daher die VOB/B als Ganzes vereinbart, d. h. ohne Änderungen, so ist sie unter Beachtung der weiteren Voraussetzungen wirksam und die einzelnen Regelungen unterliegen nicht der Prüfung nach den §§ 305 ff. BGB mit der Folge möglicher Unwirksamkeit[22].

Sobald aber eine weitere Vertragsregel eine Bestimmung der VOB/B ändert, ist diese nicht mehr als Ganzes vereinbart. Dies hat zur Folge, dass prinzipiell alle Regelungen der VOB/B einer Inhaltskontrolle nach den §§ 305 ff. BGB unterliegen. Damit wird eine Vielzahl von Regelungen der VOB/B unwirksam. In der Praxis betrifft das im Prinzip alle Bauverträge, in denen neben der VOB/B mit weiteren Allgemeinen Geschäftsbedingungen gearbeitet wird.

Es birgt daher große Risiken, wenn man mit Allgemeinen Geschäftsbedingungen und der VOB/B einen Vertrag abschließt, ihn durchführt, und bei folgenden Streitigkeiten Regelungen als nicht wirksam erklärt werden. Übrigens ist die bei dem Vertragspartner des Verwenders schon vor Unterschrift gegebene Kenntnis von unwirksamen Klauseln im Vertrag kein Grund dafür, sich später nicht doch auf die Unwirksamkeit berufen zu können.

---

[21] Glatzel/Hofmann/Frikell, Unwirksame Bauvertragsklauseln nach dem AGB-Gesetz.

[22] Dies ist allerdings im Fluss, da der Bundesgerichtshof sich hierzu noch nicht geäußert hat und die Meinungen in den Veröffentlichungen uneinheitlich sind.

## 4.2.7 Rangfolge vertraglicher Unterlagen

### *4.2.7.1 Allgemeines*

Bauverträge bestehen heute oftmals aus umfangreichen Vertragstexten, in den meisten Fällen mit zahlreichen Anlagen versehen.

Zunächst sollte klargestellt werden, was Vertragsbestandteil wird. Vertragsbestandteil wird, was die Parteien einvernehmlich dazu machen. Es sollte im Vertrag schriftlich fixiert werden, welche Anlagen Bestandteile des Vertrages werden.

*Fall: Die Vertragsparteien formulieren im Vertragstext, dass der Plan für die Trockenbauwände des Innenausbaues Vertragsbestandteil wird. Nach mehreren Planänderungen für die Innenraumaufteilung lässt sich zu einem späteren Zeitpunkt nicht mehr feststellen, welcher Plan zum Zeitpunkt des Vertragsschlusses gemeint war.*

Je nachdem, wer aus dem Vertrag Ansprüche herleiten will, muss den Vertragsinhalt beweisen. Das heißt, er muss nachweisen, dass der Plan, auf den er sich bezieht, der im Vertrag gemeinte Plan ist.

Es wird deutlich, dass dafür Sorge getragen werden sollte, dass die Anlagen des Vertrages später genau identifizierbar sind. Keine Zweifel können aufkommen, wenn man die Seiten des Vertrages nebst allen Anlagen paraphiert. Hierzu genügt das Kürzel der Unterzeichner des Vertrages auf der unteren Seitenecke.

Es ist zwar eine Selbstverständlichkeit, sollte aber dennoch erwähnt werden: Jede Vertragspartei erhält eine komplette Vertragsausfertigung. Es ist anzuraten, diese Ausfertigung im Rahmen der Dokumentation im Original aufzuheben, d. h. weder Unterlagen zum Gebrauch auf der Baustelle zu entnehmen, noch nachträgliche Veränderungen, zum Beispiel für die eigene Arbeit, im Original vorzunehmen.

Weiterer Anlass für Streitigkeiten ist immer wieder die Einbeziehung von Unterlagen, die erst nach Vertragsschluss vorliegen werden.

*Fall: Die Vertragsparteien vereinbaren, dass eine noch zu erteilende Baugenehmigung Vertragsbestandteil wird*

Wenn die erteilte Baugenehmigung Auflagen enthält, so besteht Unklarheit darüber, wer die Kosten für die Erfüllung dieser Auflagen zu tragen hat. Hierüber lässt sich im Einzelfall trefflich streiten. Es sollte gerade in solchen Fällen, wenn sich eine Einbeziehung in den Vertrag überhaupt nicht vermeiden lässt, zumindest die Risikoverteilung geregelt werden.

Wenn vereinbart wurde, dass Anlagen Vertragsbestandteil werden, so bestimmt sich die zu erbringende Leistung aus dem gesamten Inhalt. Der Idealfall ist es, dass die Angaben sich untereinander nicht widersprechen. Leider kommt es jedoch häufig vor, dass in Verträgen nicht nur Unklarheiten in Formulierungen bestehen, sondern dass sich einzelne Vertragsformulierungen klar widersprechen. In solch einem Fall stellt sich die Frage, welche Passage gültig ist.

Im Grundsatz ist es möglich, widersprechende Vertragsbestandteile zu verwenden. Es steht den Vertragsparteien frei, die wissentlich oder unwissentlich widersprüchlichen Vertragsbestandteile einer Hierarchie bezüglich ihrer Wirksamkeit zu unterwerfen. Das geschieht mittels der vertraglichen Vereinbarung einer Reihenfolge oder Vorrangigkeit der Vertragsbestandteile.

Die Reihenfolge ist dabei auch den Vertragsparteien frei überlassen. Haben sie eine diesbezügliche Vereinbarung getroffen, so gilt der Wille der Parteien. Der vorrangig vereinbarte Vertragsbestandteil findet Anwendung und schließt nachrangige, widersprechende Regelungen aus. Es können aber auch andere Lösungen angewendet werden, z. B. eine Regelung, dass detailliertere Regelungen vor allgemeineren Regelungen gelten. In vielen Fällen herrscht dann jedoch Unklarheit darüber, was mit „detaillierter" gemeint ist.

Hierbei ist auf jeden Fall darauf zu achten, dass alle Vertragsbestandteile mit einbezogen werden. Keinesfalls sollten mehrere Regelungen zur Vorrangigkeit verwendet werden. Dies liegt z. B. vor, wenn eine bestimmte Reihenfolge (Rangfolge) vereinbart wird, gleichzeitig aber auch eine Regelung, dass bei Widersprüchen die detailliertere Regelung gilt. Befindet sich Letztere in einem nach der Reihenfolge nachrangigen Teil, so liegt nicht nur ein Widerspruch des materiellen Inhaltes des Vertrages vor, sondern darüber hinaus auch ein Widerspruch in der formellen Regelung der Gültigkeit bei Widersprüchen. Dies ist häufig zu beobachten in Form von Widerspruchsregelungen, die in ihrer Bemühung, das Maximum an Bauleistung aus möglichst vielen Vertragsanlagen zu holen, selbst noch mehr Unklarheit hervorrufen. Sie sind Zeichen dafür, dass die Vertragsanlagen inhaltlich nicht überblickt werden und das Bau Soll keinem klar ist. Der Appell kann in diesen Fällen nur den Technikern gelten, die Beschreibung der Leistung in den Anlagen klar zu strukturieren und eindeutig zu fassen.

Liegen Widersprüche vor, für die es keine vertragliche Regelung gibt, so werden diese Fälle je nach Verursachung unterschiedlich beurteilt. Resultiert der Widerspruch aus Vertragsbedingungen, die eine Partei stellt, so gilt, dass der Widerspruch zu Lasten des Verwenders geht. Folge davon ist, dass der andere Vertragspartner die für ihn günstigere Lösung im Rahmen der vertraglichen Grundlagen anwenden kann. Ist Ursache eine „gemeinsame" Vertragsformulierung, so werden die Widersprüche durch eine Vertragsauslegung[23], letztlich durch ein Gericht, gelöst.

#### *4.2.7.2 Das Teppichmodell*

Um dem Leser eine Hilfe zu geben, wie man sich Bauverträge vorzustellen hat, die aus mehreren Vertragsbestandteilen bestehen, und deren Gültigkeit untereinander unklar ist, wird folgendes Beispiel dargestellt:

Grundlage der Darstellungen ist ein Bauvertrag, in dem folgende Bestandteile in der Reihenfolge als gültig vereinbart sind: Erstens besondere Vertragsbedingungen, dann zusätzliche Vertragsbedingungen, dann letztrangig die VOB/B.

Zunächst gilt jedoch bei jedem Vertrag das BGB im Allgemeinen, auch wenn es nicht vereinbart worden ist. Man stelle sich das BGB als Teppich aus vielen kleinen Karos vor, wobei jedes Karo eine Vorschrift enthält.

---

[23] Näheres wiederum im Kapitel „Streit und seine Folgen"

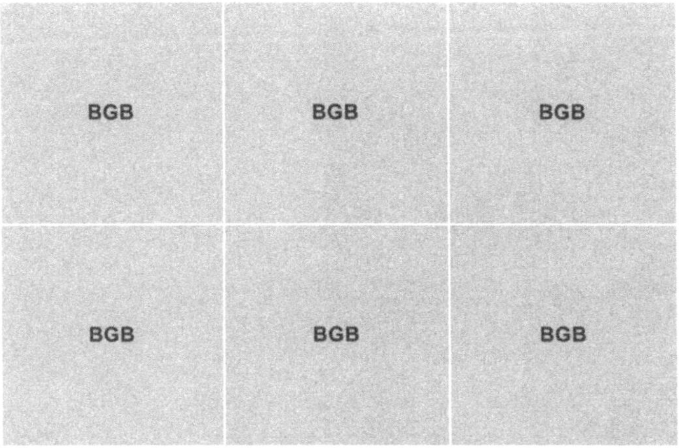


**Bild 4–4** Grundlage aller Bauverträge BGB

Sodann geht man rückwärts in der Reihenfolge der Vertragsbestandteile vor. In unserem Beispiel folgt die VOB/B. Überall, wo sie Regelungen enthält, für die das BGB ebenfalls Regelungen vorsieht, legen sich die Karos der VOB/B über die des BGB. Regelungen aus der VOB/B, die im BGB nicht vorhanden sind, legen sich ergänzend daneben.

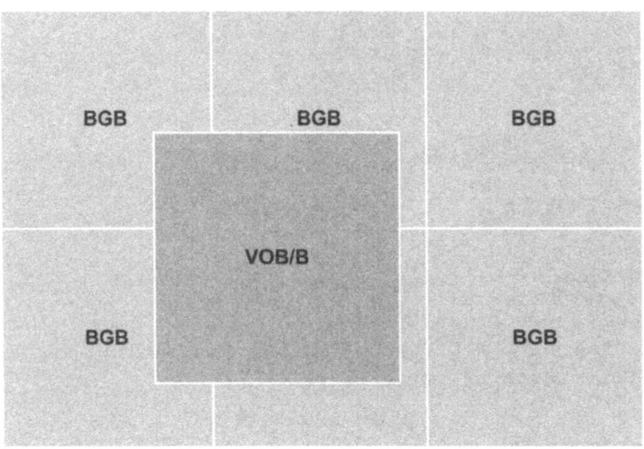


**Bild 4–5** Überdeckende Regelungen des Bauvertrages BGB + VOB/B

Als nächstes werden die zusätzlichen Vertragsbedingungen darüber gelegt.

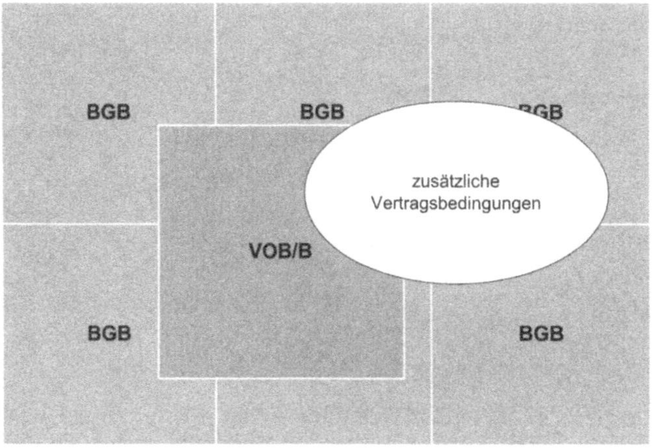


**Bild 4–6** Überdeckende Regelung des Bauvertrages
BGB + VOB/B + zusätzliche Vertragsbedingungen

Es folgen die besonderen Vertragsbedingungen.

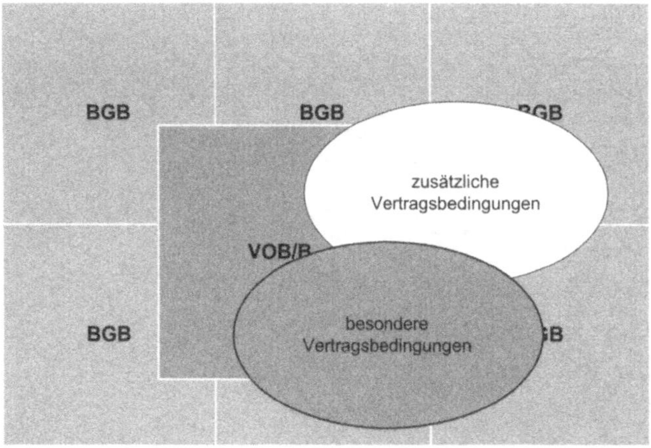


**Bild 4–7** Überdeckende Regelung des Bauvertrages
BGB + VOB/B + zusätzliche Vertragsbedingungen + besondere Vertragsbedingungen

Betrachtet man den Teppich von oben, so sind die Regelungen wirksam, auf die der Blick fällt. Die Bestandteile, die unsichtbar bleiben, gelten nicht mehr; sie werden, bildlich ausgedrückt, überschattet. Man sieht auch, dass es Vorschriften im BGB gibt, die durch die Vertragsbestandteile nicht überdeckt, also nicht geregelt werden. Sie sind damit gültig.

Das gleiche gilt für die Regelungen der VOB/B. Sie gelten, insoweit sie im Modell sichtbar sind. Für die anderen Bestandteile gilt das Gesagte entsprechend. Dieses Beispiel kann beliebig erweitert werden.

In Ergänzung zu den Ausführungen über die Wirksamkeit von Allgemeinen Geschäftsbedingungen wird bildlich deutlich, welche Folgen eine Prüfung nach den §§ 305 ff. BGB hat. Nehmen wir an, die zuvor dargestellten Vertragsbestandteile sind vereinbart und bei den zusätzlichen Vertragsbedingungen handelt es sich um Allgemeine Geschäftsbedingungen. Nehmen wir weiter an, dass sich der Vertragspartner des Verwenders auf die Unwirksamkeit einer Klausel beruft, die alle Forderungen nach einer Vergütung für zusätzliche Leistungen ausschließt. Das Gericht wird diese Klausel für unwirksam erklären. Folge ist, dass nun das gilt, was vertraglich nachrangig, aber wirksam oder eben was gesetzlich geregelt ist.

Bildlich gesprochen wird der „unwirksame" Teil aus dem Teppich herausgeschnitten. Es gilt, was darunter sichtbar wird. Ist das jedoch auch unwirksam, so wird es auch herausgeschnitten, die nächste Ebene wird sichtbar. Letztlich liegt unter allem das BGB, das in jedem Fall wirksam ist. Deutlich wird auch, dass die anderen Vertragsteile „unberührt" weiter gelten.

Man kann dieses Anschauungsmodell auch zu Hilfe nehmen, wenn andere Regelungen zur Rangfolge vereinbart sind. Man muss über den „Teppich BGB" nur in rückwärtiger Folge entsprechend der Regelung vorgehen. Das Modell kann auch auf die rein leistungsbeschreibenden Vertragsbestandteile angewendet werden.

### 4.2.8 Verträge mit mehreren Beteiligten

#### *4.2.8.1 Allgemeines*

Während bislang Verträge zwischen zwei Beteiligten behandelt wurden, gibt es im Alltag des Baugeschäftes häufig Konstellationen mit mehreren Beteiligten. Man kann hierbei folgende Fälle unterscheiden:

- ein Vertrag mit mehreren Beteiligten,
- mehrere unabhängige Verträge mit mehreren Beteiligten
- mehrere, voneinander abhängige Verträge mit mehreren Beteiligten,

Zu jedem dieser Fälle gibt es Besonderheiten, Möglichkeiten und Risiken, die es zu beachten gilt.

#### *4.2.8.2 Ein Vertrag mit mehreren Beteiligten*

Verträge können grundsätzlich auch zwischen mehreren Beteiligten abgeschlossen werden. Hier geht es zunächst um den Fall, dass sich mehrere in einem Vertrag verpflichten. Hierbei ist zu unterscheiden, ob alle Beteiligten auf beiden Seiten offen auftreten. Wenn sie das tun, Zeichen dafür ist, dass alle Beteiligten unterschreiben, dann verpflichtet sich jede Partei zunächst in dem Umfang, wie er für sie in dem Vertrag beschrieben ist und steht auch nur dafür ein. Das ist der Fall, wenn sich zum Beispiel zwei Auftraggeber verpflichten, jeweils die Hälfte des Werklohnes zu bezahlen, oder zwei Auftragnehmer sich zur Ausführung der Erdarbeiten, der andere nur zur Ausführung der Betonarbeiten verpflichten. Diese Fallkonstellationen sind jedoch eher selten. Sie machen Sinn, wenn man bestimmte Risiken auf die gesamte Gemeinschaft übertragen möchte, in letzterem Fall beispielsweise das Koordinationsrisiko.

Die Abbildung verdeutlicht das:

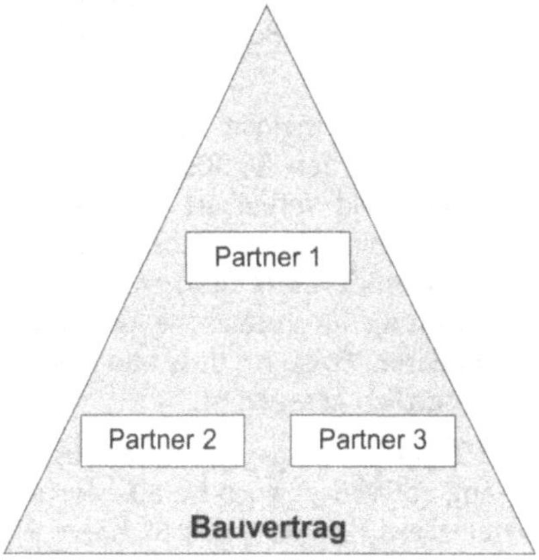


**Bild 4–8** Mehrere Vertragspartner

Häufiger sind die Fälle, in denen auf einer Seite mehrere Beteiligte gemeinschaftlich die Erbringung der Leistung zusagen. Im Gegensatz zu dem vorherigen Fall haften dann die Beteiligten gemeinschaftlich für die Erfüllung der gesamten Verbindlichkeit. Man nennt das Gesamtschuldnerschaft. Folge ist, dass die andere Seite von jedem Einzelnen die vollständige Leistung verlangen kann, insgesamt natürlich nur einmal. Typischer Fall ist die Bildung einer Arbeitsgemeinschaft auf der Auftragnehmerseite. Tritt diese auch als Arbeitsgemeinschaft nach außen auf, so stellt sie eine Gesellschaft bürgerlichen Rechts dar mit der Folge, dass diese Gesellschaft und jeder Einzelne haftet. Einer für alle, alle für einen.

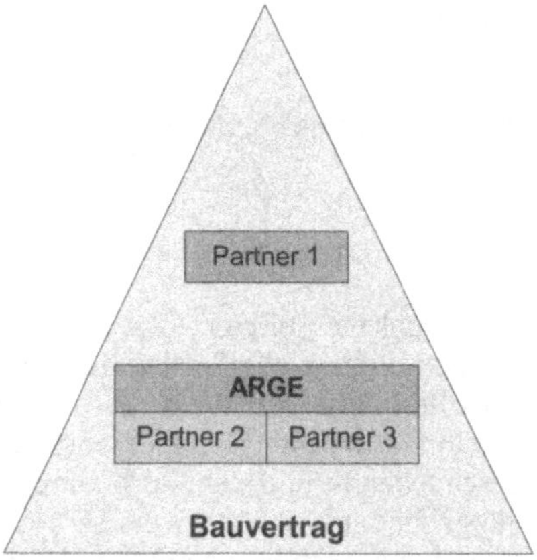


**Bild 4–9** Abbildung einer ARGE

Vorteil einer ARGE ist, dass man gemeinschaftlich stärker ist, Nachteil ist allerdings die volle Haftung jedes ARGE-Beteiligten gegenüber der anderen Vertragsseite. Für diese ist das der Vorteil. Im Falle der Haftung kann sie sich den Schuldner aussuchen.

### *4.2.8.3 Voneinander unabhängige Verträge mit mehreren Beteiligten*

Im Prinzip regelt sich bei Verträgen, die rechtlich nichts miteinander zu tun haben, jedes Vertragsverhältnis unabhängig voneinander.

*Fall: Der Auftraggeber vergibt die Bauleistungen an einen Auftragnehmer, die Planungsleistungen an ein Ingenieurbüro.*

Die Verträge stehen rechtlich in keiner Beziehung zueinander. Bildlich lässt sich das wie folgt darstellen:

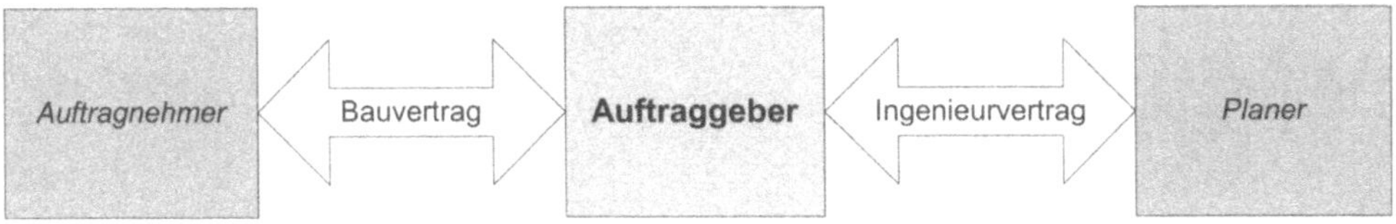


**Bild 4–10** Mehrere unabhängige Verträge

Die gleiche Konstellation liegt auch bei der Nachunternehmervergabe vor. Mittig ist dann der Auftragnehmer, links der Nachunternehmer und rechts der Auftraggeber. Man kann die Darstellung auch erweitern, wenn beim Auftragnehmer Nachunternehmer beschäftigt sind, mit denen der Auftragnehmer auch eigene Verträge hat, bei dem Auftraggeber noch Projektsteuerer, bauleitende Architekten etc. Es bleibt aber dabei, dass im Grundsatz jedes Vertragsverhältnis getrennt zu betrachten ist.

Die Probleme ergeben sich meist dadurch, dass die Vertragsverhältnisse in der Realität, nämlich durch die gemeinsame Abwicklung der Baumaßnahme, miteinander in Beziehung stehen. Liefert der Planer die Pläne zu spät oder leistet der Nachunternehmer des Auftragnehmers mangelhaft, so schlägt das auf das Vertragsverhältnis zwischen Auftraggeber und Auftragnehmer durch. Trotzdem ist die Abwicklung des Bauvertrages zwischen Auftragnehmer und Auftraggeber nur nach dem Bauvertrag zu vollziehen. Die beiden stehen voll für ihre eingegangenen Verpflichtungen ein. Es ist insoweit gleichgültig, ob sie selbst oder die hinter ihnen stehenden „Helfer“ ihre Leistung nicht ordentlich erbracht haben.

Die „Helfer“ sind Erfüllungsgehilfen oder Verrichtungsgehilfen, für die man wie für eigenes Verschulden nach §§ 278, 831 BGB einzustehen hat. Man muss also in dem Verhältnis des Bauvertrages dem Vertragspartner für die Ansprüche einstehen, kann aber von dem eigentlichen Verursacher die Aufwendungen ersetzt verlangen. Im Rechtsstreit wird man bei solchen tatsächlichen Verknüpfungen von Vertragsverhältnissen dem Dritten den Streit verkünden[24].

[24] Siehe unten bei den Ausführungen zur Streitverkündung.

### 4.2.8.4 *Voneinander abhängige Verträge mit mehreren Beteiligten*

In diesem Kapitel geht es um rechtlich voneinander abhängige Verträge. Es können zwei Varianten unterschieden werden:

- rechtlich abhängige Verträge per Gesetz
- rechtlich abhängige Verträge per Vertrag.

Zunächst zu den rechtlich abhängigen Verträgen per Gesetz. Bei dieser Gruppe sieht das Gesetz vor, dass ein Vertrag von einem anderen abhängig ist. Im Bereich der Bautätigkeit ist das prägnanteste Beispiel die Bürgschaft[25]. Grafisch sieht der Fall einer Erfüllungsbürgschaft für die Werkleistung, Vertragserfüllungsbürgschaft genannt, wie folgt aus:

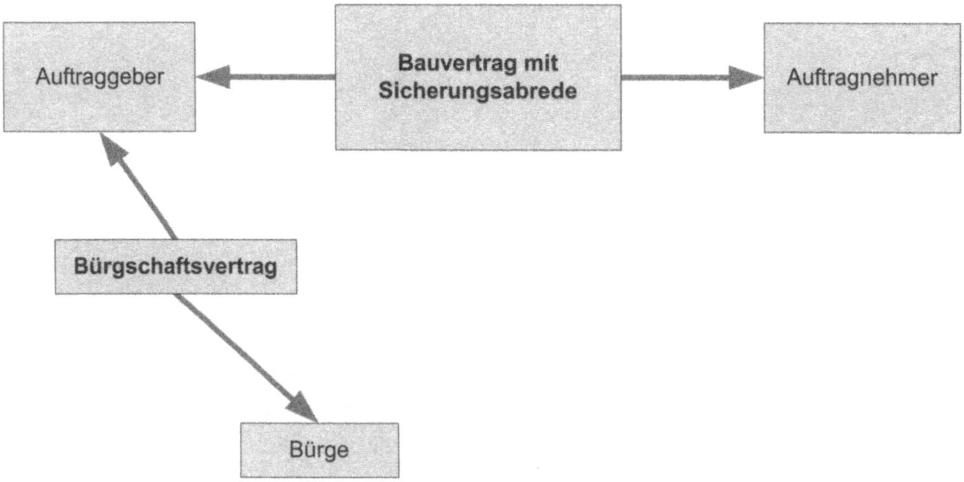


**Bild 4–11** Durch Gesetz voneinander abhängige Verträge

Rechtlich ist die Bürgschaft vom Bestand der Hauptschuld abhängig, also dem Bauvertrag. Das bedeutet, dass die Bürgschaft zum Beispiel mit Erfüllung der Hauptforderung erlischt, d. h. mit der Abnahme der Werkleistung. Zum anderen ist der Umfang der Bürgenhaftung an die Sicherungsabrede im Bauvertrag geknüpft. Diese muss der im Bürgschaftsvertrag beschriebenen Eintrittspflicht entsprechen. Man ist also gut beraten, die Sicherungsabrede und den Bürgschaftsvertrag entsprechend den Anforderungen gleichlautend zu formulieren. Ändern Auftraggeber und Auftragnehmer nach Abschluss der Verträge den Umfang des Bauvolumens ohne den Bürgen um Einverständnis zu fragen, so bleibt die Bürgenhaftung unverändert in ihrem alten Umfang bestehen.

Der zweite Fall sind die per Vertrag voneinander abhängig gemachten Verträge. Typische Anwendung ist das so genannte „Durchstellen" von Bedingungen eines Bauvertrages seitens eines Generalunternehmers auf Nachunternehmer, zum Beispiel Leistungsbeschreibungen und

[25] Vergleiche zur Bürgschaft die Ausführungen im Kapitel 8.

Klauseln, die auf den Vertrag des Generalunternehmers mit dem Auftraggeber verweisen. Die Abbildung verdeutlicht die Konstellation:

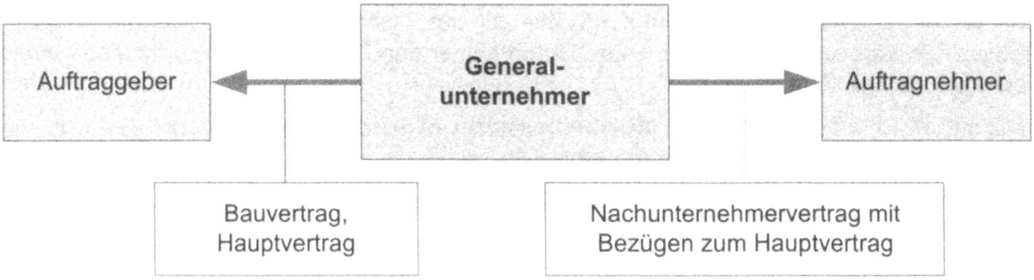


**Bild 4–12** Vertraglich bestimmte Abhängigkeit

In dieser Fallkonstellation bestimmt sich die Abhängigkeit nur durch die Formulierung des Nachunternehmervertrags. Für den Auftraggeber ist sie nicht von Belang.

In diesem Zusammenhang sei auch darauf hingewiesen, dass ein Generalunternehmer bei der Übernahme von Vertragsklauseln möglicherweise in die Problematik der Unwirksamkeit kommen kann. Wenn er mit seinem Auftraggeber individuell etwas aushandelt, diese Klausel dann aber in einer Vielzahl von Nachunternehmerverträgen gleichlautend übernimmt, diese zur allgemeinen Geschäftsbedingung wird und damit unwirksam werden kann, so gilt dies nur in den Vertragsverhältnissen zu den Nachunternehmern.

Beiden Varianten ist gemein, dass für Dritte nur die Vertragsbestandteile bindend sind, die sie bei Abschluss ihres Vertrages kennen. Treten nachträgliche Änderungen z. B. in dem Vertragsverhältnis zwischen Auftraggeber und Generalunternehmer auf, so wirken sich diese Änderungen auf das Vertragsverhältnis zwischen Generalunternehmer und Nachunternehmer nur dann aus, wenn diese Änderungen als vertragliche Leistungen vorab schon beschrieben waren. Ansonsten bedarf es einer neuen vertraglichen Regelung, die abhängig ist von beiderseitigem Einverständnis.

Sobald also Vertragsverhältnisse in Bezug zueinander gesetzt werden sollen, ist genau darauf zu achten, dass man die Abhängigkeiten zutreffend gestaltet und eventuelle spätere Änderungen in einem Vertragsverhältnis zu Störungen in dem anderen Vertragsverhältnis führen können. Eine Lösung bieten hier Klauseln, die absehbare oder übliche zukünftige Änderungen des einen Vertragsverhältnisses, zum Beispiel des Umfanges der Bauleistung oder Terminvorgaben, automatisch in die abhängigen Vertragsverhältnisse übernehmen.

Bei den per Gesetz voneinander abhängigen Verträgen ist zu beachten, ob es sich um disponibles Recht handelt. Sollte dies nicht der Fall sein, so kann man trotzdem vertragliche Regelungen treffen, indem man andere Varianten wählt, die frei vertraglich formuliert werden. Im Beispiel der Bürgschaft kann man auch an Lösungen mittels Patronatserklärung, die Errichtung eines Anderkontos, die Schuldübernahme oder den Schuldbeitritt denken.

## 4.3 Bauverträge

### 4.3.1 Allgemeines

Bei Bauverträgen handelt es sich in der Systematik des Zivilrechtes um den Typ des Werkvertrages. Die Konsequenz ist, dass man als Unternehmer den Erfolg des Werkes schuldet und in der Vorleistungspflicht steht.

Das hat historische Gründe. Das Werkvertragsrecht ist nämlich für alle Werke gedacht, das Besohlen von Schuhen, die Reparatur einer Uhr etc. Zwar sind die Regelungen für diese Alltagsfälle ausreichend, das reine BGB-Werkvertragsrecht weist aber Unzulänglichkeiten in der Anwendung auf moderne, komplexe Bauvorhaben auf. Die Grundsätze haben aber uneingeschränkte Gültigkeit[26].

Als Konsequenz der Ermangelung ausreichender gesetzlicher Regelungen für die Baupraxis entstand die VOB/B[27]. Sie enthält einzelne Rechte und Pflichten der Parteien.

Hervorzuheben ist in ihr ein klar formuliertes einseitiges Leistungsbestimmungsrecht für den Auftraggeber. Das ist so bedeutsam, weil es eine große Ausnahme von dem Grundsatz bedeutet, dass die Vertragsparteien nach Abschluss eines Vertrages nicht einseitig die Leistung ändern können. Selbstverständlich gilt dieses Recht nur insoweit, wie der Auftragnehmer in der Lage ist, die Leistung auszuführen, es kann von ihm nichts verlangt werden, wozu er nicht imstande ist. Genauso selbstverständlich ist es, dass dem Auftragnehmer für die vom Auftraggeber einseitig angewiesenen Änderungen eine Vergütung zusteht[28].

Die Schuld des Werkerfolges ist bei Bauverträgen vor allem von Bedeutung, wenn Leistungsbeschreibungen zum Vertragsinhalt werden, die bei konsequenter Durchführung einen Mangel an der Bauleistung ergäben, oder die nicht ausführbar sind. Folge davon sind Streitigkeiten über die Art der auszuführenden Leistung und die eventuell zu ändernde Vergütung. Zu dieser Problematik werden im Kapitel 5 „Die Durchführung des Bauvertrages" weitere Ausführungen gemacht, insbesondere zum geschuldeten Bausoll und seinen Änderungen. Kurz gesagt, die für die Vergütung geschuldete Leistung ist die im Vertrag beschriebene Leistung. Müssen über diese beschriebene Leistung hinaus weitere Leistungen zum Erreichen des Werkerfolges ausgeführt werden, so besteht ein Anspruch auf höhere Vergütung.

Eine weitere Besonderheit des Werkvertragsrechtes im Bereich des Bauens ist die längere Zeitdauer, welche die Vertragsabwicklung in Anspruch nimmt. Im Gegensatz zum Kaufrecht, wo die Parteien in aller Regel nur sehr kurz miteinander zum Austausch „Ware gegen Geld" Kontakt haben, müssen die Parteien eines Bauvertrages unter Umständen Jahre miteinander auskommen. Da in vielen Fällen bereits während der Bauabwicklung Streit entsteht, hat der Bundesgerichtshof als Konsequenz für die Parteien eine Kooperationspflicht statuiert, die sie anhält, sich gegenseitig in besonderem Maße zu informieren und zusammenzuarbeiten. Nähere Ausführungen finden sich ebenso im Kapitel 5.

### 4.3.2 Vertragstypen

Einführend soll ein Überblick über die Typen der Bauverträge gegeben werden. Es sei auch hier erneut der Hinweis gegeben, dass in „vielen Kisten nicht das drin ist, was draufsteht". So

[26] Siehe hierzu im Kapitel 5 „Die Durchführung des Bauvertrages", beispielsweise die Pflichten bis zur Abnahme.

[27] Siehe oben „Die VOB/B und ihre Besonderheiten".

[28] Siehe hierzu im Kapitel 5 „Die Durchführung des Bauvertrages", vor allem zu §§ 2 Nr. 5 und 6 VOB/B.

ist häufig zu beobachten, dass ein Vertrag mit einer Überschrift versehen ist, die zum Beispiel „Globalpauschalfestpreisvertrag" lautet, der Inhalt des Vertrages aber eine genaue Beschreibung der Leistung mit Preisen und Preisänderungsregelungen enthält, d. h. nicht das, was die Überschrift suggerieren mag. Daher ist es in jedem Fall notwendig zu sehen, „was in der Kiste drin ist". Man bewegt sich hier wieder auf dem Feld der Auslegung. Folge ist, dass man sich jeden einzelnen Vertrag genau ansehen muss, denn jeder Bauvertrag ist anders. Die im Folgenden beschriebenen Vertragtypen geben daher nur diejenigen wieder, die allgemein vorgesehen sind. In „Reinform" gibt es sie aber selten, trotzdem kann man einzelne Verträge mit diesen Grundvarianten grob einordnen.

Zunächst unterscheidet man in der Praxis allgemein zwischen den BGB-Verträgen und den VOB-Verträgen. Genau genommen sind die erstgenannten Verträge solche, die nur mit den werkvertraglichen Regelungen des BGB abgeschlossen werden, VOB-Verträge dagegen sind Verträge, in denen die Gültigkeit der VOB/B vereinbart ist. Diese Unterscheidung macht jedoch wenig Sinn, da sehr selten ein Vertrag ohne Vereinbarung der VOB/B nicht doch deren Regelungsinhalte in Klauseln übernimmt, oder ein Vertrag mit vereinbarter Anwendung der VOB/B nicht Regelungen der VOB/B durch Klauseln abändert. Damit sind beide Vertragstypen im Prinzip gleich zu behandeln.

Lässt man also diese Unterscheidung außer Betracht, so kann man zwischen einem Spektrum von Vertragstypen unterscheiden.

Zunächst gibt es die Stundenlohnverträge. Hier wird die Vergütung nach den geleisteten Stunden bemessen. Der Selbstkostenerstattungsvertrag sieht vor, dass der Unternehmer seinen Aufwand nachweist und diesen vergütet bekommt, zusammen mit einem vereinbarten Aufschlag, zum Beispiel für Gewinn.

Die Einheitspreisverträge basieren auf einem Leistungsverzeichnis, in dem die einzelnen Arbeiten beschrieben sind. Für jede Position des Leistungsverzeichnisses wird pro festgelegte Einheit ein Preis angegeben. Dieser Preis wird vereinbart, nicht der so genannte Vordersatz, also die insgesamt auszuführende Menge der Position. Abgerechnet wird ein Einheitspreisvertrag, indem die ausgeführte Menge aufgemessen wird, die festgestellte „Anzahl der Abrechnungseinheiten" multipliziert mit dem Einheitspreis ergibt die Vergütung der Position. Bei Mengenabweichungen von der ausgeschriebenen Gesamtmenge der Position enthält § 2 VOB/B Regelungen zur Preisanpassung.

Dann gibt es die Pauschalverträge, bei denen in mehrere Unterarten unterschieden wird, deren Benennung nicht immer einheitlich ist. Zunächst ist der Detailpauschalvertrag zu nennen, der in der VOB/B definiert ist. Es handelt sich vereinfacht gesagt um eine Leistungsbeschreibung wie in einem Einheitspreisvertrag, wobei aber als Vergütung eine Pauschale vereinbart ist. Kurz gesagt handelt es sich um die Übernahme eines gewissen Massenrisikos durch die Vertragsparteien, wodurch man sich das Aufmass erspart, d. h. eine Abrechnungserleichterung. Das für die vereinbarte Vergütungspauschale zu erbringende Bau Soll bestimmt sich allein durch die detaillierte Leistungsbeschreibung. Weicht die Leistung in ihrer Art davon ab, so besteht ein Anspruch auf Vergütungsänderung.

Weitere Pauschalverträge zeichnen sich durch eine mehr oder weniger genaue Leistungsbeschreibung aus, die durch so genannte Komplettheitsklauseln das Risiko von Unvollständigkeiten in der Beschreibung des Bau Solls auf den Auftragnehmer überlagern soll, indem dieser alles zu erbringen hat, was für die Erstellung des Werkes notwendig ist, auch wenn es nicht beschrieben wurde. In den Verträgen zu findende Klauseln verwenden die Ausdrücke funktionsbereit, schlüsselfertig, betriebsbereit, vollständig und dergleichen. Bei diesen Verträgen ist nicht nur die Vergütung pauschaliert, sondern, man kann sagen, auch der Umfang der Bauleistung.

Ist die Bauleistung ganz oder teilweise nur funktional beschrieben, so spricht man häufig auch von Globalpauschalverträgen. Bezeichnend ist hier, dass der Auftragnehmer auch Planung und Koordination aus dem eigentlichen Verantwortungsbereich des Auftraggebers übernimmt und für die Erstellung des Gebäudes seine Pauschale erhält. Insoweit handelt es sich, wie zuvor beschrieben, um die Übernahme des Risikos einer nicht im Vertrag beschriebenen, aber notwendigen Leistung.

Die genannten Vertragstypen lassen sich wie folgt darstellen, wobei – für gering, + für viel steht.

| Vertragstyp | Kostenrisiko des Auftragnehmers | Risiko unbestimmten Leistungsumfanges | Pauschale Vergütungselemente | Pauschale Leistungselemente | Unbestimmte Leistungselemente | Streitpotential |
|---|---|---|---|---|---|---|
| Stundenlohnvertrag | -- | -- | -- | -- | -- | - |
| Selbstkostenerstattungsvertrag | -- | -- | -- | -- | -- | - |
| Einheitspreisvertrag | - | - | - | - | - | 0 |
| Detailpauschalvertrag | + | + | + | + | 0 | + |
| Pauschalvertrag mit Komplettheitsklauseln | ++ | ++ | ++ | ++ | + | ++ |
| Pauschalvertrag mit funktionalen Leistungselementen | +++ | +++ | +++ | +++ | +++ | +++ |

**Bild 4–13** Übersicht Bauvertragstypen

Zu erkennen ist, dass mit dem Grad der Leistungspauschalierung das Risiko des Auftragnehmers steigt, dass er mehr Leistungen erbringen muss, als er gedacht und bei seiner Preisbildung berücksichtigt hat. Aber auch das Risiko des Auftraggebers steigt, nicht ausdrücklich beschriebene Leistungen in einer Form zu erhalten, die er so nicht haben möchte, weil der Auftragnehmer in diesen Fällen die kostengünstigste Lösung ausführen wird. Auch kann es passieren, dass Leistungen, von denen der Auftraggeber dachte, dass sie zum Leistungsumfang gehören sollten, sich als für die Funktionalität nicht zwingend erforderlich erweisen. Dadurch bedingen diese Vertragstypen ein erhöhtes Streitpotential. Es vergrößert sich dadurch, dass die Verträge, gerade im Bereich größerer Schlüsselfertigbauten, einen erheblichen Umfang haben. Sie sind daher häufig in einem Rechtstreit schwierig zu beurteilen, da für eine Auslegung ein großer Spielraum besteht.

Wie bereits erwähnt kommen die Vertragstypen meistens in Mischformen vor. So ist es möglich, pauschale Leistungsbeschreibungen oder Preispauschalen nur für bestimmte Leistungsteile zu verwenden. Die Pauschalierungen der Leistung und der Vergütung können auf mehreren Ebenen des Vertrages eingesetzt werde. So ist es möglich, einzelne Positionen zu pauschalieren,

*Fall:* *Baustellensicherung nach Erforderlichkeit während der gesamten Bauzeit, Ausführung nach Wahl des Auftragnehmers,*
*1 Stück pauschal ... EUR*

so wie im geschilderten Fall die Leistung und die Vergütung. Oder es wird ein ganzer Titel, zum Beispiel der Rohbau, in einzelnen Positionen beschrieben, aber die Vergütung pauschal über alle Positionen dieses Titels gebildet. Dann liegt eine detailliert beschriebene Leistung innerhalb des Titels vor, für den eine Preispauschale vereinbart ist, also eine Detailpauschale.

Im gleichen Vertrag kann nun der Titel der Ausbaugewerke auch funktional beschrieben sein mit Kostenerstattung als Vergütung. In allen diesen Fällen muss jeder Vertragsteil für sich betrachtet werden um zu bestimmen, was das geschuldete Bau Soll für die vereinbarte Vergütung ist.

Mit diesen Mitteln lassen sich zwar bedarfsgerechte Verträge aufstellen, es besteht aber ein hohes Risiko für Unklarheiten. In jedem Fall ist es ein Irrglaube, dass eine technisch schlechte Leistungsbeschreibung durch juristische Vertragsklauseln aufgewogen wird, aber auch ein schlecht formulierter rechtlicher Vertragstext kann alle technische Sorgfalt zunichte machen.

Man sollte sich also in keinem Fall nur durch das Lesen eines Leistungsverzeichnisses einen Eindruck von dem Umfang der zu erbringenden Leistung machen wollen, oft stehen die viel „teureren" Dinge in den unscheinbaren Vorbemerkungen. Es ist ebenfalls häufig zu beobachten, dass Komplettheitsklauseln für ein Gewerk in dem Leistungstitel eines anderen Gewerkes „versteckt" werden.

Resümee: Ein guter Vertrag bedeutet eine Menge Arbeit und erfordert beiderseitiges Vertrauen. Wer einseitige Vorteile sucht, der wird sie in vielen Fällen durch Kosten und den Zeitaufwand folgender Streitigkeiten wieder verlieren.

## 4.4 Streit und seine Folgen

In der Abwicklung von Verträgen kommt es immer wieder zu Meinungsverschiedenheiten. Im folgenden Kapitel wird aufgezeigt, welche Möglichkeiten den Vertragsparteien zur Verfügung stehen, Streit zu schlichten. Was passiert, wenn zum Beispiel über den Inhalt eines Vertrages Streit besteht?

*Fall:* *Der Auftraggeber will eine gewisse Leistung X nicht gesondert vergüten, weil er der Auffassung ist, sie sei bereits in der vertraglich vereinbarten Vergütung enthalten. Der Auftragnehmer ist der Meinung, es sei eine Leistung, die in der vertraglichen Vergütung nicht enthalten sei.*

Es gibt drei Möglichkeiten:

- Man einigt sich
- Man einigt sich nicht
- Man einigt sich über das Verfahren zur Streitbeilegung

Im Folgenden werden die drei Alternativen und ihre Konsequenzen dargestellt.

### 4.4.1 Die Einigung

Eigentlich gäbe es nichts Weiteres dazu zu sagen, wenn sich die Parteien einigen und der so genannte Rechtsfrieden wieder eintritt. Die Erfahrungen zeigen aber, dass nach im Vorfeld geführtem Schriftverkehr, innerhalb einer mündlichen Einigung „alles klar" zu sein scheint, aber einen Tag später festgestellt wird, dass Manches von den beteiligten Parteien doch unterschiedlich verstanden wurde. Von der Einigung ist dann meistens gar nichts mehr übrig.

Sollte man in Verhandlungen gehen, so ist es ratsam, vorab die offenen Punkte zu notieren und anzusprechen. Bei der Abwicklung von Bauverträgen sind es meist komplexe Sachverhalte, die auch außerhalb eines Streitpunktes betroffen sind. Die Formulierung „alle gegenseitigen Ansprüche sind damit erledigt" kann erhebliche Folgen haben. Nehmen wir an, die Parteien einigen sich im dargestellten Fall auf eine Vergütung und verwenden diese Formulierung, so stellt sich die Frage nach dem Bestand von Mangelansprüchen, der Herausgabe von Bürgschaften etc. Dies kann die Ursache weiterer Streitigkeiten werden.

Es ist anzuraten, eine Einigung gleich zu protokollieren und zu unterschreiben. Es ist immer wieder zu beobachten, dass in den Verhandlungen eine Vielzahl hochbezahlter Leute aufgeboten wird, Geschäftsführer, Vorstände, Rechtsanwälte und Gutachter. Die Anfertigung des Ergebnisprotokolls wird aber in fast allen Fällen an einen der Anwesenden delegiert, der es in der Folgezeit erst anfertigt mit der Folge des Beginns der Diskussion, was man nun gesagt hat, gesagt haben will oder nicht gemeint hat. Es erscheint nicht nachvollziehbar, warum man in diesen Fällen nicht die geringen Kosten der Mitnahme einer Sekretärin in Kauf nimmt, die das Ergebnisprotokoll direkt schreiben kann. Ist es erstmal unterschrieben, dann ist die Sache „erledigt".

Das unterschriebene Einigungsprotokoll mit den niedergelegten Regelungen ist, entsprechend den bereits gemachten Ausführungen, ein Vertrag, für den die oben dargestellten Grundsätze gelten. Das heißt, die Parteien können vereinbaren, was sie wollen. Ist die Vereinbarung getroffen, so ist sie bindend, das gilt natürlich auch für mündlich getroffene Vereinbarungen. Man sollte also alles aufnehmen, was mit der Einigung erledigt sein soll und wie man es regelt. Hierzu gehören Zahlungstermine, weitergehende Verpflichtungen und eventuell nicht betroffene, offen gelassene Punkte.

Sollte man nichts schriftlich fixiert haben, so kann man ein Bestätigungsschreiben an den Vertragspartner schicken, welches den Inhalt der Vereinbarung wiedergibt. Die Bestätigung der anderen Seite über den Erhalt dieses Schreibens ist ratsam[29].

## 4.4.2 Das ordentliche Gerichtsverfahren

Betrachtet man die zweite Alternative, d. h. die Parteien einigen sich nicht, so kann man die Sache auf sich beruhen lassen. Ein Ende setzt dann der Eintritt der jeweiligen gesetzlichen Verjährung für die Ansprüche oder beispielsweise die Stellung der Schlussrechnung oder die Schlusszahlung ohne Einspruch.

Will aber der eine die Ansprüche gegen den Willen des anderen durchsetzen, so bleibt ihm, wegen des Rechtsstaatsprinzipes, nur der staatliche Justizgewährungsanspruch, d. h. der Weg zu den Gerichten.

### *4.4.2.1 Das Mahnverfahren*

Eine Zwischenstufe bei Zahlungsansprüchen ist das Mahnverfahren[30]. Es ist quasi „ein Schuss vor den Bug". Eingeleitet wird es mit einem Antrag auf Durchführung des Mahnverfahrens, der in Schreibwarenläden erhältlich ist. Dieser wird ausgefüllt und an das zuständige Mahngericht geschickt. Hierfür ist eine Gebühr zu entrichten. Das Mahngericht stellt der anderen Partei den Mahnbescheid zu. Erfüllt diese die Forderung, so hat sie auch die Kosten des Mahnverfahrens zu tragen und die Sache ist damit erledigt. Reagiert die andere Seite nicht, so wird nach Ablauf einer Frist auf weiteren Antrag ein Vollstreckungsbescheid erteilt, den dann ein Gerichtsvollzieher durchsetzen kann. Üblicherweise wird jedoch dem Mahnbescheid widersprochen, daraufhin ist Klage zu erheben.

### *4.4.2.2 Das gerichtliche Verfahren*

Ziel eines gerichtlichen Verfahrens ist es, seine Forderung gegenüber der anderen Partei durchzusetzen. Dies ist möglich mit der Erlangung eines vollstreckungsfähigen Titels, d. h einem Urteil. Dann kann letztlich ein Gerichtsvollzieher dieses Urteil vollstrecken.

Für die dargestellten Streitigkeiten über Bauverträge sind ordentliche Gerichte, die Zivilgerichte, zuständig. Die folgende Abbildung gibt einen Überblick.

Ab einem Streitwert von 5.000,- EUR sind in erster Instanz die Landgerichte zuständig. Deren Urteil wird durch die Berufung zum Oberlandesgericht in zweiter Instanz geprüft, so eine Partei die Berufung einlegt. Revision ist dann bei dem Bundesgerichtshof einzulegen. Während man sich bei Amtsgerichten noch selbst vertreten darf, ist ab den landgerichtlichen Instanzen ein Anwalt zu beauftragen.

---

[29] Siehe oben zum kaufmännischen Bestätigungsschreiben.

[30] Das Mahnverfahren richtet sich nach den §§ 488 ff. ZPO.

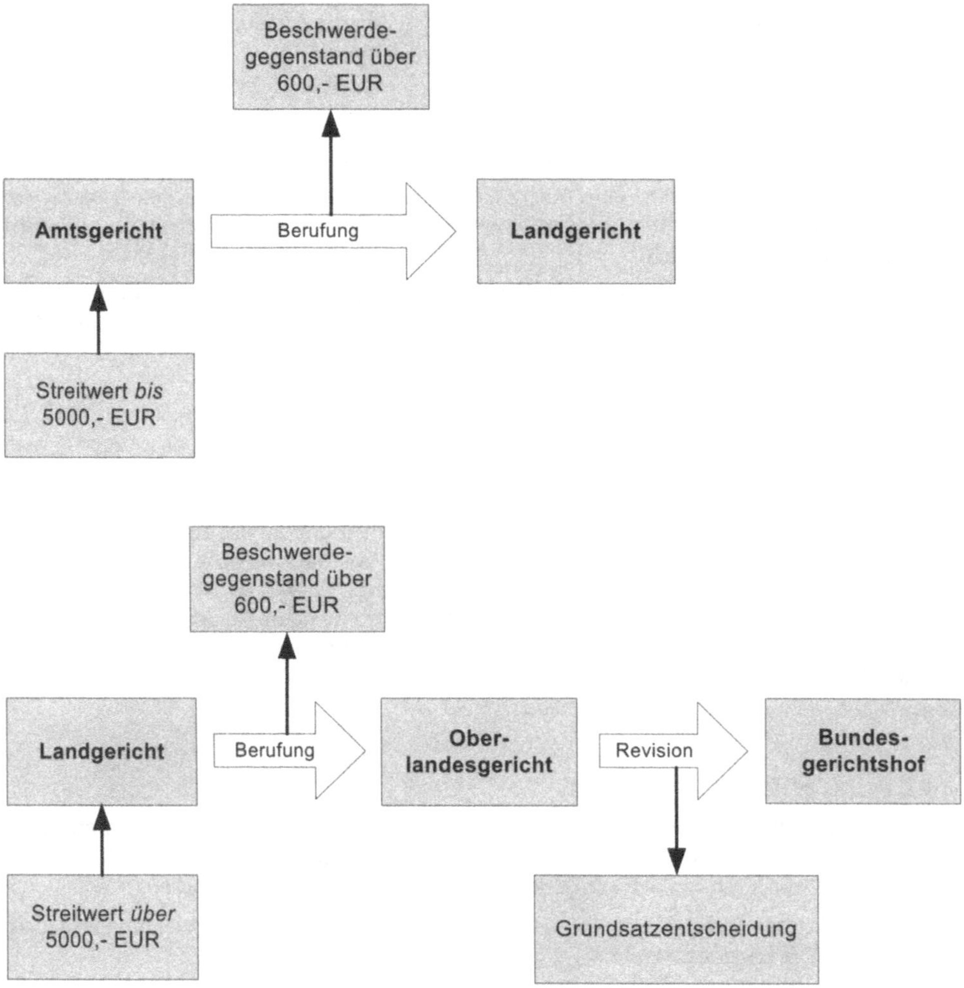


**Bild 4–14** Die Zuständigkeiten des Zivilgerichts

Das Verfahren läuft in den Instanzen wie folgt ab[31]:

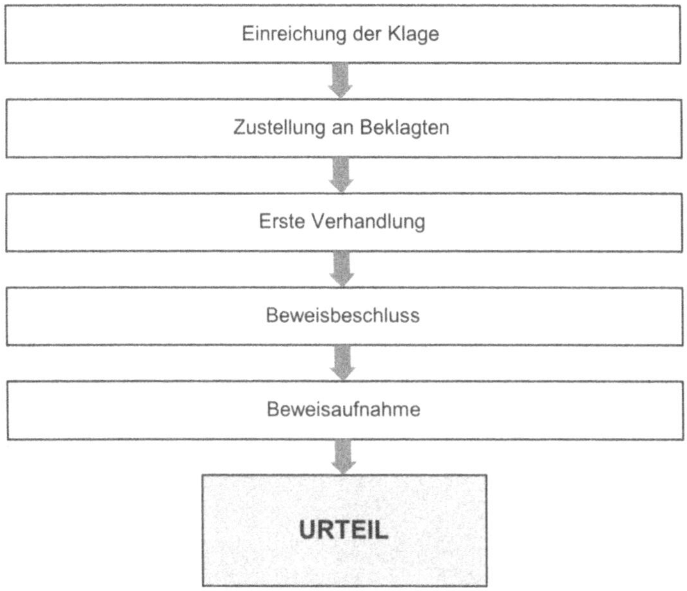


**Bild 4–15** Das gerichtliche Verfahren

Die klagende Partei muss die Tatsachen vortragen, welche es dem Gericht ermöglichen zu prüfen, ob, unterstellt die Tatsachen wären wahr, der Anspruch berechtigt wäre. Die Klage wird dem Beklagten zugestellt, der wiederum die Tatsachen darlegen muss, warum der Anspruch des Klägers nicht gegeben sein soll. Wenn es auf die Tatsachen ankommt, welche von beiden Seiten unterschiedlich dargestellt werden, die so genannt streitigen erheblichen Tatsachen, so wird das Gericht über diese Tatsachen Beweis erheben.

Beweis wird erhoben mit den fünf in der Zivilprozessordnung vorgesehenen Beweismitteln:

1. Der Sachverständige, gemeint ist der vom Gericht bestellte Gutachter[32].
2. Der Augenschein, das sind dem Gericht vorgelegte oder bei einem Ortstermin durch die Richter besichtigte Dinge.
3. Die Parteivernehmung, die auf Antrag erfolgende Vernehmung einer anderen Partei[33].

[31] Auf prozessrechtliche Besonderheiten wird hier nicht weiter eingegangen, so z. B. der nicht mögliche weitere Sachvortrag in Revisionsverfahren. In diesem Stadium der gerichtlichen Auseinandersetzung erfolgt in jedem Fall anwaltliche Unterstützung.

[32] Siehe unten zu den nicht vom Gericht bestellten Gutachtern.

[33] Wohlgemerkt der anderen Partei, nicht die Vernehmung von einem selbst.

**Beweismittel**

- **S**achverständige
- **A**ugenschein
- **P**arteivernehmung
- **U**rkundenbeweis
- **Z**eugenbeweis

**Bild 4–16** Die Beweismittel

4. Die Urkunde, d. h. Schriftstücke[34], aus denen sich die zu beweisenden Tatsachen ergeben, beispielsweise der Vertrag.
5. Der Zeuge, d. h. Personen, die nicht Partei im Verfahren sind, aber die Tatsache bestätigen können. Hierzu kann auch der von einer Partei im Vorfeld beauftragte Gutachter gehören.

Aufgrund der Beweisaufnahme wird das Gericht eine erhebliche Tatsache als bewiesen, d. h. als wahr, ansehen oder als nicht bewiesen. Damit kann das Gericht den Sachverhalt entscheiden.

Sollte eine Beweiserhebung kein Ergebnis bringen, d. h. eine Feststellung nicht möglich sein, so geht dies zu Lasten der Partei, die den Beweis zu erbringen hat. Das ist in aller Regel die Partei, für welche die zu beweisende Tatsache günstig ist[35]. Sie hat den Beweis dann nicht erbracht und wird mit ihrem Anspruch abgewiesen.

Bislang wurde nur behandelt, dass Tatsachen streitig sind. Das ist in Bauprozessen meist der Fall. Häufig steht aber auch eine Frage zur Entscheidung, die sich aus dem unterschiedlichen Verständnis der Parteien, was mit einer bestimmten Formulierung im Vertrag gemeint sei, ergibt. Das Gericht wird dann immer den betreffenden Vertrag und alle Umstände, unter denen er abgeschlossen worden ist, zur Beurteilung heranziehen. Zentrale Frage ist dann, was die Parteien bei Vertragsabschluss gewollt und erklärt haben. Diesen Vorgang nennt man Auslegung. Alle Grundsätze der Auslegung und die juristische Methodik zu erläutern, würde

---

[34] Der Begriff der Urkunde soll hier nicht weiter erläutert werden, allerdings sind dies selbstverständlich keine von der Partei selbst gefertigten Schriftstücke mit der Wiedergabe des Sachverhaltes.

[35] Im Einzelnen soll hier nicht auf Details eingegangen werden, da Beweislastentscheidungen nicht die Regel sind. Hingewiesen sei nur auf die so genannte Beweislastumkehr, die in Bausachen vorkommen kann.

zu weit gehen. Im Grundsatz beurteilt das Gericht solche Fragen unter verständiger Würdigung des Einzelfalles dahingehend, wie ein verständiger, objektiver Dritter in der Situation des Erklärungsempfängers die Formulierung hat verstehen müssen. Reine Rechtsfragen beurteilt das Gericht nach seiner Überzeugung, hierüber wird kein Beweis erhoben.

Die Entscheidung des Gerichts nach abgeschlossener Beweisaufnahme ist ein Urteil. In der Praxis kommt es häufiger, auch vor Gericht, zu einem Vergleich der Parteien. Für den Vergleich gilt was oben zu einem Vertrag ausgeführt wurde, denn es handelt sich um eine Vereinbarung zwischen den Parteien. Das bedeutet, dass die Parteien dem Vergleich zustimmen müssen.

Um eine Vorstellung von den entstehenden Kosten zu bekommen, folgen drei Beispiele, jeweils vor Gericht, unter Beteiligung von einem Anwalt je Partei und den Gebühren einer Beweisaufnahme[36]:

6. Die Parteien streiten über 1000,- EUR.
   Das Verfahren kostet ca. 800,- EUR.

7. Die Parteien streiten über 100.000,- EUR.
   Das Verfahren kostet ca. 12.000,- EUR.

8. Die Parteien streiten über 1.000.000,- EUR.
   Das Verfahren kostet ca. 45.000,- EUR.

Eingerechnet sind keine Kosten für die Durchführung der eigentlichen Beweisaufnahme, die bei Bestellung von Gutachtern die Gesamtkosten in die Höhe treiben können. Es ist ersichtlich, dass ein gerichtliches Verfahren aus betriebswirtschaftlicher Sicht nur lohnt, wenn die Erfolgsaussichten gut sind. Schnell ist ein errungener Teilerfolg durch die anfallenden Gebühren wieder aufgezehrt, denn die Kosten des Verfahrens werden nach Obsiegen und Verlieren gequotelt.

#### *4.4.2.3 Das selbständige Beweisverfahren*

Häufig tritt das Problem auf, dass bestimmte Beweise durch Zeitablauf nicht mehr zugänglich sind, oder dass man nach Klärung einer Fragestellung hofft, mit der Gegenseite eine Einigung finden zu können. Hier bietet sich ein selbständiges Beweisverfahren an.

Das selbständige Beweisverfahren ist nichts anderes als die herausgetrennte, vorweggenommene Beweisaufnahme eines Gerichtsverfahrens. Es beginnt mit der Benennung der zu beweisenden Tatsachen im Antrag an das Gericht. Das Gericht wird dann, nach Einzahlung der Gebühr, eventuell nach Anhörung der Gegenseite und einem Kostenvorschuss, den Beweisbeschluss erlassen. Es erfolgt die Beweisaufnahme.

Das Verfahren endet mit dem Abschluss der Beweisaufnahme. Häufig besteht die Vorstellung, dass am Ende eines selbständigen Beweisverfahrens das Gericht wenigstens „seine Meinung sagt". Eine Entscheidung des Gerichtes in der Sache ergeht aber nicht, auch nicht in Form einer Stellungnahme.

Das Verfahren ist daher für die eingangs geschilderten Zwecke der Sachverhaltsfeststellung geeignet, jedoch nicht als „billiges Schnellverfahren" für eine bindende Entscheidung. Nach vorangegangenem selbständigen Beweisverfahren wird das Gerichtsverfahren im Falle der

[36] Es werden damit vereinfachend drei Gerichts- und sechs Anwaltsgebühren angesetzt.

Klageerhebung fortgesetzt, so wie bereits beschrieben, nur dass in diesem Fall die Beweisaufnahme bereits stattgefunden hat. Innerhalb des Klageverfahrens werden durch das Gericht die Entscheidungen getroffen, so auch die endgültige Kostenentscheidung. Wird keine Klage erhoben, so wird das Gericht nicht mehr tätig[37].

#### *4.4.2.4 Die Streitverkündung*

Häufig wird in einem Vertragsverhältnis gestritten, man möchte aber im Falle des Unterliegens einen Dritten für den Verlust verantwortlich machen. Diese Situation ist typisch für Baustreitigkeiten zwischen dem Auftragnehmer und dem Auftraggeber, wenn der Unternehmer Nachunternehmer beschäftigt, oder der Auftraggeber einen Planer beauftragt hatte.

Wenn man den Ausgang eines Verfahrens abwartet, um dann ein zweites Verfahren gegen den Dritten anzustrengen, so kann es passieren, dass man auch in dem zweiten Verfahren verliert, beispielsweise wegen fehlender Beweise. Um diese „Widersprüchlichkeit" von Entscheidungen zu vermeiden, kann man bereits in dem ersten Verfahren nach § 72 ZPO dem Dritten den Streit verkünden. Für und gegen ihn gelten dann die Feststellungen über Tatsachen des ersten Rechtsstreites[38]. Die Streitverkündung erfolgt durch Schriftsatz an das Gericht und kann bis zum Ende eines Rechtsstreites vorgenommen werden. Sie ist auch im selbständigen Beweisverfahren möglich.

### 4.4.3 Das Schiedsverfahren

Als dritte Alternative war aufgeführt, dass die Vertragsparteien sich zwar in der eigentlichen Streitsache nicht einigen können, aber dennoch einen Weg zur Streitbeilegung suchen. Oft scheut man aus unterschiedlichsten Gründen den Weg zu den staatlichen Gerichten, um zum Beispiel die gegenseitigen Geschäftsbeziehungen nicht zu schädigen oder weil man nur eine technische Klärung durch einen Fachkundigen möchte.

Ist man sich zwischen den Parteien über diesen Weg einig, so trifft man eine Vereinbarung, d. h. man schließt einen Vertrag. In diesem Vertrag wird festgelegt, welches Verfahren man zur Beilegung des Streits anwenden möchte. Auch hier herrscht die Privatautonomie, so dass die Parteien weitgehend frei sind[39].

Eine Vereinbarung zur Streitbeilegung kann auch schon im Vorhinein getroffen werden. Sie sollte gesondert von anderen Vertragsbestandteilen erfolgen und zumindest den möglichen Streitgegenstand enthalten, zum Beispiel die Streitigkeiten aus einem bestimmten Bauvertrag, das Verfahren, die Wahl des Gerichtes oder dessen Benennung. Man sollte dabei immer bedenken, dass es sich im Falle einer Streitbeilegung außerhalb der ordentlichen Gerichtsbarkeit um einen privatrechtlichen Vertrag handelt, der nur zwischen den Beteiligten wirksam ist. Er ist daher nicht bindend gegenüber Dritten. Die Streitverkündung ist daher in aller Regel nicht möglich.

Nach den vertraglichen Grundsätzen ist deshalb auch die Lösung von einer solchen Vereinbarung nur möglich, wenn beide Betroffenen damit einverstanden sind. Der Abschluss einer Schiedsvereinbarung in Bauverträgen sollte daher gut überlegt sein.

---

[37] Es bestehen noch weitere Antragsmöglichkeiten, auf die hier nicht näher eingegangen wird.

[38] Auf die Darstellung von Details wird hier verzichtet, insbesondere die Fragen des Beitrittes zum Verfahren etc.

[39] Man beachte zumindest, dass aufgrund privater Streitschlichtungsentscheidungen die „Urteile" nicht immer vollstreckbar sein müssen, sondern eventuell vor einem ordentlichen Gericht erst ein vollstreckbarer Titel erwirkt werden muss für den Fall, dass die Entscheidung nicht bindend ist.

Im Folgenden werden die einzelnen Möglichkeiten kurz vorgestellt.

#### *4.4.3.1 Das Schiedsgerichtsverfahren*

Neben den Regelungen in der ZPO gibt es zahlreiche Schiedsordnungen von Verbänden und Organisationen, die leicht erkundet werden können[40]. Man kann deren Gültigkeit einfach für das Streitschlichtungsverfahren vereinbaren. Das Schiedsgerichtsverfahren läuft im Prinzip so ab, wie es bereits für ein ordentliches Gericht beschrieben wurde. Der Unterschied ist im Wesentlichen der, dass die Parteien den Schiedsrichter bestimmen können. Zu unterscheiden sind dabei zwei Varianten, der Einzelschiedsrichter und ein Dreierschiedsgericht. Für den Fall, dass man sich nicht einigt, wird ein Einzelschiedsrichter von einem vorab bestimmten Dritten, zum Beispiel der Industrie- und Handelskammer, festgelegt. Bei dem Dreierschiedsgericht kann jede Partei einen Schiedsrichter wählen, die entweder den Obmann, also den Dritten, bestimmen, oder er wird auch von einer vorher festgelegten Institution bestimmt. Hierzu sehen die Schiedsvereinbarungen Regelungen vor, oder man vereinbart dies vorher.

Vorteile bietet das Schiedsverfahren durch die Wahl der Schiedsrichter, die nicht Juristen sein müssen. Daher besteht die Möglichkeit technisch Sachkundige in die Entscheidungsfindung einzubeziehen. Wenn man sich vorher über die zeitliche Verfügbarkeit der Beteiligten vergewissert und den zeitlichen Ablauf durch einen Rahmenterminplan festlegt, kann die Entscheidungsfindung auch erhebliche zeitliche Vorteile bringen.

Eine weitere Möglichkeit besteht darin, den Weg der Entscheidungsfindung vorab festzulegen. Zwei interessante Varianten sind das so genannte Verfahren des letzten Gebotes – das Schiedsgericht entscheidet sich nur zwischen den letzten Geboten der Parteien – oder das Grenzverfahren – die Parteien setzen dem Gericht einen finanziellen Rahmen, in dem die Entscheidung liegen muss.

Eine dritte Variante entkoppelt die Entscheidung am weitesten von dem Entschluss des Entscheidungsgremiums. Bei dieser Version trifft das Gericht seine Entscheidung ohne Verkündung. Dann geben die Parteien ihr letztes Gebot ab. Das Gericht verkündet daraufhin nur, wer näher am Entscheidungsvorschlag liegt, dieses Gebot ist die Entscheidung.

Die Kosten des Verfahrens können ebenso vorab geregelt werden. Üblicherweise werden sie nach Gewinn und Verlust verteilt. In aller Regel orientiert sich die Vergütung der Schiedsrichter an den Sätzen der Rechtsanwaltsgebührenordnung. Ein Kostenvorteil gegenüber einem gerichtlichen Verfahren ergibt sich daher nur, wenn sich die Schiedsrichter vorab auf geringere Sätze einlassen oder man einen Einzelschiedsrichter bestimmt.

Die Entscheidungen eines Schiedsgerichtes sind in aller Regel für die Parteien bindend.

#### *4.4.3.2 Der Schiedsgutachter*

Im Gegensatz zu einem Schiedsgericht, welches ein Urteil in der gesamten streitigen Angelegenheit fällt, entscheidet der Schiedsgutachter lediglich sachkundig über die ihm gestellten Fragen. Diese Entscheidung ist bindend und kann auch in einem folgenden ordentlichen Gerichtsverfahren verwertet werden.

Das Verfahren hat mehrere Vorteile. Neben den geringeren Kosten lässt es Entscheidungsspielraum für die Parteien. Dies ist zum Beispiel sinnvoll, wenn man sich über den Grund eines

[40] Kontakte können über das Internet oder die Bauverbände eingeholt werden.

Anspruches streitet, die Höhe aber einer Einigung zuführen kann. Daher ist in den meisten Fällen eine schnelle Beantwortung der Streitpunkte möglich. Nachteil ist lediglich, dass keine endgültige Entscheidung getroffen wird, sondern noch eine weitere Mitwirkung der Beteiligten notwendig ist. Darin liegt aber auch ein Vorteil, da es letztlich doch zu einer gütlichen Einigung kommen kann.

#### *4.4.3.3 Die Schlichtung*

Die Schlichtung unterscheidet sich im Grundsatz dadurch vom Schiedsverfahren, dass der Schlichterspruch für die Parteien nicht verbindlich ist. Der Schlichter versucht durch Vorgespräche mit den Parteien den Sach- und Streitstand zu erörtern und gütlich zu einigen. Für den Fall der bleibenden Uneinigkeit schlägt er eine Lösung vor, die aber nicht verbindlich ist. Die Einigungsquote ist hoch, hängt aber auch von dem Mitwirken der Beteiligten ab. Es ist letztlich ein Verfahren, welches kostengünstig und geeignet ist, wenn man sich im Grundsatz einigen möchte.

Weiterer Vorteil ist, dass ein Schlichter auch nach überschlägiger Würdigung der Umstände eine Entscheidung vorschlagen kann. Er ist daher nicht an strenge Verfahrensvorschriften gebunden[41]. Dies hat erhebliche Vorteile, wenn man eine schnelle Stellungnahme haben möchte, zum Beispiel baubegleitend.

#### *4.4.3.4 Sonstige Verfahren*

Die Parteien haben die Möglichkeit, sich auf ein Verfahren zu einigen. Das bedeutet, dass die oben geschilderte Möglichkeiten auch abgewandelt oder kombiniert werden können. Es gibt daher Alternativen, welche sich dem Einzelfall anpassen lassen. Diese Varianten sollen nicht alle geschildert werden, Erwähnung soll jedoch ein Verfahren finden, welches in letzter Zeit zu einem Begriff geworden ist, die Mediation.

Streng genommen besteht die Tätigkeit des Mediators darin, zwischen den Parteien zu vermitteln. Er soll versuchen, die Beweggründe und Ziele zu bestimmen, welche die Parteien haben, und Kompromisse suchen. Der Mediator hat also im Gegensatz zu den Schiedsverfahren die Aufgabe im Gespräch zwischen den Parteien zu vermitteln und sie zu einer Einigung zu bewegen. Er soll aber keine eigene Entscheidung treffen oder einen Vorschlag machen. Man könnte ihn auch als „Animateur" bezeichnen. Vorteil ist, dass er nicht nur die Streitigkeit selbst im Auge hat, sondern auch nach alternativen Lösungen suchen kann, die außerhalb des Streits selbst liegen. Beispielsweise kann man Vergütungsstreitigkeiten dadurch regeln, dass Folgeaufträge verabredet werden oder Mängelbeseitigungen mit Mehrleistungen kompensiert werden.

Das Verfahren wird vielfach von professionellen Streitschlichtern angeboten, welche sich aber bei genauem Hinsehen auf die Schiedsordnungen stützen und letztlich eine Entscheidung treffen. Hier handelt es sich nicht um eine Mediation im eigentlichen Sinne, aber diese Kombinationen sind denkbar. Es handelt sich dann um eine unverbindliche Schiedsbegutachtung, beziehungsweise um einen unverbindlichen Schlichtungsspruch. Letztlich lebt die Mediation von der Kompetenz und Akzeptanz des Mediators. Scheitert sie, so bleibt der Streit offen. Sind die Parteien aber im Grundsatz einigungsbereit, so bietet die Mediation viele Möglichkeiten.

---

[41] Siehe hierzu in den Schieds- und Schlichtungsordnungen.

### 4.4.4 Baubegleitende Schlichtung

Während die meisten Streitverfahren nach Abschluss einer Baumaßnahme durchgeführt werden, bietet es sich insbesondere bei größeren Projekten an, auftretende Streitpunkte baubegleitend zu erledigen. Das hat den Vorteil, dass sich nicht eine große Anzahl von Streitigkeiten ansammelt, die schwer zu bearbeiten ist. Nicht unterschätzt werden sollte auch der Vorteil, dass die Arbeitsatmosphäre auf der Baustelle nicht belastet wird. Die häufig zu beobachtende „Verhärtung der Fronten" wird vermieden.

Im Ausland hat sich das mittels so genannter Adjudication bewährt. Es wird ein Gremium, meist aus drei Mitgliedern bestehend, vor Baubeginn eingesetzt, welches während der Bauausführung bei Streitigkeiten durch einen der Vertragspartner angerufen werden kann. Das Gremium entscheidet dann innerhalb einer vorgesehenen Zeit über diesen Punkt, wobei die Kosten der Anrufung nach Obsiegen und Verlieren verteilt werden können. Die Entscheidung ist nicht endgültig bindend, und die belastete Partei kann vor einem Schiedsgericht später die Entscheidung anfechten.

Auch dieses Verfahren lässt sich vielseitig variieren und den Gegebenheiten und Wünschen anpassen. Gerade in diesem Bereich erscheint die Mediation sinnvoll, ebenfalls die Hinzuziehung von Technikern für eine erste Entscheidung. Leider wird diese Möglichkeit selten genutzt vor dem Hintergrund der Kosten oder dem Glauben, es werde schon kein Streit entstehen. Aber gerade in Fällen, in denen man die baubegleitende Schiedsstelle nicht braucht, kostet sie ja auch nichts.

# 5 Die Durchführung des Bauvertrages

Rechtsanwalt Dr. Wolfgang Breyer, Stuttgart

## 5.1 Einleitung

Nach der Lektüre des vorangehenden Kapitels weiß der Leser nunmehr, wie ein Vertrag zustande kommt. In diesem Kapitel geht es um dessen Durchführung, mit anderen Worten, um die Erfüllung der von beiden (oder mehreren) Vertragspartnern eingegangenen gegenseitigen Verpflichtungen.

Der Aufbau des nachfolgenden Beitrags orientiert sich an der Gliederung der VOB/B. Dies insbesondere deshalb, weil die VOB/B ein speziell auf die Bedürfnisse am Bau zugeschnittenes Regelwerk darstellt, das die Chronologie eines Bauvorhabens in seiner Systematik widerspiegelt. Viele Regelungen der VOB/B strahlen im Übrigen auch auf den BGB-Werkvertrag aus.

Die regelmäßige und wiederkehrende Lektüre der VOB/B sei schon an dieser Stelle wärmstens empfohlen, denn sie ist für den juristischen Laien überaus hilfreich und kann dazu beitragen, mit immer wiederkehrenden Phrasen, geboren aus juristischem Halbwissen, aufzuräumen. Dabei werden der VOB/B Inhalte angedichtet, die dort nicht beschrieben sind.

Weder durch dieses Kapitel noch durch die anderen Beiträge dieses Handbuches soll der Leser zu einem entsprechenden Fachmann ausgebildet werden. Die Fehler, die schmerzen und richtig Geld kosten, ergeben sich zumeist aus Unkenntnis der einfachsten Regelungen im privaten Baurecht. Ziel ist es, die wesentlichen rechtlichen Grundzüge im Rahmen der Bauausführung unter exemplarischer Darstellung einiger immer wiederkehrender Problemkonstellationen darzulegen und Problembewusstsein zu erzeugen. Dieser Beitrag ist kein VOB-Kommentar und soll auch keiner sein. Es soll lediglich erreicht werden, dass bestimmte Regelungen im Zusammenhang gesehen und erkannt werden und auf diesem Weg ein „Judiz" entwickelt wird. Dadurch können Probleme frühzeitig erkannt und entsprechende Maßnahmen eingeleitet werden.

Die nachfolgenden Zeilen tragen die Hoffnung in sich, dem Leser dabei zu helfen, sich in den Zeiten der Streitkultur (oder auch kürzlich gehört als „positive Streitkultur" – im Übrigen ebenso ein Unwort wie etwa „Gewinnwarnung") gegen damit einhergehende Unwegbarkeiten zu wappnen.

In diesem Sinne.

## 5.2 Das Bau-Soll

Bau-Soll und Bau-Ist – diese beiden Begriffe bestimmen maßgeblich die Geschicke im Rahmen eines Bauvorhabens. Bei nur wenigen Bauvorhaben dürften Bau-Soll und Bau-Ist deckungsgleich sein. In der Regel gibt es Abweichungen oder, negativ formuliert, Störungen im Bauverlauf, weil eben Bau-Soll und Bau-Ist voneinander abweichen. Diese Abweichungen gilt frühzeitig zu erkennen. Voraussetzung hierfür ist freilich, dass man zunächst weiß, was das Bau-Soll ist.

§ 1 Nr. 1 VOB/B sagt, wonach sich das Bau-Soll richtet, nämlich nach dem zugrunde liegenden Vertrag. Wie ein solcher zustande kommt, wurde bereits im vorangehenden Kapitel beschrieben. Spätestens nach dessen Lektüre wird deutlich, dass es – und das gilt insbesondere für Bauverträge – gar nicht so einfach ist, diese zwei übereinstimmenden Willenserklärungen auszumachen.

Der eine oder andere mag sich nun wundern, warum zum Thema Vertragsschluss und Bau-Soll hier so viele Worte verloren werden und mag denken: „Ich weiß doch sehr wohl, was in meinem Vertrag steht und was ich bauen muss." Hier sei der durch Erfahrung belegte Einwand gestattet, dass ein ganz überwiegender Anteil der Baustreitigkeiten eben gerade aus der Frage resultiert, was Bau-Soll ist und was nicht.

Bemerkenswert ist aus Sicht eines Rechtsanwalts, was Mandanten auf die Aufforderung, den Vertrag doch bitte vorzulegen, oftmals auf den Tisch legen. In den seltensten Fällen wird wirklich der gesamte Vertrag vorgelegt. Man meint, der Vertrag seien die Papiere, die mit „Bauvertrag" oder Ähnlichem überschrieben seien, wobei sich häufig herausstellt, dass bereits vorher (manchmal sogar im Rahmen einer Verhandlung, verbrieft durch ein entsprechendes Verhandlungsprotokoll) eine vollständige Einigung erzielt wurde oder aber eben überhaupt nicht, auch nicht durch das Papier mit der Überschrift „Bauvertrag".[1]

Das Bau-Soll wird also primär durch den Vertrag bestimmt.[2] Neben dem Vertrag gelten – wie im vorangehenden Kapitel ausgeführt – auch die Vertragsbestandteile als maßgeblich für den Umfang des Bau-Solls.

Haben die Parteien die Geltung der VOB/B vereinbart[3], gilt gemäß § 1 Nr. 1 S. 2 VOB/B die VOB/C „automatisch".

## 5.3 Änderungsbefugnis des Auftraggebers („Nachträge")

§ 1 Nr. 3 und Nr. 4 VOB/B regeln Wichtiges: Nach § 1 Nr. 3 VOB/B hat der Auftraggeber jederzeit das Recht, Änderungen des Bauentwurfes anzuordnen. Nach § 1 Nr. 4 VOB/B hat der Auftragnehmer grundsätzlich nach entsprechender Anordnung auch nicht vereinbarte Leistungen auszuführen, sofern sie zur Ausführung der vertraglichen Leistungen erforderlich werden (was in der Regel der Fall ist), und der Betrieb des Auftragnehmers auf derartige Leistungen eingerichtet ist (was in der Regel ebenso der Fall ist). Diese beiden Regelungen sind deswegen von Bedeutung, weil sich hieraus ein großes Problem für den Auftragnehmer ergeben kann: Er muss oft gerade deshalb seinem Geld, der „Nachtragsvergütung", hinterher

---

[1] In diesem Zusammenhang sei noch erwähnt: Wie der Vertrag bezeichnet wird, spielt für die rechtliche Qualifikation keine Rolle. Man denke nur an den „Bauträgerkaufvertrag", der in aller Regel ein Werkvertrag ist

[2] Es gibt hier allerdings auch gesetzlich geregelt Ausnahmen. Ein Beispiel ist § 632 Abs. 2 BGB, der für den Fall, dass keine Vergütung vereinbart ist, regelt, dass dann die „übliche Vergütung" als vereinbart anzusehen ist.

[3] Was nicht immer gelingt, auch wenn beide Parteien es oft wollen. Selbst bei Verträgen mit der öffentlichen Hand, die nach § 55 Abs. 2 Bundeshaushaltsordnung i. V. m. § 10 Nr. 1 Abs. 2 VOB/A verpflichtet ist, die VOB/B anzuwenden, muss sie vereinbart werden: Der Bieter muss nur das Formblatt EVM (B) Ang austauschen und sein Angebot an die vergebende Stelle mit einem eigenen Anschreiben absenden und auf dieses Angebot den Zuschlag erhalten. Dann – sofern beim Bieter in seinem eigenen Anschreiben die VOB/B nicht als Vertragsbestandteil aufgeführt ist – ist die VOB/B in der Regel nicht vereinbart, weil gerade dieses Formblatt des Vergabehandbuches Bau die VOB/B erwähnt.

laufen. Eine dem § 1 Nr. 4 VOB/B vergleichbare Regelung gibt es im BGB-Werkvertrag nicht. Mit anderen Worten: Will der Auftraggeber in einem BGB-Werkvertrag eine zusätzliche Türe haben, kann der Auftragnehmer freundlich die Ausführung verweigern (oder aber die Ausführung an einen entsprechenden Preis knüpfen). Bei Vereinbarung der VOB/B kann er dies hingegen grundsätzlich nicht. Er kann nicht einmal die Ausführung von einer vorherigen Preisvereinbarung abhängig machen. Dieser Umstand ist oftmals Grund für die berühmten Nachtragsstreitigkeiten.

Die oben angesprochenen Regelungen der VOB/B sind im Übrigen nicht zur Schikane des Auftragnehmers eingeführt worden. Die VOB/B bringt hier lediglich klar und unmissverständlich zum Ausdruck, dass sie dem reibungslosen Fortgang des Bauvorhabens Vorrang gibt

Diesen Umstand nutzen mittlerweile viele Auftraggeber aus. Der Grund ist zumeist, dass bei Ihnen von vornherein nur ein bestimmtes finanzielles Budget zur Verfügung steht und oftmals im Rahmen eines Bauvorhabens die Notwendigkeit entsteht, zusätzliche und/oder geänderte Leistungen anzuordnen, die, aus welchen Gründen auch immer (unvollständiges oder unrichtiges Leistungsverzeichnis usw.), nicht im Bauvertrag enthalten waren. Angesichts dieser finanziellen Beschränkungen will sich der Auftraggeber der Vergütungsfrage möglichst spät stellen, häufig erst im Rahmen einer gerichtlichen Auseinandersetzung, die durchaus einige Jahre dauern kann.[4] Die Rechtsprechung schiebt der willkürlichen Ausnutzung dieser Situation durch den Auftraggeber allerdings einen Riegel vor. Dem Auftragnehmer steht ausnahmsweise dann ein Leistungsverweigerungsrecht hinsichtlich der Nachtragsleistungen zu, wenn der Auftraggeber von vornherein Verhandlungen über die Vergütung einer Nachtragsleistung kategorisch ablehnt.[5]

Ein kluger Auftraggeber wird das allerdings nicht tun, sondern sich grundsätzlich verhandlungsbereit zeigen. Im Ergebnis freilich wird er seine Meinung auch nach derartigen „Verhandlungen" nicht ändern. Selbst wenn jedoch die Voraussetzungen für dieses ausnahmsweise gegebene Leistungsverweigerungsrecht vorliegen, ist damit dem Auftragnehmer in den meisten Fällen nicht wirklich geholfen. Denn dieses Leistungsverweigerungsrecht hat er natürlich nur dann, wenn es sich tatsächlich um einen (echten) Nachtrag handelt, der zu einer zusätzlichen Vergütungspflicht führt (sei es eine geänderte oder zusätzliche Leistung). Vor diesem Hintergrund sei an die Fälle erinnert, bei denen gerade der Nachtrag dem Grunde nach streitig ist. Mit anderen Worten: Der Auftraggeber ist der Ansicht, es bestehe kein zusätzlicher Vergütungsanspruch, weil es sich um keinen Nachtrag handelt, sondern um eine Leistung, die ohnehin im ursprünglichen Bau-Soll enthalten ist. Verweigert der Auftragnehmer nun unter den oben beschriebenen Voraussetzungen die Ausführung dieser zusätzlichen Leistung und stellt sich nachträglich heraus, dass es keine zusätzliche und damit vergütungspflichtige Leistung war, riskiert er viel.[6]

Wie sich der Auftragnehmer dennoch bei Nachträgen geschickt positionieren kann, wird im Kapitel 5.4.2 im Rahmen der Vergütung von Nachtragsleistungen behandelt.

---

[4] Manchmal nach dem Motto: Wer weiß, ob es zu diesem Zeitpunkt den Auftragnehmer überhaupt noch gibt ...

[5] Heiermann/Riedl/Rusam, VOB/B, § 2 Rn 139b; Kapellmann/Messerschmidt, VOB/B, § 2 Rn 206; OLG Düsseldorf BauR 1995, 706

[6] Der Auftraggeber kann z. B. eine Teilkündigung aussprechen und etwaige Mehrkosten bei der Durchführung einer Ersatzvornahme gegen den Auftragnehmer geltend machen, wobei auch die Folgekosten nicht außer Betracht bleiben dürfen (Bauzeitverzögerung etc.).

## 5.4 Vergütung

### 5.4.1 Vergütungsvereinbarung – Pauschalpreis/Festpreis

#### *5.4.1.1 Pauschalpreis*

Wie viel Geld der Auftragnehmer für welche Leistung bekommt, hängt wiederum von den Vereinbarungen der Parteien ab. Als Grundsatz gilt: Mit den vereinbarten Preisen sind alle Leistungen abgegolten, die im Vertrag beschrieben sind, § 2 Nr. 1 VOB/B.

Welche Arten von Bauverträgen es gibt, wurde im vorangehenden Kapitel dargelegt. Zu den vergütungsrechtlichen Folgen der grundsätzlich am häufigsten vorkommenden Vertragstypen, nämlich dem Einheitspreis- und dem Pauschalpreisvertrag (**der Begriff Pauschalpreis ist keinesfalls mit dem Begriff Festpreis zu verwechseln**), ist Folgendes festzuhalten:

Beim Einheitspreisvertrag gibt es in der Regel eine Variable, nämlich den sog. Vordersatz, der die vorgegebene Masse/Menge angibt. Da diese in den seltensten Fällen auch dem Bau-Ist entspricht, richtet sich der Gesamtpreis für die jeweilige Einzelposition nach der endgültig festgestellten Menge, die wiederum mit dem bei Vertragsschluss festgelegten Einheitspreis multipliziert wird.

Weicht nun (das regelt § 2 Nr. 3 VOB/B) im Hinblick auf die Masse das Bau-Ist von der vorgegebenen Menge dergestalt ab, dass der vorgegebene Mengenansatz um **über** 10 % nach oben oder nach unten abweicht, so ist auf **Verlangen** ein neuer Einheitspreis unter Berücksichtigung der Mehr- oder Minderkosten zu vereinbaren. Das geschieht wie bei allen Nachträgen auf Grundlage der Urkalkulation und beinhaltet nicht den Automatismus, dass mit einer entsprechend höheren Menge auch jeweils ein entsprechend höherer Preis einhergeht. Oft kann das Gegenteil der Fall sein. Die Einzelheiten der kalkulatorischen Ermittlung von Nachtragsleistungen würden allerdings den Umfang des Beitrages sprengen und können an dieser Stelle nicht erörtert werden.

Die ebenfalls im vorbenannten Kapitel beschriebene „kleinste" Form des Pauschalpreisvertrages ist der sog. Detailpauschalpreisvertrag. Hierbei wird im Gegensatz zum Einheitspreisvertrag die Masse pauschaliert, weshalb es für den Auftragnehmer grundsätzlich kein Mehr an Vergütung gibt, wenn sich die Masse nachträglich erhöht.

Freilich gibt es auch hier wieder eine Ausnahme:

§ 2 Nr. 7 VOB/B regelt, dass ausnahmsweise dann eine Preisanpassung möglich ist, wenn Bau-Ist und Bau-Soll so massiv voneinander abweichen, dass „ein Festhalten an der Pauschalsumme nicht zumutbar ist". § 2 Nr. 7 Abs. 1 VOB/B verweist hier auf § 242 BGB, dem vielleicht doch nicht ganz unbekannten „Treu-und-Glauben-Paragraphen". Nun stellt sich die berechtigte Frage, wann diese Zumutbarkeitsgrenze überschritten ist. Die Rechtsprechung setzt die Grenze teilweise ab 20 % Mehrleistung an.[7] Wichtig ist in diesem Zusammenhang, dass primär nicht die einzelne Abweichung bei einer einzelnen Teilleistung entscheidend ist, sondern die Auswirkung auf den Gesamtpreis.[8]

---

[7] OLG Stuttgart IBR 2000, 593

[8] Dieses Thema wird neuerdings heftig diskutiert im Rahmen der Stahlpreiserhöhungen. In diesem Zusammenhang fällt häufig der Begriff „Wegfall der Geschäftsgrundlage", der im Wesentlichen nichts anderes ist als die Regelung in § 2 Nr. 7 VOB/B, wo eben ein Korrektiv der Zumutbarkeit eingeführt wird.

Ähnliche Probleme entstehen, wenn sich die Preise für Baumaterialien während der Vertragsausführung ändern. Dies ist dann ein Problem der Festpreisbindung (§ 2 Nr. 1 VOB/B), wobei unerheblich ist, ob es sich um einen Pauschalpreis- oder Einheitspreisvertrag handelt.

*Fall:* *Ein Generalunternehmer hat einen Pauschalpreisvertrag mit seinem Auftraggeber zur schlüsselfertigen Errichtung eines Bürokomplexes abgeschlossen. Aufgrund der vertraglichen Vereinbarung liegt das Massenrisiko beim Auftragnehmer. Im Zuge der Bauabwicklung verlangt der Stahllieferant des Generalunternehmers von diesem 60 % mehr Geld für die Tonne Stahl (nach Vertragsschluss). Der Generalunternehmer trägt dieses Verlangen an seinen Auftraggeber weiter. Dieser verhält sich ablehnend.*

Ob der Stahllieferant (wenn nur Stahl zugekauft wird, dann Kaufvertrag; wenn Stahl mit Einbau geschuldet, dann Werkvertrag) seinerseits einen Anspruch gegen den Generalunternehmer auf Durchsetzung eines höheren Preises hat, kann an dieser Stelle nicht erörtert werden. Der Generalunternehmer sollte allerdings diesen Sachverhalt zuvor aus rechtlicher Sicht kritisch prüfen. Im Ergebnis wird es auch hierbei auf die Vereinbarung mit dem Stahllieferanten ankommen.

Der Generalunternehmer mag nun gegenüber seinem Auftraggeber zwar ins Felde führen können, dass er eine 60 %ige Kostensteigerung (analog zu einer Massenexplosion im Sinne des § 2 Nr. 7 VOB/B) habe, allerdings ist primär, wie oben dargelegt, entscheidend, wie gravierend die Auswirkungen auf den Gesamt-, mithin vorliegend den vereinbarten Pauschalpreis sind. Hier wird sich im Zweifel selbst eine 60 %ige Erhöhung bei den Stoffkosten „Stahl" auf den Gesamtpreis nur marginal auswirken, wenn man im vorliegenden Fall davon ausgeht, dass der Gesamtrohbauanteil ohnehin oft nur knapp 30 % beträgt.

Das wird dann im Ergebnis dazu führen, dass aus diesem Grunde kein Anspruch auf Preisanpassung seitens des Generalunternehmers besteht. Ihn wird letztendlich eine etwa 0,5–1 %ige Abweichung im Hinblick auf den Gesamtpreis nicht so sehr belasten (auch wenn es angesichts der heutigen Margen durchaus nicht leicht zu verkraften ist).

Grundsätzlich wird man von einer absoluten Grenze ausgehen müssen. Ob man hierfür 20, 25 oder 17 oder 16 % ansetzt, mag im Einzelfall zu entscheiden sein. Jedenfalls ist diese absolute Grenze zunächst im Rahmen der Auswirkung auf den Gesamtpreis zu sehen. Verändert sich allerdings die Masse oder der Preis einer einzelnen Teilleistung besonders gravierend, so kann dies zu einer Minimierung der absoluten Grenze im Hinblick auf den Gesamtpreis führen (Beispiel: 200 %ige Preis- oder Massenerhöhung einer Einzelposition führt „lediglich" zu einer 16 %igen Auswirkung auf den Gesamtpreis, was dann gegebenenfalls für eine Preisanpassung ausreichen kann). Ferner spielt die absolute Höhe der finanziellen Auswirkung, die wiederum bei entsprechender Größe bereits dann zu einer Preisanpassung führen kann, wenn die gesamte Auswirkung auf den Gesamtpreis auch unter der von der Rechtsprechung gezogenen und im Einzelfall durchaus variierenden prozentualen Grenze liegt, eine Rolle (Beispiel: Massenerhöhung bei einer Einzelposition führt zu 3 Mio. EUR Mehrkosten; das sind bei einem Pauschalpreis von 100 Mio. EUR zwar nur 3 %, aber absolut gesehen doch recht viel Geld).[9]

[9] Kapellmann/Messerschmidt, VOB/B, § 2 Rn 279

#### *5.4.1.2 Festpreis*

Grundsätzlich gilt: Jeder Preis ist ein Festpreis, und zwar unabhängig davon, ob im Rahmen eines Einheitspreisvertrags oder im Rahmen eines Pauschalpreisvertrags. Auch beim Einheitspreisvertrag ist der jeweilige Einheitspreis ein Festpreis. Festpreis bedeutet nichts anderes, als dass dieser Preis für die Dauer des Vertrages unverändert bleibt. Hierzu bedarf es auch nicht des Wortes „Festpreis". Will man etwas anderes vereinbaren, so muss man Lohn- oder Materialpreisgleitklauseln vereinbaren.

Der Pauschalpreis hingegen – hier nochmals zur Wiederholung – behandelt begrifflich einen völlig anderen Sachverhalt, nämlich, **welche Leistung** zu dem entsprechenden Preis abgegolten sein soll.

Entscheidend ist daher nicht die Frage, ob man einen als Globalpauschal-, Detailpauschalpreisvertrag oder einen wie auch immer benannten Vertrag hat, sondern allein und ausschließlich, welche Leistung man von der vereinbarten Pauschalsumme umfasst haben will. Ob man diesen Pauschalpreis – oder Einheitspreis bei Einheitspreisverträgen – für die Dauer des Bauvorhabens unveränderlich gestalten will oder nicht, ist eine Frage des Festpreises.

### 5.4.2 Vergütung von Nachtragsleistungen

#### *5.4.2.1 Geänderte oder zusätzliche Leistungen?*

Wie dargelegt, ist der Auftragnehmer grundsätzlich gehalten, geänderte und/oder zusätzliche Leistungen auf Verlangen des Auftraggebers auszuführen. Das steht in § 1 Nr. 3 und Nr. 4 VOB/B. Insbesondere die §§ 2 Nr. 5 und 2 Nr. 6 VOB/B regeln die Vergütung derartiger Leistungen.

In diesem Zusammenhang ist man oft, nolens volens, Zuhörer einer Diskussion, die sich mit der Frage beschäftigt, ob es sich um eine geänderte oder zusätzliche Leistung handelt. Diese Diskussion wird in der Regel deswegen geführt, weil § 2 Nr. 6 VOB/B für zusätzliche Leistungen fordert, dass der Auftragnehmer seinen hiermit einhergehenden Mehrvergütungsanspruch **vor** Ausführung ankündigen **muss**. Derartiges steht in § 2 Nr. 5 VOB/B nicht.

Der Auftragnehmer sollte einer solchen Diskussion folgendermaßen zuvorkommen:

Der Auftragnehmer sollte sich nicht der durchaus wissenschaftlichen Frage zuwenden, ob es sich um eine geänderte oder zusätzliche Leistung handelt. Hat der Auftragnehmer eine Abweichung vom Bau-Soll festgestellt, die mehr Geld kostet, sollte er **jedenfalls** einen entsprechenden Mehrvergütungsanspruch vor Ausführung ankündigen.

Aber warum gibt es diesen Unterschied zwischen den §§ 2 Nr. 5 und 2 Nr. 6 VOB/B?

Ordnet der Auftraggeber eine zusätzliche Leistung an, so soll der Hinweispflicht des Auftragnehmers im Hinblick auf die Mehrkosten eine Warnfunktion zukommen. Weiß der Auftraggeber von vornherein, dass dieser „Sonderwunsch" mehr Geld kostet[10], wird er möglicherweise davon wieder ablassen. Nur ausnahmsweise entfällt die im Rahmen der zusätzlichen Leis-

[10] Nach herrschender Meinung (Heiermann/Riedl/Rusam, VOB/B, § 2 Rn 130a; Kapellmann/Messerschmidt, VOB/B, § 2 Rn 200) und nach dem Wortlaut des § 2 Nr. 6 Abs. 1 VOB/B muss der Auftragnehmer nur seinen Anspruch dem Grunde nach anmelden. Er muss nicht sagen, wie viel es kostet.

tungen geforderte Ankündigungspflicht vor Ausführung, nämlich unter anderem dann, wenn dem Auftraggeber klar sein musste, dass die Ausführung seiner Anordnung zusätzlich zu vergüten ist.

Ist man sich dessen bewusst, so stellt sich zwingend die Frage, warum der Auftragnehmer den Auftraggeber bei einer geänderten Leistung nach § 2 Nr. 5 VOB/B nicht auf etwaige Mehrkosten vor Ausführung hinweisen muss. In der Regel dürfte doch auch einem bauunkundigen Auftraggeber bei der Anordnung einer zusätzlichen Leistung eher klar sein, dass diese mehr Geld kostet als bei einer geänderten Leistung. So wird einem Auftraggeber wohl bewusst sein, dass er ein zusätzliches Fenster nicht umsonst bekommt. Verschiebt er hingegen die ursprünglich vorgesehene Lage eines Fensters an eine andere Stelle, muss ihm nicht zwangsläufig bewusst sein, dass er unter Umständen mehr bezahlen muss.

Im Ergebnis scheint daher ein Ankündigungserfordernis bei einer geänderten Leistung eher nachvollziehbar als bei einer zusätzlichen[11], sinnvoll wäre es jedenfalls in beiden Fällen gleichermaßen.

### *5.4.2.2 Typische Einwendungen des Auftraggebers*

Bei den zuhauf vorkommenden Nachtragsstreitigkeiten begegnet man in der Regel folgenden Einwendungen seitens eines Auftraggebers:

a) Die Leistung ist keine zusätzliche oder geänderte. Sie ist bereits im ursprünglichen Bau-Soll enthalten.
b) Der Auftraggeber hat diese Leistungen nicht angeordnet.
c) Sollte sie doch jemand angeordnet haben, hatte er hierfür keine Vollmacht.
d) Ein etwaiger Mehrvergütungsanspruch ist jedenfalls vor Ausführung nicht angekündigt worden.
e) Die Berechnung der Nachtragsvergütung ist fehlerhaft.

Da grundsätzlich der Auftragnehmer, wie dargelegt, den Auftraggeber schon nicht zwingen kann, vor Ausführung einer Nachtragsleistung eine Preisvereinbarung zu treffen (auch wenn es in § 2 Nr. 5 S. 2 VOB/B so steht, allerdings nur als „Soll"-Vorschrift), sollte er doch Vorsorge treffen, dass der Auftraggeber mit den oben beschriebenen Einwendungen nicht durchdringt.

Zu Einwand a):

Hier hilft nur ein klarer Vertrag. Ansonsten muss durch Auslegung ermittelt werden, was im ursprünglichen Bau-Soll enthalten ist.

Zu den Einwänden b) und c):

Die genannten Einwände sind immer wieder beliebt. Der Auftragnehmer sollte grundsätzlich darauf achten, dass bereits im Vertrag bevollmächtigte Personen seitens des Auftraggebers benannt werden und auf welche Handlungen sich deren Vollmacht erstreckt. Dies ist kein unseriöses Anliegen. Der Auftraggeber soll mitteilen, welche Personen aus seinem Einflussbereich was genau mit welchen Folgen für ihn tun dürfen und dies sollte auch vertraglich fixiert

---

[11] So auch Kapellmann/Messerschmidt, VOB/B, § 2 Rn 198

werden. Weigert er sich ohne nachvollziehbaren Grund, sollte der Auftragnehmer am besten die Finger von dem Bauvorhaben lassen.[12]

Ansonsten gilt grundsätzlich: Die Vollmacht – insbesondere eines Architekten – hört da auf, wo der Geldbeutel des Auftraggebers beginnt. Bei einem Bauleiter eines Auftraggebers gilt das erst recht.

Daher: Sollte der Architekt oder eine entsprechende andere Person keine ausdrückliche Vollmacht zur Beauftragung von Nachtragsleistungen haben (was in der Regel der Fall sein wird), so muss dem Auftragnehmer dringend geraten werden, Anordnungen dieser Personen dem Auftraggeber in Person – bei Gesellschaften deren kraft Gesetz vertretungsberechtigten Organen – zumindest zur Bestätigung und vor Ausführung zur Kenntnis bringen. Dies muss in der Form geschehen, dass die Anordnung der betreffenden Person exakt geschildert und – idealerweise schriftlich – gefragt wird, ob diese Anordnung auch dem Wunsch des Auftraggebers entspricht. Äußert sich der Auftraggeber hierauf nicht, sollte der Auftragnehmer die entsprechende Anordnung nicht ausführen.

Fehlt eine wirksame Anordnung, bleibt dem Auftragnehmer nur die Möglichkeit, einen etwaigen Vergütungsanspruch über § 2 Nr. 8 VOB/B durchzusetzen. Diese Vorschrift baut auf den sog. Regeln der Geschäftsführung ohne Auftrag auf. Der Weg ist schwierig. Hier muss (sofern der Auftraggeber die Leistungen nicht nachträglich anerkennt) die entsprechende Leistung nicht nur notwendig für die Erfüllung des Vertrages gewesen sein, sondern sie muss auch dem mutmaßlichen Willen des Auftraggebers entsprochen haben und darüber hinaus ihm unverzüglich angezeigt worden sein.[13]

Abschließender Hinweis: § 2 Nr. 10 VOB/B regelt, dass Stundenlohnarbeiten nur vergütet werden, wenn sie als solche vor ihrem Beginn ausdrücklich vereinbart worden sind.

Zu Einwand d):

Vergleiche hierzu bereits oben zu Einwand b)/c). Der Auftragnehmer sollte es auf diese Frage nicht ankommen lassen. Hat der Auftraggeber eine Anordnung – und zwar eine unzweideutige – selbst oder eine mit Vollmacht ausgestattete Person erteilt, sollte der Auftragnehmer unverzüglich vor Ausführung den entsprechenden Anspruch auf besondere Vergütung ankündigen, idealerweise unter Benennung der voraussichtlich entstehenden Mehrkosten, so wie das zum jeweiligen Zeitpunkt von einem seriösen Unternehmer erwartet werden kann[14].

Zu Einwand e):

Der Auftragnehmer sollte zunächst eine nachvollziehbare und richtige Urkalkulation haben. Das ist nicht oft der Fall. Hat er sie, bereitet es keine großen Probleme, auf dieser Grundlage

---

[12] Der Leser wird einwenden, dass er sich Derartiges nicht leisten kann. Ob er sich die bei einem derartigen Auftraggeberverhalten anschließenden Probleme auch leisten kann und will, möge er in seine Risikoanalyse allerdings mit einbeziehen.

[13] Wer kennt schon den mutmaßlichen Willen des Auftraggebers. Hierzu folgendes Beispiel: Aufgrund bauseits zu vertretender Bauverzögerung ordnete der Auftraggeber über einen – natürlich nicht bevollmächtigten – Architekten beim Unternehmer eine Bauzeitbeschleunigung an, die erheblich Geld kostete. Danach wollte er davon nichts mehr wissen. Seine Begründung war einfach: Er habe es nie eilig gehabt. In diesem Fall war das auch so, was sich allerdings erst nachträglich herausstellte. Aufgrund weiterer Bauverzögerungen – entstanden durch nachfolgende Gewerke – war der ursprünglich angedachte Fertigstellungstermin ohnehin nicht mehr interessant, sodass im Nachhinein in der Tat die angeordnete Beschleunigung für den Auftraggeber wertlos war.

[14] Freilich nicht übereifrig unter Benennung konkreter Preise, die zu diesem Zeitpunkt abschließend nicht ermittelt werden können. Können bestimmte Mehrkosten nur vorläufig, voraussichtlich und ungefähr ermittelt werden, so ist das entsprechend zu kommunizieren.

den Nachweis der ordnungsgemäßen Berechnung der Nachtragsvergütung zu führen. Allerdings und grundsätzlich:

„Ein guter Preis bleibt ein guter, ein schlechter Preis bleibt ein schlechter."

## 5.5 Ausführungsunterlagen

§ 3 VOB/B ist bereits vom Wortlaut her sehr informativ und sollte daher gelesen werden. An dieser Stelle nur ein Hinweis: § 3 Nr. 1 VOB/B statuiert die Verpflichtung des **Auftraggebers**, die für die Ausführung notwendigen Unterlagen dem Auftragnehmer unentgeltlich und **rechtzeitig** zu übergeben.

Daran krankt es oft. Man denke nur an verspätet vorgelegte Planunterlagen im Rahmen der Werkplanung, verspätet vorgelegte Bewehrungspläne etc.

Bemerkenswert ist, dass Bauverträge in der Regel fast ausschließlich die Pflichten des Auftragnehmers regeln. Pflichten des Auftraggebers (außer der Vergütung) werden gewöhnlich kurz und pauschal beschrieben abgehandelt. Es gibt hierzu oft wenig aussagekräftige Regelungen, die sehr vage irgendwelche Kooperationspflichten des Auftraggebers statuieren.

Der Auftragnehmer sollte im Vertrag konkret vereinbaren, wann der Auftraggeber welche Unterlagen in welcher Form beizubringen hat. Das können Planvorlauflisten oder Ähnliches sein.

Gleiches gilt für sonstige Handlungen, die der Auftraggeber vorzunehmen hat, so z. B. die Beibringung von noch ausstehenden öffentlich-rechtlichen Genehmigungen etc. Ist das bereits im Vertrag konkret geregelt, ist es für den Auftragnehmer auch erheblich leichter, etwaige Behinderungstatbestände darzulegen.[15]

## 5.6 Ausführung

### 5.6.1 Anerkannte Regeln der Technik

Eine Leistung hat, um mangelfrei zu sein, nicht nur den vertraglichen Vorgaben zu genügen, sondern auch den anerkannten Regeln der Technik zu entsprechen, § 13 Nr. 1 VOB/B. Dieser Begriff ist jedoch sorgsam von den Begriffen „Stand der Technik" und „Stand von Wissenschaft und Forschung" zu unterscheiden. Denn die drei Formulierungen beinhalten stark von einander abweichende Anforderungen. Weitere Ausführungen zu den Begriffen finden sich im Abschnitt 5.14 (Mängelansprüche, § 13 VOB/B).

---

[15] Erstaunlich ist, dass Derartiges keine Selbstverständlichkeit ist. Man vergegenwärtige sich die Situation: Der Auftragnehmer verspricht Leistungen und Termine, deren Nichteinhaltung in der Regel pönalisiert sind, jedoch von den Handlungen des Auftraggebers abhängen und, wenn überhaupt, nur rudimentär beschrieben sind. Eigentlich ein klassischer Fall einer frivolen Kalkulation!

### 5.6.2 Bedenken gegen die vorgesehene Art der Ausführung

Die Anmeldung von Bedenken gegen die vorgesehene Art der Ausführung oder gegenüber Anordnungen des Auftraggebers taucht in § 4 zweimal auf, nämlich in § 4 Nr. 1 Abs. 4 und § 4 Nr. 3 VOB/B. Die Regelungen unterscheiden sich im Ergebnis nach h. M.[16] nur unwesentlich. Daher kann an dieser Stelle auf eine Differenzierung verzichtet werden.

Exkurs: Entgegen einer in der Praxis weit verbreiteten Ansicht hat ein Bieter im Rahmen eines Vergabeverfahrens nicht die Pflicht, die Art und Weise der Ausführung zu prüfen und Bedenken in diesem Stadium anzumelden. Er soll primär lediglich Preise einsetzen und berechnen. Weitergehende Pflichten hat er grundsätzlich nicht, kosten die doch auch Geld.[17] Eine Ausnahme gilt für den Bieter, der das vom Auftraggeber gewollte, aber objektiv missverständlich formulierte Bau-Soll positiv erkannt hat. Für diesen Bieter besteht dann keine Abweichung des Bau-Ist vom Bau-Soll. Er muss das vom Auftraggeber Gewollte bauen.[18] Nach Vertragsschluss sind sämtliche Anordnungen, Pläne, Unterlagen usw., die der Auftragnehmer vom Auftraggeber erhalten hat, sorgfältig zu prüfen (sofern sie das Bau-Soll definieren, mithin also Vertragsbestandteil sind). Hat er Bedenken, muss er diese rechtzeitig und unverzüglich (ohne schuldhaftes Zögern) artikulieren, und zwar gegenüber dem Auftraggeber.

Die Bedenken sind möglichst präzise zu formulieren. Bei Unsicherheit sollte der Auftragnehmer lieber eine Bedenkenanmeldung zu viel als eine zu wenig schreiben. Die Auswirkungen bei Nichtberücksichtigung der Bedenken sind – soweit möglich – darzulegen. Idealerweise sollten zugleich Lösungsvorschläge gemacht werden, die allerdings sorgfältig geprüft sein müssen. Die Bedenken sind schriftlich mitzuteilen. Der Auftraggeber sollte darauf hingewiesen werden, bis wann spätestens eine Entscheidung benötigt wird.

Beharrt der Auftraggeber trotz Bedenkenanmeldung auf seinen Anordnungen, kann und muss der Auftragnehmer grundsätzlich die Leistungen wie vorgesehen ausführen.[19] Er muss sich allerdings in der Regel dann keine Sorgen mehr machen, denn „[...] der Auftraggeber bleibt jedoch für seine Angaben, Anordnungen oder Lieferungen verantwortlich." (§ 4 Nr. 3 VOB/B am Ende).

Sowohl für § 4 Nr. 1 Abs. 4 VOB/B wie auch für § 4 Nr. 3 VOB/B wird eine **schriftliche** Bedenkenmitteilung gefordert.[20]

Man könnte hier an den Grundsatz des Baurechts denken: „Wer schreibt, der bleibt." Der Satz ist so nicht richtig. Wer das Richtige schreibt, der mag bleiben. Die schriftliche Dokumentation insbesondere im Baurecht ist über die Maßen wichtig. Es sollte daher nicht nur dann zu Papier und Stift gegriffen werden, wenn es ausdrücklich – ob in der VOB/B, in anderen Allgemeinen Geschäftsbedingungen, im Vertrag oder nach dem Gesetz – gefordert wird.

---

16 Kapellmann/Messerschmidt, VOB/B, § 4, Rn 33

17 Kapellmann/Messerschmidt, VOB/B, § 2 Rn 272; maximal Pflicht zur Prüfung hinsichtlich Plausibilität, Vollständigkeit und kein offensichtlicher Verstoß gegen die Regeln der Technik (OLG Jena, IBR 2003, 122 ff (Volltext); nach Ansicht des Verfassers mindestens hinsichtlich der ersten beiden Kriterien nicht haltbar – die Grenze zu § 4 Nr. 3 VOB/B wird verwischt

18 BGH BauR 1988, 338; BGH BauR, 1992, 759

19 Ausnahme: § 4 Nr. 1 Abs. 4 VOB/B

20 Auch für § 4 Nr. 1 Abs. 4 VOB/B: Kapellmann/Messerschmidt, VOB/B, § 4, Rn 36

Nicht nur das Schreiben, sondern auch die systematische Aktenanlage ist wichtig. Der Auftragnehmer sollte versuchen, bereits von Baubeginn an ein System der Aktenanlage zu installieren, das im Nachgang den Zugriff auf entsprechende Sachverhalte ohne großen Aufwand ermöglicht. Eine chronologische Aufgliederung ist empfehlenswert. Grundsätzlich sind auch Nachträge separat zu erfassen und zu dokumentieren. Auch hier ist die Trennung zwischen Bau-Soll und Bau-Ist wichtig.

### 5.6.3 Technische Abnahme

An dieser Stelle sei noch kurz auf § 4 Nr. 10 VOB/B eingegangen, der in der Ausgabe 2000 der VOB/B neu eingeführt wurde. Vor der Ausgabe 2000 war dieser Fall der Abnahme in § 12 Nr. 2 b) VOB/B a. F. geregelt und ist nunmehr systemgerecht in § 4 VOB/B integriert worden. Systemgerecht deshalb, weil es hier nicht um eine Abnahme im Rechtssinne geht. Dies im Gegensatz zu der „echten" Teilabnahme, die nach wie vor in § 12 Nr. 2 VOB/B (durch Wegfall der 2. Alternative nunmehr ohne Untergliederung) geregelt ist. Diese zwei Dinge werden oft verwechselt:

Die Regelung des § 4 Nr. 10 VOB/B dient dazu, den Zustand von Teilen der Leistung festzustellen, um möglicherweise Mängel zu erkennen, die zu einem späteren Zeitpunkt (bei einer Schluss- oder Endabnahme) nicht mehr oder nicht mehr ohne weiteres erkennbar sind.

Voraussetzung hierfür ist, dass zumindest eine Partei diese Feststellung verlangt. Das Ergebnis der gemeinsamen Feststellungen ist schriftlich niederzulegen. Wie dargelegt, treten hierdurch keine Abnahmewirkungen ein (so z. B. beginnt für die entsprechenden Teile keine Gewährleistungsfrist zu laufen). Allerdings trägt derjenige, der sich auf Abweichendes von dem Niedergeschriebenen berufen möchte, dafür die **Darlegungs- und Beweislast**.[21]

Sinn macht die Inanspruchnahme dieser Regelung etwa bei der Ausführung von Elektroinstallationen, Wärmedämmungen, Brandschutzmaßnahmen, Bewehrungen vor dem Betonieren, mithin Leistungen, die aufgrund des Baufortschritts zu einem späteren Zeitpunkt zumindest einer augenscheinlichen Überprüfung entzogen werden.

Der Auftragnehmer sollte rege von dieser Möglichkeit Gebrauch machen. Ein entsprechendes Verlangen ist rechtzeitig an den Auftraggeber zu richten. Es hilft, Streit zu vermeiden und macht eine Schlussabnahme in der Regel erheblich „schlanker".

Wer die Kosten der Feststellungen trägt, ist streitig.[22] Aus diesem Grunde sollten die Parteien eine entsprechende Kostentragungsregelung im Vertrag vereinbaren.

An dieser Stelle sei bereits das Pendant dieser „unechten" Abnahme dargestellt, nämlich die sog. echte Teilabnahme nach § 12 Nr. 2 VOB/B.

Dabei muss es sich um abgeschlossene Teile der Leistung handeln. Hierzu gehört z. B. nicht die Abnahme einer Leistung nach erfolgter Kündigung,[23] jedenfalls dann nicht, wenn die bis zum Zeitpunkt der Kündigung erbrachte Leistung nicht „zufällig" zugleich teilabnahmereif ist.

---

[21] Ingenstau/Korbion/Oppler, VOB/B § 4 Rn 440; Leinemann/Sterner, VOB/B Rn 149

[22] Heiermann/Riedl/Rusam, VOB/B § 4 Nr. 10 Rn 109; Kapellmann/Messerschmidt, VOB/B § 4 Rn 122: Soweit nicht anderweitige Vorschriften vorhanden sind, grundsätzlich Kostentragungspflicht beider Parteien, soweit Feststellungen gemeinsam erfolgen.

[23] Ingenstau/Korbion/Oppler, VOB/B § 12 Rn 103; Beck'scher VOB-Kommentar/Jagenburg, VOB/B § 12 Nr. 2 Rn 2

Teilabnahmereife, mithin in sich abgeschlossene Teile der Leistung sind z. B. bei zwei Häusern jeder Dachstuhl an einem Haus. Voraussetzung für diese Abgrenzung ist allerdings eine Selbstständigkeit der Bauteile, die auch funktional trennbar sein müssen.[24] So sind in dem obigen Beispiel zwar die zwei Dachstühle getrennt abnahmefähig, nicht jedoch die Gauben an jedem Haus getrennt vom übrigen Dachstuhl.

Wie gesagt, es handelt sich um eine echte (Teil-) Abnahme mit der Folge, dass für die abgenommenen Teilleistungen z. B. die Gewährleistungsphase beginnt.[25] Aus diesem Grund ist auch der Auftraggeber gehalten, seine jeweiligen Rechte bei der Teilabnahme vorzubehalten, weil er sonst dieselben verliert (§ 640 Abs. 2 BGB – Abnahme in Kenntnis eines Mangels).

## 5.7 Termine

Kosten und Termine – das sind wohl die beiden zentralen Begriffe, die heute für die Durchführung eines Bauvorhabens primär bestimmend sind. Die Ausführungsfristen sind in § 5 VOB/B geregelt. In diesem Zusammenhang ist besonders § 5 Nr. 4 VOB/B von Bedeutung, und zwar insbesondere im Zusammenhang mit einer Kündigung durch den Auftraggeber (§ 8 Nr. 3 VOB/B).

Voraussetzung für Letzteres ist immer ein Verzug seitens des Unternehmers. Interessant ist dabei ein Hinweis auf eine Änderung im Rahmen des Bürgerlichen Gesetzbuches im Zuge der Schuldrechtsreform: Nach der alten Fassung der Norm, die den Verzug des Schuldners regelte (§ 284 BGB), war Voraussetzung für den Verzug grundsätzlich eine Mahnung nebst – selbstverständlich – der vorhergehenden Fälligkeit der Leistung an sich. Auf eine Mahnung konnte nur dann verzichtet werden, wenn für die entsprechende Leistung „eine Zeit nach dem Kalender bestimmt" war. Das war problematisch z. B. in Fällen, in denen der Beginn der Arbeiten durch Bestimmungen wie „zwei Wochen nach Abruf durch den Auftraggeber" o. ä. geregelt war. Hier war erheblich zweifelhaft, ob das den damaligen Anforderungen des § 284 Abs. 2 BGB genüge getan hat. Dies hat sich geändert. Der Verzug ist jetzt in § 286 BGB geregelt. Eine Mahnung ist hiernach bereits unter anderem dann entbehrlich, wenn „der Leistung ein Ereignis vorauszugehen hat und eine angemessene Zeit für die Leistung in der Weise bestimmt ist, dass sie sich von dem Ereignis an nach dem Kalender berechnen lässt ..." (§ 286 Abs. 2 Nr. 2 BGB).

Mit anderen Worten: Im oben genannten Beispielsfall dürfte ohne Zweifel nach dem Abruf die Zwei-Wochen-Frist nach dem Kalender zu berechnen sein. Damit wird sich bei derartigen oder ähnlichen Formulierungen ein Auftraggeber nach der neuen Gesetzeslage leichter tun, einen Verzug ohne Mahnung darzulegen, was insbesondere auch für Vertragsstrafenregelungen Auswirkungen haben dürfte.

---

[24] Beck'scher VOB-Kommentar/Jagenburg, VOB/B § 12 Nr. 2 Rn 12; Heiermann/Riedl/Rusam, VOB/B § 12 Rn 28

[25] Weitere Folgen: Übergang Preis- und Leistungsgefahr, Umkehr der Beweislast

## 5.8 Behinderungen – Unterbrechung der Ausführungen

### 5.8.1 Grundsätzliches

Ein heikles Thema, insbesondere zu Beginn einer Baumaßnahme. Wer will schon kurz nach Vertragsschluss seinem Bauherrn (Auftraggeber) eine Behinderungsanzeige ins Haus schicken? Man will doch – zu beobachten sogar noch in der heutigen Zeit – „gemeinsam" bauen und geht auftragnehmerseits in der Regel davon aus, dass ein derartiges Papier in diesem frühen Stadium, in dem noch Kooperation angesagt ist, nicht geeignet ist, beim Bauherrn Begeisterungsstürme auszulösen. Nun denn, die Erfahrung lehrt, der Auftragnehmer wird ein etwaiges Unterlassen einer derartigen Behinderungsanzeige, sofern sie denn opportun ist, zu einem späteren Zeitpunkt bereuen. Im Einzelnen:

§ 6 Nr. 1 VOB/B schreibt vor, dass der Auftraggeber vom Auftragnehmer **unverzüglich** (ohne schuldhaftes Zögern) **schriftlich** über einen Behinderungstatbestand informiert werden muss:

„Unterlässt er die Anzeige, so hat er nur dann Anspruch auf Berücksichtigung der hindernden Umstände, wenn dem Auftraggeber offenkundig die Tatsache und deren hindernde Wirkung bekannt waren."

Der Auftragnehmer sollte sich nicht auf den letzten Halbsatz berufen, zumal für den Auftraggeber nicht nur der hindernde Umstand, sondern auch die hieraus resultierende hindernde Auswirkung offenkundig sein muss. Offenkundigkeit liegt z. B. dann vor, wenn der Auftraggeber Bauzeitverschiebungen oder einen Baustellenstopp anordnet. Ein weiteres wichtiges Beispiel für die Offenkundigkeit ist auch ein entsprechender klarer Vermerk in Baustellenprotokollen, die idealerweise vom Auftraggeber angefertigt wurden. Aus diesem Grund sogleich ein Hinweis:

Sollte es aus unternehmerischer Sicht triftige Gründe geben, eine Behinderung nicht förmlich anzuzeigen, sollte jedenfalls darauf geachtet werden, dass diese Umstände und ihre hindernden Auswirkungen in einem Baustellenprotokoll festgehalten werden, das entweder vom Auftraggeber selbst angefertigt oder zumindest von diesem oder einem bevollmächtigten Vertreter zu unterschreiben ist.

Der (begründete) Glaube an eine Behinderung reicht aus. Die Erfahrung zeigt, dass der Glaube – wie in anderen Lebensbereichen auch – in diesem Zusammenhang oft nur sehr unzureichend ausgebildet ist.

Die Behinderungsanzeige hat nach dem Wortlaut des § 6 Nr. 1 VOB/B schriftlich zu erfolgen. Der Leser sollte sich nicht sonderlich darum kümmern, dass nach einschlägiger Rechtsprechung und diversen Literaturstimmen die Schriftform nur Beweiszwecken dient, ihre Verletzung also folgenlos bleiben soll.[26] Diese Ansicht ist nur schwer haltbar. Es ist in jedem Fall zu raten, schriftlich anzuzeigen.

Die Behinderungsanzeige muss die Störung an sich mit den voraussichtlichen oder sicheren Folgen konkret benennen. „Alle Tatsachen, aus denen sich für den Auftraggeber mit hinreichender Klarheit die Gründe der Behinderung ergeben"[27], müssen aufgeführt werden. Allerdings muss nicht vermerkt sein, wie lange die Behinderung vermutlich dauern wird und wel-

---

[26] z. B. OLG Koblenz NJW RR 1988, 851; OLG Köln BauR 1981, 472

[27] BGH NZBau 2000, 187 = BauR 2000, 722

che Rechtsfolgen hieraus resultieren. Der Auftragnehmer kann Derartiges zu dem entsprechenden Zeitpunkt oft gar nicht wissen.

Aus den hier vorgeschriebenen Inhalten einer Behinderungsanzeige folgt, dass keineswegs das Wort „Behinderung" als Überschrift über dem jeweiligen Papier stehen muss. Man kann eine Behinderungsanzeige auch freundlich formulieren; es ist ausreichend aber auch notwendig, umfassend den angetroffenen Sachverhalt dem Auftraggeber mitzuteilen und ihm verdeutlichen, dass hieraus ein Behinderungstatbestand resultiert.

Im Übrigen sollte eine Behinderungsanzeige nicht als Affront gegenüber dem Auftraggeber verstanden werden; das ist auch nicht im Sinne der VOB/B. Der Auftraggeber hat schließlich das Recht, über „seine" Baustelle jederzeit informiert zu sein; vor allem muss er reagieren können, wenn etwas nicht so läuft wie geplant.

Der Auftragnehmer kann darüber hinaus getrost den Auftraggeber im Rahmen der Kundgabe der Behinderung fragen, was er denn tun soll. Da eine Behinderungsanzeige nur dann relevant ist, wenn sie sich gegen einen Behinderungstatbestand wendet, der aus dem Risikobereich jedenfalls nicht des Auftragnehmers kommt, wird der Auftraggeber in der Regel eher wissen, wie lange die Behinderung voraussichtlich noch dauert und wie sie möglicherweise beseitigt werden kann. Woher soll das der Auftragnehmer wissen? Woher soll er wissen, ob er mit Mannschaft und Gerät nach wie vor Gewehr bei Fuß stehen soll, oder aber ob es nicht günstiger wäre, bei einem länger andauernden Behinderungstatbestand, der eine vollständige Unterbrechung der Arbeiten zur Folge hat, die Baustelle zu räumen?

Diese Fragen kann in der Regel nur der Auftraggeber beantworten; es liegt in seinem Einflussbereich, Derartiges anzuordnen. Dabei schafft man Klarheit, wenn man ihn konkret hierzu befragt.

Unterlässt der Auftragnehmer eine entsprechende Behinderungsanzeige, so kann er sich nicht nur allein deswegen schadensersatzpflichtig machen, sondern hat dann auch grundsätzlich keinen Anspruch auf Berücksichtigung der hindernden Umstände.[28] Das kann z. B. bedeuten, dass ein erhöhter Zeitbedarf aus dem Behinderungstatbestand mit all seinen Konsequenzen mit dem Auftragnehmer heimgeht.

### 5.8.2 Spezielles

§ 6 Nr. 2 VOB/B beinhaltet zwei sehr wichtige Regelungen:

Zum einen werden Ausführungsfristen verlängert, soweit die Behinderung durch einen Umstand aus dem Risikobereich des Auftraggebers verursacht wird. Hierzu gehört z. B. als klassischer Fall der Bereich geänderter oder zusätzlicher Leistungen, also ein Großteil der Fälle der sog. Nachträge. Gilt es derartige geänderte oder zusätzliche Leistungen auszuführen und entsteht hierdurch Zeitbedarf, hat der Auftragnehmer Anspruch auf eine entsprechende Verlängerung von vertraglich vereinbarten Ausführungsfristen.

§ 6 Nr. 2 VOB/B regelt einen weiteren Fall, nämlich der des gemeinhin unter dem Begriff „Schlechtwetter" verstandenen Falles einer Behinderung. Die Begründung „Schlechtwetter" für eine Behinderung im Rahmen der Durchführung von Bauleistungen ist auftragnehmerseits oft zu hören. In der Regel aber ist das „Schlechtwetter-Verständnis" der VOB/B nicht bekannt: Schlechtwetter liegt nicht vor, wenn es ein paar Tage hintereinander regnet oder – im Winter – schneit. Ganz im Gegenteil führen Schlechtwettertage grundsätzlich nicht zu einer

---

[28] Freilich nur dann, wenn keine Offenkundigkeit im beschriebenen Sinne vorliegt.

Verlängerung, weil sie eben normal sind. Denn mit Schlechtwetter im o. ä. Sinn muss gerechnet werden: „Witterungseinflüsse während der Ausführungszeit, mit denen bei Abgabe des Angebots normalerweise gerechnet werden musste, gelten nicht als Behinderung." (§ 6 Nr. 2 Abs. 2 VOB/B).

Wenn der Unternehmer also weiß, dass er über den Winter hin eine Baustelle zu bedienen hat, so muss er damit rechnen, dass es eben nun auch einmal schneien kann, dass Dauerfrost hervortreten kann usw.

Beispiele für Witterungseinflüsse, mit denen nicht gerechnet werden muss:

- Tägliche Niederschlagsmenge von 64 mm/qm bei einer durchschnittlichen Maximalniederschlagsmenge von 40 bis 50 mm je Tag[29]
- Wolkenbruchartiger Regen, der in dieser Stärke an der Baustelle im Durchschnitt nur alle 20 Jahre einmal vorkommt.[30]

Was aber, wenn – wohlgemerkt nach Vertragsterminplan – über den Winter betoniert werden soll? Nun gibt es im besagten Winter z. B. Dauerfrost mit -5°C. Nach ZTV-Beton StB 1993 ist dann ein Betonieren nicht mehr zulässig. Der Unternehmer denkt dann sofort daran, möglicherweise doch betonieren zu können, was entsprechende besondere Schutzmaßnahmen erfordert, die er wiederum gerne als besondere Leistungen, etwa entsprechend der DIN 18331, Abschnitt 4.2.6 vergütet haben will.

Hierzu gibt es Meinungen, die besagen, auch unter den oben beschriebenen Voraussetzungen lägen für den Unternehmer unabwendbare Umstände vor, selbst wenn die Betonierarbeiten planmäßig im Winter vorgesehen waren und der Unternehmer damit rechnen musste, dass es am Ort des Bauvorhabens zu dieser Zeit entsprechende Witterungsverhältnisse gibt.[31]

Der Auftragnehmer sollte sich nicht auf derartige Meinungen verlassen. Das könnte riskant sein. Weiß er von vornherein, was er wann zu tun hat und mit welchen Witterungsumständen er zu rechnen hat, sollte ein entsprechender zeitlicher Puffer (natürlich im Bereich des Wetters immer spekulativ) eingearbeitet werden oder man beschreibt im Vertrag konkrete klimatische Rahmenbedingungen, die Voraussetzung für die Einhaltung des Terminplans sein müssen.

### 5.8.3 Schadenersatz

§ 6 Nr. 6 VOB/B ist wichtig und wird häufig im Rahmen von Nachträgen bei einem gestörten Bauablauf herangezogen. Den gestörten Bauablauf, die Anspruchsgrundlagen und die baubetrieblichen Auswirkungen hieraus an dieser Stelle darzulegen, würde den Rahmen sprengen.[32] Daher nur soviel:

§ 6 Nr. 6 VOB/B regelt einen Schadensersatzanspruch gegenüber demjenigen, der den hindernden Umstand zu vertreten hat. Entgangenen Gewinn gibt es nur bei Vorsatz oder grober Fahrlässigkeit. Das ist ein wesentlicher Unterschied zu einer Vergütung z. B. gemäß § 2 Nr. 5 VOB/B (geänderte Leistung). Die Mehrvergütung nach § 2 Nr. 5 VOB/B ist auf Basis der

[29] BGH BauR 1973, 317
[30] OLG Koblenz Schäfern/Finnern/Hochstein, Nr. 1 zu § 6 Nr. 2 VOB/B
[31] Beck'scher VOB-Kommentar / Motzke, VOB/B § 6 Nr. 2 Rn 86
[32] Grundlegend Thode, ZfBR 2004, 214 ff.

Urkalkulation zu ermitteln. Der Auftragnehmer wird also für den zeitlichen Mehraufwand eine entsprechende Summe für den Zeitraum der Bauzeitverlängerung berechnen können, und zwar unabhängig davon, ob diese Kosten tatsächlich angefallen sind oder nicht. Im Rahmen des Schadensersatzes nach § 6 Nr. 6 VOB/B ist genau das Gegenteil der Fall:

Berechnet z. B. der Nachunternehmer des Auftragnehmers, bei dem die eigentlichen Stillstandskosten angefallen sind, weil er diesen Bereich vollständig für den Auftragnehmer durchführt, aus irgendwelchen Gründen nichts, so ist auch kein Schaden beim Auftragnehmer eingetreten. Er hat daher keinen Anspruch aus § 6 Nr. 6 VOB/B gegenüber dem Bauherrn.

Welche Anspruchsgrundlagen im Rahmen eines gestörten Bauablaufes in Betracht kommen, ist überaus streitig und großteils höchstrichterlich noch nicht abschließend geklärt. Der Auftragnehmer ist aber in jedem Fall gut beraten, wenn er jeden Behinderungstatbestand und die hieraus resultierenden Kosten konkret erfasst und entsprechend darlegen kann. Dabei ist es wichtig, dass der Behinderungstatbestand und die Kosten ordnungsgemäß dokumentiert werden. Sind Bauzeitverlängerungen durch die Beauftragung echter Nachtragsleistungen verursacht worden, ist dem Auftragnehmer zu raten, diese Kosten bereits in den jeweiligen Nachtrag mit einzurechnen. Ansonsten läuft er Gefahr – insbesondere, wenn über die jeweiligen Nachtragsleistungen auch der Höhe nach eine Einigung mit dem Auftraggeber stattgefunden hat –, dass er für die mittelbaren Auswirkungen der Durchführung der Nachtragsleistungen im Hinblick auf die Bauzeit keine Ansprüche mehr geltend machen kann.[33]

### 5.8.4 Kündigung bei Stillstand

Abschließend sei noch auf § 6 Nr. 7 VOB/B hingewiesen. Bei einem Stillstand von länger als 3 Monaten kann sowohl Auftraggeber als auch Auftragnehmer nach Ablauf dieser Zeit den Vertrag kündigen. Hat der Auftragnehmer die Unterbrechung nicht zu vertreten, kann er nicht nur die ausgeführten Leistungen nach den Vertragspreisen abrechnen und Kostenerstattung für bereits entstandene und in den Vertragspreisen des nicht ausgeführten Teils der Leistung beinhalteten Kosten, sondern darüber hinaus auch Kostenerstattung für die Baustellenräumung verlangen. Letzteres selbstverständlich nur dann, wenn in dem Vergütungsanspruch für die bereits ausgeführten Leistungen dieser Teil der Baustellenräumung nicht enthalten ist.

## 5.9 Verteilung der Gefahr, § 7 VOB/B

Was passiert, wenn ein halbfertiges Bauwerk vor Abnahme etwa durch einen Sturm vernichtet wird? Muss der Unternehmer nochmals bauen? Bekommt er Vergütung für das zerstörte Bauwerk? Bekommt er Vergütung für das nochmals herzustellende Bauwerk? Muss er überhaupt nochmals bauen?

Man muss hier zwischen dem Begriff der Vergütungsgefahr und dem Begriff der Leistungsgefahr unterscheiden. Der Begriff der Vergütungsgefahr betrifft dabei die Frage, ob und inwieweit der Auftragnehmer die vereinbarte Vergütung fordern kann, wenn das ganz oder teilweise hergestellte Werk durch Umstände untergeht, die weder er noch der Auftraggeber zu vertreten hat. Die Leistungsgefahr demgegenüber bestimmt, ob und inwieweit der Auftragnehmer die zerstörte oder beschädigte Werkleistung neu herzustellen hat.

---

[33] LG Hamburg IBR 2004, 412

§ 7 VOB/B regelt nur den besonderen Fall der Vergütungsgefahr für die Zeit vor der Abnahme.[34] Die Leistungsgefahr hingegen findet ihre Regelungen in den §§ 275, 635 Abs. 2, 300 Abs. 2 (ggf. analog) BGB.

Die zu Beginn des Kapitels gestellten Fragen sind wie folgt zu beantworten:

Grundsätzlich trägt der Auftragnehmer bis zur Abnahme (§§ 640, 641a BGB, § 12 VOB/B) sowohl die Leistungs- wie auch die Vergütungsgefahr, d. h., wird etwa das herzustellende Werk vor Abnahme durch einen am Bau Beteiligten oder sonstigen Dritten beschädigt, ist der Auftragnehmer zur nochmaligen Leistungserbringung auf seine Kosten verpflichtet und bekommt hierfür nur die vertraglich vereinbarte Vergütung, mithin also keine Vergütung für Reparatur oder Neuherstellung des beschädigten Teils.[35]

Diese Gefahr geht vorzeitig auf den Auftraggeber über, wenn die Voraussetzungen des § 7 Nr. 1 VOB/B vorliegen. Liegen demnach höhere Gewalt oder andere objektiv unabwendbare, vom Auftragnehmer nicht zu vertretende Umstände vor, so hat er für die bis dahin ausgeführten (vergeblichen) Leistungen einen Vergütungsanspruch gem. § 6 Nr. 5 VOB/B; er bekommt also Geld für die erbrachte Leistung. Da – wie oben dargelegt – § 7 VOB/B nur die Vergütungsgefahr regelt, bleibt es bei der Leistungsgefahr beim Grundsatz, nämlich, dass der Auftragnehmer diese nach wie vor bis zur Abnahme trägt. Das heißt, der Auftragnehmer bleibt weiterhin zur Leistung verpflichtet,[36] erhält allerdings für die nochmals zu erbringende untergegangene oder beschädigte Teilleistung Vergütung gem. § 2 Nr. 6 VOB/B.[37] Witterungseinflüsse sind im Übrigen grundsätzlich nicht als „höhere Gewalt" zu sehen; schon gar nicht sog. Schlechtwettertage.[38] Witterungseinflüsse sind nur dann objektiv unabwendbar und damit höhere Gewalt, wenn z. B. an einem Septembertag wolkenbruchartige Regenfälle von 64 mm/qm niedergehen.[39] Gewöhnliche und damit abwendbare Witterungseinflüsse sind hingegen beispielsweise Novemberstürme mit Windstärke 9 im Rheinland.[40]

Der Grundsatz, dass die Leistungsgefahr bis zur Abnahme beim Auftragnehmer liegt, korreliert unter anderem mit der Bestimmung in § 4 Nr. 5 VOB/B, wonach der Auftragnehmer die von ihm ausgeführten Leistungen und die ihm für die Ausführung übergebenen Gegenstände bis zur Abnahme vor Beschädigung und Diebstahl zu schützen hat.

## 5.10 Kündigung durch den Auftraggeber, § 8 VOB/B

Grundsatz: Sowohl im BGB-Werkvertragsrecht wie auch bei Vereinbarung der VOB/B kann der Auftraggeber bis zur Vollendung jederzeit kündigen. Die Frage ist nur, ob er einen triftigen Grund hierfür hat oder aber es sich um eine sog. freie Kündigung handelt. Die Rechtsfolgen unterscheiden sich grundlegend: Bei einer freien Kündigung kann der Auftragnehmer die volle vereinbarte Vergütung abzüglich ersparter Aufwendungen unter Anrechnung des Erwerbs durch anderweitige Verwendung seiner Arbeitskraft und seines Betriebes abrechnen. Bei einer berechtigten Kündigung hingegen sieht es anders aus: Der Auftragnehmer muss für

[34] BGH NJW 1977, 1966, 1967; BGH BauR 1997, 1021
[35] BGH NJW 1984, 2569 f.
[36] BGH BauR 1973, 317
[37] BGHZ 61, 144, 146
[38] vgl. oben 5.8.2 zu § 6 Nr. 2 VOB/B
[39] BGHZ 61, 144 ff.
[40] OLG Köln VersR 1973, 43

gegebenenfalls entstehende Mehrkosten durch Ersatzvornahmearbeiten einstehen und ist ferner etwaigen weiteren Schadensersatzansprüchen ausgesetzt. Vergütungsansprüche bestehen nur für den ordnungsgemäß erbrachten Teil der Leistung.

Die wichtigsten Kündigungsgründe sind in § 8 Nr. 3 unter Verweis auf § 4 Nr. 7 und § 5 Nr. 4 VOB/B dargelegt. Gibt es einen Mangel, kommt der Auftragnehmer seiner Pflicht zur Beseitigung nicht nach **und** wird ihm vom Auftraggeber eine angemessene Nachfrist zur Beseitigung gesetzt unter Hinweis darauf, dass er ihm nach fruchtlosem Ablauf der Frist den Auftrag entziehe (§ 4 Nr. 7 VOB/B), kann der Auftraggeber kündigen.

Daneben ist der Auftraggeber gehalten, die Kündigung schließlich auch auszusprechen.[41] Kommt er dem nicht nach, sind ihm sämtliche entsprechenden Ansprüche verwehrt.

Gemäß § 8 Nr. 6 VOB/B kann der Auftragnehmer in jedem Fall der Kündigung Aufmaß und Abnahme der von ihm ausgeführten Leistungen verlangen. Ferner hat er unverzüglich eine prüfbare Rechnung über die ausgeführten Leistungen vorzulegen.

## 5.11 Kündigung durch den Auftragnehmer, § 9 VOB/B

Der Auftragnehmer hingegen kann nicht frei kündigen. Er benötigt hierzu einen Grund. Die hier grundsätzlich in Frage kommenden zwei Gründe sind in § 9 Nr. 1 VOB/B aufgezählt:

1. Ist der Auftraggeber im sog. Annahmeverzug, d. h. unterlässt er eine Mitwirkungshandlung, zu der er verpflichtet ist, so kann der Auftragnehmer gem. § 9 Nr. 1a VOB/B den Vertrag kündigen.[42]

Klassische Fälle derartiger geschuldeter Mitwirkungshandlung des Auftraggebers sind z. B.:

- rechtzeitige Übergabe der Ausführungsunterlagen/Pläne,
- Herbeiführen der erforderlichen öffentlich-rechtlichen Genehmigungen und Erlaubnisse,
- entsprechende und baureife Bereitstellung des Grundstücks,
- Treffen notwendiger Anordnungen.

Dies freilich immer nur dann, wenn im Vertrag nichts Abweichendes hinsichtlich dieser Handlungen (wirksam) vereinbart ist.

Oft krankt es an der rechtzeitigen Übergabe der Ausführungsunterlagen seitens des Auftraggebers. Setzt der Auftragnehmer dem Auftraggeber zur Nachholung der unterlassenen Handlung eine Frist mit der Erklärung, dass er den Vertrag kündigt, wenn die Handlung nicht bis zum Ablauf der Frist vorgenommen wird und erfolgt die Handlung im Rahmen der angemessenen Frist nicht, kann der Auftragnehmer kündigen. Die Kündigung bedarf der **Schriftform** (§ 9 Nr. 2 S. 1 VOB/B).

Tritt dieser Fall ein, hat der Auftragnehmer neben dem Vergütungsanspruch für die bisher erbrachten Leistungen einen Anspruch auf angemessene Entschädigung, d. h. die Nachteile während des Annahmeverzugs sind angemessen auszugleichen. Zu diesen Nachteilen gehören z. B. die unnütze Bereitstellung von Kapital und Arbeitskraft sowie andere verzugsbeding-

---

[41] Letzteres wird oft vergessen.

[42] Daneben und unabhängig von einer Kündigung kann der Auftragnehmer im Falle des Annahmeverzugs ohne weitere Formalien angemessene Entschädigung gem. § 642 BGB verlangen, wozu etwa Mehraufwendungen während der verzugsbedingten Wartezeit gehören (Lachmann, BauR, 1990, 409).

te Zusatzaufwendungen. Er bekommt hier keinen Ausgleich für die nicht erbrachten Leistungen, wie beispielsweise bei der sog. freien Kündigung durch den Auftraggeber.[43]

2. Der für die Praxis mindestens ebenso wichtige Fall ist der des § 9 Nr. 1 lit. b), wonach der Auftraggeber in Zahlungsverzug sein muss. Zahlt der Auftraggeber z. B. eine fällige Abschlagsrechnung nicht rechtzeitig und setzt ihm der Auftragnehmer hierzu eine Nachfrist mit entsprechender Kündigungsandrohung, dann kann letzterer nach fruchtlosem Ablauf der Nachfrist nicht nur gem. § 16 Nr. 5 Abs. 5 VOB/B die Arbeiten einstellen, sondern daneben auch die Kündigungsmöglichkeit des § 9 Nr. 1 VOB/B wahrnehmen.

## 5.12 Vertragsstrafe, § 11 VOB/B und Allg. Geschäftsbedingungen

Die Vertragsstrafenregelung ist ein Auslaufmodell. Das gilt jedenfalls dann, wenn sie im Gewande einer Regelung auftaucht, die die Voraussetzungen von Allgemeinen Geschäftsbedingungen erfüllt. Hierbei ist die Tendenz der Rechtsprechung nicht zu verkennen, Vertragsstrafenregelungen in Allgemeinen Geschäftsbedingungen an den Rand der Bedeutungslosigkeit zu verweisen. Hintergrund dürfte der zunehmende Missbrauch diverser Auftraggeber im Umgang mit derartigen Regelungen sein. Eine Vertragsstrafe dient nicht der Bereicherung.[44]

In diesem Sinne hat der Bundesgerichtshof erst kürzlich entschieden[45], dass grundsätzlich die bisher übliche Höchstgrenze im Hinblick auf die Beschränkung der Vertragsstrafe auf 10 % der Gesamtauftragssumme nicht mehr wirksam ist. Jedenfalls für Neuverträge frühestens ab dem 30.06.2003 könne man maximal im Rahmen der Allgemeinen Geschäftsbedingungen nur noch 5 % der Auftragssumme Vertragsstrafe verlangen.

An dieser Stelle soll kurz die Frage erörtert werden, was Allgemeine Geschäftsbedingungen sind.

Allgemeine Geschäftsbedingungen sind Texte, die für eine Vielzahl von Verträgen „vorformuliert" sind (§ 305 Abs. 1 BGB n. F.). Eine Vorformulierung für eine Vielzahl von Verträgen liegt z. B. dann vor, wenn die Verwendung in mindestens drei Fällen erfolgt ist oder wenn eine solche Verwendung beabsichtigt ist.[46] Der Verwender muss diese Texte nicht selbst vorformuliert haben; es genügt, dass diese von dritter Seite erstellt wurden. Verwendet ein Auftraggeber einen von Dritten etwa im Rahmen eines Vertragsvordruckes vorformulierten Vertrag, liegen Allgemeine Geschäftsbedingungen vor, selbst wenn der Auftraggeber diesen Text nur einmalig verwenden will.[47] Bereits die Absicht einer Mehrfachverwendung ist ausreichend; dann greift die Inhaltskontrolle schon bei der ersten Verwendung.[48] Der Auftragnehmer muss beweisen, dass die verwandten Bedingungen vorformuliert sind und der Verwender die Absicht hatte, sie mehrfach zu verwenden.[49] Dagegen unterliegen individuell vereinbarte Bedingungen nicht der Inhaltskontrolle (§ 305b BGB n. F.). Die hieraus resultierenden Probleme für die Praxis liegen auf der Hand:

---

[43] Kapellmann/Messerschmidt, VOB/B, § 9 Rn 85

[44] BGH BauR, 1983, 80; Kapellmann/Messerschmidt, VOB/B, § 11 Rn 5

[45] BGH IBR 2003, 291; IBR 2004, 51

[46] BGH NJW 1998, 2286

[47] BGH NJW 1991, 843

[48] BGH BauR 1997, 123

[49] BGH BauR 1992, 622

- Wie kann die andere Seite dem Verwender beweisen, dass es sich um vorformulierte Vertragsbedingungen handelt und er die Absicht hatte, sie mehrfach zu verwenden?
- Wann liegt eine ausgehandelte Bedingung vor?

Im Hinblick auf die erste Frage hilft dem Vertragspartner der sog. „Prima-facie-Beweis", d. h., wenn nach dem äußeren Erscheinungsbild „Formularbedingungen" Verwendung gefunden haben, muss der Verwender beweisen, dass die Bedingungen im Einzelnen ausgehandelt worden sind.[50]

Für ein Aushandeln im Sinne der zweiten Frage reicht es nicht, über die jeweilige Klausel nur zu sprechen. Der Verwender muss vielmehr den gesetzesfremden „Kerngehalt" der einzelnen AGB-Bestimmungen ernsthaft zur Disposition stellen; er muss der anderen Partei die Wahl lassen, die Klausel in dieser Form anzunehmen oder nicht. Die andere Partei muss die reale Möglichkeit haben, die jeweilige Bedingung inhaltlich zu ändern[51]. Ein kluger Auftraggeber/Verwender wird selbstverständlich immer ernsthaft zur Disposition stellen. In der Praxis steht im Rahmen derartiger Verhandlungen allerdings die Frage des Verwenders im Hintergrund, ob die andere Partei den Auftrag wirklich haben will ...

Auch hier kommt die oben genannte Rechtsprechung zum Tragen. An die Einwirkungsmöglichkeit der anderen Partei sind überaus strenge Beweisanforderungen zu stellen, weshalb die Rechtsprechung im Ergebnis dazu führt, dass die diesbezüglichen Anforderungen an eine individuelle Vereinbarung in der Praxis so gut wie nie zu erfüllen sind.[52] Da, wie oben dargelegt, für das Vorliegen von Allgemeinen Geschäftsbedingungen es prima facie bereits ausreicht, dass diese nach dem äußeren Erscheinungsbild Formularbedingungen sind, müsste angesichts der Notwendigkeit in Bauverträgen, umfangreiche Formularbedingungen zu verwenden (z. B. BVBs, ZVBs, AVBs usw.), ein Verwender das Rad geradezu jeweils neu erfinden, um diesen ersten Eindruck nicht entstehen zu lassen.

## 5.13 Abnahme, § 12 VOB/B

Die unechte Abnahme (§ 4 Nr. 10 VOB/B) wurde bereits dargestellt.[53] Die Abnahme ist im Bauvertrag ein wichtiger und zentraler Vorgang. Sie ist die Zäsur des Übergangs vom Erfüllungsstadium zum Gewährleistungsstadium und definiert sich wie folgt:

„Die Abnahme ist die körperliche Entgegennahme der fertig gestellten Leistungen und ihrer Billigung als der Hauptsache nach vertragsgemäßer Leistungserfüllung".[54]

Eine förmliche Abnahme[55] hat **nur** dann stattzufinden, wenn sie

vereinbart ist

oder

eine Vertragspartei es verlangt (§ 12 Nr. 4 Abs. 1 VOB/B).

---

[50] BGH NJW 1998, 2600; BGH IBR 2004, 153

[51] BGHZ 104, 236

[52] Quack, höchstrichterliche Rechtsprechung (1996), Rn 72

[53] vgl. oben 5.6.3

[54] RGZ 107, 343; BGH BauR 1996, 386

[55] Also eine Abnahme, die – mit Ausnahme des Falles des § 12 Nr. 4 Abs. 2 VOB/B – in Anwesenheit von Auftraggeber und Auftragnehmer durchgeführt wird und deren Befund in gemeinsamer Verhandlung schriftlich niedergelegt ist.

Ist weder das eine noch das andere der Fall, können die Abnahmefiktionstatbestände des § 12 Nr. 5 VOB/B greifen:

1. Hat der Auftraggeber die Leistungen oder einen Teil der Leistungen in Benutzung genommen, so gilt die Abnahme nach Ablauf von 6 Werktagen nach Beginn der Nutzung als erfolgt.
2. Ist dies nicht der Fall, gilt die Leistung mit Ablauf von 12 Werktagen und nach **schriftlicher Mitteilung über die Fertigstellung der Leistung** als abgenommen.

Ausnahmsweise können diese Sondertatbestände auch dann greifen, wenn im Vertrag bereits eine förmliche Abnahme vereinbart wurde, allerdings keine der Parteien über einen längeren Zeitraum hinweg nach der Fertigstellung der Leistung eine Abnahme verlangt.

Neben § 12 Nr. 5 VOB/B gibt es mittlerweile nun auch zwei neue Fiktionstatbestände im BGB, nämlich zum einen § 640 Abs. 1 S. 3 BGB, zum anderen § 641a BGB:

- § 640 Abs. 1 S. 3 BGB stellt einer Abnahme gleich, wenn der Besteller das Werk nicht innerhalb einer ihm vom Unternehmer bestimmten angemessenen Frist abnimmt, obwohl er dazu verpflichtet ist.
- § 641a BGB regelt die sog. Fertigstellungsbescheinigung, d. h., der Unternehmer kann einen Gutachter beauftragen, der eine Bescheinigung über die Abnahmereife ausstellt.

In der Praxis ist diese Vorschrift nahezu bedeutungslos – kaum ein Sachverständiger findet sich, der ein derart hohes Haftungsrisiko übernehmen will.[56] Die erklärte Abnahme ist zwar sehr wichtig für einen Werkunternehmer. Allerdings hindert ihn eine fehlende Abnahme entgegen einer in der Praxis weit verbreiteten Ansicht nicht, eine etwaige restliche Werklohnforderung - zur Not auch gerichtlich - geltend zu machen. Zwar ist der Anspruch auf Schlusszahlung aus einer Schlussrechnung erst fällig, wenn eine Abnahme[57] erklärt wurde und danach (längstens) zwei Monate nach Zugang der Schlussrechnung (bei Vereinbarung der VOB/B) verstrichen sind; allerdings ist für den Werklohnanspruch des Unternehmers aus der Schlussrechnung nicht entscheidend, ob eine Abnahme vorliegt oder nicht. Ausschlag gebend ist lediglich, ob das Werk abnahmereif ist.[58] Aus diesem Grund muss ein Unternehmer auch nicht auf Abnahme klagen.[59] Ob ein abnahmereifes Werk vorliegt und gegebenenfalls der Auftraggeber die Abnahme zu Unrecht verweigert hat, wird in diesem Prozess (Zahlungsklage) „inzident" festgestellt.[60]

## 5.14 Mängelansprüche, § 13 VOB/B

Den Begriff „Gewährleistung" gibt es nicht mehr. Das hat mit der Schuldrechtsreform und der damit einhergehenden Änderung auch des Werkvertragsrechts zu tun. Das heißt jetzt „Mängelansprüche". Der Auftragnehmer übernimmt nicht mehr die Gewähr dafür, dass seine Leistung mängelfrei ist, er hat nunmehr „nur noch" dem Auftraggeber die Leistung frei von Sachmängeln zu verschaffen. Inhaltlich macht dies freilich keinen Unterschied.

---

[56] so Jagenburg, BauR 2001, 1816

[57] Kapellmann/Messerschmidt, VOB/B, § 16 Rn 192

[58] BGH BauR 1999, 645, 648

[59] BGH ZfBR 1996, 156

[60] Kapellmann/Messerschmidt, VOB/B, § 12 Rn 23; BGH ZfBR 1996, 156

Es gibt Rechtsmängel und Sachmängel. Rechtsmängel spielen im Bauvertrag eine untergeordnete Rolle. Nachfolgende Ausführungen beschränken sich daher auf die Sachmängelhaftung.

Eine Leistung ist dann sachmängelfrei, wenn sie

1. die vereinbarte Beschaffenheit hat und
2. den anerkannten Regeln der Technik entspricht.

Gibt es keine vereinbarte Beschaffenheit, so muss sich die Leistung für die „gewöhnliche Verwendung" eignen und eine Beschaffenheit aufweisen, die bei Werken der gleichen Art üblich ist und die der Auftraggeber nach der Art der Leistung erwarten kann. Zudem muss sie selbstverständlich noch für die nach dem Vertrag vorausgesetzte Verwendung geeignet sein.

Es gibt zwar den Begriff der zugesicherten Eigenschaften nicht mehr (und zwar sowohl im BGB- wie auch im VOB/B-Vertrag); die diesbezügliche Diskussion dürfte allerdings lediglich auf die neu eingeführte Begrifflichkeit der Garantie verlagert werden.[61]

**Darüber hinaus bedarf es keiner Beeinträchtigung des Wertes oder der Gebrauchstauglichkeit der Bauleistung mehr**. Das heißt, es spielt keine Rolle, ob der Mangel zu einer verminderten Gebrauchstauglichkeit oder einer Wertbeeinträchtigung führt; es reicht allein die Abweichung Soll-/Ist-Beschaffenheit. Das ist eine verschärfte Haftung des Auftragnehmers für Sachmängel.

An dieser Stelle soll kurz auf den Begriff der „anerkannten Regeln der Technik" eingegangen werden. Erstaunlicherweise hört man statt diesem Begriff in der Praxis oft, die Leistung müsse selbstverständlich dem „Stand der Technik" entsprechen. Würde ohne entsprechende Vereinbarung ein Unternehmer Derartiges schulden, hätte die Branche noch mehr Probleme als bisher. Denn zwischen beiden Begrifflichkeiten gibt es deutliche Unterschiede:

Anerkannte Regeln der Technik sind die Regeln für die Ausführung baulicher Leistungen, die sich nach Meinung der Mehrheit der maßgeblichen Fachleute in der Praxis bewährt haben und deren Eignung von ihnen als nachgewiesen angesehen wird.[62] Entsprechende Meinungen in Fachkreisen genügen nicht; ein fachlicher Konsens ist erforderlich.[63] Es geht also zum einen um eine theoretische Richtigkeit und zum anderen um deren Beurteilung durch die Fachleute in der Praxis.

Nur: Wann liegt ein fachlicher Konsens in den Fachkreisen schon vor? Wer ist der Fachmann der Praxis, der die Bewährtheit überprüft?

Man sollte daher auch gegenüber diversen Regelungen, die man allzu leicht als „anerkannte Regeln der Technik" versteht, wie z. B. DIN-Vorschriften, VDI-Richtlinien und dergleichen, vorsichtig sein und diesen durchaus kritisch gegenüberstehen.[64] Aus diesem Grund gibt es daher auch lediglich eine widerlegliche Vermutung dafür, dass derartige schriftlich niedergelegte Normen den Stand der „anerkannten Regeln der Technik" widerspiegeln.[65]

---

[61] vgl. §§ 276 und 443 BGB n. F.; Palandt/Heinrichs, 63. Aufl., § 276 Rn 29

[62] Kapellmann/Messerschmidt, VOB/B, § 4, Rn. 54

[63] Nicklisch/Weig, VOB/B, § 4 Rn 44; BGH NJW 1980, 1219

[64] So führt beispielsweise eine Ausführung nach DIN 4108 Beiblatt 2 „Wärmebrücken" zur Bildung von Schimmelpilz und eine Ausführung gem. DIN 4109 „Schallschutz" zu weit überhöhten Installationsgeräuschen

[65] OLG Hamm BauR 1994, 767

Der „Stand der Technik"[66] dagegen, beinhaltet die neuesten Entwicklungen auf technischem Gebiet, die in dem jeweiligen Fachgebiet zu erhalten sind. Sich noch im Forschungsstadium befindliche Techniken sind dabei nicht berücksichtigt.

**Es ist zu beachten, dass ein Auftragnehmer auch dann haftet, wenn er die „anerkannten Regeln der Technik" eingehalten hat, aber dennoch ein Werkmangel auftritt.**[67]

Ist ein Werkunternehmer mit der Beseitigung eines Mangels nach Abnahme in Verzug, so reicht es aus, dass ihm der Auftraggeber eine angemessene Frist zur Mängelbeseitigung setzt, um die Mängel auf Kosten des Auftragnehmers etwa durch einen Dritten zu beseitigen. Das ist ein wichtiger formaler Unterschied zu demselben Begehren vor Abnahme. Wie ausgeführt, ist in diesem Stadium zusätzlich eine Kündigungsandrohung und der Ausspruch der Kündigung notwendig.[68]

Die VOB/B 2002 regelt neue Gewährleistungsfristen:

Die bisherige Gewährleistungsfrist von zwei Jahren wird durch eine regelmäßige Verjährungsfrist für Bauwerke von vier Jahren ersetzt.

Freilich ist es den Parteien unbenommen, das zu tun, was in der Praxis bisher lang üblich war, nämlich eine 5-jährige Verjährungsfrist für Mängelansprüche entsprechend der Regelung im Bürgerlichen Gesetzbuch zu vereinbaren.[69]

Eine Besonderheit der VOB/B ist nach wie vor die sog. „Quasi-Unterbrechung" der Verjährung der Mängelansprüche. **Entgegen** den Regelungen im BGB reicht eine schriftliche Mängelrüge aus, um die Verjährung **hinsichtlich des gerügten Mangels** „quasi" zu unterbrechen mit der Folge, dass der Anspruch auf Beseitigung dieses Mangels in zwei Jahren verjährt (§ 13 Nr. 5 Abs. 1 S. 2 VOB/B).

Die Verjährungsfrist beginnt in diesem Fall erst nach Beendigung und Abnahme aller zugesagten Mängelbeseitigungsleistungen. Die neue Frist wirkt sich also nur aus, wenn bei Bauwerksleistungen die Mängelbeseitigungsleistung später als zwei Jahre vor Ablauf der ursprünglichen Verjährungsfrist abgenommen wird.

Die „Quasi-Unterbrechung" funktioniert nur einmal hinsichtlich des gerügten Mangels.

Eine „ordentliche" Mängelrüge liegt dann vor, wenn das Mängelbeseitigungsverlangen hinreichend bestimmt ist; mit anderen Worten, der Auftragnehmer muss erkennen, was gerügt und von ihm nachzubessern ist. Hierzu sind die Grundsätze der sog. Symptomrechtsprechung des Bundesgerichtshofes wegweisend: Der Auftraggeber kann sich auf die Symptome beschränken, aus denen er die Mangelhaftigkeit der Bauleistung herleitet. Es genügt daher etwa eine Mängelrüge, wonach Wasser in einer bestimmten (genau beschriebenen) Stelle eintritt oder, dass Risse in bestimmten Bereichen auftreten. Im Hinblick auf die Kausalität und das Vertretenmüssen reicht es aus, wenn die gerügten Mängel laut Vortrag **möglicherweise** in den Verantwortungsbereich des Auftragnehmers fallen.[70]

---

[66] siehe dazu 5.6.1

[67] BGH BauR 1987, 207

[68] vgl. oben Abschnitt 5.10

[69] oder auch in Form eines Generalunternehmersicherheitszuschlages etwa 5 Jahre und 2 Monate

[70] BGH BauR 1999, 631

**Exkurs: Verjährung der Vergütungsansprüche des Unternehmers**

Wenn Werklohnansprüche eines Unternehmers (unter Kaufleuten) bislang regelmäßig in vier Jahren nach Abnahme und Schlussrechnung verjährt sind (für den VOB/B-Vertrag; im BGB-Werkvertrag streitig, ob eine Schlussrechnung erforderlich ist[71]), so verjähren sie nunmehr regelmäßig in drei Jahren. Soweit bisher diese Frist durch entsprechende Maßnahmen unterbrochen werden konnte, mit der Folge, dass ab dem Unterbrechungszeitpunkt die volle Verjährung neu zu laufen begann, so sind diese Unterbrechungstatbestände nunmehr nur noch auf wenige Ausnahmefälle beschränkt, die für die Praxis weniger bedeutend sind. Die „Unterbrechung" wurde nunmehr durch die „Hemmung" ersetzt, d. h. ab dem Zeitpunkt des hemmenden Ereignisses hört die Uhr der Verjährung auf zu ticken und beginnt erst wieder mit Beendigung des hemmenden Ereignisses, sodass ab Ende dieses Hemmungstatbestandes die restliche, bis zum Eintritt des hemmenden Ereignisses angelaufene Verjährung weiterläuft.

Eine Hemmung kann (wie früher eine Unterbrechung) nur durch besondere Maßnahmen hervorgerufen werden, wozu keinesfalls die Zusendung irgendwelcher Briefe oder Rechnungen gehört: Grundsätzlich kann sie nur durch Erhebung einer Klage oder Zustellung eines Mahnbescheids erreicht werden. Selbstverständlich kann auch ein Verzicht auf die Einrede der Verjährung vereinbart werden, wozu es allerdings – wie bei Vereinbarungen üblich – mindestens zweier Parteien bedarf.

## 5.15 Abrechnung, § 14 VOB/B

Gemäß § 14 Nr. 1 VOB/B hat der Auftragnehmer seine Leistungen prüfbar abzurechnen. Die Prüffähigkeit ist Fälligkeitsvoraussetzung.[72]

Die Prüffähigkeitserfordernisse dienen dem Schutz des Auftraggebers[73], sie sind kein Selbstzweck.[74] Prüfungsmaßstab ist daher der Empfänger- und Erkenntnishorizont des Auftraggebers. Ist er selbst fachkundig, so ist dessen entsprechendes Verständnis zugrunde zu legen. Bedient sich der Auftraggeber diverser Fachleute, etwa eines Architekten, kommt es bezüglich der Prüffähigkeitskriterien auf dessen, dem Auftraggeber zurechenbare Erkenntnisfähigkeiten an.[75]

Allerdings stellt der Prüfvermerk eines Architekten auf einer Rechnung des Auftragnehmers in der Regel kein Anerkenntnis oder Ähnliches dar, sondern ist lediglich eine sog. „Wissenserklärung" dahingehend, als dass die Rechnung fachlich und rechnerisch richtig sei.[76] Ein gemeinsames Aufmaß ist kein „Muss"; so spricht § 14 Nr. 2 VOB/B von einem „möglichst" gemeinsamen Aufmaß. Man mag diese Vorschrift als Ausdruck des Kooperationsprinzips des Bauvertrags ansehen.[77]

Fehlt es daher an einem gemeinsamen Aufmaß, hat der Auftragnehmer darzulegen und zu beweisen, dass die von ihm behaupteten Leistungen tatsächlich ausgeführt wurden.[78]

---

[71] siehe dazu Kapellmann/Messerschmidt, VOB/B, § 16 Rn 22
[72] BGH NJW 1989, 836
[73] BGH BauR 1999, 1185
[74] BGH NJW 1999, 1867, 1868
[75] Ingenstau/Korbion/Locher, VOB/B, § 14 Rn 14
[76] BGH BauR 2002, 613, 614
[77] Kapellmann/Messerschmidt, VOB/B, § 14 Rn 45
[78] Beck'scher VOB-Kommentar/Cuypers, VOB/B, § 14 Nr. 2 Rn 13

Selbstverständlich kann er sich hier auf ein selbst angefertigtes Aufmaß berufen. Weigert sich allerdings der Auftraggeber nachweislich, an einem gemeinschaftlichen Aufmaß mitzuwirken, verstößt er gegen das Kooperationsgebot. Dieser Verstoß wird dadurch sanktioniert, dass sich hinsichtlich des dann vom Auftragnehmer nolens volens einseitig vorgenommenen Aufmaßes bei nachträglich auftretenden Aufmaßdifferenzen die Beweislast zu Lasten des Auftraggebers verschiebt.[79]

Der Auftragnehmer sollte den Auftraggeber immer auffordern, an gemeinsamen Aufmaßterminen teilzunehmen. Ein mögliches Streitpotential kann auf diese Weise reduziert werden.

Hinsichtlich des **Leistungsnachweises** bei **Abschlagsrechnungen** sind die strengen Prüffähigkeitskriterien des § 14 VOB/B herabgesetzt.[80] Welche Anforderungen an den entsprechenden Nachweis zu stellen sind, ergibt sich aus § 16 Nr. 1 Abs. 1 S. 2 VOB/B; hiernach ist der Leistungsnachweis durch eine prüfbare Aufstellung darzulegen. Der zum Gegenstand der Abschlagsrechnung gemachte Leistungsstand muss allerdings selbstverständlich die hierauf entfallende anteilige Vergütung nachvollziehbar machen.[81]

## 5.16 Zahlung, § 16 VOB/B

Im BGB-Werkvertrag gab es bis zum Inkrafttreten des Gesetzes zur Beschleunigung fälliger Zahlungen mit Wirkung zum 01.05.2000 keinen gesetzlich normierten Anspruch auf Abschlagszahlungen. Einen solchen gibt nunmehr § 632a S. 1 BGB.

Die VOB/B bedurfte hierzu keiner Änderung (§ 16 Nr. 1 regelte Derartiges schon vor der Fassung 2002).

Ansprüche auf Abschlagszahlungen werden binnen 18 Werktagen fällig. Wird dem Auftraggeber bei Nichtzahlung trotz Fälligkeit eine **angemessene Nachfrist** gesetzt, muss der Auftraggeber bei Ablauf der Nachfrist ohne Zahlung auch ohne entsprechenden Nachweis Zinsen in Höhe von **8 Prozentpunkten über dem Basiszinssatz p. a.** bezahlen.

Trotz dieser Möglichkeiten fungiert der Unternehmer oft als Kreditgeber für den Auftraggeber. Entweder wird versäumt, im Rahmen von Abschlagsrechnungen entsprechende Nachfristen zu setzen, oder der bestehende Zinsanspruch wird nicht geltend gemacht. Es dürfte sich keine Bank finden, die „umsonst" Geld verleiht. Die Baubranche tut es aber. Vielleicht kann sie es sich ja doch noch leisten?

Darüber hinaus hat der Auftragnehmer beim fruchtlosen Verstreichen einer angemessenen Nachfrist gem. § 16 Nr. 5 Abs. 5 VOB/B das Recht, die Arbeiten bis zur Zahlung einzustellen, natürlich nur, wenn ein entsprechender Anspruch auf Abschlagszahlungen tatsächlich fällig ist. Dieser muss nicht zu Recht in der geforderten Höhe bestehen. Dabei darf sich aber nachträglich nicht herausstellen, dass nur unerhebliche Zahlungsrückstände bestanden haben.[82]

Es dürfen ferner keine Zurückbehaltungsrechte des Auftraggebers etwa aus mangelhaften Leistungen resultieren (§ 641 Abs. 3 BGB: „ [...] mindestens in Höhe des Dreifachen der für die Beseitigung des Mangels erforderlichen Kosten").

Auch darf der Auftraggeber nicht mit berechtigten Gegenforderungen aufrechnen können.

---

[79] OLG Köln BauR 1994, 114

[80] BGH NZBau 2002, 390, 391

[81] BGH BauR 1997, 468; Ingenstau/Korbion/Locher, VOB/B, § 16 Nr. 1 Rn 14

[82] Beck'scher VOB-Kommentar/Motzke, VOB/B, § 16 Nr. 5 Rn 1

Das Recht, die Leistungen einzustellen, dürfte nahezu das einzige wirkliche Druckmittel eines Auftragnehmers sein; ist der Unternehmer fertig, hat er in der Regel nichts mehr, womit er Druck aufbauen kann. Bei streitigen Werklohnforderungen bleibt ihm daher oft nichts anderes übrig, als den mühsamen und langwierigen Weg über die Gerichte zu beschreiten.

Ein Auftragnehmer, der die Einstellung der Arbeiten erwägt, ist gut beraten, wenn er spätestens im Zusammenhang mit der Nachfristsetzung dem Auftraggeber die **beabsichtigte Einstellung der Arbeiten androht**. Das steht zwar so nicht in § 16 VOB/B, wird allerdings von einem Großteil der einschlägigen Rechtsprechung und Literatur dennoch verlangt, weil die Arbeitseinstellung einen schwer wiegenden Eingriff in die Abwicklung der Baumaßnahme darstellt.[83]

In einer derartigen Situation kann der Auftragnehmer zusätzlich eine Kündigung des Vertrages gem. § 9 Nr. 1 lit. b VOB/B in Erwägung ziehen. Voraussetzung hierfür ist allerdings, dass er im Rahmen der Nachfristsetzung bei fruchtlosem Ablauf derselben **angedroht** hat, dass er den Vertrag kündigen werde **und** nicht vergisst, die **Kündigung dann auch tatsächlich schriftlich** zu erklären. Jedenfalls aber ist der Auftragnehmer im Falle einer berechtigten Arbeitseinstellung in der Ausführung seiner Leistung behindert. Er kann daher gem. § 6 Nr. 2 Abs. 1 VOB/B verlangen, dass sich die Ausführungsfristen entsprechend dem Zeitraum bis zum Wegfall der behindernden Umstände verlängern. Darüber hinaus steht ihm ein Schadensersatzanspruch im Rahmen des § 6 Nr. 6 VOB/B oder eine Entschädigung gem. § 642 BGB zu.[84]

§ 16 Nr. 5 Abs. 2 VOB/B stellt klar, dass ein Auftraggeber nicht per se Skonto ziehen darf. Vielmehr bedarf es hier einer ausdrücklichen gesonderten Vereinbarung. Im Rahmen von Skontoregelungen wird oft versäumt,

- eine bestimmte Skontohöhe auszuweisen;
- eine exakte Zeitspanne auszuwerfen, im Rahmen derer Skonto gewährt werden soll; erfolgt keine genaue Festlegung der Skontofrist, so liegt alleine deshalb keine wirksame Skontovereinbarung vor[85];
- eine klare Regelung für den Beginn der Skontofrist zu treffen (etwa Zugang einer prüffähigen Rechnung beim Auftraggeber).

Das Gewähren von Skonti ist üblicherweise eine Belohnung für eine Bezahlung **vor Fälligkeit.**[86] Die Praxis zeigt allerdings, dass Unternehmer Skonto teilweise noch nach Fälligkeit oder bei Fälligkeit (etwa bei Abschlagsrechnungen binnen 18 Werktagen) gewähren, was auch im Rahmen von Allgemeinen Geschäftsbedingungen auf Auftraggeberseite auch zulässig ist.[87]

Derartige Bonbons für die Auftraggeber dürften auf das derzeitige Branchenumfeld zurückzuführen sein.

Von Skontovereinbarungen sind Preisnachlässe zu trennen. Diese hängen nicht von irgendwelchen Handlungen einer der Vertragsparteien ab (pünktliche Zahlungen). Ein Nachlass ist das Versprechen eines günstigeren Preises für den Fall der Beauftragung. Wichtig ist hierbei für den Auftragnehmer, dass er präzisiert, für was und welchen Betrag der Nachlass gelten

---

83 so OLG Düsseldorf BauR 1975, 428; OLG Frankfurt BauR 1988, 599; Ingenstau/Korbion/U.Locher, VOB/B, § 16 Rn 310

84 Ingenstau/Korbion/U.Locher, VOB/B, § 16 Rn 307; Beck'scher VOB-Kommentar/Motzke, VOB/B, § 16 Nr. 5 Rn 14

85 OLG Stuttgart OLGR, 1998, 59

86 Kapellmann/Messerschmidt, VOB/B, § 16 Rn 290

87 Kapellmann/Messerschmidt, VOB/B, § 16 Rn 292

soll. Es ist ein Problem, wenn – wie so oft – ohne weiteren Zusatz eine Nachlassvereinbarung im Raum steht, wobei dann unklar ist, ob sich diese auf die Angebotssumme, die Bruttoschlussrechnungssumme **inklusive Nachträge** oder aber auf einen anderen Betrag bezieht. Da ein derartiger Preisnachlass in der Regel als „Akquisitionsnachlass" gesehen werden muss, sollte der Auftragnehmer klar stellen, dass er Nachlass ausschließlich auf die jeweilige Angebotssumme gewährt. Ansonsten muss er befürchten, dass die Rechtsprechung annimmt, dass der gegebene Nachlass auch für Nachträge gelten soll.[88]

Für den Fall, dass ein Unternehmer als Nachunternehmer eines zwischengeschalteten Generalunternehmers arbeitet und der Generalunternehmer (Hauptunternehmer) insolvenzgefährdet ist, ist im Übrigen eine Besonderheit zu beachten. Kann der Hauptunternehmer den Nachunternehmer nicht mehr bezahlen, hat - berechtigte Werklohnforderungen unterstellt - der Auftragnehmer das bereits besprochene Leistungsverweigerungsrecht. Die Baustelle wird dann stehen, jedenfalls soweit der Nachunternehmer beauftragt wurde. Daher wird der Auftraggeber des Hauptunternehmers regelmäßig ein Interesse daran haben, dass die Baustelle weiterläuft. Er hat dann gem. § 16 Nr. 6 VOB/B die **Möglichkeit**, Zahlung direkt an den Nachunternehmer zu leisten. Diese Zahlung hat dann schuldbefreiende Wirkung gegenüber dem Hauptunternehmer, mit anderen Worten, die Zahlung an den Dritten gilt als Zahlung an den Hauptunternehmer. Das funktioniert allerdings nur dann, wenn sich der Hauptunternehmer gegenüber dem Nachunternehmer mit seinen Zahlungen in Verzug befindet **und** der Nachunternehmer die Fortsetzung seiner Leistungen deshalb zu Recht verweigert. In der VOB 2000 war dies noch anders geregelt.[89] Hiernach reichte ein Zahlungsverzug des Hauptauftragnehmers gegenüber dem Nachunternehmer aus; der Nachunternehmer musste die Fortsetzung seiner Leistungen nicht verweigern.

## 5.17 Sicherheitsleistung, § 17 VOB/B

Die Problematik der Bürgschaften auf erstes Anfordern soll an dieser Stelle nach aktuellem Stand der Rechtsprechung lediglich kurz ergebnisorientiert dargelegt werden, wobei nachfolgende Ausführungen sich jeweils auf den Bereich von Allgemeinen Geschäftsbedingungen erstrecken:

- Eine **Vertragserfüllungsbürgschaft** auf erstes Anfordern ist unwirksam, kann allerdings im Rahmen der Vertragsauslegung in eine unbefristete, selbstschuldnerische Bürgschaftsanforderung umgedeutet werden.[90] Eine derartige ergänzende Vertragsauslegung kommt allerdings nur für Verträge in Betracht, die vor Bekanntwerden der Entscheidung des Bundesgerichtshofes am 4. Juli 2002 abgeschlossen wurden.[91]
- Eine in AGB geforderte **Gewährleistungsbürgschaft** auf erstes Anfordern ist unwirksam und kann auch nicht in eine Anforderung hinsichtlich einer wirksamen Gewährleistungsbürgschaft umgedeutet werden.[92]

---

88 z. B. OLG Düsseldorf BauR 1993, 479; OLG Hamm BauR 1995, 564

89 vgl. VOB/B 2000, § 16 Nr. 6

90 zuletzt für die Vertragserfüllungsbürgschaft auf erstes Anfordern in AGB des öffentlichen Auftraggebers: BGH IBR 2004, 311

91 BGH BauR 2002, 1533

92 OLG Celle IBR 2004, 70; OLG Hamm IBR 2003, 536; OLG München IBR 2004, 135

Wichtig ist: Eine Sicherheitsleistung muss vereinbart sein (§ 17 Abs. 1 VOB/B). Einen Automatismus gibt es hier nicht.

Bis vor kurzem in der Praxis kaum beachtet, erfreut sich § 17 Nr. 6 VOB/B in Auftragnehmerkreisen zunehmender Beliebtheit. Gibt es eine **Vereinbarung** zwischen den Parteien, dass Sicherheit im Rahmen eines Einbehalts von Abschlagszahlungen (bis 10 %) geleistet werden sollen, so trifft gem. § 17 Nr. 6 Abs. 1 S. 2 VOB/B den Auftraggeber folgende Pflicht: Er muss den jeweils einbehaltenen Betrag dem Auftragnehmer mitteilen und **binnen 18 Werktagen dieser Mitteilung auf ein Sperrkonto** bei dem vereinbarten Geldinstitut einzahlen. Die Praxis zeigt, dass sich kaum ein Auftraggeber daran hält. Für diesen Fall kann es für den Auftraggeber zu folgendem Szenario kommen: Der Auftragnehmer kann ihm für die Einzahlung auf das Sperrkonto eine angemessene Nachfrist setzen. Verstreicht diese wiederum fruchtlos, verliert der Auftraggeber jeglichen Anspruch auf Sicherheitsleistung und muss den Einbehalt sofort ausbezahlen (§ 17 Nr. 6 Abs. 3 VOB/B). Streitig ist, ob in diesem Fall der Auftraggeber gegen den Auszahlungsanspruch mit etwaigen Gegenforderungen aufrechnen kann.[93]

Auch ein Zurückbehaltungsrecht – etwa wegen Mängel – dürfte ausgeschlossen sein[94], wobei diese Frage ebenso streitig ist wie die Frage nach der Zulässigkeit einer Aufrechnung.

Im Hinblick auf die Nachfristsetzung des Unternehmers sei auf Folgendes hingewiesen: In wenigen Fällen wird bereits im Vertrag ein Sperrkonto vereinbart sein. Um diesen Umstand nicht zu einer langwierigen Diskussion werden zu lassen, dürfte es sich empfehlen, dass der Auftragnehmer im Rahmen seiner Nachfristsetzung zur Einzahlung des Sicherheitseinbehalts auf ein Sperrkonto dem Auftraggeber die Wahl lässt, auf welches Sperrkonto und bei welchem Kreditinstitut er einzahlen möchte. Die Regelungen des § 17 Nr. 6 VOB/B macht Sinn. Schließlich ist der Sicherheitseinbehalt das Geld des Auftragnehmers, das auch im Insolvenzfall des Auftraggebers sicher angelegt sein soll.

Ist etwa eine Vertragserfüllungsbürgschaft vereinbart, so hat – soweit nichts anderes vereinbart ist – der Auftragnehmer gem. § 17 Nr. 7 VOB/B die Sicherheit binnen 18 Werktagen nach Vertragsabschluss zu leisten. Unterlässt er dies, ist der Auftraggeber berechtigt, entsprechend Geld einzubehalten, und zwar bis zur Höhe der vereinbarten Sicherheit.

## 5.18 Streitigkeiten, § 18 VOB/B

§ 18 Nr. 4 VOB/B: „Streitfälle berechtigen den Auftraggeber nicht, die Arbeiten einzustellen."

Auch wenn § 18 Nr. 4 VOB/B nur klar stellende Funktion hat und etwaige Leistungsverweigerungsrechte (etwa bei Zahlungsverzug gem. § 16 Nr. 5 Abs. 5 VOB/B) unberührt lässt, bringt er deutlich zum Ausdruck, dass die VOB/B primär auf einen ungestörten Fortgang des Bauvorhabens abzielt. Die Befriedigung von Vergütungsansprüchen eines Auftragnehmers hat diesen Stellenwert nicht. Die Klarstellung in § 18 Nr. 4 VOB/B korreliert auch mit § 1 Nr. 3/Nr. 4 VOB/B, der die Pflicht des Auftragnehmers regelt, unter bestimmten Voraussetzungen geänderte/zusätzliche Leistungen auszuführen. Diese Verpflichtung gibt es in einem BGB-Werkvertrag nicht.

---

[93] ja: Ingenstau/Korbion/Joussen, VOB/B, § 17 Nr. 6 Rn 170; nein: LG Dresden BauR 1998, 640; Leinemann, VOB/B, § 17 Rn 115; OLG Dresden IBR 2002, 252

[94] LG Berlin BauR 2002, 969

# 6 Grundzüge des deutschen Bauvergaberechts (Vergabeverfahren; Vergabenachprüfungsverfahren)

Rechtsanwalt Peter Götz, Berching

## 6.1 Das Öffentliche (Bau[1]-)Vergaberecht als eigenes Rechtsgebiet

Üblicherweise steht es im deutschen Zivilrecht den an Rechtsgeschäften Beteiligten grundsätzlich frei, Werkverträge oder ähnliche Rechtsgeschäfte nach ihrem Willen auszugestalten (sog. Privatautonomie). Dies bezieht sich sowohl auf die Freiheit zu entscheiden, ob sie einen Vertrag abschließen wollen, als auch auf die Freiheit zu entscheiden, mit wem und zu welchen inhaltlichen Konditionen sie vertragliche Vereinbarungen treffen möchten (von wenigen gesetzlichen Beschränkungen einmal abgesehen). Anders ist die Rechtslage im Falle der Beschaffung von Waren, Bau- und Dienstleistungen durch öffentliche Auftraggeber[2] im Wege öffentlicher Vergabeverfahren[3]. Hier bestehen, wesentlich durch europarechtlichen Einfluss[4] erzwungen, einschneidende Reglementierungen für die als Partei privatrechtlicher Verträge auftretende Öffentliche Hand.

Den Hintergrund hierfür bildet das Bestreben, für alle geeigneten[5] (d. h.: fachkundigen, leistungsfähigen und zuverlässigen) Bewerber sowohl national als auch europaweit eine weitest mögliche Chancengleichheit beim Erhalt öffentlicher Aufträge zu gewährleisten.

Ausfluss dieses Gleichbehandlungsprinzips sowie der europarechtlichen Grundsätze insbesondere von freiem Waren- und Dienstleistungsverkehr, Niederlassungsfreiheit und Diskriminierungsfreiheit sind als Grundprinzipien[6] der Vergabe öffentlicher Aufträge:

- Transparenz des Vergabeverfahrens
- fairer Wettbewerb
- Nichtdiskriminierung
- Zuschlag auf das wirtschaftlichste Angebot zur sparsamen Haushaltsführung

---

[1] zur (im Einzelfall evtl. schwierigen) Abgrenzung von Bau-, Liefer- und Dienstleistungsaufträgen siehe § 99 GWB; vorrangig ist das Vorliegen eines Bauauftrags zu prüfen, nachfolgend eines Liefer-, dann eines Dienstleistungsauftrags, wobei jeweils auf den wirtschaftlichen Schwerpunkt des Auftrags abzustellen ist. Wichtig ist die Abgrenzung insb. wegen der unterschiedlichen Schwellenwerte für die EU-weite Ausschreibung und der unterschiedlichen anwendbaren Verdingungsordnungen VOB/A, VOL/A und VOF.

[2] die Bezeichnungen „Auftraggeber" und „Vergabestelle" werden im Folgenden synonym verwendet!

[3] in der BRD: ca. 8-10 % des BIP entsprechend ca. 250 Mrd. EUR p. a.

[4] in deutsches Vergaberecht wurden insbesondere umgesetzt: Richtlinie 93/37/EWG (Baukoordinierungsrichtlinie, BKR); Richtlinie 93/36/EWG (Lieferkoordinierungsrichtlinie, LKR); Richtlinie 92/50/EWG (Dienstleistungsrichtlinie, DLR); Richtlinie 93/38/EWG (Sektorenrichtlinie, SKR); Richtlinie 89/665/EWG (Rechtsmittelrichtlinie, RML); Richtlinie 92/13/EWG (Sektoren-Rechtsmittelrichtlinie, RMLS)

[5] siehe §§ 2 Nr. 1, 8 Nr. 3, 25 Nr. 2 VOB/A, 97 Abs. 4 GWB

[6] siehe § 97 GWB bzw. § 2 VOB/A; eine Besonderheit des deutschen Vergaberechts ist das in § 97 Abs. 3 GWB enthaltene Gebot der Beachtung mittelständischer Interessen für EU-weite Vergaben

Wichtigste Rechtsvorschriften für die Vergabe öffentlicher Bauaufträge sowie die Überprüfung dieser Vergabe sind heute die jeweils aktuellen Fassungen

- der §§ 97 bis 129 des Gesetzes gegen Wettbewerbsbeschränkungen (GWB)
- der Vergabeverordnung (VgV)
- der Vergabe- und Vertragsordnung für Bauleistungen, Teil A (VOB/A[7])

Behördeninterne Regelungen wie z. B. die Vergabehandbücher (VHB) sind diesen Vorschriften nachrangig und sollen nur eine durchgängige Auslegung der vorgenannten Vergabevorschriften durch die öffentliche Verwaltung sicherstellen.

Während die erwähnten Rechtsvorschriften (GWB, VgV, VOB/A) das öffentliche Vergabeverfahren und dessen evtl. Überprüfung regeln, richten sich die Leistungspflichten der Vertragspartner nach erfolgtem Zuschlag bzw. Vertragsabschluss ausschließlich nach den Bestandteilen des zwischen ihnen vereinbarten Bauvertrages (i. d. R. auch die VOB/B[8]) sowie den darüber hinaus geltenden gesetzlichen Vorschriften, z. B. dem Werkvertragsrecht, §§ 631 ff. des BGB.

Allgemein muss angemerkt werden, dass das Recht der öffentlichen Auftragsvergabe sich mittlerweile zu einem juristischen Spezialgebiet entwickelt hat, in dem viele Einzelfragen und Abgrenzungen nicht ausdrücklich in Rechtsnormen geregelt sind und bis dato auch noch nicht höchstrichterlich verbindlich entschieden wurden; selbst auf der Ebene der (im Vergabenachprüfungsverfahren zweitinstanzlich tätigen) Vergabesenate werden Zweifelsfragen bislang teils noch uneinheitlich beurteilt. Aufgrund dieser Tatsache (sowie der in Vergabenachprüfungsverfahren regelmäßig erheblichen Gegenstandswerte[9]) kann die vorliegende Darstellung der vergaberechtlichen Grundlagen im Regelfall nicht den Gang zu einem vergaberechtlich spezialisierten Rechtsanwalt und dessen einzelfallbezogene Beratung ersetzen.

## 6.2 Die vier Abschnitte der VOB/A und die Weichenstellung des „Schwellenwerts"

Die Praxis zeigt, dass öffentliche Ausschreibungen (bei all den festzustellenden formellen Fehlern) zumindest in der Beurteilung, ob die Vergabestelle zur öffentlichen Ausschreibung verpflichtet ist und welcher Teil der VOB/A anzuwenden ist[10], im Regelfall korrekt sind. Trotzdem kann es auch hier in Grenzfällen zu Meinungsverschiedenheiten darüber kommen, ob der Ausschreibende an die Reglementierungen des formalisierten öffentlichen Vergabeverfahrens überhaupt gebunden ist und, wenn ja, nach welchen Rechtsnormen.

---

[7] aus Gründen der Übersichtlichkeit wird nachfolgend nur auf die Einzelvorschriften der (in der Praxis am häufigsten einschlägigen) Abschnitte 1 und 2 der VOB/A Bezug genommen!

[8] siehe § 10 Nr. 1 Abs. 2 VOB/A, wo die Anwendung der VOB/B und VOB/C zwingend vorgegeben wird!

[9] der für die Anwalts- und Gerichtsgebühren maßgebliche Streitwert beträgt gem. § 12a Gerichtskostengesetz (GKG) 5 % des Auftragswertes (derzeit noch strittig, ob netto oder brutto!), was nicht nur für das Beschwerdeverfahren vor dem Vergabesenat, sondern hinsichtlich der Anwaltsgebühren bereits vor der Vergabekammer gilt (BayObLG, Verg 4/99); die Gebühren der Vergabekammer können sich zwischen 255,65 EUR und 51.129,18 EUR bewegen, sollen jedoch i. d. R. mindestens 2.556,46 EUR und höchstens 25.564,59 EUR betragen und richten sich meist nach einer gestaffelten, auftragswertbemessenen Gebührentabelle der VK Bund (zulässig nach BayObLG, Verg 5/04)

[10] nicht zu verwechseln mit der Frage, welches Vergabeverfahren anzuwenden ist; hierzu unten

Die VOB/A ist als maßgebliche Richtschnur für den Ablauf des Vergabeverfahrens in vier sog. „Abschnitte" eingeteilt, welche jeweils nach voraussichtlichem Auftragswert und Auftraggebereigenschaft zugeordnet sind.

Abschnitt 1, die sog. „Basisparagrafen", gelten für die Vergabe von Bauaufträgen „Öffentlicher Auftraggeber" unterhalb des maßgeblichen „Schwellenwerts" der VgV[11], auf den im nächsten Absatz noch einzugehen sein wird. Um nicht auch Kleinstaufträge gemäß VOB/A, 1. Abschnitt, formell ausschreiben zu müssen, sehen die für diesen Bereich maßgeblichen haushaltsrechtlichen Vorschriften eigene Schwellenwerte vor, die für Bauaufträge i. d. R. bei etwa 25.000 EUR liegen. In diesem Bereich kleiner und mittlerer Vergabesummen entscheiden die öffentlichen Auftraggeber daher weitgehend autonom über die Gestaltung ihrer Vergabeverfahren[12].

Erst das Überschreiten des EU-Schwellenwerts eröffnet die Anwendung sowohl der Abschnitte 2–4 der VOB/A als auch des formellen Vergabe- und Vergabeüberprüfungsverfahrens der VgV und des GWB und verpflichtet zu EU-weiter Ausschreibung[13]. Dieser Schwellenwert beträgt für Bauaufträge 5 Mio. EUR, wobei im Falle losweiser Aufteilung einer über 5 Mio. EUR liegenden Gesamtmaßnahme eine Einzellossumme von jeweils 1 Mio. EUR genügt[14]. Darüber hinaus müssen von einer solchen, 5 Mio. EUR überschreitenden Gesamtmaßnahme, auch bei unter 1 Mio. EUR liegenden Teillosen, insgesamt mindestens 80 % der Gesamtauftragssumme öffentlich ausgeschrieben werden[15]. Ausschlaggebend ist jeweils die bei Absendung der Vergabebekanntmachung geschätzte Nettogesamtauftragssumme[16].

Oberhalb des EU-Schwellenwerts regelt das GWB[17], wer als „Öffentlicher Auftraggeber" zu qualifizieren und damit zur Anwendung zwingender vergaberechtlicher Vorschriften verpflichtet ist. Die VgV[18] ordnet weiterführend an, welcher dieser öffentlichen Auftraggeber zur Anwendung welcher Abschnitte der VOB/A verpflichtet ist – ein Geflecht aus Definitionen und Zuordnungen, das sich dem juristischen Laien aus dem Gesetzes- bzw. Verordnungstext unmittelbar heraus kaum erschließen dürfte:

[11] gemäß §§ 2ff. VgV i. V. m. § 100 Abs. 1 GWB sowie § 1a Nr. 1 Abs. 1 VOB/A; d. h.: Auftraggeber, die (weil unterhalb des Schwellenwerts und damit außerhalb des Anwendungsbereichs des GWB) durch öffentliches Haushaltsrecht, z. B. HGrG, BHO, LHO oder GemHVO sowie Zuwendungsauflagen bei staatlicher Mitfinanzierung zur Anwendung der VOB/A, 1. Abschnitt, verpflichtet sind

[12] es gelten zwar auch hier die Bestimmungen bzw. Beschränkungen des EG-Vertrages, was jedoch in der Verwaltungspraxis von eher geringer praktischer Relevanz sein dürfte

[13] umstritten ist, ob dies verfassungsgemäß im Hinblick auf den Gleichbehandlungsgrundsatz ist: diese Streitfrage liegt derzeit dem BVerfG im Rahmen einer Verfassungsbeschwerde (BVerfG, 1 BvR 1160/03) zur Entscheidung vor

[14] § 2 Nr. 7 VgV; nur dann keine Zusammenrechnung von Losen, wenn kein technischer und praktischer Zusammenhang der Teillose besteht (OLG Brandenburg, Verg W 4/02); Bedarfspositionen und Optionen sind einzurechnen (OLG Stuttgart, 2 Verg 3/01; BayObLG, Verg 8/02)

[15] was nach BayObLG, Verg 5/01, nicht erfordert, bereits die ersten 80 % der Auftragssumme entsprechend auszuschreiben, vielmehr müsse die Quote erst mit Abschluss der Baumaßnahme erreicht werden

[16] §§ 1, 3 Abs. 1, 10 VgV

[17] § 98 GWB

[18] § 6 f. VgV

## 6.3 Die Begriffe „Öffentliche Auftraggeber" und „Sektorenauftraggeber" im deutschen Vergaberecht

Grundsätzlich teilt oberhalb des Schwellenwerts das Vergaberecht die zur EU-weiten Ausschreibung im formalisierten Vergabeverfahren verpflichteten Auftraggeber in „Öffentliche Auftraggeber" sowie in (kraft ihrer Markttätigkeit in besonderen Marktsektoren) sog. „Sektorenauftraggeber" ein. Letztere können ausdrücklich auch Unternehmen der Privatwirtschaft sein.

Die Rechtfertigung für die Auferlegung besonderer Ausschreibungs- und Vergabeverfahrenspflichten besteht beim öffentlichen Auftraggeber in dem Ziel, bei der Vergabe öffentlicher Mittel möglichst eine Chancengleichheit (national und EU-weit) für die Nachfrageseite herzustellen. Bei den Sektorenauftraggebern wird als Grund beherrschender staatlicher Einfluss (z. B. im Bereich der staatsnahen Daseinsvorsorge) oder aber die Tätigkeit aufgrund besonderer, oft (derzeit noch) monopolartiger staatlicher Lizenzen gesehen.

Um die Vermeidung einer (ungeliebten, weil aufwändigen) öffentlichen Ausschreibung durch eine Flucht des Auftraggebers in privatrechtliche Organisationsformen (z. B. GmbH mit der öffentlichen Hand als Mehrheitsgesellschafter o. ä.) zu unterbinden, wählt das GWB den sog. „funktionellen Auftraggeberbegriff", d. h. es entscheidet nicht nach der äußeren Organisationsform des Auftraggebers, sondern nach der dahinter stehenden Funktion von Auftraggeber und vergebener Maßnahme. Soweit es den Kreis „Öffentlicher Auftraggeber" definiert, fallen darunter insbesondere[19]

- öffentliche Gebietskörperschaften[20] und deren öffentliche Sondervermögen[21]
- juristische Personen des öffentlichen[22] und privaten Rechts, wenn sie öffentlich (also z. B. von öffentlichen Gebietskörperschaften oder deren Verbänden) gebildet, finanziert oder überwiegend gesteuert bzw. beaufsichtigt werden und im Allgemeininteresse liegende, nicht-gewerbliche Aufgaben wahrnehmen[23]
- Verbände, deren Mitglieder unter die vorgenannten Punkte fallen[24]
- Personen oder Unternehmen, die für bestimmte, im öffentlichen Interesse liegende Maßnahmen[25] von der öffentlichen Hand mit mindestens 50 % der Mittel bezuschusst werden[26]
- Personen oder Unternehmen, die mit der öffentlichen Hand einen Vertrag über eine Baukonzession abgeschlossen haben[27]

Im Einzelfall ist die Abgrenzung bzw. Zuordnung zur Eigenschaft als „Öffentlicher Auftraggeber" oft schwierig und der Überprüfung bzw. Festlegung durch die Instanzen der Vergabenachprüfung unterworfen[28].

---

[19] detaillierte, wenn auch nicht abschließende Aufzählung in Anhang I zu Art. 1 lit. B der BKR

[20] z. B. Bund, Länder, Bezirke, Landkreise, Städte, Gemeinden

[21] (siehe § 98 Nr. 1 GWB)

[22] z. B. als Körperschaften, Anstalten und Stiftungen des öffentlichen Rechts organisierte Rechtspersonen

[23] (siehe § 98 Nr. 2 GWB)

[24] z. B. Zweckverbände; (siehe § 98 Nr. 3 GWB)

[25] bei Tiefbaumaßnahmen, im Bereich von Sport- oder Freizeiteinrichtungen, im Schul- und Hochschulbau, bei Verwaltungsgebäuden

[26] (siehe § 98 Nr. 5 GWB)

[27] (siehe § 98 Nr. 6 GWB)

Auch bestimmte private Auftraggeber sind bei Überschreitung des EU-Schwellenwerts zur Anwendung des öffentlichen Bauvergaberechts verpflichtet[29], wenn sie Bauinvestitionen in den Sektoren

- der Trinkwasserversorgung
- der Elektrizitätsversorgung
- der Gasversorgung
- der Fernwärmeversorgung
- der Verkehrsversorgung[30]

vornehmen. Sie zählen dann zu den sog. „Sektorenauftraggebern", die zur Beachtung der vergaberechtlichen Regelungen des Abschnitts 4 der VOB/A verpflichtet sind.

## 6.4 Die spezifischen Anwendungsbereiche der 4 Abschnitte der VOB/A

Die VOB/A zerfällt in 4 Abschnitte,

- Abschnitt 1, sog. „Basisparagrafen" (ohne den Zusatz „a", „b" oder „SKR")
- Abschnitt 2, sog. „a-Paragrafen"
- Abschnitt 3, sog. „b-Paragrafen"
- Abschnitt 4, sog. „SKR-Paragrafen",

wobei die Abschnitte, je nach Auftraggeber, teils isoliert, teils in Kombination mit einem anderen Abschnitt anzuwenden sind. Konkret kann als Grundsatz festgehalten werden:

- öffentliche Auftraggeber ohne Sektorentätigkeit haben unterhalb des EU-Schwellenwerts ausschließlich den 1. Abschnitt der VOB/A (Basisparagrafen) anzuwenden
- öffentliche Auftraggeber ohne Sektorentätigkeit haben oberhalb des EU-Schwellenwerts den 1. Abschnitt der VOB/A (Basisparagrafen) und zusätzlich den 2. Abschnitt der VOB/A (a-Paragrafen) anzuwenden
- öffentliche Auftraggeber mit Sektorentätigkeit in den Bereichen Trinkwasserversorgung und Verkehrsversorgung (ohne Luftverkehr) haben oberhalb des EU-Schwellenwerts den 1. Abschnitt der VOB/A (Basisparagrafen) und zusätzlich den 3. Abschnitt der VOB/A (b-Paragrafen) anzuwenden
- öffentliche Auftraggeber mit Sektorentätigkeit in den Bereichen Elektrizitäts-, Gas-, Fernwärmeversorgung und Luftverkehr haben oberhalb des EU-Schwellenwerts den 4. Abschnitt der VOB/A (SKR-Paragrafen) anzuwenden; derzeit noch offen ist, ob zusätzlich der 1. Abschnitt der VOB/A (Basisparagrafen) anwendbar ist

[28] z. B.: VK Bund, VK 2-126/03: Deutsche Bahn Netz AG ist öff. AG; BayObLG, Verg 23/03: Bayerisches Rotes Kreuz ist kein öff. AG; VK Münster, VK 03/02: WestLB ist öff. AG; VK Bund, VK 1-23/01: bei Krankenkasse spricht widerlegbare Vermutung für die Eigenschaft als öff. AG (dagegen BayObLG, Verg 6/04: AOK Bayern ist keine Öffentliche Auftraggeberin); VK Bund, VK 1-151/03: Deutsche Bahn AG ist Sektorenauftraggeber nach § 98 Nr. 4 GWB;

[29] §§ 7-9 VgV i. V. m. § 98 GWB

[30] Luftverkehr, See- oder Binnenschifffahrt, Schienen-, Bus oder Seilbahnverkehr

- private Auftraggeber mit Sektorentätigkeit haben oberhalb des EU-Schwellenwerts ausschließlich den 4. Abschnitt der VOB/A (SKR-Paragrafen) anzuwenden[31]

Einschränkend ist anzufügen, dass bestimmte Vergaben[32] insbesondere im Rahmen internationaler Verträge, Truppenstatute und internationaler Organisationen von der Verpflichtung zur Anwendung des öffentlichen Vergaberechts ausgenommen sind.

## 6.5 Aufbau der VOB/A und Wahl des anzuwendenden Vergabeverfahrens

Die VOB/A ist in ihrem Aufbau so gegliedert, dass sie in logischer Reihenfolge mit ihren Paragrafen den Gang des Vergabeverfahrens im Wesentlichen nachvollzieht. Sie beginnt in § 1 VOB/A mit der Definition, was überhaupt unter einer Bauleistung zu verstehen ist. Zum Schluss, im (vorletzten) § 31 VOB/A[33] wird die Nennung der zuständigen Nachprüfungsinstanzen für den Fall einer Anfechtung der ergangenen Vergabeentscheidung geregelt.

Im Gegensatz zu den für den juristischen Laien oft sprachlich systematisch schwer zu verstehenden Regelungen von GWB und VgV ist die VOB/A relativ verständlich abgefasst, weshalb ein gelegentlicher Blick in den Verordnungstext der VOB/A bei entsprechenden, unten enthaltenem Fußnotenverweisen durchaus zu empfehlen ist.

Zusammengefasst ist der VOB/A folgender Vergabeverfahrensablauf mitsamt den darin vorzunehmenden Entscheidungsschritten zu entnehmen[34]:

Die VOB/A bietet für die Vergabe von Bauleistungen folgende grundlegenden Vergabearten, die in 1. und 2. Abschnitt in der Bezeichnung abweichend, vom Grundgedanken jedoch analog und in ihrem Verfahrensablauf ähnlich sind:

- „Öffentliche Ausschreibung" (1. Abschnitt) entsprechend dem „Offenen Verfahren" (2. Abschnitt)
- „Beschränkte Ausschreibung" (1. Abschnitt) entsprechend dem „Nichtoffenen Verfahren" (2. Abschnitt)
- „Freihändige Vergabe" (1. Abschnitt) entsprechend dem „Verhandlungsverfahren" (2. Abschnitt)

Die dem freien Bieterwettbewerb am weitesten entsprechende „Öffentliche Ausschreibung" hat zwingend den Regelfall darzustellen, weshalb der Vergabestelle die Anwendung eines anderen Verfahrens bei Anwendung des 1. Abschnittes der VOB/A nur in Ausnahmefällen[35] gestattet ist; gleiches gilt für den 2. Abschnitt[36]. Die Vergabestelle ist bei öffentlicher Ausschreibung bzw. offenem Verfahren gehalten, zur Ermöglichung eines möglichst breiten

---

[31] mit der Konsequenz, auch das begehrte „Verhandlungsverfahren" (s. u.) als Regelvergabeverfahren anwenden zu können, § 3 SKR Nr. 1 VOB/A

[32] siehe § 100 Abs. 2 GWB

[33] der abschließende § 32 VOB/A enthält eine Definition der Baukonzession und eine Sonderregelung über die analoge Anwendung der VOB/A-Vorschriften auf solche Baukonzessionen

[34] aus Gründen der Übersichtlichkeit wird nur auf die Paragrafen der (am häufigsten anzuwendenden) Abschnitte 1 und 2 der VOB/A Bezug genommen!

[35] siehe § 3 Nr. 2-4 VOB/A

[36] siehe § 3a Nr. 2-5 VOB/A

Wettbewerbs die Vergabeunterlagen an alle interessierten Bieter, die sich auf die Vergabebekanntmachung hin gemeldet haben, abzugeben[37].

Nur unter bestimmten Ausnahmen ist es nach Abschnitt 1 der VOB/A zulässig, im Rahmen einer beschränkten Ausschreibung (mit[38] oder ohne[39] vorgeschaltetem öffentlichen Teilnahmewettbewerb[40], in welchem die geeigneten Bieter[41] bereits vor Versendung der Angebotsunterlagen geprüft werden) eine Vergabe durchzuführen. Die Voraussetzungen des nichtoffenen Verfahrens nach Abschnitt 2 der VOB/A sind die gleichen wie bei der beschränkten Ausschreibung mit öffentlichem Teilnahmewettbewerb, darüber hinaus kann es nach Aufhebung eines offenen Verfahrens Anwendung finden[42].

Die freihändige Vergabe nach Abschnitt 1 der VOB/A ist nur unter eng begrenzten Ausnahmevoraussetzungen zulässig[43]. Das Verhandlungsverfahren nach Abschnitt 2 der VOB/A ist nur unter den dort normierten Voraussetzungen entweder ohne öffentlichen Teilnahmewettbewerb[44] oder nach öffentlichem Teilnahmewettbewerb[45] zulässig.

In § 8 Nr. 2 des 1. Abschnitts und § 8a des 2. Abschnitts der VOB/A sind zusätzliche Regelungen darüber enthalten, an (mindestens) wie viele Bieter die Vergabeunterlagen für welche Verfahrensart abzugeben sind, um einen ordnungsgemäßen Wettbewerb zu ermöglichen. In diesem Zusammenhang muss auch § 4 Nr. 2 und 3 VOB/A erwähnt werden, der die Vergabe in Losen und Fachlosen als anzustrebenden Regelfall vorsieht.

Soweit im Ausnahmefall zulässige Vergabearten an einen erfolglosen Ausgang eines vorrangig zu betreibenden (z. B. offenen) Verfahrens geknüpft werden, ist dies selbstverständlich nur zulässig, wenn das Fehlschlagen dieses Verfahrens nicht von der Vergabestelle zu vertreten ist[46] (da sie sich sonst die Ausnahmevoraussetzungen selbst schaffen könnte). Der Rechtfertigungsgrund zu großen Aufwandes für die Durchführung einer öffentlichen Ausschreibung bzw. eines offenen Verfahrens muss äußerst restriktiv gehandhabt werden, da die Vergabestellen sonst evtl. versucht wären, das vom Gesetz- und Verordnungsgeber ausdrücklich vorgeschriebene Regel-/Ausnahmeverhältnis umzukehren und vom (wegen des damit verbundenen Aufwands oft ungeliebten) Grundsatz eines breiten Wettbewerbs loszukommen.

Die Praxis zeigt, dass bei der Wahl des Vergabeverfahrens mancherorts wettbewerblich eingeschränkte Vergabearten ohne ausreichenden Rechtfertigungsgrund oder zumindest ohne

---

[37] siehe § 3 Nr. 1 Abs. 1 bzw. § 3a Nr. 1a VOB/A

[38] gemäß § 3 Nr. 3 Abs. 2 VOB/A, falls die Leistungsausführung nur von einem beschränkten Bieterkreis ausgeführt werden kann oder die Angebotsbearbeitung außergewöhnlich aufwändig ist

[39] gemäß § 3 Nr. 3 Abs. 1 VOB/A, falls eine Öffentliche Ausschreibung kein annehmbares Ergebnis gebracht hat oder einen unverhältnismäßigen Aufwand erfordern würde sowie wegen besonderer Dringlichkeit oder Geheimhaltungsbedürftigkeit

[40] umstritten ist hierzu, ob sich Bieter nach erfolgreicher Qualifikation im Teilnahmewettbewerb noch zu einer Bietergemeinschaft zusammenfinden dürfen; die wohl überwiegende Meinung sieht dies wegen Wettbewerbsbeeinträchtigung als unzulässig an

[41] sog.: „Blankettträger"

[42] siehe § 3a Nr. 3 VOB/A

[43] siehe § 3 Nr. 4 VOB/A: falls aus patentrechtlichen Gründen oder wegen überlegenen technischen Know-hows nur ein Bieter in Frage kommt, die Leistung nicht eindeutig beschrieben werden kann, aus Praktikabilitätsgründen bei untergeordneten Anschlussleistungen an frühere Aufträge, wegen besonderer Dringlichkeit, nach vorangegangener Aufhebung des Verfahrens oder wegen besonderer Geheimhaltungsbedürftigkeit

[44] siehe hierzu den umfangreichen Katalog des § 3a Nr. 5 VOB/A

[45] zu den konkreten Ausnahmevoraussetzungen siehe § 3a Nr. 4 VOB/A

[46] z. B. Finanzierungsprobleme stellen hier i. d. R. keinen Grund dar, da die Vergabestelle die Finanzierung bereits vor Ausschreibung hätte klären können und müssen

stichhaltige Begründung (z. B. nur unter Angabe von abstrakten, formelhaften Begründungen) zum Zuge kommen[47]; andererseits wird dies durch die in diesem Punkt meist strenge Vergaberechtsprechung nicht selten rückgängig gemacht, falls sich ein Bieter einmal zum Nachprüfungsantrag durchringt – eine falsche Verfahrenswahl stellt im Nachprüfungsfall meist einen zwingenden Aufhebungsgrund dar.

## 6.6 Die möglichen Arten von Leistungsbeschreibungen nach VOB/A sowie die Anforderungen an die Verdingungsunterlagen, insbesondere an eine ordnungsgemäße Leistungsbeschreibung (§§ 9–15 VOB/A)

§ 9 der VOB/A regelt, welchen Anforderungen die Leistungsbeschreibung, mit der die für die Vergütung zu erbringende Gegenleistung definiert wird, zu genügen hat. Die Baupraxis zeigt, dass die Abfassung und spätere Auslegung der Leistungsbeschreibung von zentraler Bedeutung für eine (einvernehmliche oder konfliktträchtige) Abwicklung und Abrechnung des Bauvorhabens ist: Grund hierfür ist die Tatsache, dass ein Schwerpunkt streitiger Diskussionen zwischen Auftraggeber und Auftragnehmer die Frage darstellt, ob bestimmte Leistungsteile von der (vom Auftragnehmer vor Angebotsabgabe kalkulierten und dann vertraglich vereinbarten) Vergütung bereits mit abgegolten sind oder nicht.

Die VOB/A sieht zwei Grundformen möglicher Leistungsbeschreibungen vor:

- die Leistungsbeschreibung mit Leistungsverzeichnis[48]
- die Leistungsbeschreibung mit Leistungsprogramm[49], auch als „funktionale Leistungsbeschreibung" bezeichnet

(Die Frage nach den Arten der Leistungsbeschreibung ist nicht zu verwechseln mit den möglichen Vergütungsformen, die in § 5 VOB/A geregelt sind! Die baupraktisch wichtigsten – und im Rahmen öffentlicher Ausschreibungen erfahrungsgemäß einzig relevanten – Vergütungsformen sind dort der Einheitspreisvertrag[50] und der Pauschalvertrag[51].

Den Vorschriften über die spezifischen 2 Grundtypen der Leistungsbeschreibung sind in § 9 VOB/A allgemeine Vorgaben dazu vorangestellt, welchen Anforderungen jede Leistungsbeschreibung zu genügen hat, um dem Bieter eine sichere Kalkulation und damit ein angemessenes Verhältnis von (Werk-)Leistung und Vergütung zu ermöglichen.

---

[47] insbesondere die von vielen Vergabestellen gern gesehenen Freihändigen Vergaben oder Verhandlungsverfahren sind angesichts der eigentlich strengen Ausnahmevoraussetzungen oft überrepräsentiert

[48] § 9 Nr. 6–9 VOB/A

[49] § 9 Nr. 10–12 VOB/A

[50] § 5 Nr. 1a VOB/A

[51] § 5 Nr. 1b VOB/A; beim Pauschalvertrag ist zu beachten, dass dieser grundsätzlich nichts über den Umfang der zu erbringenden Leistung aussagt, sondern lediglich die Übernahme des Massenrisikos bei Verzicht auf Abrechnung der Massen (für die gleich bleibende, vertraglich definierte Leistung!) bedeutet. Anders kann dies bei „Globalpauschalen" mit (teils) funktionalen Leistungszielen sein, die aber beim öffentlichen Auftraggeber oft der Voraussetzung der VOB/A für einen Pauschalpreis (einer „nach Ausführungsart und Umfang genau bestimmten Leistung") widersprechen und damit VOB/A-widrig sein werden!

Die zentralen Punkte dieser allgemeinen Voraussetzungen einer jeden VOB/A-gerechten Leistungsbeschreibung[52] sind:

- eindeutige und erschöpfende Beschreibung der Bauleistung, die für jeden Bieter im gleichen Sinne zu verstehen sein muss
- die Leistung muss sicher und ohne umfangreiche Vorarbeiten kalkulierbar sein
- Eventualpositionen dürfen nur in begründeten Ausnahmefällen enthalten sein[53]
- angehängte Stundenlohnarbeiten sind nur im unbedingt erforderlichen Umfang und bei Unmöglichkeit einer „leistungsbezogenen" Beschreibung zulässig
- es darf dem Bieter kein ungewöhnliches Wagnis für Umstände, die er nicht preislich oder terminlich beurteilen und beeinflussen kann, aufgebürdet werden[54]
- alle preisrelevanten Umstände von Baustelle (insb. Boden- und Wasserverhältnisse) und geplantem Bauvorhaben sind vorab von der Vergabestelle abzuklären und in den Verdingungsunterlagen im Einzelnen anzugeben
- die (sehr detaillierten, gewerksspezifischen!) „Hinweise für das Aufstellen der Leistungsbeschreibung" in der VOB/C (DIN 18 299 ff., dort jeweils die 0-Abschnitte) sind beim Aufstellen und Abfassen der Leistungsbeschreibung zu beachten
- bestimmte Erzeugnisse, Verfahren, Marken, Bezugsquellen, Ursprungsorte etc. dürfen nur ausnahmsweise (falls für die geforderte Leistung zwingend erforderlich[55]) vorgegeben werden, und auch dann nur mit dem Vorbehalt „oder gleichwertiger Art"
- bei der Beschreibung sind verkehrsübliche Bezeichnungen und bei EU-weiten Ausschreibungen, soweit möglich, EU-weit festgelegte technische Spezifikationen[56] zu verwenden

Wählt die Vergabestelle die „Leistungsbeschreibung mit Leistungsverzeichnis" als von der VOB/A vorgesehenen Regeltyp, so hat sie hierbei, zusätzlich zum vorstehend Gesagten, insbesondere

- die Leistungsbeschreibung i. d. R. in eine vorangehende, allgemeine Beschreibung von Bauumständen sowie Bauaufgabe (Baubeschreibung) und ein in Teilleistungen[57] aufgegliedertes Leistungsverzeichnis (LV) aufzubauen
- dieses LV so aufzugliedern, dass innerhalb jeweils einer Position nur solche Leistungen aufgenommen werden, die nach ihrer technischen Beschaffenheit und hinsichtlich einer

---

[52] § 9 Nr. 1-5 VOB/A

[53] und daher ausdrücklich nicht mit dem Ziel, eine unzureichende Vorermittlung und Planung der Vergabestelle „aufzufangen" (VK Bund, VKA-1/99)

[54] beispielsweise für nicht bereits vorab von der Vergabestelle geklärte Einflüsse aus Baugrund einschließlich unsicherer Grundwasserverhältnisse, Nachbareinsprüche, extreme Witterungseinflüsse, vorhandene Altbausubstanz etc.

[55] z. B. bei besonderen Schnittstellenrisiken (OLG Frankfurt/Main, 11 Verg 9/03), architektonisch wichtiger Übereinstimmung mit bereits vorhandenen Gebäudeteilen oder wegen des Aufwands an Ersatzteilhaltung, Schulung und Wartung (OLG Saarbrücken, 1 Verg 2/03)

[56] siehe hierzu auch § 14 VgV zur Verwendung des „Common Procurement Vocabulary" (CPV)

[57] üblich sind hier sog. „Grundpositionen" (mit deren Ausführung sicher zu rechnen ist), „Zuschlagpositionen" (die jeweils auf Grundpositionen aufbauen und bei Anwendbarkeit zusätzlich zur Grundposition vergütet werden), Wahl- bzw. Alternativpositionen (bei denen jeweils nur eine der zu bepreisenden Alternativen zur Ausführung kommt) und Bedarfs- bzw. Eventualpositionen (deren Ausführung noch nicht feststeht)

Preisbildung als gleichartig anzusehen sind[58] (und die daher nicht eine unkalkulierbare Mischposition verschiedenster Leistungsbestandteile darstellen)

Als Ausnahmefall[59] kann die Vergabestelle die „Leistungsbeschreibung mit Leistungsprogramm" (funktionale Leistungsbeschreibung) wählen, falls sie (aus Gründen der technischen, wirtschaftlichen und gestalterischen Optimierung) zur Bauausführung hinzu auch den Bauentwurf dem Wettbewerbsverfahren unterstellen will. Dies zieht zwangsläufig eine zumindest teilweise Verlagerung von eigentlich der Vergabestelle zufallender[60] Planungsverantwortung auf den Bieter nach sich. Diese teilweise Übertragung von Planungsverantwortung (mit den damit verbundenen Risiken, aber durchaus auch Chancen!) entbindet die Vergabestelle jedoch nicht von der Verpflichtung

- die Bauaufgabe als funktionales Leistungsziel so zu beschreiben, dass sowohl der letztendliche Zweck des Bauwerks als auch die zugrundegelegten technischen, wirtschaftlichen, gestalterischen und funktionsbedingten Anforderungen an das Bauwerk eindeutig festgelegt sind
- weiterhin die ihr originär zufallenden Risiken[61], soweit diese nicht durch den spezifischen Entwurf des Bieters bedingt sind, zu tragen
- dem Bieter einen gewissen, im Rahmen der funktionalen Beschreibung zwangsläufigen Planungsspielraum[62] (und die sich hieraus ergebenden Chancen) nicht ohne zwingenden Grund einzuschränken

Im Zusammenhang mit den Anforderungen des § 9 VOB/A an eine ordnungsgemäße Leistungsbeschreibung regeln die §§ 10-15 VOB/A die Anforderungen an die Gesamtheit der Verdingungsunterlagen. Dies betrifft die inhaltlichen Bestandteile der Verdingungsunterlagen, welche sich grundsätzlich aus der Leistungsbeschreibung und den Vertragsbedingungen zusammensetzen.

Die Bestandteile der grundlegenden Verdingungsunterlagen nach VOB/A korrespondieren mit der Regelung des § 1 Nr. 2 VOB/B, wo in der Rangfolge ihrer Aufzählung genannt sind:

- Leistungsbeschreibung
- Besondere Vertragsbedingungen
- Zusätzliche Vertragsbedingungen
- Zusätzliche Technische Vertragsbedingungen
- Allgemeine Technische Vertragsbedingungen für Bauleistungen (VOB/C)
- Allgemeine Vertragsbedingungen für die Ausführung von Bauleistungen (VOB/B)

Wichtig ist insbesondere, dass in § 10 Nr. 1 Abs. 2 VOB/A die VOB/B und VOB/C als Bestandteile der Verdingungsunterlagen verbindlich vorgeschrieben sind. Dabei darf die VOB/B gemäß § 10 Nr. 2 VOB/A in Zusätzlichen Vertragsbedingungen nur ergänzt, jedoch nicht

---

[58] eine Anforderung, der selbstverständlich die in der Praxis oft ausufernden „Rundum-sorglos"-Positionen, welche sich manchmal über eine Seite hinziehen und in denen permanent die Formulierung „einzurechnen" auftaucht, nicht gerecht werden

[59] da wegen der naturgemäß eingeschränkten Vergleichbarkeit der Leistung wettbewerblich nicht unproblematisch!

[60] siehe § 3 Nr. 1 VOB/B

[61] z. B. Baugrundrisiko oder Risiko der grundsätzlichen (etwa: bauplanungsrechtlichen) Genehmigungsfähigkeit

[62] rechtlich gesehen: das dem Bieter (solange er sich im Rahmen der funktionalen Vorgaben bewegt) zustehende, einseitige Leistungsbestimmungsrecht nach § 315 BGB

verändert werden. Der VOB/B entgegenstehende Regelungen in Besonderen (d. h.: für den individuellen Einzelfall konzipierten) Vertragsbedingungen sind nur für durch die konkrete Bauleistung zwingend erforderliche Ausnahmefällen zulässig[63].

Auch die VOB/C darf nur in Fällen, in denen dies die Eigenart der Bauleistung zwingend verlangt, in der Leistungsbeschreibung abweichend geändert und ansonsten nur in Zusätzlichen Technischen Vertragsbedingungen inhaltlich ergänzt werden.

Hieran anschließend ist geregelt, welche Punkte in den besonderen Vertragsbedingungen[64] sowie im Anschreiben[65] zu den Verdingungsunterlagen enthalten und geregelt sein sollen. Die katalogartige Aufzählung enthält auch Weiterverweisungen zu Regelungen in VOB/A und VOB/B, in denen weiterführende Festlegungen zu den Einzelpunkten zu finden sind. Bei EU-weiten Ausschreibungen sind darüber hinaus die Wertungskriterien der Vergabestelle abschließend[66] anzugeben.

Die insbesondere auf § 10 Nr. 4 VOB/A[67] gründende Gepflogenheit der Vergabestelle (oft auch aus politischen Lenkungsgründen heraus) ausufernd detaillierte Angaben zu verlangen oder sehr weitgehende Verpflichtungserklärungen abzufordern, wurde bislang einer nennenswerten Überprüfung auf Zulässigkeit kaum unterzogen, obwohl z. B. die bindende Festlegung auf konkrete Nachunternehmerfirmen bereits im Angebot durch die Kürze der Zeit einen geordneten Weitervergabewettbewerb oft unmöglich macht[68]. Ein weiteres Beispiel wäre die vertragsstrafenbewehrte Haftung für eventuelle Gesetzesverstöße rechtlich völlig eigenständiger Nachunternehmerbetriebe. Sog. „Tariftreueerklärungen" sind verfassungsrechtlich und insbesondere EU-rechtlich zumindest stark umstritten. Allgemein muss hier gelten, dass die Vergabestelle nur solche Erklärungen abfordern darf, an deren Erhalt sie ein berechtigtes und für die Projektausführung relevantes Interesse haben kann[69]

Anstatt im Wege der Rüge eines Vergabeverstoßes und eines anschließenden Vergabeüberprüfungsverfahrens klären zu lassen, ob die entsprechenden Erklärungen überhaupt zulässiger Bestandteil der Vergabeunterlagen waren, erfüllen die Bieter die an sie gestellten Anforderungen gar nicht oder unvollkommen und versuchen dann, gegen den hieraus resultierenden Ausschluss vom Wettbewerb vorzugehen. Dies kann jedoch nach der sehr formstrengen Entscheidungspraxis[70] nicht gut gehen: es sei daher jedem Bieter angeraten, gegen (seiner Meinung nach) unzulässige Erklärungen entweder unverzüglich im Ausschreibungsstadium vorzugehen oder diese nach unterbliebener Rüge, sei es auch trotz vorheriger Bedenken, äußerst sorgfältig und vollständig auszufüllen!

[63] Ausnahmen, die in der Praxis fast nie vorliegen dürften und im Fall einer Vergabeüberprüfung von der Vergabestelle zu beweisen wären; unzulässigerweise schlechtere Vertragsbedingungen werden eine Aufhebung der Ausschreibung wegen Verletzung bieterschützender Vorschriften rechtfertigen

[64] hierzu § 10 Nr. 4 VOB/A

[65] hierzu § 10 Nr. 5 VOB/A

[66] d. h.: eine Berücksichtigung in den Verdingungsunterlagen nicht genannter, über den Angebotspreis hinausgehender Kriterien bei der Angebotswertung macht die Vergabe rechtswidrig! Die letztendliche, genaue Gewichtung der Wertungskriterien muss jedoch in der Ausschreibung nicht mitgeteilt werden (OLG Dresden, WVerg 1/04)

[67] teilweise aber auch landesrechtliche Vergabegesetze

[68] und: § 10 Nr. 4 Abs. 1c) und Nr. 5 Abs. 3 VOB/A nur von der Benennung der zur Weitervergabe vorgesehenen Leistungsbereiche spricht

[69] VK Brandenburg, VK 35/93; nach OLG Koblenz, 1 Verg 1/04, OLG Koblenz 1 Verg 2/04 soll eine Nachunternehmererklärung zumindest AGB-rechtlich zulässig sein- zu EU-rechtlichen Bedenken siehe unten unter Fußnote 139

[70] z. B. BGH, X ZB 43/02; BGH, ZR 50/01

In § 10 Nr. 5 Abs. 4 VOB/A ist die Verpflichtung der Vergabestelle geregelt, mitzuteilen, ob Änderungsvorschläge bzw. Nebenangebote[71] gewünscht oder nicht zugelassen sind und ob ggf. Nebenangebote nur bei Abgabe eines Hauptangebots zugelassen werden. Hierzu sollte die Vergabestelle berücksichtigen, dass Nebenangebote nur dann gewertet werden dürfen, wenn für sie in der Ausschreibung Mindestanforderungen festgesetzt wurden[72].

Gemäß § 11 VOB/A haben die vom Ausschreibenden vorgegebenen Ausführungsfristen ausreichend zu sein und hierbei Jahreszeit, Ausführungsbedingungen und besondere Schwierigkeiten der Ausführung zu berücksichtigen[73]. Einzelfristen als verbindliche Vertragsfristen sollen nur ausbedungen werden, soweit dies ein erhebliches Interesse des Auftraggebers wie z. B. der störungsfreie Gesamtablauf einer Maßnahme mit mehreren Unternehmern erfordert[74]. Soweit die Einhaltung von Fristen von der Übergabe erforderlicher Unterlagen oder Pläne abhängig ist, ist auch hierfür eine Frist festzusetzen[75].

Vertragsstrafen dürfen gemäß § 12 VOB/A nur festgesetzt werden, wenn Fristüberschreitungen erhebliche Nachteile beim Auftraggeber verursachen können[76], umgekehrt sollen Beschleunigungsprämien nur vertraglich gewährt werden, wenn eine vorfällige Fertigstellung erhebliche Vorteile für den Auftraggeber mit sich brächte.

Von den Regel-Verjährungsfristen der VOB/B[77] soll gemäß § 13 VOB/A in den Vertragsbedingungen nur abgewichen werden, wenn dies ausnahmsweise durch die Eigenart der Leistung bedingt ist.

§ 14 VOB/A enthält restriktive Vorgaben für das Verlangen nach Vertragserfüllungs- und Gewährleistungssicherheiten: von diesen soll abgesehen werden, wenn Mängel voraussichtlich nicht eintreten oder der Auftragnehmer (der jedoch bei Abfassung der Verdingungsunterlagen oft nicht bekannt sein wird[78]) Gewähr für eine vertragsgemäße Ausführung und Mängelbeseitigung bietet[79]. Erfüllungssicherheiten sollen 5 %, Gewährleistungssicherheiten 3 % der Auftragssumme nicht überschreiten.

In § 15 VOB/A ist die Möglichkeit vorgesehen, bei zu erwartenden unkalkulierbaren Lohntarif- oder Materialpreisschwankungen[80] in den Verdingungsunterlagen Lohn- oder Stoffpreisgleitklauseln vorzusehen[81]; eine Verpflichtung ist hiermit nicht verbunden, da sowohl Gesetz

[71] aus Vereinfachungsgründen werden "Nebenangebot" und "Änderungsvorschlag" hier synonym verwendet

[72] EuGH, Rs. C-421/01; BayObLG, Verg 13/04

[73] § 11 Nr. 1 VOB/A

[74] § 11 Nr. 2 VOB/A

[75] § 11 Nr. 3 VOB/A

[76] eine Beschränkung, die auch durch § 11 Nr. 4 VOB/A und die dort ermöglichte vertragliche Pauschalierung des Verzugsschadens bis zu 5 % der Auftragssumme nicht geändert wird!

[77] § 13 Nr. 4 VOB/B

[78] konsequenterweise sollen Sicherheiten bei Beschränkter Ausschreibung und Freihändiger Vergabe (hier ist der vom Auftraggeber bewusst ausgewählte Bieterkreis von vorneherein bekannt!) i. d. R. ganz unterbleiben

[79] die vertragliche Realität zeigt leider, dass die Vergabestellen derzeit (evtl. aus dem Gesichtspunkt eines vermeintlich branchenimmanenten Insolvenzrisikos) fast durchgehend Sicherheiten vertraglich vorsehen; hierbei wird übersehen, dass gerade dieser Umfang an zu stellenden Sicherheiten viele Bauunternehmen in ihrer Liquidität existenziell gefährdet und in den Bereich einer Insolvenzsituation bringt!

[80] beispielhaft seien die zur Jahreswende 2003/2004 zu beobachtenden Stahlpreiserhöhungen um mehr als 100 % binnen weniger Monate genannt

[81] das Vergabehandbuch des Bundes (VHB) sieht in der aktuellen Fassung allenfalls noch Lohngleitklauseln vor; andererseits hat das Bundeswirtschaftsministerium im März 2004 für Neuvergaben im Bundeshochbau die zuständigen Behörden angewiesen, als Reaktion auf die extremen Marktentwicklungen ggf. Stoffpreisgleitklauseln für Zement und Stahl vorzusehen

als auch VOB/B vom Festpreis, der durch solche Schwankungen nicht berührt wird, ausgehen[82].

## 6.7 Ausschreibung und Angebotserarbeitung bis zur Angebotseröffnung (Submission)

In § 16 VOB/A wird die Vergabestelle verpflichtet, vor Herausgabe der Ausschreibung alle Bestandteile der Verdingungsunterlagen (im Sinne der §§ 9ff. VOB/A) fertig zu stellen und zu gewährleisten, dass innerhalb der ursprünglich vorgesehenen Fristen mit der Ausführung begonnen werden kann. Die in der Praxis nicht seltenen Fälle einer von der Vergabestelle geforderten Bindefristverlängerung[83] dürften daher (von Fällen eines unvorhersehbaren Vergabenachprüfungsantrags durch einen Bieter einmal abgesehen) kaum vorkommen; in Zeiten knapper Kassen ist jedoch vereinzelt festzustellen, dass in einigen Fällen nicht einmal die Finanzierung bzw. Mittelbereitstellung vor Ausschreibung abschließend geklärt wurde[84]. Ausschreibungen für „Markterkundungszwecke" sind selbstverständlich[85] vergaberechtswidrig.

In § 17 VOB/A (zusätzlich in § 17a VOB/A für EU-weite Ausschreibungen) wird die Bekanntmachung der Ausschreibung, je nach vorgesehenem Vergabeverfahren, geregelt. § 17 Nr. 1 VOB/A regelt die Bekanntmachung der Ausschreibungsabsicht im Rahmen der Öffentlichen Ausschreibung; § 17 Nr. 2 VOB/A regelt die Bekanntmachung und Aufforderung, sich für die Teilnahme am Wettbewerb im Rahmen einer Beschränkten Ausschreibung (mit vorgeschaltetem öffentlichem Teilnahmewettbewerb) zu bewerben. Zum katalogartig aufgezählten „Soll-" Inhalt dieser Bekanntmachungen sei auf den ausführlichen Text der Vorschrift verwiesen. Wettbewerbsrelevant ist weiterhin vor allem § 17 Nr. 7 VOB/A, wonach

- die Namen der Empfänger bzw. Interessenten der Vergabeunterlagen geheim zu halten sind
- von Bewerbern erbetene sachdienliche Zusatzauskünfte unverzüglich von der Vergabestelle zu erteilen sind
- einem Bewerber gegebene, relevante Informationen auch allen anderen Bewerbern mitzuteilen sind

Für Ausschreibungen nach Abschnitt 2 der VOB/A bestehen weitere Verpflichtungen, die beabsichtigte Vergabe und deren wesentliche Merkmale vorab EU-weit bekannt zu machen[86]. Darüber hinaus existieren hier besonders vorgesehene Veröffentlichungsmedien[87], sowie spe-

---

[82] weshalb Preisbindungsklauseln auch in Allgemeinen Geschäftsbedingungen, z. B. ZVB, zulässig sein dürften; allenfalls bei extrem langen Bauzeiten und daraus resultierenden, unverhältnismäßigen Preisbindungsfristen dürfte an einen Verstoß gegen § 9 Nr. 2 VOB/A zu denken sein

[83] die im freien Ermessen des Bieters steht! Die Auswirkungen einer Bindefristverlängerung auf die Preisbindung sind noch nicht abschließend geklärt: BayObLG, Verg 15/02 für Anpassungsanspruch bei Verzögerung durch Vergabenachprüfung

[84] was regelmäßig, z. B. im Falle der Aufhebung der Ausschreibung, die Vergabestelle aus dem Grundsatz vorvertraglichen Verschuldens heraus zum Ersatz der Angebotsaufwendungen der Bieter verpflichten wird

[85] siehe § 16 Nr. 2 VOB/A

[86] § 17a Nr. 1 Abs. 1 VOB/A

[87] Amtsblatt der Europäischen Gemeinschaften; vorgeschrieben ist die vorrangige Mitteilung an das Amt für amtliche Veröffentlichungen der Europäischen Gemeinschaften

zifische Pflichtangaben[88], wovon die praktisch bedeutendste die Veröffentlichung der anwendbaren Wertungskriterien[89] ist.

Die einzuhaltenden Angebots- und Bewerbungsfristen sind in § 18 VOB/A geregelt. Danach haben die Fristen zur Bearbeitung und Einreichung von Angeboten ausreichend zu sein, auch bei besonderer Dringlichkeit mindestens 10 Kalendertage. Daneben ist ein ggf. für die Baustellenbesichtigung oder Beschaffung von Unterlagen erforderlicher zusätzlicher Zeitbedarf zu berücksichtigen. Die Angebotsfrist endet mit Beginn der Angebotseröffnung im Submissionstermin.

§ 18a in Abschnitt 2 der VOB/A regelt die gebotenen Fristen für die EU-weiten Ausschreibungen etwas detaillierter und differenziert nach dem gewählten Vergabeverfahren[90]. Für Ortsbesichtigungen oder Einsichtnahme in nicht übersandte Unterlagen sind die Regelfristen angemessen zu verlängern[91].

Soll den Interessen der Bieter durch ausreichende Angebots- und Bewerbungsfristen Rechnung getragen werden, so ist weiter gemäß § 19 VOB/A die für eine Angebotsprüfung und -wertung durch den Auftraggeber erforderliche Zuschlagsfrist so kurz wie möglich vorzusehen, um die Bieter nicht unnötig lange an ihr Angebot binden zu müssen. Eine Frist von 30 Kalendertagen darf nur ausnahmsweise in begründeten Sonderfällen überschritten werden[92]. Logischerweise sollen Zuschlags- und Bindefrist (innerhalb derer der Bieter an sein Angebot gebunden ist) gleichlaufen, um zum Zeitpunkt der beabsichtigten Auftragserteilung noch rechtswirksam durch einen Zuschlag auf jedes der Angebote zurückgreifen zu können. Die Rücknahme seines Angebots ist dem Bieter nur bis zum Ablauf der Angebotsfrist möglich.

Zum Umfang einer möglichen Kostenerstattung regelt die VOB/A, dass für die Verdingungsunterlagen in öffentlicher Ausschreibung[93] ein Entgelt verlangt werden darf, dieses aber der Höhe nach beschränkt ist auf die Selbstkosten des Auftraggebers (oder seiner Erfüllungsgehilfen) für Vervielfältigung und Versendung; auf die Kostentragungspflicht und die Höhe der Kosten ist in der Vergabebekanntmachung hinzuweisen; bei Beschränkter Ausschreibung und Freihändiger Vergabe[94] sind die Unterlagen unentgeltlich abzugeben[95].

Die Angebotserarbeitung hat der Bieter ohne Kostenersatz zu erbringen, nicht jedoch, falls hierfür (wie regelmäßig z. B. bei funktionaler Leistungsbeschreibung mit Leistungsprogramm) die Erarbeitung von besonderen Plänen, Berechnungen oder anderen Unterlagen erforderlich wird: in diesem Fall hat die Vergabestelle einheitlich eine angemessene Entschädigung für alle Bieter zu gewähren, die ein Angebot eingereicht haben[96]. Sämtliche Angebotsunterlagen des Bieters, insbesondere dessen Nebenangebote und Änderungsvorschläge, dürfen selbstver-

---

[88] § 17a Nr. 3 VOB/A

[89] siehe hierzu bereits oben zu § 10a VOB/A sowie zur Konsequenz für die Angebotswertung § 25a VOB/A

[90] § 18a Nr. 1 VOB/A für das Offene Verfahren (gem. Abs. 1 mindestens 52 Kalendertage bzw. gem. Abs. 2 nach Vorinformation entsprechend § 17a VOB/A abgekürzt); Nr. 2 für das Nichtoffene Verfahren; Nr. 3 entsprechend Nr. 2 für das Verhandlungsverfahren mit Vergabebekanntmachung

[91] § 18a Nr. 4 VOB/A

[92] z. B. bei sehr umfangreichen Baumaßnahmen oder der Möglichkeit technisch schwierig zu prüfender Nebenangebote; leider sieht die Praxis teilweise so aus, dass die Angebotsfristen kurz gehalten und im Gegenzug die Zuschlags- bzw. Bindefristen verlängert werden, um trotz einer für die Vergabestelle auskömmlicheren Prüfungs- und Wertungsfrist im ursprünglichen Zeitrahmen bleiben zu können

[93] gilt entsprechend für das Offene Verfahren bei EU-weiter Ausschreibung

[94] gilt entsprechend für Nichtoffenes Verfahren und Verhandlungsverfahren bei EU-weiter Ausschreibung

[95] § 20 Nr. 1 Abs. 1 VOB/A

[96] § 20 Nr. 2 VOB/A

ständlich nur für Zwecke der Angebotsprüfung und -wertung genutzt werden und sind bei Erfolglosigkeit des Angebots im Original zurückzuleiten, da ansonsten wettbewerbs-, eigentums- und urheberrechtliche Belange des Bieters tangiert wären[97].

Mit den Vorschriften über Form und Inhalt eingereichter Angebote stellt § 21 VOB/A eine der vergaberechtlich konfliktträchtigsten Normen dar, da ein Verstoß gegen diese Vorschriften von der Vergabestelle meist zum Anlass für einen Ausschluss vom Wettbewerb genommen wird[98]. Es muss hierzu darauf hingewiesen werden, dass die vergaberechtliche Entscheidungspraxis zwischenzeitlich fast durchgehend äußerst strenge Maßstäbe an die Einhaltung formeller und inhaltlicher Erfordernisse der Angebotsunterlagen anlegt, da ansonsten eine objektive Chancengleichheit nicht gewährleistet sein kann; bei formellen Unzulänglichkeiten wird es daher mittlerweile nicht mehr darauf ankommen, ob sich die Unzulänglichkeit konkret wettbewerblich auswirkt oder nicht. Es kann allgemein nur zur äußerst peniblen Einhaltung formeller und inhaltlicher Vorgaben geraten werden[99].

Selbstverständlich müssen die schriftlich eingereichten Angebote rechtswirksam, d. h. bei Unternehmen von einem oder mehreren vertretungsbefugten Vertreter(n) unterzeichnet sein; Entsprechendes gilt auch für Bietergemeinschaften, die einen federführenden Gesellschafter als vertretungsberechtigten Gesellschafter zu benennen haben[100].

Die Angebote sollen nur vom Bieter eingesetzte Preise und geforderte Erklärungen enthalten[101]. Nicht letztendlich geklärt ist z. B., ab wann von einer zulässigen „Preisangabe" nicht mehr auszugehen ist[102]. Hinsichtlich der abgeforderten Erklärungen bilden insbesondere Selbstausführungs-, Tariftreue- und Nachunternehmererklärungen häufige Streitpunkte, wobei auch hier nur geraten werden kann, die geforderten Erklärungen vollständig und in sich schlüssig auszufüllen oder gleich vom Angebot Abstand zu nehmen[103].

Sollte man der Überzeugung sein, die geforderten Erklärungen wären vergaberechtlich unzulässig, bleibt nur die unverzügliche formelle Rüge beim Auftraggeber, um sich im Falle eines späteren Ausschlusses alle Chancen offen zu halten. Bei widersprüchlichen, schwer- oder missverständlichen Erklärungsinhalten sollte der Auftraggeber zu einer schriftlichen Klarstellung aufgefordert werden; erst wenn diese verweigert wird oder ausbleibt, kann der Bieter evtl. in den Vergabeunterlagen die Anmerkung, er habe deren Text in einer bestimmten Wei-

---

[97] § 20 Nr. 3 VOB/A

[98] da dies gem. § 25 Nr. 1 Abs. 1 VOB/A einen zwingenden Ausschlussgrund darstellt!

[99] Siehe etwa OLG Frankfurt/Main, 11 Verg 11/03; auch bei vergaberechtlich unzulässigen Anforderungen (Angaben, Nachweisen, Zusicherungen) kann der Weg zulässigerweise nur über die unverzügliche Rüge bei der Vergabestelle und ggf. ein nachfolgendes Nachprüfungsverfahren gehen; eigenverantwortliches „Reduzieren" der Angaben auf ein vermeintlich zulässiges Maß wird den Ausschluss vom Wettbewerb zur Folge haben!

[100] siehe § 21 Nr. 5 VOB/A

[101] gilt für Hauptangebote mit Leistungsverzeichnis und ist natürlich nicht unmittelbar auf Nebenangebote sowie funktionale Angebote mit Planungsanteil des Bieters übertragbar!

[102] Zu 0,1 Euro- oder 1 Euro-Positionen: für Zulässigkeit von spekulativen Preisen: KG, 2 Verg 16/03; BayObLG, Verg 2/04; es sei denn, der Bieter hielt die Leistung für nicht erforderlich, ohne die Vergabestelle zu informieren, dann Ausschluss, so zumindest BayObLG, Verg 12/03; für die Unzulässigkeit solcher Spekulationspreise dann, wenn Preisbestanteile in andere Positionen verlagert wurden und somit nicht der eigentlich verlangte Preis angegeben wurde: BGH, X ZB 7/04; OLG Düsseldorf, Verg 53/03- der Ausschluss setzt jedoch vorherige, erfolglose Aufklärungsgespräche voraus (OLG Rostock, 17 Verg 4/04)

[103] nach BGH, X ZB 43/02, BGH, X ZB 50/01 erfordert der Grundsatz der Gleichbehandlung, jedes Angebot mit unklaren oder fehlenden Angaben (ohne Rücksicht auf eventuelle Wettbewerbserheblichkeit!) zwingend vom Verfahren auszuschließen

se verstanden oder kalkuliert, zulässigerweise anbringen, ohne sich eine verbotene Abänderung[104] der Verdingungsunterlagen vorwerfen lassen zu müssen.

Von großer praktischer Wichtigkeit ist die Vorgabe, dass Nebenangebote (soweit diese überhaupt zulässig[105] sind) „dem geforderten Schutzniveau in Bezug auf Sicherheit, Gesundheit und Gebrauchstauglichkeit gleichwertig" zu sein haben (d. h.: keine lediglich qualitativ bzw. quantitativ reduzierten Alternativen sein dürfen) und diese Gleichwertigkeit bereits zwingend mit Angebotsabgabe nachzuweisen ist[106]. An diesen beiden Anforderungen scheitern im Falle der Vergabenachprüfung eine Vielzahl von Nebenangeboten.

Die Anzahl der Nebenangebote sowie evtl. Nachlässe (ohne besondere Bedingung) sind an dafür vorgesehener Stelle in den Vergabeunterlagen anzugeben, die Nebenangebote selbst sind, als solche gekennzeichnet, auf besonderer Anlage zum Angebot einzureichen.

Im Eröffnungstermin werden unter Teilnahme (ausschließlich) der Bieter bzw. deren Bevollmächtigter die Angebote vom Verhandlungsleiter der Auftraggeberseite geöffnet. Zugelassen werden nur bei Beginn der Angebotsöffnung unversehrt verschlossene Angebote, d. h. verspätete, offene oder per Fax eingegangene Angebote bleiben unberücksichtigt. Die wesentlichen Angebotsbestandteile[107] sind noch im Eröffnungstermin dauerhaft zu kennzeichnen, z. B. durch Lochstempel mit Datum[108].

Zwingend im Eröffnungstermin zu verlesen sind Name und Wohnort der Bieter, welche Angebote abgegeben haben, Endpreise, ggf. Preise von Teillosen, (unbedingte) Nachlässe, Anzahl der von einem Bieter eingereichten Nebenangebote[109] (nicht deren technischer Inhalt). Andere Angaben sind grundsätzlich nicht zu verlesen, zumal durch deren Inhalt möglicherweise betrieblich schutzbedürftige Interessen der Bieter tangiert sein könnten.

Über das Ergebnis des Eröffnungstermins ist eine Niederschrift zu fertigen, in der auch evtl. Einwände der Bieter zu vermerken sind; sie ist vom Verhandlungsleiter zu unterschreiben und kann von den beteiligten Bietern mitunterschrieben werden. Aus der Niederschrift können auf Antrag den Bietern die nochmals nachgerechneten Endbeträge sowie die Zahl der jeweiligen Nebenangebote mitgeteilt werden; ansonsten darf die Niederschrift nicht veröffentlicht werden, die Angebote samt Anlagen sind geheim zu halten[110].

## 6.8 Die Angebotsprüfung

Nach Angebotseröffnung sind Verhandlungen mit den Bietern über ihr Angebot grundsätzlich unzulässig, die VOB/A[111] setzt für (auch lediglich informatorische) Aufklärungsgespräche zur Vermeidung nachträglicher Manipulationen sehr enge Grenzen:

---

[104] siehe § 21 Nr. 1 Abs. 2 VOB/A

[105] siehe § 10 Nr. 5 Abs. 4 VOB/A

[106] § 21 Nr. 2 VOB/A

[107] insb. Preisangaben, geforderte Erklärungen, Unterschriften, evtl. Nebenangebote

[108] womit jedoch die nachträgliche Entnahme von Angebotsbestandteilen (nach OLG Düsseldorf, Verg 47/03, ist der Bieter stets beweispflichtig für die Vollständigkeit seines Angebots!) nicht ausgeschlossen werden kann: der Bieter dürfte daher Anspruch auf Prüfung und Bestätigung der Vollständigkeit schon im Eröffnungstermin haben

[109] wobei die Nichtverlesung nach h. M. der Wertung des Nebenangebots nicht entgegensteht

[110] für den Fall der Vergabenachprüfung: siehe unten zum Akteneinsichtsrecht gem. § 111 GWB

[111] § 24 Nr. 1, 3 VOB/A

Aufklärungsgespräche sind nur statthaft, um ergänzende Informationen über die Eignung des Bieters zu gewinnen und den Inhalt des Angebots noch klarer erläutert zu bekommen, was insbesondere für Nebenangebote gilt; keinesfalls kann der Bieter aber z. B. den zur Submission beizubringenden[112] abschließenden Gleichwertigkeitsnachweis für Nebenangebote erst in den Aufklärungsverhandlungen nachlegen. Diese Gespräche dürfen dem Bieter keinesfalls Spielraum geben, seinem Angebot nachträglich einen Inhalt zu geben, der nicht aus dem Inhalt selbst bereits eindeutig hervorgeht[113]. Ebenso unzulässig sind sämtliche preisrelevanten Korrekturen. Der umfassende Grundsatz ist, dass jede Erörterung und insbesondere Korrektur von möglicherweise wettbewerbsrelevanten Angebotsinhalten streng untersagt ist.

Dieses Verbot nachträglicher Verhandlungen ist selbstverständlich auf die Freihändige Vergabe und das Verhandlungsverfahren nur eingeschränkt insoweit anwendbar, als die Verhandlungen zumindest im Anfangsstadium ergebnisoffen und chancengleich geführt werden müssen und auch hier ein echter Wettbewerb stattzufinden hat[114].

Das Ergebnis der Aufklärungsgespräche soll protokolliert werden, eine Unterzeichnung auch durch den Bieter erscheint zumindest sinnvoll.

Im Anschluss an die Angebotseröffnung wird mit der Angebotsprüfung ein der eigentlichen Angebotswertung vorgeschaltetes Verfahren durchgeführt, in dem der Auftraggeber die Angebote, die schwere formale Mängel aufweisen, bereits vor Eintritt in die Angebotswertung aussondern kann, in bestimmten Fällen aus Gleichbehandlungsgrundsätzen muss[115].

Hier, wie am gesamten nachfolgenden Vergabeverfahren, ist zu beachten, dass alle Personen,, Fabrikatsangaben bei denen ein Interessenkonflikt aufgrund zu einem Bieter bestehender persönlicher oder geschäftlicher Verbindungen bestehen kann, zwingend von der Mitwirkung bei der Vergabe ausgeschlossen sind[116]. Der hierfür in Betracht kommende Personenkreis ist bewusst sehr weit definiert[117].

Nach dieser formellen Prüfung ist eine sachlich-inhaltliche Prüfung[118] (technisch, rechnerisch, wirtschaftlich) vorzunehmen: Preise sind nachzurechnen und Rechenfehler ggf. zu beheben[119], wobei im Zweifel der jeweilige Einheitspreis der ausschlaggebende ist; Preisanpassungen sind grundsätzlich ausgeschlossen, nur bei offensichtlichen Falschbezeichnungen kommt in seltenen Ausnahmefällen ggf. eine Korrektur im Wege der Auslegung[120] in Betracht. Pauschalpreise

---

[112] gemäß § 21 Nr. 2 VOB/A

[113] OLG Celle, 13 Verg 10/03

[114] auch dort haben zumindest Gleichbehandlungs-, Wettbewerbs- und Transparenzgebot zu gelten, insbesondere für die Information der Bieter über Leistungsanforderungen und Verfahrensstand (OLG Celle, 13 Verg 1/02; OLG Stuttgart, 2 Verg 8/03; VK Nordbayern, 320. VK-3194-17/03; VK Südbayern, 11-03/03; VK Bund, VK 1-51/04)

[115] gem. § 23 Nr. 1 i. V. m. § 21 Nr. 1 Abs. 1, 2 VOB/A z. B.: fehlende Unterschrift, fehlende Urkalkulation oder EP-Liste beim Pauschalvertrag, fehlende Preisangaben oder sonstige abgeforderte Erklärungen, unklare Änderungen an den Eintragungen, Änderungen der Verdingungsunterlagen (BGH X ZB 50/01; BGH X ZB 43/02; OLG Koblenz, 1 Verg 4/04; OLG Naumburg, 1 Verg 7/04; OLG Dresden, WVerg 1/04; OLG Düsseldorf Verg 10/04; OLG Hamburg, 1 Verg 5/03; OLG Frankfurt/Main, 11 Verg 11/03; VK Hessen, 69d-VK-91/2003)

[116] dies gem. OLG Koblenz, 1 Verg 2/02 jedoch erst mit Ausschreibungsbeginn und noch nicht für LV-Erstellung

[117] insbesondere die Voraussetzung in § 16 Ans. 1 Nr. 3b) VgV hinsichtlich Beauftragter des Auftraggebers, deren Unternehmen (z. B. Planungsbüro) zugleich geschäftliche Beziehungen auch zu einem Bieter hat, kann sehr schnell vorliegen; in einem solchen Fall hätte der Auftraggeber den sehr schwierigen Entlastungsbeweis zu führen, dass eine Interessenkollision nicht habe vorliegen können

[118] § 23 Nr. 2 VOB/A

[119] bei offensichtlich beabsichtigten oder extrem gehäuften Rechenfehlern ist ein Ausschluss wegen fehlender Zuverlässigkeit zu erwägen

[120] §§ 133, 157 BGB

sind ohne Ansehen der Einheitspreise für die Erbringung des betroffenen Leistungsumfangs bindend. Die technische Angebotsprüfung bezieht sich insbesondere auf gültige Normen, Regeln der Technik, Einhaltung der Leistungsbeschreibung, Zweckerreichung und Gleichwertigkeit eventueller Nebenangebote. Die Wirtschaftlichkeitsprüfung kann naturgemäß nur eine kursorische Prüfung der Gesamtwirtschaftlichkeit des Angebots sein.

Das Ergebnis der Prüfung ist hinsichtlich evtl. (durch Nachrechnung der Einheitspreise o. ä.) geänderter Angebotssummen in der Niederschrift zum Eröffnungstermin zu vermerken.

Nach Angebotseröffnung sind Verhandlungen mit den Bietern über ihr Angebot grundsätzlich unzulässig, die VOB/A setzt[121] auch für lediglich informatorische Aufklärungsgespräche zur Vermeidung nachträglicher Manipulationen sehr enge Grenzen:

Aufklärungsgespräche sind nur statthaft, um ergänzende Informationen über die Eignung des Bieters zu gewinnen und den Inhalt des Angebots noch klarer erläutern zu können, was insbesondere für Nebenangebote gilt- keinesfalls kann der Bieter aber den zur Submission beizubringenden[122], abschließenden Gleichwertigkeitsnachweis für Nebenangebote erst in den Aufklärungsverhandlungen nachlegen. Diese Gespräche dürfen dem Bieter keinesfalls Spielraum geben, seinem Angebot nachträglich einen Inhalt zu geben, der nicht aus dem Inhalt des ursprünglichen Angebots selbst bereits eindeutig hervorgeht[123]. Ebenso unzulässig sind sämtliche preisrelevanten Korrekturen. Der umfassende Grundsatz ist, dass jede Disposition über möglicherweise wettbewerbsrelevante Angebotsinhalte streng untersagt ist.

Dieses Verbot nachträglicher Verhandlungen ist selbstverständlich nur äußerst eingeschränkt auf die Freihändige Vergabe und das Verhandlungsverfahren insoweit anwendbar, als die Verhandlungen zumindest im Anfangsstadium ergebnisoffen und chancengleich geführt werden müssen und auch hier ein echter Wettbewerb stattzufinden hat[124].

Das Ergebnis der Aufklärungsgespräche soll protokolliert werden, eine Unterzeichnung auch durch den Bieter erscheint zumindest sinnvoll.

## 6.9 Die Angebotswertung

Den entscheidende Teil des Vergabeverfahrens bildet die sich nun anschließende Wertung der Angebote, welche sich in die Verfahrensschritte

- Prüfung möglicher inhaltlicher oder formeller (zwingender sowie dem Auftraggeber freigestellter) Ausschlussgründe
- Prüfung der sachlichen und persönlichen Bietereignung
- Ausscheidung nicht reell kalkulierter Angebote, Ermittlung der in die engere Wahl zu ziehenden Angebote
- Auswahl des wirtschaftlichsten Angebots anhand der zulässigen Wertungskriterien

gliedern lässt.

---

[121] in § 24 Nr. 1, 3 VOB/A

[122] gemäß § 21 Nr. 2 VOB/A

[123] OLG Celle, 13 Verg 10/03

[124] auch dort haben zumindest Gleichbehandlungs-, Wettbewerbs- und Transparenzgebot zu gelten, insbesondere für die Information der Bieter über Leistungsanforderungen und Verfahrensstand (OLG Celle, 13 Verg 1/02; OLG Stuttgart, 2 Verg 8/03; VK Bund, VK 1-51/04; VK Nordbayern, 320 VK-3194-17/03; VK Nordbayern, 320 VK-3194-19/04; VK Südbayern, 11-03/03)

Zu Beginn des Wertungsvorgangs steht die Frage nach dem (teils zwingenden sowie teils freigestellten) Ausschluss von Angeboten.

Zwingend auszuschließen sind Angebote, die zu spät eingegangen sind oder grundlegenden formalen Anforderungen nicht entsprechen[125]. Unter den letzten Punkt fallen insbesondere fehlende oder nicht rechtsverbindliche Unterschriften, fehlende oder nicht eindeutige Preisangaben[126], fehlende oder nicht eindeutige Erklärungen[127], mehrdeutige Änderungen des Bieters an seinen Eintragungen und Abänderungen der Verdingungsunterlagen[128]; Hauptangebote haben selbstverständlich stets uneingeschränkt den Festlegungen der Leistungsbeschreibung zu entsprechen.

Auch das Vorliegen wettbewerbsbeschränkender Abreden eines Bieters führt zum zwingenden Angebotsausschluss[129], wobei jedoch hierfür der Nachweis eines solchen verbotenen Handelns erforderlich ist, Vermutungen also nicht genügen[130].

Schließlich sind Nebenangebote, die der Auftraggeber nicht zugelassen hatte, in jedem Fall von der Wertung auszuschließen[131].

Außer den unbedingten Ausschlussgründen existieren noch weitere[132], die dem Auftraggeber im Rahmen seines pflichtgemäßen Ermessens, d. h. insbesondere unter Beachtung des Grundsatzes der Gleichbehandlung aller Bieter, freigestellt sind: dies sind insbesondere beantragte Insolvenz- oder ähnliche Verfahren, rechtliche oder tatsächliche Verfehlungen, die ernsthafte Zweifel an der Zuverlässigkeit des Bewerbers begründen[133], und nicht ordnungsgemäße Abführung von Steuern, Sozialabgaben oder Beiträgen zur zuständigen Berufsgenossenschaft[134]. Auch die nicht ordnungsgemäße Kennzeichnung von Nebenangeboten stellt einen freigestellten Ausschlussgrund dar, um die Vergabestelle vor „untergeschobenen" Nebenangeboten zu bewahren.

Zweiter Punkt der Angebotswertung ist die Prüfung der Bietereignung. Hier soll dem übergeordneten Grundsatz der Vergabe an fachkundige, leistungsfähige und zuverlässige Bieter Rechnung getragen werden. Bei Beschränkter Ausschreibung und Freihändiger Vergabe (bzw.

---

[125] § 25 Nr. 1 Abs. 1 VOB/A i. V. m. § 22 Nr. 6, § 21 Nr. 1 Abs. 1 und 2 VOB/A

[126] zur Angabe „enthalten": für Zulässigkeit: OLG Düsseldorf, Verg 3/02; für Unzulässigkeit VK Südbayern, 18-05/01; für Ausschluss bei Fehlen geforderter Preisaufgliederung BayObLG, Verg 10/01; zu spekulativen Preisen siehe oben unter Fußnote 102!

[127] insb. auch Nachunternehmererklärungen: OLG Jena, 6 Verg 4/01; BayObLG, Verg 2/02; BayObLG, Verg 20/02; BayObLG, Verg 27/02; BayObLG, Verg 29/02; OLG Dresden, 15 U 1627/01; BayObLG, Verg 5/03; OLG Frankfurt/Main, 11 Verg 4/03; VK Bund, VK 280/03

[128] auch geringfügigste: OLG Düsseldorf, Verg 21/00

[129] § 25 Nr. 1 Abs. 1c) VOB/A

[130] gem. OLG Saarbrücken, 1 Verg 4/03 genügt jedoch ein nach Aktenlage ohne weiteres greifbarer Verdacht, eine rechtskräftige Verurteilung ist nicht erforderlich!

[131] § 25 Nr. 1 Abs. 1d) VOB/A i. V. m. § 10 Nr. 5 Abs. 4 VOB/A

[132] § 25 Nr. 1 Abs. 2 VOB/A i. V. m. § 8 Nr. 5 und § 21 Nr. 3 S. 2 VOB/A

[133] Beispiele hierfür sind unlauteres Verhalten im Wettbewerb, die vorsätzlich falsche Ermittlung von Preisen oder bewusst unzutreffende Abgabe von Erklärungen; auch Mindestlohnunterschreitungen (OLG Hamburg, 3 U 122/01); früherer nicht genehmigter Nachunternehmereinsatz (OLG Düsseldorf, Verg 41/01); der extreme Umfang des beabsichtigten Nachunternehmereinsatzes (OLG Düsseldorf, Verg 10/00); die Beurteilung ist stets einzelfallbezogen zu treffen, eine „grundsätzliche Unzuverlässigkeit" und ein daraus resultierender genereller Ausschluss von Vergaben finden in der VOB/A keine Stütze;

[134] auch gewerberechtliche Untersagungsgründe müssen für einen Ausschluss herangezogen werden dürfen; fehlende Handwerksrolleneintragung ist ein Ausschlussgrund, BayObLG, Verg 30/02, wobei bei Bietern aus dem EU-Ausland die Eintragung im Berufsregister des Heimatlandes genügen dürfte (EuGH, Rs. C-215/01)

Nichtoffenem Verfahren und Verhandlungsverfahren nach Abschnitt 2) ist dieser Prüfungsschritt logischerweise bereits vorverlegt und entfällt daher im Zuge der Wertung[135], da die Vergabestelle dies bereits vor Aufforderung zur Angebotsabgabe zu klären hat. Diese Prüfungsstufe hat sich eindeutig auf die Person des Bieters zu konzentrieren und darf nicht mit den (angebotsbezogenen!) beiden nächsten Wertungsstufen vermengt werden, wobei jedoch ein Ausschluss wegen Unzuverlässigkeit auch noch nach Eintritt in eine spätere Wertungsstufe möglich ist[136].

Die erforderliche Bietereignung hat sich jeweils an den Anforderungen des konkret ausgeschriebenen Auftrags zu orientieren, um bei nicht allzu umfangreichen Standardbaumaßnahmen auch kleineren und weniger spezialisierten Bietern eine Zuschlagschance einzuräumen. Soweit Referenzen oder Eignungsnachweise gefordert werden, haben diese verhältnismäßig zu sein und sich an der konkret zu vergebenden Leistung zu orientieren[137]. Die Nichtvorlage zulässiger Nachweise (z. B. Referenzliste) ist jedoch ein Ausschlussgrund[138]. Gerichtliche oder außergerichtliche Streitigkeiten mit einem Bieter bei Voraufträgen begründen nur dann eine fehlende Eignung, wenn dieser grundlos und willkürlich diese Auseinandersetzungen veranlasst hat; keinem Bieter darf es jedoch verwehrt sein, ernsthaft in Frage kommende Vergütungsansprüche letztendlich einer gerichtlichen Klärung zuzuführen.

Häufiger Streitpunkt ist die Frage, welcher Eigenleistungsanteil für die Bejahung der Bietereignung erforderlich ist und ob – in letzter Konsequenz – sogar eine 100 %-ige Weitervergabe eines Generalübernehmers vergaberechtlich zulässig ist[139].

Auch hier ist festzuhalten, dass der Bieter vermeintlich unzulässige oder inhaltlich unklare Anforderungen an den Eignungsnachweis unverzüglich beim Auftraggeber zu rügen hat und sich nicht damit begnügen kann, sich auf diese Einwände im Falle einer Nichtberücksichtigung erstmals im Vergabenachprüfungsverfahren zu berufen.

Das Ergebnis der Eignungsprüfung[140] des Auftraggebers kann grundsätzlich nur „geeignet" oder „ungeeignet" sein: hat er also einem Bieter einmal die Eignung bescheinigt, kann er nach der Prüfung der Angebote ein Konkurrenzangebot zumindest nicht mit der Begründung vorziehen, dessen Bieter wäre noch „geeigneter" als der andere[141]; in solchen Fällen, konkret bei spezifischen, überdurchschnittlichen Anforderungen an die Bietereignung, hat der Auftraggeber vielmehr durch entsprechend hohe Anforderungen an die Eignungsnachweise oder die Wahl von Beschränkter Ausschreibung/ Nichtoffenem Verfahren eine ordnungsgemäße Eignungsprüfung zu gewährleisten.

---

135 Ausnahme: soweit Tatsachen aus dem Zeitraum zwischen Einbeziehung in den Wettbewerb und der Angebotswertung in Frage stehen!

136 OLD Düsseldorf, Verg 45/01; BayObLG, Verg 19/02

137 eine Referenzliste ist zumindest bei spezialisierten Gewerken oder komplexen Projekten zulässig, BayObLG, Verg 20/03

138 OLG Düsseldorf, Verg 33/01;

139 sehr fraglich ist die Zulässigkeit einer Beschränkung des Nachunternehmereinsatzes bei EU-weiten Vergaben nach der Entscheidung EuGH, Rs. C-314/01 vom 18.03.2004; die VK Bund. VK 1-3/02 hält den grundsätzlichen Ausschluss von Generalübernehmern oberhalb der Schwellenwerte für zumindest problematisch; nach BayObLG, Verg 14/02 ist dagegen ein Bieter mit 80 % Vergabeanteil nicht mehr geeignet; die pauschale Angabe „bis zu 30 %" und einiger Leistungsbereiche ist zu unbestimmt, BayObLG, Verg 14/03; Unklarheiten zum Nachunternehmereinsatz führen zwingend zum Ausschluss, BayObLG, Verg 72/02; VK Bund, VK 1-81/04

140 für die dem Auftraggeber als prognostische Entscheidung ein Ermessensspielraum zuzubilligen ist, OLG Hamburg, 1 Verg 2/99; OLG Saarbrücken, 5 Verg 5/02

141 BGH, X ZR 109/96; von OLG Düsseldorf, Verg 77/03 relativiert für Fälle, in denen besondere Fachkunde des Bieters als angebotsbezogenes Wertungskriterium vorher mitgeteilt wurde

Die Verneinung der Bietereignung kann nur Einzelfallbezogen erfolgen, eine Einstufung als „ungeeignet" für auch kommende Vergaben ist (jedenfalls nach der VOB/A[142]) nicht möglich.

An der Grenze zwischen bieterbezogener Eignung und angebotsbezogenen Wertungskriterien ist der bereits erwähnte Umfang des beabsichtigten Nachunternehmereinsatzes angesiedelt: unterschreitet der Umfang des vom Bieter zur Eigenausführung vorgesehenen Leistungsteils ein bestimmtes Minimum (von Auftraggeberseite oft mit 30 % beziffert), kann die Eignung des Bieters für die vorgesehene Leistung in Frage stehen; ansonsten wird man im Hinblick auf die grundsätzliche Selbstausführungsverpflichtung gemäß § 4 Nr. 8 VOB/B dem Auftraggeber gestatten müssen, den Umfang des Eigenausführungsanteils als Kriterium der Angebotswertung bestimmen zu dürfen[143], wobei hier sicher zwischen Rohbau- und Schlüsselfertigbauaufträgen differenziert werden muss.

In der dritten Stufe der Angebotswertung sind Angebote, die ein Missverhältnis zwischen Preis und zu erbringender Leistung aufweisen, auszuscheiden[144]. Dabei ist davon auszugehen, dass eine zu beanstandende Unterpreisigkeit erst ab einer Abweichung von mindestens 15-20 % von einem der Leistung unangemessenen Preis[145] auszugehen ist; darüber hinaus muss sich die Abweichung auf den Gesamtangebotspreis oder mindestens zentrale Angebotspositionen beziehen[146], eine gravierende Abweichung bei untergeordneten Positionen ist unbedenklich[147]. Auch bei einem solchermaßen festgestellten Missverhältnis hat nicht zwingend sofort der Ausschluss zu erfolgen: die Vergabestelle hat vielmehr den Hintergrund der Preisabweichung aufzuklären und das Angebot dann auszuschließen, wenn der Bieter die Abweichung nicht im Einzelnen nachvollziehbar erklären und belegen kann[148].

Die reell kalkulierten Angebote kommen in die engere Wahl aller Angebote und sind nunmehr der vierten und letzten Wertungsstufe, der Auswahl des annehmbarsten Angebots, zuzuführen.

Unter den in die engere Wahl kommenden Angeboten ist gem. §§ 97 Abs. 5 GWB, 25 Nr. 3 Abs. 3 VOB/A das unter Berücksichtigung aller Gesichtspunkte wie z. B. Preis, Ausführungsfrist, Betriebs- und Folgekosten, Gestaltung, Rentabilität oder technischer Wert wirtschaftlichste zu wählen; der niedrigste Angebotspreis ist hierbei ausdrücklich nicht alleine entscheidend. Dies bedeutet jedoch umgekehrt, dass unter inhaltlich identischen Angeboten letztlich nur der Preis alleine entscheiden kann.

---

[142] d. h.: gesetzliche Regelungen in anderen Vorschriften (z. B. § 6 AEntG, § 5 SchwarzarbG), die einen längerfristigen grundsätzlichen Ausschluss von Öffentlichen Vergaben ermöglichen, bleiben hiervon unberührt!

[143] grds. zulässig nach OLG Düsseldorf, Verg 10/00; a:A. wohl der EuGH, Rs. C-314/01 für EU-weite Vergaben; auf die Haltung vieler öffentlicher Auftraggeber, sowohl (politisch gewünscht) Ausführung durch Eigenpersonal als auch (budgetbedingt) Preise, die auf mittel-/osteuropäisches („MOE"-) Personal zugeschnitten sind, zu erwarten, soll hier nicht weiter eingegangen werden.

[144] fraglich ist hierzu, ob die Vorschrift nur den Auftraggeber und dessen Interesse an einer ordentlichen Leistungserbringung zu schützen hat oder auch Mitkonkurrenten (so wohl OLG Düsseldorf, Verg 28/00; OLG Celle, 13 Verg 1/99) bzw. evtl. sogar den anbietenden Bieter

[145] nicht notwendig am „Mittelpreis" der Mitbieter zu orientieren!

[146] so z. B. OLG Celle, 13 Verg 12/01; BayObLG, Verg 13/02; BayObLG, Verg 4/00

[147] BayObLG, Verg 4/00; OLG Celle, 13 Verg 12/01; zu spekulativen Einheitspreisen siehe auch oben unter Fußnote 102!

[148] wobei z. B. die Erklärung, es handle sich um „Kampfpreise" zur Markteindringung, nicht ausreichend sein kann, VK Düsseldorf, VK 17/99; leider scheinen jedoch in Zeiten leerer Kassen viele öffentliche Auftraggeber sich völlig aus dem Rahmen fallende Niedrigpreise durchaus willig gefallen zu lassen, statt die für einen solchen Fall gebotenen Konsequenzen der VOB/A zu ziehen

Für EU-weite Vergaben schreibt § 10a VOB/A darüber hinaus vor, dass den Bietern zwingend die anzuwendenden Wertungskriterien mitzuteilen sind. Unterlässt der Auftraggeber die Nennung der Vergabekriterien in der Vergabebekanntmachung und den Vergabeunterlagen, darf er keine weiteren Kriterien als den Preis bei der Wertung berücksichtigen[149]; eine nachträgliche Einführung von Wertungskriterien ist unzulässig[150].

(Auch im Rahmen nationaler Vergaben nach Abschnitt 1 der VOB/A dürfte es gegen die Grundsätze von Gleichbehandlung und Transparenz verstoßen, wenn nach den Verdingungsunterlagen nicht zu erwartende und in den Basisparagrafen der VOB/A nicht vorgesehene Wertungskriterien zur Anwendung kommen würden.)

Grundsätzlich unzulässig sind vergaberechtsfremde Kriterien ohne gesetzliche Grundlage wie z. B. Ortsansässigkeit, Ausbildungsquote, Frauenbeschäftigungsförderung usw.; in wie weit Kriterien mit landes- oder bundesgesetzlicher Grundlage (wie z. B. Mittelstandsförderung, Schwerbehindertenförderung oder Einhaltung von Tariflöhnen) zulässig sind, erscheint zumindest für EU-weite Vergaben sehr fraglich, teilweise steht hier aber auch die Verfassungskonformität hinsichtlich nationaler Vergaben in Frage.

Während der Auftraggeber bei der Auswahl des in einer wirtschaftlichen Gesamtschau günstigsten Angebotes einen erheblichen Beurteilungs- und Ermessensspielraum (innerhalb der zulässigerweise und sachgerecht angewandten Wertungskriterien) hat, steht ihm kein Spielraum zu, soweit nur das Kriterium des Preises Anwendung findet: hier ist ausschließlich nach dem rechnerisch niedrigsten Angebotspreises zu entscheiden.

Zulässige Nebenangebote sind anhand der gleichen Kriterien wie die eingegangenen Hauptangebote zu werten; bedingte Nachlässe oder unbedingte Nachlässe, die nicht an der in den Verdingungsunterlagen bezeichneten Stelle ausgewiesen sind, sind nicht zu werten. Nebenangebote müssen dann bei der Wertung unberücksichtigt bleiben, wenn sie bei Angebotsabgabe noch so allgemein oder unsubstanziiert waren, dass sich der Auftraggeber zu diesem objektiv Zeitpunkt kein abschließendes Bild über die Gleichwertigkeit machen konnte[151]- diese (evtl. technisch fortschrittsbehindernde)[152], restriktive Handhabung muss aus Gründen der Chancengleichheit strikt durchgehalten werden.

## 6.10 Beendigung des Vergabeverfahrens durch Zuschlag (ausnahmsweise: Aufhebung der Vergabe)

Unter eng begrenzten Ausnahmevoraussetzungen kann das Vergabeverfahren ohne Beauftragung eines Angebots durch Aufhebung der Ausschreibung beendet werden. Die Aufhebung ist ausnahmsweise zulässig[153], wenn

- kein eingegangenes Angebot den Ausschreibungsbedingungen entspricht[154]

---

149 VK Nordbayern, 320.VK-3194-16/03

150 dies gilt auch für funktionale Ausschreibungen, OLG Frankfurt/Main, 11 Verg 1/01, und auch für landesrechtlich vorgeschriebene Wertungskriterien, z. B. aus Landesvergabegesetzen, OLG Naumburg, 1 Verg 19/01

151 OLG Naumburg, 1 Verg 4/00; OLG Brandenburg, VergW 6/02; OLG Koblenz, 1 Verg 4/02; OLG Koblenz, 1 Verg 7/03

152 da verständlicherweise jeder Bieter weiterreichende Auslagen zum Nachweis der Gleichwertigkeit scheut, bevor sich sein Angebot nicht zumindest in der engeren Wahl befindet

153 siehe § 26 Nr. 1 VOB/A, wobei jedoch (BGH, X ZR 150/99) an die erforderlichen Gründe ein strenger Maßstab anzulegen ist

- die Verdingungsunterlagen grundlegend geändert werden müssen[155]
- andere schwerwiegende Gründe[156] es erfordern

Der Auftraggeber hat die für die Verfahrensaufhebung geltend gemachten Gründe zumindest stichpunktartig mitzuteilen (d. h.: konkrete Tatsachen, nicht nur rechtliche, formelhafte Wendungen). Auch die Rechtmäßigkeit einer Aufhebung des Vergabeverfahrens ist vergaberechtlich überprüfbar[157], die Vergabestelle kann jedoch die von ihr erklärte Aufhebung auch wieder selbst rückgängig machen[158]. Auch gegen eine unrechtmäßige Aufhebung und daran anschließende Neuausschreibung muss jeweils unverzügliche eine Rüge an den Auftraggeber erfolgen[159].

Selbst die nicht gemäß VOB/A rechtmäßige Aufhebung der Ausschreibung beendet das Vergabeverfahren (ohne Zuschlag), da der Auftraggeber wohl selbst im Falle vergaberechtlicher Nachprüfung nicht zum Vertragsschluss gezwungen werden kann[160]; er macht sich in diesem Fall jedoch zumindest gegenüber dem Bieter, der nachweislich das annehmbarste Angebot abgegeben hat, schadensersatzpflichtig[161].

Nicht mehr im Wettbewerb befindliche Bieter sind unverzüglich, spätestens mit Zuschlag, von der Nichtberücksichtigung ihres Angebots zu informieren[162]; auf ihren Antrag hin ist ihnen innerhalb von 15 Kalendertagen die Nichtberücksichtigung zu begründen. Anlagen zum Angebot sind auf Antrag zurückzugeben und dürfen, wie auch das nicht berücksichtigte Angebot selbst, nicht anderweitig verwertet werden. Bei EU-weiten Vergaben kann der Zuschlag erst mindestens 14 Tage nach Absendung eines Informationsschreibens an alle nicht berücksichtigten Bieter wirksam erfolgen[163], in welchem diesen der Name des zur Vergabe vorgesehenen Bieters und der Grund ihrer Nichtberücksichtigung mitgeteilt wird. Eine Nichtbeachtung der letztgenannten Vorschrift macht den Zuschlag unwirksam. Die Nichtigkeitsfolge muss auch dann eintreten, wenn sich die Vergabestelle im Vorfeld der Beauftragung ihrer Ausschreibungsverpflichtung gänzlich entzogen hat[164].

Mit dem Zuschlag, der rechtlich die Annahme des ausgewählten Bieterangebots bedeutet und innerhalb der Zuschlags- sowie Bindefrist zu erfolgen hat, kommt der Vertrag mit dem aus-

---

[154] was bei -teils bis zur Unübersichtlichkeit mit Erklärungen, Nachweisen etc. überfrachteten- Verdingungsunterlagen (selbst bei technisch an sich ordnungsgemäßen Angeboten) durchaus vorkommen kann

[155] wobei ausschließlich nach Versendung der Verdingungsunterlagen eingetretene und vom Auftraggeber nicht (z. B. durch unsorgfältige Planung) zu vertretende Gründe zu berücksichtigen sind

[156] sehr restriktiv zu handhabender Ausnahmetatbestand, der vom Auftraggeber entsprechend detailliert darzulegen sein wird; die meisten hier denkbaren gerechtfertigten Gründe dürften entweder durch Planungsdefizite des Auftraggebers verschuldet, systematisch bereits bei den vorangegangenen Wertungsstufen zu berücksichtigen oder unter die voranstehenden 2 Aufhebungsgründe einzureihen sein

[157] BGH, X ZB 43/02; OLG Hamburg, 1 Verg 3/02

[158] OLG Bremen, Verg 2/02

[159] OLG Koblenz, 1 Verg 1/03

[160] BGH, X ZR 232/00; KG, KartVerg 16/02; OLG Celle, 13 Verg 9/03

[161] nach BGH, X ZR 282/02 jedoch in Höhe des entgangenen Gewinns nur, wenn der Auftrag letztendlich vergeben wird; ansonsten i. d. R. nur in Höhe der Angebotskosten

[162] § 27 Nr. 1, 2 VOB/A

[163] § 13 VgV; dies soll dem Bieter die Prüfung evtl. vergaberechtlicher Schritte ermöglichen, weshalb auch ein knapp gehaltenes Informationsschreiben konkrete Sachverhaltsangaben enthalten muss und sich nicht auf allgemeine Formelwendungen (z. B. „nicht das wirtschaftlichste Angebot abgegeben") beschränken darf, VK Sachsen, 1/SVK/030-03

[164] VK Bund, VK 1-35/03; OLG Düsseldorf, Verg 67/02

gewählten Bieter auf Basis von dessen Angebot zustande[165]. Eine besondere Vertragsurkunde ist in diesem Fall nicht erforderlich, es sei denn, der Vertragsinhalt wäre z. B. zur Formwirksamkeit notariell zu beurkunden[166]. Soll das Angebot verspätet, unter Erweiterungen, Einschränkungen oder Änderungen angenommen werden (was vergaberechtlich regelmäßig nur bei Freihändiger Vergabe oder Verhandlungsverfahren zulässig sein wird), ist das Einverständnis des Bieters hierzu erforderlich[167].

Über die Vergabe ist ein Vergabevermerk zu fertigen, der die einzelnen Stufen des Vergabeverfahrens, maßgebliche Feststellungen des Auftraggebers und tragende Begründungen seiner jeweiligen Entscheidungen enthält. Dieser Vergabevermerk dient im Falle einer evtl. späteren Vergabenachprüfung mitsamt den Bieterangeboten als wichtigste Beurteilungsgrundlage für die Entscheidung über die Rechtmäßigkeit von Vergabeverfahren und Vergabeentscheidung. Nicht ordnungsgemäß dokumentierte Vergabeentscheidungen sind unwirksam und in geänderter Besetzung des Vergabegremiums zu wiederholen[168].

Um jedem nicht berücksichtigten Bieter die Nachprüfung der Vergabeentscheidung zu ermöglichen, hat der Auftraggeber bereits in der Bekanntmachung und den Vergabeunterlagen die zuständige Nachprüfungsstelle mitzuteilen.

## 6.11 Die Nachprüfung der Vergabe öffentlicher Bauaufträge

Der Vergaberechtsschutz ist derzeit zweigleisig geregelt und richtet sich danach, ob der maßgebliche Schwellenwert von derzeit grundsätzlich 5 Mio. EUR[169] überschritten wird:

Unterhalb des Schwellenwerts können die Vergabevorschriften der VOB/A (Abschnitt 1) sowie evtl. Haushaltsvorschriften[170] bzw. Auflagen aus Zuwendungsbescheiden o. ä. nur mittelbar, d. h. durch Einwirkung auf die Aufsichtsbehörden der Vergabestellen oder (soweit noch vorhanden) Vergabeprüf- und Vergabeüberwachungsausschüsse durchgesetzt werden. Ein einklagbares Recht der Bieter auf Einhaltung vergaberechtlicher Vorschriften besteht nicht, lediglich die Möglichkeit einer informellen Rüge mit der Chance auf behördeninterne, aufsichtliche Maßnahmen. Der Bieter kann auf dem Rechtsweg im Falle von Verstößen allenfalls hieraus resultierende Schadensersatzansprüche durchsetzen[171] („Sekundärrechtsschutz").

Oberhalb des jeweils maßgeblichen Schwellenwerts (und damit derzeit beschränkt auf EU-weite Vergaben) bietet das Vergaberecht einen sog. „Primärrechtsschutz" mit „subjektiven Bieterrechten", was konkret bedeutet: der Bieter kann unmittelbar die Einhaltung bieterschützender Vorschriften vor den Vergabenachprüfungsinstanzen durchsetzen, ist also nicht auf spätere Schadensersatzansprüche beschränkt. Solche bieterschützenden Vorschriften sind insbesondere Bestimmungen[172], die

---

[165] §§ 28 Nr. 2, 29 Nr. 1 VOB/A

[166] § 29 Nr. 1 VOB/A i. V. m. etwa § 311b BGB, § 11 ErbbRVO; Anwendungsfall: z. B. zu bestellende Erbbaurechte bei zu vergebenden Baukonzessionen gem. §§ 32, 32a VOB/A

[167] siehe § 150 BGB

[168] VK Sachsen, 1/SVK/23-01; VK Lüneburg, 203/Vgk-01/03

[169] siehe hierzu auch oben sowie oben unter Fußnoten 14ff.

[170] z. B. HGrG, BHO, LHO, GemHVO

[171] OLG Stuttgart, 2 U 240/01

[172] (ohne abschließende Vollständigkeit, in den Abschnitten 1 und 2 der VOB/A): grds. die §§ 2, 3, 3a, 4, 8, 8a, 9, 9a, 10, 10a, 11, 12, 14, 16, 17, 17a, 18, 18a, 19, 20, 21, 22, 23, 24, 25, 25a, 26, 26a, 27, 27a, 28, 28a, 30, 30a, 31, 32, 32a

- den fairen, chancengleichen Wettbewerb aller Bieter gewährleisten sollen
- den zulässigen oder vorgeschriebenen Inhalt der Ausschreibungsunterlagen regeln, um einen kalkulierbaren Leistungsinhalt ohne ungewöhnliche Wagnisse für den Bieter sicherzustellen sowie realistische und VOB/A-konforme Angebots- und Ausführungskonditionen zu gewährleisten
- die Wahl des systematisch richtigen Vergabeverfahrens regeln
- den Ablauf eines transparenten Vergabeverfahrens bei Gleichbehandlung aller Bieter festlegen,

wobei der Kreis der bieterschützenden Vorschriften im Zweifel weit zu ziehen ist: außer Betracht zu bleiben haben allenfalls verwaltungsinterne Formvorschriften sowie haushaltsrechtliche Verwaltungsregelungen.

Zuständig[173] für die Überprüfung der Vergabe öffentlicher Aufträge sind erstinstanzlich die Vergabekammern[174]. Die Vergabekammern überprüfen sämtliche gerügten Vergabeverstöße einschließlich eventueller Feststellung einer stattgefundenen Verletzung von Bieterrechten. Für die Feststellung und Titulierung hieraus resultierender Schadensersatzansprüche ist weiterhin der ordentliche Zivilrechtsweg vorgegeben.

Auch wenn im erstinstanzlichen Verfahren vor den Vergabekammern die Vertretung durch einen Rechtsanwalt nicht vorgeschrieben ist, sollte (aufgrund der komplexen vergaberechtlichen Materie und der im Fluss befindlichen Entscheidungspraxis der Nachprüfungsinstanzen) spätestens zur Einleitung eines solchen Verfahrens fachkundiger Rat in Anspruch genommen werden.

Die Vergabekammern sind mit einem Vorsitzenden und zwei Beisitzern, von denen einer als ehrenamtlicher Beisitzer fungiert, besetzt, die für die Dauer von fünf Jahren bestellt sind. Sie sind nicht weisungsgebunden, jedoch kein Gericht, sondern ausschließlich der öffentlichen Verwaltung angegliedert. Die Zuständigkeit ist in § 18 VgV geregelt; bei überwiegender Beherrschung, Aufsicht oder Finanzierung des Auftraggebers durch den Bund ist die Vergabekammer des Bundes beim Bundeskartellamt zuständig.

Ein Nachprüfungsverfahren wird vor der Vergabekammer nur auf schriftlichen Antrag eines Bieters („Antragsteller") eingeleitet.

Antragsbefugt[175] ist das Unternehmen, das ein Interesse am Auftrag hat und eine Verletzung seiner Rechte durch Nichtbeachtung bieterschützender Vergabevorschriften geltend macht. Weiter muss dargelegt werden, dass dem Unternehmen aus der Rechtsverletzung ein Schaden droht, was voraussetzt, dass das Unternehmen noch Chancen auf einen Zuschlag haben konnte[176]. Nach einem rechtswirksamen Zuschlag findet ein Nachprüfungsverfahren nicht mehr statt, es kommen auch bei Vergaben oberhalb der EU-Schwellenwerte nur noch Schadensersatzansprüche in Betracht[177].

---

[173] nach § 102 GWB

[174] die nach § 17 VgV, §§ 10 Nr. 5s), 31 bzw. 31a VOB/A vom Auftraggeber bereits in der Vergabebekanntmachung als jeweils zuständige anzugeben sind

[175] gemäß § 107 GWB

[176] OLG Frankfurt/Main, 11 Verg 1/01; fehlt es daran, darf die Vergabekammer den gerügten Verstößen nicht weiter nachgehen, OLG Jena, 6 Verg 3/02; strittig ist, ob ein Angebot abgegeben werden musste- ja: OLG Koblenz, 1 Verg 1/00; nein, falls gerade der Verstoß der Abgabe eines kalkulierbaren Angebots entgegenstand OLG Düsseldorf, Verg 40/01

[177] BGH, X ZB 14/00

Um dem Auftraggeber die Chance der Heilung von Verfahrensverstößen zu geben und unnötige Vergabeverzögerungen durch Nachprüfungsverfahren zu vermeiden, muss der Bieter unverzüglich nach dem Erkennen[178] möglicher Rechtsverletzungen diese beim Auftraggeber rügen; Verstöße, die sich aus der Vergabebekanntmachung[179] ergeben, sind unverzüglich[180], jedoch spätestens mit Angebotsabgabe zu rügen. Die Rüge muss der Vergabestelle deutlich vor Augen führen, dass die Rüge die letzte Chance zur Korrektur der beanstandeten, falschen Entscheidung bieten soll[181]. Eine Nichtbeachtung dieser Rügevorschrift hat den Ausschluss der Geltendmachung dieses Verstoßes („Präklusion"), ggf. deshalb die Unzulässigkeit des gesamten Nachprüfungsantrags, zur Folge (wenn sich dieser ausschließlich auf den zu spät gerügten Verstoß bezog). Während des bereits laufenden Vergabenachprüfungsverfahrens (z. B. im Rahmen der Akteneinsicht) erkannte Verstöße brauchen dagegen nicht mehr gegenüber dem Auftraggeber gerügt werden.

Die Rügeobliegenheit stellt einen zentralen Punkt der Mitwirkung des Bieters an einem beschleunigten und vergaberechtskonformen Vergabeverfahren dar; ihre Verletzung ist einer der häufigsten formellen Gründe für erfolglose Vergabenachprüfungsverfahren[182].

Der Antrag muss als inhaltliche Mindestanforderungen die Bezeichnung von Antragsteller und Antragsgegner, eine Beschreibung der angeblichen Rechtsverletzung samt verfügbarer Beweismittel und grundsätzlich den Nachweis einer rechtzeitig erfolgten Rüge enthalten[183], sie soll zweckmäßigerweise die Nennung des Bauvorhabens bzw. der Ausschreibung sowie möglicher sonstiger Beteiligter (z. B. vorgesehener Auftragnehmer, soweit bekannt) enthalten.

Die Vergabekammer stellt den eingegangenen Antrag, soweit er nicht offensichtlich unzulässig oder offensichtlich unbegründet ist, unverzüglich an den Auftraggeber sowie mögliche weitere Beteiligte („Beizuladende"[184]), welche sich in der Regel aus weiter ernsthaft in Betracht kommenden Bietern zusammensetzen, zu. Mit Zustellung des Antrags an den Auftraggeber tritt der Suspensiv-Effekt[185] ein, der Zuschlag darf nun bis zur Entscheidung der Vergabekammer und Ablauf von 2 Wochen nach der daran anschließenden Beschwerdefrist nicht mehr erfolgen. (Das Zuschlagsverbot endet danach bei Fortführung des Nachprüfungsverfah-

---

178 „erkannt" sind nach OLG Frankfurt/Main, 11 Verg 7/03, OLG Naumburg, 1 Verg 12/03, Verstöße, sobald ein Sachverhalt den Schluss auf eine mögliche Vergaberechtsverletzung erlaubt und eine Beanstandung gerechtfertigt erscheinen lässt; der bloße Verdacht zwingt den Bieter noch nicht zu einer Rüge, OLG Düsseldorf, Verg 57/02

179 in § 107 Abs. 3 S. 2 GWB ist nur von in der „Bekanntmachung" enthaltenen Verstößen die Rede (ebenso OLG Düsseldorf, Verg 2/01); es ist jedoch ratsam, auch in den Verdingungsunterlagen enthaltene Verstöße schriftlich unverzüglich beim Auftraggeber zu rügen; ähnlich OLG Frankfurt/Main, 11 Verg 7/03

180 „unverzüglich" bedeutet nach vergaberechtlicher Entscheidungspraxis im Regelfall 1-3 Tage (OLG Koblenz, 1 Verg 4/03), in komplexen Fällen mit anwaltlichem Beratungsbedarf bis 2 Wochen als absolutes Maximum (OLG Düsseldorf, Verg 1/99); Fristbeginn ist die Kenntniserlangung vom Vergabeverstoß, was bei vergabewidrigem Inhalt der Verdingungsunterlagen wohl selten (glaubhaft) ein Zeitpunkt erst kurz vor Angebotsabgabe sein dürfte!

181 VK Lüneburg, 203-VgK-23/2003

182 wie weitgehend die Verpflichtung geht, mag anhand des folgenden Beispiels verdeutlicht werden: selbst der zur Vergabe vorgesehene(!) Bieter hat die Nichtberücksichtigung evtl. Nebenangebote zu rügen, da er sich ansonsten (z. B. im Falle des „Überholtwerdens" durch einen Konkurrenten im Wege der Vergabenachprüfung mit dessen Nebenangeboten) nicht mehr darauf berufen könnte, bei richtiger Wertung wäre letztendlich er mit seinen – bislang unberücksichtigten – Nebenangeboten wieder günstigster Bieter (VK Niedersachsen, VK 09/2003)

183 § 108 GWB

184 § 109 GWB

185 gemäß § 115 Abs. 1 GWB

rens durch den unterlegenen Bieter in der zweiten Instanz jedoch, wenn nicht Antrag auf Verlängerung der aufschiebenden Wirkung[186] gestellt und bewilligt wird).

Üblicherweise ist mit der Antragseinreichung ein vorläufiger Kostenvorschuss von 2.500,00 EUR zu entrichten.

Im Rahmen der Vergabeüberprüfung betreibt die Vergabekammer Ermittlungen von Amts wegen, d. h. auch nicht vom Beschwerdeführer gerügte Verstöße können der Entscheidung zugrunde gelegt werden, da die Vergabekammern unabhängig von Rügen und Anträgen auf die Rechtmäßigkeit des Vergabeverfahrens einwirken können[187]. Dessen ungeachtet hat der Bieter zur Verfahrenseinleitung jedoch die ernsthafte Möglichkeit einer Vergaberechtsverletzung darzutun[188] und glaubhaft zu machen, da ansonsten das Verfahren bereits als unzulässig abzuweisen wäre[189]. Hierzu werden unverzüglich die Akten bei der Vergabestelle angefordert und sind von der Vergabestelle vollständig zu übersenden[190].

Die Beteiligten haben im Vergabenachprüfungsverfahren Anspruch auf Akteneinsicht, soweit nicht Geschäftsgeheimnisse oder geheimhaltungsbedürftige Dokumente betroffen sind[191]; die Handhabung hierzu ist in den einzelnen Vergabekammern und -senaten sehr unterschiedlich[192].

In einem separaten Zwischenverfahren kann die Vergabekammer ausnahmsweise gestatten, den Zuschlag vorab zu erteilen, was eine Interessenabwägung voraussetzt[193]. Hiergegen kann der Antragsteller isoliert beim OLG (Vergabesenat) beantragen, das Zuschlagsverbot wiederherstellen zu lassen.

Entschieden wird nach mündlicher Verhandlung, soweit nicht die Beteiligten hierauf verzichten oder der Antrag vom Antragsteller vorher zurückgenommen wurde oder unzulässig bzw. offensichtlich unbegründet ist. In der Regel hat die Vergabekammer die Entscheidung[194] innerhalb von fünf Wochen nach Antragseingang zu treffen und zu begründen, ausnahmsweise ist eine gesondert von der Vergabekammer ausdrücklich und individuell zu begründende[195] Verlängerung dieser Frist möglich.

---

186 gemäß § 118 Abs. 1, 2 GWB

187 § 114 Abs. 1 S. 2 GWB; EuGH Rs C-315/01

188 unzulässig ist es, nur die Möglichkeit von Verstößen allgemein in den Raum zu stellen (OLG Koblenz, Verg 9/00, OLG Düsseldorf, Verg 24/01)

189 der letztendlich erforderliche Mindestumfang an erforderlichem Vorbringen ist noch umstritten: kann einerseits die pauschale Behauptung „Vergaberechtsverletzungen" ohne konkreten Sachvortrag nicht genügen, würden überspannte Anforderungen solche Vergabestellen begünstigen, die Informationen während des Verfahrens möglichst zurückhalten: der Bieter könnte dann Anhaltspunkte für Vergabefehler nicht gewinnen und ein Verfahren kaum einleiten bzw. müsste sich ausschließlich auf unzureichende Information (über Verfahren und Entscheidungsgründe) als Beschwerdegrund berufen

190 § 110 Abs. 2 GWB

191 § 111 GWB

192 nach OLG Jena, 6 Verg 10/02 ist das Geheimhaltungsbedürfnis nicht nur pauschal zu behaupten, sondern nachvollziehbar darzulegen, ein evtl. Einsichtsrecht ist dann jedoch auf den verfahrensgegenständlichen Angebotsteil beschränkt; nach OLG Frankfurt/Main, 11 Verg 3/01 besteht ein Einsichtsrecht ggf. auch in Nebenangebote des Konkurrenten; gem. VK Bund, VK1-29/99 können Preise von der Einsicht ausgenommen werden

193 gemäß § 115 Abs. 2 GWB (nach OLG Dresden, WVerg 4/01 grds. nicht wegen drohender wirtschaftlicher Schäden aufgrund Vergabeverzögerung); in der Praxis extrem restriktiv gehandhabt!

194 gemäß § 113 Abs. 1 GWB

195 die oft pauschal „wegen rechtlicher und tatsächlicher Schwierigkeit des Falles" formulierte Begründung dürfte, bei aller steigenden Arbeitsbelastung der Kammern, hierzu nicht tragfähig im Sinne des Gesetzes sein

Die Vergabekammer ist in ihrer Entscheidung nicht an die Anträge gebunden. Auch eigentlich präkludiertes Vorbringen (eines im Übrigen zulässigen Antrags, der sich also nicht ausschließlich auf einen verspätet gerügten Verstoß bezieht) kann daher verwertet werden. Auch das Angebot des Antragstellers(!) kann bei Vorliegen der hierfür erforderlichen Voraussetzungen unter Umständen seitens der Vergabekammer als von der Wertung ausgeschlossen von der Vergabe ausgenommen werden, falls dieser z. B. wegen ihn treffender Ausschlussgründe für eine Vergabe ohnehin nicht in Frage käme.

Die Entscheidung der Vergabekammer ergeht als Verwaltungsakt und kann alle Maßnahmen zur Beseitigung der Rechtsverletzung umfassen; bei zwischenzeitlicher Erledigung (z. B. Zuschlag, Aufhebung der Ausschreibung) kann die Vergabekammer[196] die Bieterrechtsverletzung bindend feststellen, um eine Geltendmachung von Schadensersatz vor den ordentlichen Zivilgerichten zu erleichtern[197].

Die Rechtsmittelinstanz gegen die Entscheidungen der Vergabekammer ist der Vergabesenat (3 Berufsrichter) vor dem für die Vergabekammer zuständigen Oberlandesgericht (in Bayern bislang: Bayerisches Oberstes Landesgericht). Das statthafte Rechtsmittel ist die so genannte „Sofortige Beschwerde". Die Beschwerdeschrift ist von einem in der BRD zugelassenen Rechtsanwalt innerhalb von zwei Wochen ab Zustellung der Entscheidung der Vergabekammer beim Beschwerdegericht einzureichen. Angefochten werden können auch selbständige Nebenentscheidungen (z. B. über Kosten) oder eine Nichttätigkeit der Vergabekammer innerhalb der gesetzlichen 5-Wochen-Frist.

Die sofortige Beschwerde ist zugleich mit ihrer Einlegung fristgerecht zu begründen, was die Erklärung über den Anfechtungsumfang sowie die Angabe von Tatsachen und Beweismitteln, auf die sich die Beschwerde stützt, umfasst. Die erstinstanzliche Entscheidung wird bis zum Abschluss des Beschwerdeverfahrens (oder einer eventuellen Antragsrücknahme) suspendiert.

Soweit der Nachprüfungsantrag durch die Vergabekammer hinsichtlich der gerügten Vergabeabsicht zurückgewiesen wurde, muss beim Vergabesenat die Verlängerung der aufschiebenden Wirkung beantragt werden, soll der Zuschlag weiterhin untersagt sein. Hierüber entscheidet der Vergabesenat im Rahmen einer summarischen Prüfung, wobei dieser Antrag nur in Ausnahmefällen zurückzuweisen sein wird.

Die Parteien (und Beigeladenen) in der Beschwerdeinstanz sind regelmäßig die gleichen wie vor der Vergabekammer, auch in diesem Verfahren gilt der Amtsermittlungsgrundsatz.

Auf Antrag des Auftraggebers kann ein Eilverfahren[198] über die Vorabgestattung des Zuschlags stattfinden, welcher in fünf Wochen entschieden sein muss; unterliegt der Auftraggeber jedoch hiermit, ist das Vergabeverfahren des Auftraggebers zehn Tage nach Zustellung der Entscheidung kraft Gesetzes beendet[199] und muss ggf. wiederholt werden.

Ansonsten entscheidet der Vergabesenat entweder in der Hauptsache oder verpflichtet die Vergabekammer zur erneuten Entscheidung unter Berücksichtigung der Auffassung des Vergabesenats. Unzulässige oder unbegründete Beschwerden werden durch Beschluss verworfen. Auch die Rechtsverletzung des Bieters kann festgestellt werden, um die Durchsetzung von Schadensersatzansprüchen vor den Zivilgerichten zu erleichtern.

---

[196] nach § 114 Abs. 2 GWB

[197] gem. § 124 Abs. 1 GWB Bindungswirkung dem Rechtsgrund nach (Feststellung einer Vergaberechtsverletzung), vorbehaltlich der Festlegung der Anspruchshöhe durch den Zivilrechtsweg

[198] gemäß § 121 GWB

[199] gemäß § 122 GWB

Will ein Vergabesenat in grundlegenden Punkten bzw. tragenden Entscheidungsgründen von einem anderen Vergabesenat abweichen, hat er die Frage dem BGH zur Entscheidung vorzulegen („Divergenzvorlage"[200]).

Bei vorsätzlich missbräuchlicher Inanspruchnahme des Nachprüfungsverfahrens kann sich der Antragsteller schadensersatzpflichtig[201] machen. Eine Schadensersatzpflicht des Auftraggebers[202] gegenüber Bietern, die eine echte Chance auf den Zuschlag gehabt hätten, besteht im Falle von Bieterrechtsverletzungen ggf. in Höhe der Kosten für die Vorbereitung des Angebots oder der Teilnahme am Vergabeverfahren. Kann ein Bieter nachweisen, bei Einhaltung der Vergabebestimmungen den Zuschlag erhalten zu haben, kommt Schadensersatz auch für entgangenen Gewinn aus dem Gesichtspunkt vorvertraglichen Verschuldens („c.i.c.") in Frage[203] (vor dem Zivilgericht durchzusetzen).

Die Kosten des Vergabeüberprüfungsverfahrens trägt die jeweils unterliegende Partei, was bei vielen Beteiligten und mehreren Instanzen u. U. zu sehr kompliziert zu splittenden Kostenentscheidungen führen kann.

Zusammenfassend ist zum derzeitigen Stand des Vergaberechts festzuhalten, dass auch eine eingehende Beratung durch einen vergaberechtlich spezialisierten Rechtsanwalt in manchen Fällen das (aufgrund der oft erheblichen Streitwerte nicht unerhebliche!) Kostenrisiko nicht völlig ausschließen kann: auch der Fachjurist kann aufgrund der teilweise noch nicht einheitlich gefestigten Entscheidungspraxis und einiger noch nicht abschließend geklärter Rechtsprobleme nicht immer eine zuverlässige Prognose zum Ausgang eines eventuellen Vergabeverfahrens geben.

Der Bieter sollte jedoch insbesondere folgende 2 Kardinalfehler stets zuverlässig vermeiden, die oft zum negativen Ausgang eines Vergabenachprüfungsantrags führen und auch im Falle späterer, fachkundiger Beratung im Regelfall nicht mehr zu heilen sind; er sollte:

- jeden möglichen Vergabeverstoß (gleich ob durch Angaben bzw. Anforderungen der Vergabeunterlagen oder durch Handlungen im Laufe des Vergabeverfahrens) sofort nach dem Auftauchen von Verdachtsmomenten für eine Unrechtmäßigkeit bei der Vergabestelle schriftlich rügen!
- die sorgfältige und detaillierte Beachtung und eindeutiges Ausfüllen der Vergabeunterlagen samt dort verlangter Angaben gewährleisten (in Zweifelsfällen: Aufforderung zur schriftlichen Erläuterung oder – bei Verdacht auf vergaberechtswidrigen Inhalt – entsprechende schriftliche Rüge bei der Vergabestelle)

[200] gemäß § 124 Abs. 2 GWB; BGH X ZB 44/02
[201] gemäß § 125 GWB
[202] nach § 126 GWB
[203] OLG Düsseldorf, U(Kart) 9/00; OLG Dresden, 20 U 1544/03

## 6.12 Ausblick: zukünftige Entwicklung des deutschen Vergaberechts

Aufgrund neu erlassener EU-Richtlinien[204] zum reformierten, EU-weiten Vergaberecht wird – bereits wenige Jahre nach Einführung des vorstehend skizzierten deutschen Vergaberechts-eine grundlegende Überarbeitung notwendig, die zum 31.01.2006 abgeschlossen sein muss, um die EU-rechtlich vorgegebene Umsetzung in nationales Recht zu erreichen.

Wichtigste Neuerungen werden die Möglichkeit zur Heraufsetzung des Schwellenwerts auf (im Baubereich) bis zu 6,242 Mio. EUR sowie zur Einführung neuer Vergabeformen (z. B. sog. „wettbewerblicher Dialog“ sein.

Die bei Drucklegung dieses Beitrags vorliegenden 2 Arbeitsentwürfe[205] des BMWA zur Umsetzung der EU-Richtlinien rechtfertigen, insbesondere aufgrund

- der geplanten Abschaffung der VOB/A oberhalb der Schwellenwerte
- der Unanwendbarkeit der haushalts- und vergaberechtlichen Vorschriften für alle Vergaben unterhalb eines Wertes von 7.500 EUR
- der zukünftig wegfallenden Bindung an Öffentliche Ausschreibung/ Offenes Verfahren als vorrangige Vergabearten
- der zukünftig wegfallenden Anwendbarkeit der VOB/A für Sektorenauftraggeber unterhalb des Schwellenwerts
- der vorgesehenen wesentlichen Reduzierung der vorgeschriebenen Anforderungen an eine ordnungsgemäße Ausschreibung (bisheriger § 9 VOB/A)

die Besorgnis größerer Unübersichtlichkeit (nationale Ausschreibung: VOB/A; EU-weite Ausschreibung: GWB), reduzierter Transparenz der Vergaben und verringerter Qualität der Ausschreibungen der öffentlichen Hand. Letztlich lässt sich Endgültiges hierzu jedoch zum Zeitpunkt der Drucklegung noch nicht aussagen.

---

[204] Ri. 2004/18/EG (VKR); Ri. 2004/17/EG (SKR)

[205] mit Änderungen für den Gesetzesbereich (GWB, HGrG, BHO) einerseits, den Verordnungsbereich (VgV) andererseits

# 7 Illegale Beschäftigung am Bau

Rechtsanwältin Dr. Gina Greeve, Frankfurt

## 7.1 Vorbemerkung

Die illegale Beschäftigung von Arbeitnehmern stellt nicht nur ein Problem für den unmittelbaren Arbeitgeber von auf der Baustelle beschäftigten Arbeitnehmern dar. Vielmehr sehen eine Reihe von gesetzlichen Regelungen sowohl in bußgeldrechtlicher wie auch in zivilrechtlicher bzw. arbeits- und sozialrechtlicher Hinsicht eine Haftung für den (General)-Unternehmer (GÜ/GU/Hauptunternehmer) vor. Die Verantwortung geht teilweise bis hin zu einer verschuldensunabhängigen Durchgriffshaftung und reicht bis zum letzten auf der Baustelle tätigen Nachunternehmer bzw. deren Arbeitnehmer. Dem beauftragenden Unternehmen obliegen daher zahlreiche Kontrollpflichten, deren Nichteinhaltung im Falle von Verstößen gegen gesetzliche Bestimmung durch ihn selbst oder aber durch die nachgeschalteten Nachunternehmer zu erheblichen Sanktionen führen kann. Es drohen neben erheblichen Geldbußen für das Unternehmen als juristische Person ebenfalls Geldbußen für die einzelnen verantwortlich Handelnden sowie der Ausschluss von (konzernweiten) öffentlichen Aufträgen. Darüber hinaus kann ebenfalls die Gefahr der Begehung von Straftaten bestehen. Auferlegte Kontrollpflichten, die eine Bebußung oder Bestrafung verhindern müssen, beginnen bereits vor Auftragserteilung mit Auswahl des bzw. der jeweiligen Nachunternehmer. Grundvoraussetzung hierfür ist ohnehin, dass eine effektive Umsetzung von Kontrollrechten damit beginnt, dass diese zunächst vertraglich wirksam eingeräumt sind. Die Verantwortung wegen illegaler Beschäftigung am Bau erfordert daher insgesamt sowohl zivilrechtliche wie auch straf- und bußgeldrechtliche Präventivmaßnahmen, die aufeinander abgestimmt werden müssen.

## 7.2 Straf- und bußgeldrechtliche Verantwortung des Unternehmens und der verantwortlich Handelnden

### 7.2.1 Gesetzlicher Hintergrund der Haftung des Unternehmens als juristische Person und von Unternehmern bzw. Geschäftsleitung/verantwortlich Handelnden

Gegen eine juristische Person oder Personenvereinigung kann gemäß § 30 OWiG eine Geldbuße festgesetzt werden, wenn insbesondere jemand als vertretungsberechtigtes Organ einer juristischen Person, als Vorstand oder als Mitglied eines Vorstandes, als vertretungsberechtigter Gesellschafter oder einer Personenhandelsgesellschaft oder als Generalbevollmächtigter oder in leitender Stellung als Prokurist oder als Handlungsbevollmächtigter einer juristischen Person eine Straftat oder Ordnungswidrigkeit begeht, durch die Pflichten, welche die juristische Person oder die Personenvereinigung treffen, verletzt worden sind oder die juristische Person oder die Personenvereinigung bereichert worden ist oder bereichert werden sollte. Voraussetzung für die Bebußung des Unternehmens ist folglich, dass ein Organ oder der

Vorstand bzw. die im Einzelnen in § 30 OWiG weiteren genannten Personen eine Straftat oder Ordnungswidrigkeit begangen haben, die nicht nur bei Gelegenheit der Aufgabenwahrnehmung im Unternehmen erfolgten.[1] Zu beachten ist hier, dass die Identität des Täters nicht feststehen muss. Voraussetzung ist nur, dass ein Verantwortlicher die Zuwiderhandlung vorwerfbar begangen hat. Hervorzuheben ist, dass als vorwerfbare Handlung bereits eine Ordnungswidrigkeit im Hinblick auf die Verletzung von Aufsichtspflichten gemäß § 130 OWiG ausreichend sein kann. Unter Verletzung von Pflichten nach § 30 OWiG, die die juristische Person treffen, ist neben der soeben genannten Verletzung der Aufsichtspflicht nach § 130 OWiG im Übrigen die Verletzung von betriebsbezogenen Pflichten gemeint.[2] Betriebsbezogene Pflichten sind solche, die sich aus dem jeweiligen Wirkungskreis der juristischen Person ergeben. Hierzu gehören in erster Linie Pflichten, die nach verwaltungsrechtlichen Gesetzen im Zusammenhang mit dem Wirkungskreis bestehen, und die juristische Person als Normadressat treffen. Als Normadressat betroffen ist die juristische Person insbesondere als Arbeitgeber und Gewerbetreibender sowie als Unternehmer, Eigentümer oder Auskunfts- und Meldepflichtiger. Zu beachten ist fernen, dass auch die für jedermann geltenden Pflichten für die juristische Person im Zusammenhang mit der Führung des Betriebes oder des Unternehmens betriebsbezogene Pflichten darstellen und eine Haftung der juristischen Person auslösen können. Festzuhalten ist diesbezüglich, dass zahlreiche Ge- und Verbote für die juristische Person bestehen, die eine Vielzahl von Pflichten begründen – insbesondere aufgrund von arbeits- und sozialrechtlichen Bestimmungen sowie steuerrechtlichen Vorschriften. [3]

Um dieser erheblichen Anzahl von Pflichten nachzukommen, sind der Betriebsinhaber/ Unternehmensinhaber bzw. die vertretungsberechtigten Organe/Geschäftsführer/Vorstand darauf angewiesen, die Einhaltung auf andere Personen im Unternehmen zu übertragen. Diese Delegation der Einhaltung der Pflichten führt jedoch dazu, dass der Unternehmensinhaber bzw. Vorstand oder Geschäftsführer, mithin die vertretungsberechtigten Personen, in der Regel nur noch die Pflicht zu Aufsichtsmaßnahmen haben, die wiederum sicherstellen soll, dass es zu keiner Verletzung betrieblicher Pflichten kommt. Im Falle einer Delegation darf der jeweilige Ressortleiter grundsätzlich auf die Erfüllung der obliegenden Pflichten durch den mit den Pflichten Betrauten vertrauen, solange kein Anlass zu Zweifeln besteht. Unabhängig hiervon obliegt den vertretungsberechtigten Personen aber immer die Pflicht zu Aufsichtsmaßnahmen. Wird die Aufsichtspflicht in Betrieben und Unternehmen verletzt, bedeutet dies eine Ordnungswidrigkeit gemäß § 130 OWiG, die ebenfalls zu einer Bebußung des Unternehmens als juristische Person gemäß § 30 Abs. 1 Nr. 1 OWiG führen kann.

Daneben besteht selbstverständlich – unabhängig von etwaigen Delegationen von Pflichten – generell die Pflicht zu notwendigen Aufsichtsmaßnahmen in Betrieben oder Unternehmen. Diese Pflicht trifft in erster Linie zunächst den Inhaber, also die juristische Person, die durch die Organe bzw. Geschäftsführung/Vorstand erfüllt werden muss.

Nach § 30 Abs. 1 OWiG handelt im Einzelnen ordnungswidrig, wer als Inhaber eines Betriebes oder Unternehmens vorsätzlich oder fahrlässig die Aufsichtsmaßnahmen unterlässt, die erforderlich sind, um in dem Betrieb oder Unternehmen Zuwiderhandlungen gegen Pflichten zu verhindern, die den Inhaber als solchen treffen oder deren Verletzung mit Strafe oder Geldbuße bedroht ist und durch gehörige Aufsicht verhindert oder wesentlich erschwert worden wären.

---

[1] Siehe hierzu z. B. BGH, NStZ 1997, S. 30 f.

[2] Siehe hierzu Göhler, § 30, Rdn. 16 ff.

[3] Siehe hierzu Göhler, § 30, Rdn. 18 ff.

Über die Verantwortung des Inhabers hinaus bestehen ebenso, wie bereits schon angeführt, Aufsichts- oder Kontrollpflichten für gesetzliche Vertreter des Betriebsinhabers. Dies ist insoweit ebenfalls in § 9 OWiG ausdrücklich vorgesehen. § 9 OWiG erweitert den zur Aufsicht verpflichteten Personenkreis, wonach beispielsweise auch die Vorstandsmitglieder einer Bau AG, Geschäftsführer bzw. geschäftsführende Gesellschafter einer GmbH oder Personenhandelsgesellschaft sowie sonstige beauftragte Personen, wie Niederlassungs- und Betriebsleiter, Sicherheitsbeauftragte, kaufmännische und technische Leiter/ggf. Abteilungsleiter zur Aufsicht verpflichtet sind. Über § 9 OWiG wird juristisch-technisch sichergestellt, dass die dort aufgeführten Vertreter/Beauftragten herangezogen werden können, wenn sie für den Inhaber tätig sind bzw. (vorwerfbar) untätig blieben. Sind mehrere Personen als Aufsichtspflichtige verantwortlich, so können gegen sie gesonderte Verfahren durchgeführt und Geldbußen festgesetzt werden.

Die Verletzung der Aufsichtspflicht in Betrieben und Unternehmen kann allein in dem Unterlassen der erforderlichen Aufsichtsmaßnahmen bestehen, aber auch darin begründet sein, dass die erforderlichen zumutbaren und geeigneten Aufsichtsmaßnahmen nicht genügend umgesetzt wurden oder lückenhaft sind.

Das Ausmaß der Aufsichtspflicht hängt schließlich von den Umständen des Einzelfalles ab, insbesondere von der Größe und Organisation des Betriebes bzw. Unternehmens, von der Vielfalt und Bedeutung der zu beachtenden Vorschriften und von den unterschiedlichen Überwachungsmöglichkeiten. Hervorzuheben ist insoweit, dass durchführbare, geeignete und zumutbare Organisationsmaßnahmen für die Beachtung der Rechtsordnung erforderlich sind.[4]

### 7.2.2 Ausdrückliche Unternehmerhaftung

Neben der zuvor erwähnten bußgeld- und strafrechtlichen Verantwortung des Unternehmens sowie der einzelnen Verantwortlichen im Unternehmen gemäß der §§ 30, 130, 9 OWiG besteht im Bereich der illegalen Beschäftigung am Bau eine Vielzahl weiterer ausdrücklicher Unternehmerhaftungen. Unternehmerhaftung meint hier die Haftung des **auftraggebenden** Unternehmens bezüglich der eingesetzten Nachunternehmer.

Gemäß § 404 Abs. 1 Nr. 2 SGB III besteht insoweit eine bußgeldrechtliche Haftung wegen mittelbarer illegaler Ausländerbeschäftigung seitens des auftraggebenden Unternehmens. Des Weiteren besteht eine Unternehmerhaftung nach § 5 Abs. 2 Arbeitnehmerentsendegesetz (AEntG). Auch hier ist vorgesehen, dass das auftraggebende Unternehmen in bußgeldrechtlicher Hinsicht dafür verantwortlich gemacht werden kann, wenn der Auftraggeber einen Nachunternehmer oder aber weitere Nachunternehmer tätig werden lässt, die gegen bestimmte Vorschriften des AEntG (Nichteinhaltung von tariflichen Mindestbedingungen) verstoßen. Darüber hinaus ist in § 1a AEntG sogar eine arbeits- und sozialrechtliche verschuldensunabhängige Durchgriffshaftung des auftraggebenden Unternehmens vorgesehen. Verschuldensunabhängige Durchgriffshaftung meint hier, dass unabhängig von den Maßnahmen, die ein auftraggebendes Unternehmen ergriffen hat, eine Haftung in jedem Fall bestehen bleibt. Praktisch bedeutet dies, dass durch die im AEntG festgelegten tariflichen Mindestbedingungen Regressansprüche an das auftraggebende Unternehmen gestellt werden können, dies zumeist seitens der Einzugsstelle für Sozialversicherungsbeiträge oder aber durch die Arbeitnehmer selbst (im Hinblick auf nicht gezahlte Mindestlöhne am Bau).

---

[4] Siehe hierzu im Einzelnen Greeve/Leipold-Greeve, Handbuch des Baustrafrechts, § 6, Rdn. 16 ff., § 40, Rdn. 1 ff. mwN.

Des Weiteren ist in § 2 Schwarzarbeitergesetz (SchwarzArbG) ebenfalls eine ausdrückliche Haftung des auftraggebenden Unternehmens vorgesehen für den Fall, dass Nachunternehmer ohne die erforderliche Eintragung in die Handwerksrolle tätig werden. Darüber hinaus ist mit dem Gesetz zur Eindämmung illegaler Beschäftigung im Baugewerbe in den §§ 48 ff. des Einkommensteuergesetzes (EStG) ein neues Steuerabzugsverfahren eingeführt worden, welches für alle Zahlungen, die nach dem 01.01.2002 erfolgen, gilt. Danach ist der Empfänger von Bauleistungen, soweit es sich hierbei um einen Unternehmer im Sinne des § 2 Umsatzsteuergesetz (UStG) oder eine juristische Person des öffentlichen Rechts handelt, verpflichtet, von jeder Zahlung einen Steuerabzug in Höhe von 15 % des Bruttobetrages vorzunehmen. Kommt der Leistungsempfänger (Auftraggeber) dieser Verpflichtung nicht nach, haftet er für die nicht oder zu niedrig einbehaltenen Beträge; zudem drohen Bußgelder bis zu 25.000,00 EUR. Daneben besteht die Haftung als auftraggebendes Unternehmen für die Abführung von Umsatzsteuer bei ausländischen Nachunternehmern gemäß § 13b Abs. 1 Satz 1 UStG.

Auch wurde durch das Haushaltbegleitgesetz 2004 mittlerweile in das Umsatzsteuergesetz eine neue Umsatzsteuerschuldnerschaft des Leistungsempfängers für bestimmte Werklieferungen und sonstige Leistungen eingefügt (§ 13 b Abs. 1 Satz 1 Nr. 4 UstG). Dies bedeutet, dass bei Erbringung von Bauleistungen gegenüber einem anderen Bauleistungsunternehmer für diese Leistungen ab dem 01.04.2004 der Leistungsempfänger Steuerschuldner der Umsatzsteuer ist. Der Leistungsempfänger ist daher ab diesem Zeitpunkt nur dann zum Vorsteuerabzug berechtigt, wenn er selbst die Umsatzsteuer für diese Leistungen abführt.

Mit dem Gesetz zur Erleichterung der Bekämpfung von illegaler Beschäftigung und Schwarzarbeit, welches am 01.08.2002 in Kraft getreten ist, ist schließlich eine Haftung des auftraggebenden Unternehmens für die Sozialversicherungsbeiträge eingeführt worden. Nach der Neuregelung des § 28e Abs. 3a–f SGB V haftet das auftraggebende Unternehmen zunächst für die vom unmittelbar beauftragten Nachunternehmer nicht abgeführten Sozialversicherungsbeiträge. Sofern ein Umgehungstatbestand in der Hinsicht angenommen werden kann, dass der unmittelbar beauftragte Nachunternehmer selbst keine Leistung erbringt und die obliegenden Leistungen an weitere Nachunternehmer vergibt, kommt auch eine Haftung für diese weiteren Nachunternehmer oder auch Verleiher in Betracht. Hervorzuheben ist, dass eine Beweislastumkehr gilt. Im Einzelnen bedeutet dies, dass das auftraggebende Unternehmen beweisen muss, die notwendigen Maßnahmen zur Kontrolle hinsichtlich des Nachunternehmers ergriffen zu haben. Kann er dies nicht nachweisen, verbleibt es bei einer Haftung für die Sozialversicherungsbeiträge. Offen blieb allerdings, wie ein solcher Nachweis im Einzelnen erbracht werden kann.

Auch vor dem Hintergrund der ausdrücklich gesetzlich festgelegten bußgeldrechtlichen und sonstigen Haftung (Durchgriffshaftung, arbeits- und sozialrechtliche Haftung) des auftraggebenden Unternehmens für Nachunternehmer ist es zwingend erforderlich, die obliegenden Pflichten überhaupt zu kennen und im Weiteren für eine gute Organisation Sorge zu leisten, die die erforderlichen Kontrollmaßnahmen gewährleistet. Eine gute Organisation kann schließlich auch dazu beitragen, die Verantwortlichen auf der Baustelle, die ohnehin mit der Durchführung der Baumaßnahme beansprucht sind und eine Reihe von weiteren Maßnahmen zu überwachen und einzuhalten haben, zu entlasten. Zur Vermeidung von Verstößen wegen illegaler Beschäftigung, insbesondere bei Einsatz von Nachunternehmern, ist es erforderlich, die gesetzlichen Grundlagen jeweils aktuell zu kennen. Erforderlich sind Kenntnisse der Voraussetzung der legalen Beschäftigung ausländischer Mitarbeiter, Kenntnisse darüber, was illegale Arbeitnehmerüberlassung bedeutet sowie Kenntnisse über die Verstöße nach dem Arbeitnehmerentsendegesetz und dem Gesetz zur Bekämpfung der Schwarzarbeit. Darüber hinaus ist es unumgänglich, insbesondere sonstige in Betracht kommende Straftatbestände, die im Rahmen der illegalen Beschäftigung relevant sind, zu kennen. Auch ein Präventivmodell zur Vermeidung bußgeldrechtlicher und strafrechtlicher Verantwortung, insbesondere bei Einsatz von Nachunternehmern, setzen die Kenntnis über die Erscheinungsformen der illegalen Beschäftigung bei der Durchführung von Bauvorhaben voraus.

## 7.3 Folgen wegen illegaler Arbeitnehmerüberlassung

### 7.3.1 Vorbemerkungen

Die illegale Arbeitnehmerüberlassung stellt eines der größten Probleme bei der Durchführung von Bauvorhaben hinsichtlich der bußgeldrechtlichen Verantwortlichkeit von Unternehmen bzw. der verantwortlich Handelnden dar. Hintergrund hierfür ist, dass die Zusammenarbeit mit anderen Unternehmen zwingend erforderlich ist und im Rahmen dieser Zusammenarbeit oftmals ein Übergang vom Werkvertrag bis hin zur Arbeitnehmerüberlassung erfolgen kann. Daneben kommt es ebenso häufig vor, dass von Anfang an Scheinwerkverträge geschlossen werden und eine Arbeitnehmerüberlassung von beiden Vertragsparteien gewollt war. Sofern eine Arbeitnehmerüberlassung ohne die erforderliche Genehmigung durchgeführt wird, drohen erhebliche Bußgelder und insbesondere die Möglichkeit der Auftragssperre. Darüber hinaus ist die illegale Arbeitnehmerüberlassung durch erhebliche weitere flankierende Maßnahmen gekennzeichnet. [5]

### 7.3.2 Regelungsgehalt des AÜG

Das Arbeitnehmerüberlassungsgesetz (AÜG) hat die gewerbsmäßige Arbeitnehmerüberlassung zum Gegenstand, die nur mit Erlaubnis der zuständigen Behörde zulässig ist (§ 1 Abs. 1 Satz 1 i. V. m. § 2 AÜG). Dies gilt ebenso für den Fall eines Auslandsverleihs. Obwohl es auch Ausnahmen der Erlaubnispflicht gibt – zum Beispiel aufgrund spezialgesetzlicher Regelungen für Bewachungsunternehmen sowie im Rahmen der Abordnung von Arbeitnehmern zu einer ARGE – gilt für den Baubereich grundsätzlich, dass der Verleih von Arbeitern im Baugewerbe nicht zulässig ist (§ 1 Abs. 3 AÜG). Da diese Vorschrift vorgeht, gelten daher nicht die in § 1 im Übrigen vorgesehenen Ausnahmevorschriften hinsichtlich der Erlaubnispflicht. Der Verleih von Arbeitern im Baugewerbe ist nur ausschließlich nach § 1b Satz 2 AÜG möglich. Danach ist eine Arbeitnehmerüberlassung zwischen Betrieben des Baugewerbes möglich, wenn diese von denselben Rahmen- und Sozialkassentarifverträgen erfasst werden sowie für Betriebe nach § 2 Baubetriebeverordnung (Baunebengewerbe). Hinsichtlich der Bauunternehmen aus der EU war eine Sonderregelung im AÜG gesetzlich erforderlich geworden, nachdem der EUGH entschieden hatte, dass das deutsche AÜG Europarechtswidrig ist. Zu beachten ist aber auch hier, dass eine Erlaubnis für die gewerbsmäßige Arbeitnehmerüberlassung in jedem Fall erforderlich ist.

### 7.3.3 Arbeitnehmerüberlassung und andere Vertragsformen

Bei der Arbeitnehmerüberlassung handelt es sich um einen drittbezogenen Personaleinsatz. Im Einzelnen bedeutet dies, dass Arbeitnehmer von ihrem Arbeitgeber an Dritte für Erbrin-

[5] Siehe hierzu im Einzelnen Greeve/Leipold-Greeve, Handbuch des Baustrafrechts, § 31, Rdn. 5 ff., 11 ff., § 38, Rdn. 1 ff.

gung von Arbeitsleistungen zur Verfügung gestellt werden. Die Arbeitnehmerüberlassung ist folglich in dem bloßen Zurverfügungstellen von geeigneten Arbeitskräften gekennzeichnet[6]. Diese Arbeitskräfte werden von dem Dritten (Entleiher) nach eigenen betrieblichen Erfordernissen in dem eigenen Betrieb eingesetzt. Bei der Arbeitnehmerüberlassung handelt es sich daher um Rechtsbeziehungen zwischen dem Arbeitnehmer und seinem Arbeitgeber, dem Verleiher, sowie dem Verleiher und dem Entleiher (Arbeitnehmerüberlassungsvertrag) sowie den Arbeitnehmern, die in dem Betrieb des Entleihers ihre Arbeitsleistungen erbringen. [7]

Im Gegensatz dazu verpflichtet sich ein Werkvertragsunternehmer im Rahmen des Werkvertrages zur Herstellung des versprochenen Werkes. Gegenstand eines Werkvertrages kann aber auch die Veränderung einer Sache sowie ein anderer durch Arbeit oder Dienstleistung herbeizuführender Erfolg sein (§ 631 Abs. 2 BGB).

Der Dienstvertrag ist schließlich dadurch gekennzeichnet, dass der dienstleistende Unternehmer die Dienste in eigener Verantwortung ausführt. Das bedeutet, dass er selbstständig für die Organisation der Dienstleistung, die zeitliche Disposition sowie die Zahl und Eignung der Erfüllungsgehilfen verantwortlich ist und seine Dienstleistungen im Wesentlichen frei von Weisungen des Drittbetriebes ausführt. Der dienstleistende Unternehmer schuldet im Rahmen des Dienstvertrages keinen Erfolg, sondern lediglich die Dienstleistungen.

Arbeitnehmerüberlassung liegt schließlich dann nicht vor, wenn Selbstständige (z. B. die neuen Ich-AGs) für einen Auftraggeber tätig werden. Allerdings ist auch hier zu beachten, dass von einer Selbstständigkeit nur dann ausgegangen werden kann, wenn die Tätigkeit wiederum im Wesentlichen frei von Weisungen des Dritten erfolgt und auf eigene Rechnung und Gefahr gearbeitet wird. Problematisch erweist sich im Rahmen der Durchführung von Verträgen oftmals, ob statt selbstständiger Tätigkeit nicht eine Scheinselbstständigkeit anzunehmen ist, insbesondere dann, wenn ausschließlich nur für einen Auftraggeber (auch projektbezogen) gearbeitet wird und eine wirtschaftliche Abhängigkeit besteht. Zu beachten ist ferner, dass es sich auch im Rahmen von Ingenieur- und Architektenverträgen um Arbeitnehmerüberlassung handeln kann. Illegale Arbeitnehmerüberlassung ist keineswegs auf die Überlassung von Arbeitern beschränkt, die nach dem Arbeitnehmerüberlassungsgesetz grundsätzlich verboten ist. Arbeitnehmerüberlassung kann vielmehr auch im Rahmen von (Schein) Ingenieur- bzw. Architektenverträgen und auch für Projektsteuerer angenommen werden.

### 7.3.4 Abgrenzungskriterien

In der Praxis ist sicherlich die Abgrenzung des Werkvertrages von der Arbeitnehmerüberlassung von besonderer Bedeutung, zumal bei Durchführung eines (VOB) Werkvertrages im Verlauf ein ursprünglich gewollter Werkvertrag sich schnell zur Arbeitnehmerüberlassung vor Ort entwickeln kann. [8]

Zur Abgrenzung von Arbeitnehmerüberlassung zu sonstigen Verträgen bzw. zu Werkverträgen hat die höchstrichterliche Rechtsprechung allgemeine Grundsätze entwickelt. Abgrenzungskriterien für die Frage, ob Arbeitnehmerüberlassung vorliegt, ist der Grad der persönlichen Abhängigkeit des Beschäftigten. Arbeitnehmer ist, wer seine vertraglich geschuldete Leistung im Rahmen einer von einem Dritten bestimmten Arbeitsorganisation zu erbringen hat. Die Arbeitnehmereigenschaft liegt vor, wenn der Beschäftigte persönlich, zeitlich und

---

[6] Siehe hierzu BAG, ZIP 2001, S. 302 ff.; Greeve, IBR 2001, S. 338.

[7] Siehe insbesondere auch zur Arbeitnehmereigenschaft Ulber, § 1 AÜG, Rdn. 21, 22 ff.; Ignor/Rixen-Ignor/Rixen, § 2, Rdn. 51 ff.; Hammacher, BB 1997, S. 1686 ff.; Hromadka, DB 1998, 195 ff.

[8] Siehe im Einzelnen Greeve/Leipold-Greeve, Handbuch des Baustrafrechts, § 31, Rdn. 11 ff.

örtlich in eine vorgegebene Arbeitsorganisation voll eingegliedert ist, ohne dass ersichtlich wird, inwieweit die Eingliederung durch die Art und den Inhalt zu erbringender Leistungen bedingt ist.[9] Im Einzelnen sind daher sowohl die vertraglichen Pflichten, mithin die Ausgestaltung der Werkverträge, als auch die tatsächliche Ausgestaltung des Arbeitseinsatzes im Rahmen einer Gesamtabwägung zu beurteilen. Als Indizien für das Vorliegen einer Arbeitnehmerüberlassung gelten insbesondere die ungenügende Beschreibung einer zu erbringenden Leistung, die Mitwirkung des Hauptunternehmers/Generalunternehmers bei der Auswahl einzusetzender Arbeitnehmer sowie die Einarbeitung der Arbeitnehmer durch den Hauptunternehmer, ein eingeräumtes Zurückweisungsrecht von Arbeitnehmern durch den Hauptarbeitnehmer, vertragliche Ersatzregelungen im Krankheitsfall von Arbeitnehmern, Mitsprache des Hauptunternehmers hinsichtlich der Arbeitszeit, Überstunden, Urlaub der Arbeitnehmer beim Nachunternehmer sowie fehlendes qualifiziertes Aufsichtspersonal des Nachunternehmers. Im Weiteren gelten als Kriterien die (reine) Arbeitszeiterfassung durch Hauptunternehmer der Arbeitnehmer des Nachunternehmers, die Abrechnung nach Stunden (sofern unüblich), fehlende Ausrüstung des Nachunternehmers, fehlende rechtliche Qualifikation (z. B. Fehlen der erforderlichen Eintragung in die Handwerksrolle) und generell die Art der Abrechnung (wenn diese unabhängig von Leistungsfortschritt erfolgt oder aber eine Umrechnung von Einheitspreisen in Stunden zugrunde liegt).

Besonders zu beachten ist, dass auch ein schriftlicher VOB-Werkvertrag im Laufe seiner Durchführung zur Arbeitnehmerüberlassung vor Ort werden kann. Diese Gefahr besteht beispielsweise deshalb, weil der Besteller aus Gründen der Sicherstellung oder der Qualität des Werkes immer weiter in die Herstellung des Werkvertrages durch den Nachunternehmer eingreift. Typischerweise werden die Grenzen zur Arbeitnehmerüberlassung dann allerdings überschritten, wenn vor Ort durch Bauleiter und Poliere eine enge Zusammenarbeit mit Arbeitnehmern von Nachunternehmern erfolgt, insbesondere weil von Auftraggeberseite zu viele Weisungen erteilt werden.

Da es sich letztendlich um eine Gesamtwürdigung aller Umstände handelt, sind die vorstehend genannten Indizien keineswegs abschließend und für sich genommen jeweils allein ausschlaggebend. Die Abgrenzung der Arbeitnehmerüberlassung von der Durchführung eines Werkvertrages ist letztendlich im Rahmen einer Gesamtwürdigung eine außerordentlich schwierige. Erforderlich sind insbesondere detailreiche Kenntnisse der Rechtsprechung sowie umfangreiche Kenntnisse des Baurechts – VOB- und BGB-Werkvertragsrecht – sowie des Straf- und Ordnungswidrigkeitenrechts.

### 7.3.5 Straftatbestände und Ordnungswidrigkeiten wegen illegaler Arbeitnehmerüberlassung

Gemäß § 15 Abs. 1 AÜG macht sicht der Verleiher strafbar, wenn er einen Ausländer ohne erforderliche Arbeitsgenehmigung tätig werden lässt und diesen Ausländer einem Dritten ohne die erforderliche Verleiherlaubnis überlässt. Angedroht sind Freiheitsstrafen bis zu 3 Jahren oder Geldstrafe. In besonders schweren Fällen, z. B. im Falle der Gewerbsmäßigkeit und wiederholter Tatbegehung, sind Freiheitsstrafen von 6 Monaten bis zu 5 Jahren vorgesehen. Zu beachten ist hier, dass bei Unternehmen regelmäßig Gewerbsmäßigkeit angenommen wird. Zu beachten ist ebenfalls, dass bereits die Überlassung nur eines Arbeitnehmers eine Strafbarkeit auslösen kann.

---

9 Siehe hierzu BAG, NJW 1984, S. 2912; BAG, BB 1990, S. 1343; LAG Düsseldorf, BB 1995, S. 1293; BAGE 36, S. 77.

Entsprechend des Straftatbestandes nach § 15 Abs. 1 AÜG sieht § 15a Abs. 1 AÜG für den Entleiher eine Straftat vor, der sich einen Ausländer ohne die erforderliche Arbeitsgenehmigung entleiht und diesen Arbeitnehmer zu ungünstigeren Arbeitsbedingungen tätig werden lässt als deutsche Leiharbeitnehmer, die die gleiche oder vergleichbare Tätigkeit ausüben. Auch hier ist Freiheitsstrafe bis zu 3 Jahren oder Geldstrafe vorgesehen. Ebenfalls kann auch der Entleiher einen besonders schweren Fall begehen, für den 6 Monate bis zu 5 Jahren Freiheitsstrafe vorgesehen ist. Zu beachten ist, dass generell der Entleih von ausländischen Arbeitnehmern ohne die erforderliche Arbeitsgenehmigung ab dem ersten Tag der Beschäftigung unter Strafe gestellt ist.

In § 16 AÜG sind des Weiteren eine Vielzahl von Ordnungswidrigkeiten vorgesehen, die sowohl den Verleiher wie auch den Entleiher betreffen können. Nach § 16 Abs. 1 Nr. 1 AÜG handelt z. B. ordnungswidrig, wer vorsätzlich oder fahrlässig entgegen § 1 AÜG einen Leiharbeitnehmer einem Dritten ohne Erlaubnis überlässt. Mit Geldbuße wird daher schlichtweg der Verleih von Leiharbeitnehmern ohne Erlaubnis sanktioniert. Diese Sanktionen treffen sowohl Verleiher wie auch Entleiher. Zu beachten ist des Weiteren, dass ein unzulässiger Verleih im Baugewerbe vorliegen kann, selbst wenn der Verleiher eine Verleiherlaubnis besitzt. Dies ist dann der Fall, wenn der Verleiher unter Verstoß gegen das Verbot der Arbeitnehmerüberlassung in Betriebe des Baugewerbes (§ 1b Satz 1 AÜG) gewerbsmäßig Arbeitnehmer an einen Dritten überlässt. Zu bedenken ist nämlich, dass die Arbeitnehmerüberlassungserlaubnis in der Regel den Zusatz aufweist, dass diese Erlaubnis nicht für das Verbot der Arbeitnehmerüberlassung im Baugewerbe gemäß § 1b Satz 1 AÜG gilt, sondern vielmehr den Hinweis darauf enthalten, dass es ein grundsätzliches Verbot der Arbeitnehmerüberlassung in das Baugewerbe gibt.

Zu beachten ist schließlich, dass sämtliche in § 16 AÜG aufgelisteten Ordnungswidrigkeiten erhebliche Bußgelder mit sich bringen können. Diese Ordnungswidrigkeiten betreffen im Einzelnen Verstöße gegen Auflagen, Aufzeichnungspflichten und sonstige organisatorische Maßnahmen (z. B. Verstöße gegen Anzeige- und Auskunftspflichten) im Rahmen der Arbeitnehmerüberlassung. Im Weiteren ist beachtlich, dass wiederum eine beharrliche Wiederholung von vorsätzlichen Zuwiderhandlungen nach § 16 AÜG, also von Ordnungswidrigkeiten, eine Strafbarkeit begründen kann (§§ 15a Abs. 2 Nr. 2, 16 Abs. 1 Nr. 2 AÜG). Wer also beharrlich Ordnungswidrigkeiten begeht, kann schließlich mit Geldstrafe oder Freiheitsstrafe bis zu einem Jahr sanktioniert werden.

### 7.3.6 Auftragssperre

Gemäß § 5 SchwarzArbG ist vorgesehen, dass auch bei Verurteilungen nach den §§ 15, 15a, 16 Abs. 1 Nr. 1, 1b und 2 des AÜG – also Straftaten und Ordnungswidrigkeiten nach dem Arbeitnehmerüberlassungsgesetz –, die zu einer Freiheitsstrafe von mehr als 3 Monaten, zu einer Geldstrafe von mehr als 90 Tagessätzen oder aber zu einer Geldbuße von wenigstens 2.500,00 EUR führen, eine Auftragssperre zu erlassen ist. Vorgesehen ist seit Inkrafttreten des Gesetzes zur Erleichterung der Bekämpfung von illegaler Beschäftigung und Schwarzarbeit vom 23.07.2002, also seit dem 01.08.2002, dass die Auftragssperre bis zu 3 Jahren verhängt werden soll. Besonders hervorzuheben ist, dass dies auch schon vor Durchführung eines Straf- bzw. Bußgeldverfahrens möglich ist, wenn im Einzelfall angesichts der Beweislage kein vernünftiger Zweifel an einer schwerwiegenden Verfehlung besteht (§ 5 SchwarzArbG).

### 7.3.7 Gewerbezentralregister

Rechtskräftige Bußgeldentscheidungen, denen eine Geldbuße von mehr als 200,00 EUR zugrunde liegt, werden in das Gewerbezentralregister eingetragen.

### 7.3.8 Sonstige Folgen

Von besonderer Bedeutung sind schließlich die sonstigen Folgen im Falle illegaler Arbeitnehmerüberlassung[10]. Hervorzuheben ist zunächst, dass sämtliche Arbeitsverträge zwischen dem Verleiher und den Leiharbeitnehmern sowie die Überlassungsverträge zwischen Verleiher und Entleiher nach § 9 Nr. 1 AÜG unwirksam sind. Im Weiteren gilt kraft Gesetzes ein Arbeitsverhältnis zwischen Entleiher und Leiharbeitnehmer als begründet (§ 10 Abs. 1 AÜG). Gemäß § 10 Abs. 3 Satz 2 AÜG wird der Entleiher Arbeitgeber der Leiharbeitnehmer. Sofern der Verleiher Lohn an die Arbeitnehmer ausgezahlt hat, gelten sowohl Verleiher als auch Entleiher als Arbeitgeber nebeneinander. Dies hat im Weiteren zur Folge, dass im Falle der illegalen Arbeitnehmerüberlassung im steuerrechtlichen Sinn der Entleiher dann als Arbeitgeber anzusehen ist, wenn er die Löhne in eigenem Namen und auf eigene Rechnung ausbezahlt und dies auch mit allen Beteiligten so vereinbart hat, mit der Folge, dass eine Strafbarkeit nach § 370 Abs. 1 Nr. 1 Abgabenordnung (AO) bestehen kann, wenn der Entleiher die Lohnsteuer nicht abgeführt hat. Eine Haftung des Entleihers sowohl im Falle erlaubter wie auch unerlaubter Arbeitnehmerüberlassung besteht ohnehin in steuerrechtlicher Hinsicht für die Abgabe der Lohnsteuer. Der Unterschied im Hinblick auf die legale Arbeitnehmerüberlassung besteht letztendlich darin, dass eine Haftung ausgeschlossen sein kann, wenn der Entleiher seinen Mitwirkungspflichten nachgekommen ist und eine Haftungsschuld des Verleihers vorliegt (wenn der Verleiher die Lohnsteuer für die Arbeitnehmer nicht abführt).

In steuerrechtlicher und steuerstrafrechtlicher Hinsicht ist schließlich ebenfalls zu berücksichtigen, dass im Falle von Scheinwerkverträgen oder aber im Falle der Scheinselbstständigkeit und bei Vorliegen von illegaler Arbeitnehmerüberlassung die Rechnungslegung im Einzelnen eine falsche Leistungsbezeichnung aufweist. Dies hat ebenfalls in der Regel zur Folge, dass der Vorsteuerabzug versagt werden muss. Im Weiteren bedeutet dies eine Umsatzsteuerhinterziehung. [11]

Da im Falle der illegalen Arbeitnehmerüberlassung, wie bereits oben erwähnt, grundsätzlich eine Arbeitgeberstellung des Entleihers fingiert wird, kann schließlich eine Strafbarkeit nach § 266a StGB wegen Nichtabführens der Sozialversicherungsbeiträge vorliegen. [12]

### 7.3.9 Änderungen des AÜG zum 1.1.2003 bzw. 1.1.2004

Das AÜG ist mit Wirkung teilweise zum 01.01.2003 und 1.1.2004 geändert worden. Gemäß § 19 AÜG (n. F.) sind nicht alle Änderungen des AÜG einheitlich zum 01.01.2003 in Kraft getreten. Ohne weitere Einschränkung gilt bereits ab 1.1.2003 u. a. der neue § 11 Abs. 1 AÜG, wonach die nunmehr einzuhaltenden wesentlichen Vertragsbedingungen des Leiharbeitsverhältnisses unter Bezugnahme auf das Nachweisgesetz festgehalten sind.

---

[10] Siehe generell zu straf- und bußgeldrechtlichen Folgen im Rahmen illegaler Beschäftigung und Vermittlung Greeve/Leipold-Greeve, Handbuch des Baustrafrechts, § 38, Rdn. 1 ff.

[11] Siehe zur Problematik von Scheinrechnungen auch Greeve/Leipold-Kuhn, Handbuch des Baustrafrechts, § 56, Rdn. 5 ff.

[12] Siehe hierzu im Einzelnen Greeve/Leipold-Greeve, Handbuch des Baustrafrechts, § 35, Rdn. 1 ff; Tröndle/Fischer, § 266a, Rdn. 8 ff.

Eingeführt wurde im Besonderen der so genannte Gleichstellungsgrundsatz: Leiharbeitnehmer sollen grundsätzlich einen Anspruch auf Gleichstellung mit Arbeitnehmern im Entleihbetrieb hinsichtlich der Gewährung der wesentlichen Arbeitsbedingungen einschließlich des Arbeitsentgeltes haben (siehe § 3 AÜG n. F.). Hiervon gibt es einige Ausnahmen, z. B. wenn das Leiharbeitsverhältnis von einem Tarif erfasst wird, der bereits die wesentlichen Arbeitsbedingungen regelt oder aber auf Grund eines Individualvertrages, wonach sich ein Tarifvertrag auf einen nicht tarifgebundenen Arbeitgeber/Arbeitnehmer erstreckt (in Bezugnahme eines Tarifvertrages). Diese Ausnahmen sind ebenfalls in § 3 AÜG (n. F.) vorgesehen.

Nach § 3 AÜG (n. F.) ist die Arbeitnehmerüberlassung oder ihre Verlängerung zu versagen, wenn u. a. dem Leiharbeitnehmer für die Zeit der Überlassung an einen Entleiher die im Betrieb dieses Entleihers für einen vergleichbaren Arbeitnehmer des Entleihers geltenden wesentlichen Arbeitsbedingungen einschließlich des Arbeitsentgeltes nicht gewährt werden, es sei denn, der Verleiher gewährt dem zuvor arbeitslosen Leiharbeitnehmer für die Überlassung an einen Entleiher für die Dauer von insgesamt höchstens 6 Wochen mindestens ein Nettoarbeitsentgelt in Höhe des Betrages, den der Leiharbeitnehmer zuletzt als Arbeitslosengeld erhalten hat. Dies gilt jedoch dann nicht, wenn mit demselben Verleiher bereits ein Leiharbeitsverhältnis bestanden hat. Ein Tarifvertrag kann abweichende Regelungen zulassen. Im Geltungsbereich eines solchen Tarifvertrages können nicht tarifgebundene Arbeitgeber und Arbeitnehmer die Anwendung der tariflichen Regelung vereinbaren (siehe § 3 Abs. 1 Nr. 3 AÜG (n. F.)).

Nach § 12 AÜG (n. F.) bedarf der Vertrag zwischen dem Verleiher und dem Entleiher der Schriftform. Der Entleiher hat u. a. in dem Vertrag anzugeben, welche besonderen Merkmale die für den Leiharbeitnehmer vorgesehene Tätigkeit hat und welche berufliche Qualifikation dafür erforderlich ist sowie welche im Betrieb des Entleihers für einen vergleichbaren Arbeitnehmer des Entleihers wesentlichen Arbeitsbedingungen einschließlich des Arbeitsentgeltes gelten. Insoweit sieht § 13 AÜG (n. F.) auch einen Auskunftsanspruch des Leiharbeitnehmers gegenüber dem Entleiher vor, der sich auf die wesentlichen Arbeitsbedingungen für einen vergleichbaren Arbeitnehmer des Entleihers bezieht.

Die vorstehend genannten Neuregelungen gelten gemäß § 19 AÜG (n. F.) für Leiharbeitsverhältnisse, die vor dem 01.01.2004 (also bis zum 31.12.2003) begründet worden sind, bis zum 31.12.2003 **nicht**. Die Neuregelungen gelten allerdings dann, wenn ein für ein Leiharbeitsverhältnis im Geltungsbereich nach dem 15.11.2002 in Kraft getretener Tarifvertrag die wesentlichen Arbeitsbedingungen einschließlich des Arbeitsentgeltes gemäß der §§ 3 Abs. 1 Nr. 3 und 9 Nr. 2 AÜG (n. F.) regelt.

Sofern ein solcher Tarifvertrag nicht besteht, bleibt festzuhalten, dass die alten Regelungen nach dem AÜG bis zum 31.12.2003 Anwendung fanden, sofern das zu Grunde liegende Leiharbeitsverhältnis zwischen dem Verleiher und seinem Leiharbeitnehmer vor dem 01.01.2004 begründet wurde. Anzumerken ist des Weiteren, dass Verträge zwischen Verleihern und Entleihern nach wie vor als unwirksam gelten, wenn der Verleiher nicht die nach § 1 AÜG erforderliche Erlaubnis hat. Die Unwirksamkeit eines solchen Arbeitnehmerüberlassungsvertrages hat zur Folge, dass ein Arbeitsverhältnis direkt zwischen Entleiher und Leiharbeitnehmer als zustande gekommen gilt (§ 10 AÜG). § 10 AÜG bestimmt des Weiteren, dass sich u. a. Inhalt und Dauer des Arbeitsverhältnisses nach den für den Betrieb des Entleihers geltenden Vorschriften und sonstigen Regelungen richtet.

Nach § 9 Nr. 2 AÜG (n. F.) sind nunmehr auch Vereinbarungen, die für den Leiharbeitnehmer für die Zeit der Überlassung an einen Entleiher schlechtere als die im Betrieb des Entleihers für einen vergleichbaren Arbeitnehmer des Entleihers geltenden wesentlichen Arbeitsbedingungen einschließlich des Arbeitsentgeltes vorsehen, unwirksam. In § 10 Abs. 4 AÜG (n. F.) ist für diesen Fall geregelt, dass der Leiharbeitnehmer dann gegenüber dem Verleiher von diesem die Gewährung der im Betrieb des Entleihers für einen vergleichbaren Arbeitnehmer des Entleihers geltenden wesentlichen Arbeitsbedingungen einschließlich des Arbeitsentgeltes verlangen kann.

## 7.4 Arbeitnehmerentsendegesetz

### 7.4.1 Zielsetzung und Anwendungsbereich

Ziel des Arbeitnehmerentsendegesetzes (AEntG) ist es, insbesondere in der Bauwirtschaft zwingend einzuhaltende Arbeitsbedingungen für Arbeitgeber (inländische und ausländische Arbeitgeber) festzulegen. Es gilt insoweit der Grundsatz: „Gleicher Lohn bei gleicher Arbeit am gleichen Ort". Die Regelungen des AEntG dienen insoweit dazu, die Grundlage für die Festlegung der tariflichen Mindestbedingungen zu geben, den Anwendungsbereich des AEntG sowie die Instrumentarien zur Durchsetzung festzuhalten.[13] Betroffen sind alle Arbeitgeber, die insbesondere im Inland Bauleistungen erbringen. Die tariflichen Mindestbedingungen sind in § 1 Abs. 1 Satz 1 und 2 AEntG festgelegt. Hiervon betroffen sind insbesondere das Bauhaupt- und das Baunebengewerbe (§§ 1, 2 Baubetriebe-VO). Andere Wirtschaftsbereiche, die ebenfalls tarifliche Mindestbedingungen im Sinne des Arbeitnehmerentsendegesetzes vorsehen, sind unter anderem das Dachdeckerhandwerk, Elektrohandwerk (kein Mindestlohn seit 01.05.2003), Maler- und Lackierhandwerk, Sport- und Landschaftsbau. Die tariflichen Mindestbedingungen umfassen den Mindestlohn, die Dauer des Erholungsurlaubes, Urlaubsentgelt sowie das zusätzliche Urlaubsgeld.

### 7.4.2 Einzuhaltende Mindestbedingungen

#### *7.4.2.1 Tarifliche Mindestbedingungen Bau*

Mit Wirkung vom 01.09.2002 trat zuletzt die Dritte Verordnung über zwingende Arbeitsbedingungen im Baugewerbe vom 21.08.2002 in Kraft. Diese Rechtsverordnung stellt im Sinne des AEntG die Mindestbedingungen im Hinblick auf den Mindestlohn für alle Bauarbeiter auf deutschen Baustellen sicher. [14]Danach betrugen die Baumindestlöhne vom 01.09.2002 bis 31.08.2003: 10,12 EUR (West, bis 31.08.2002: 9,80 EUR) sowie 8,75 EUR (Ost, bis 31.08.2002: 8,63 EUR). Ab 01.09.2003 ist erstmals für qualifizierte Arbeitnehmer ein weiterer Mindestlohn eingeführt worden. Danach gilt für die Lohngruppe 1 des § 5 Bundesrahmentarifvertrag (BRTV) Bau ein Mindestlohn in Höhe von 10,36 EUR (West – ungelernte Arbeitnehmer) sowie 8,95 EUR (Ost – ungelernte Arbeitnehmer). Für die Lohngruppe 2 beträgt der Mindestlohn gemäß § 5 BRTV Bau 12,47 EUR (West – gelernte Arbeitnehmer) sowie 10,01 EUR (Ost – gelernte Arbeitnehmer, abgesenkt ab November 2003). Ab 01.11.2003 wurde wiederum der Mindestlohn 2, also für die Lohngruppe 2, im Osten auf 9,65 EUR abgesenkt. Dies gilt jedoch nur bis zum 31.08.2004. Der Mindestlohn für die Lohngruppe 1/Ost bleibt

---

[13] Siehe zum Arbeitnehmerentsendegesetz auch Koberski/asshoff/Hold, § 1, Rdn. 1 ff.; Ulber, § 1 AEntG, Rdn. 1 ff.

[14] Siehe hierzu im Einzelnen Greeve/Leipold-Greeve, Handbuch des Baustrafrechts, § 33, Rdn. 11 ff.; Ignor/Rixen-Rixen, § 3, Rdn. 538; Koberski/Asshoff/Hold, § 1, Rdn. 370.

hingegen unverändert für 2003/2004 in Höhe von 8,95 EUR bestehen. Ab 01.09.2005 ist vorgesehen, dass sämtliche Mindestlöhne um 1,7 % angehoben werden. Zu beachten ist, dass die Laufzeit des geänderten Mindestlohntarifes bis zum 31.08.2006 Gültigkeit hat. Ferner ist zu beachten, dass grundsätzlich der Mindestlohn des Arbeitsortes gilt. Arbeitsort meint hier Baustelle. Dieses Günstigkeitsprinzip bedeutet, dass derjenige Arbeitnehmer, der grundsätzlich im Osten bei seinem Arbeitgeber beschäftigt ist, für die Zeit einer Tätigkeit auf Westbaustellen den Westlohn erhalten muss. Für Arbeitnehmer, die grundsätzlich im Westen beschäftigt sind, muss allerdings auch auf Ostbaustellen ebenfalls der Westlohn gezahlt werden. Es gilt daher immer der für den Arbeitnehmer günstigere Mindestlohn.

Von der Regelung des Baumindestlohnes werden nicht nur Handwerke bzw. Gewerke, wie z. B. Maurer-, Dämm-, Estrich-, Fertigbau-, Fliesenleger-, Brunnenbau-, Holzschutzarbeiten/Fuger sowie Straßenbau-, Trocken- und Montagebauarbeiten (auch Einbau genormter Baufertigteile) sowie Verlegen von Bodenbelägen in Verbindung mit anderen baulichen Leistungen und Zimmereiarbeiten – siehe BRTV Bau sowie § 2 Mindestlohnverordnung nebst Anlage) umfasst, sondern auch handwerksähnliche Gewerbe. Ferner ist zu beachten, dass auch geringfügig Beschäftigte Anspruch auf Mindestlohn haben.

Besondere Schwierigkeiten bereitet die einzelne Abgrenzung, ob ein Betrieb als Baubetrieb anzusehen ist oder nicht. Auch erwies sich in der Vergangenheit als außerordentlich schwierig, inwieweit Unternehmen aus der EU nach welchen einzelnen Kriterien als Baubetrieb in Deutschland anzusehen sind. Ursprünglich sollte nach dem AEntG nur der Anteil an Leistungen beurteilt werden, der in Deutschland erbracht wurde. Der EUGH hat hierzu jedoch festgestellt, dass auch die übrigen Leistungen im Europäischen Heimatland für die Einstufung, ob es sich um einen Baubetrieb handelt oder nicht, maßgeblich seien. Insgesamt gilt daher, dass ein Betrieb des Baugewerbes gewerblich überwiegend Bauleistungen erbringen muss. Bauleistungen sind die Herstellung, Instandsetzung, Änderung oder Beseitigung von Bauwerken. Überwiegende Bauleistungen liegen dann vor, wenn in dem einzelnen Betrieb mehr als 50 % an Bauleistungen erbracht werden.

Neben dem Mindestlohn existieren für das Baugewerbe ebenfalls tarifliche Mindestbedingungen im Hinblick auf Urlaub/Urlaubsentgelt sowie zusätzliches Urlaubsgeld (siehe hierzu BRTV Bau vom 04.07.2002). Zu beachten ist, dass Arbeitgeber des Baugewerbes verpflichtet sind, Beiträge an die Urlaubs- und Lohnausgleichskasse der Bauwirtschaft zu zahlen. Für ausländische Arbeitgeber kommt gegebenenfalls eine Befreiung zur Vermeidung von Doppelzahlungen (Zahlungen auch im heimatlichen Land) in Betracht. Die Ermittlung des Mindestlohnes kann sich teilweise ebenfalls als schwierig erweisen. Mindestlohn meint zunächst den Gesamttarifstundenlohn, also den Tarifstundenlohn und den vorgesehenen Bauzuschlag als Bruttolohn. Zulagen und sonstige Zuschläge sind keine Bestandteile des Mindestlohnes. Dies betrifft z. B. Mehrarbeitszuschläge, Nachtzuschläge, Sonn- und Feiertagszuschläge, Erschwerniszuschläge und in der Regel auch die Auslöse. Geldwerte Sachleistungen wie z. B. Unterkunft und Verpflegung sind ebenfalls nicht Bestandteil des Mindestlohnes. Darüber hinaus gilt auch der tatsächlich ausgezahlte Betrag als Mindestlohn. Arbeitgeberanteile zur Sozialversicherung sind ebenfalls bei der Berechnung des Mindestlohnes nicht zu berücksichtigen. Zu beachten ist, dass insbesondere nicht bezahlte Überstunden den Gesamttarifstundenlohn insgesamt erheblich mindern können.

#### *7.4.2.2 Dachdeckerhandwerk*

Der Mindestlohn im Dachdeckerhandwerk beträgt für das gesamte Tarifgebiet einheitlich 9,00 EUR seit dem 01.09.2002. Vom 01.09.2001 bis 31.08.2002 betrug der Mindestlohn im

Dachdeckerhandwerk 8,95 EUR (West) sowie 8,44 EUR (Ost). Die Verbindlichkeit der Mindestlöhne endete zum 31.12.2003. Eine neue Mindestlohregelung wurde beschlossen. Der Vorschlag von einheitlich 9,50 EUR wurde vom Bundesministerium für Wirtschaft und Arbeit nicht genehmigt, da dieser Mindestlohn als zu hoch angesehen wurde. Der Mindestlohn beträgt nun ab **01.06.2004** einheitlich 9,30 EUR, ab 01.01.2005 einheitlich 9,65 EUR und ab 01.01.2006 einheitlich 10,00 EUR. Der TV Mindestlohn für das Dachdeckerhandwerk vom 17.03.2004 ist durch die „Dritte Verordnung über zwingende Arbeitsbedingungen im Dachdeckerhandwerk" vom 25.05.2004 (Bundesanzeiger Nr. 99 vom 28.05.2004, S. 11406) für allgemeinverbindlich erklärt worden. diese Verordnung tritt am 01.06.2004 in Kraft und am **31.12.2006** außer Kraft.

### *7.4.2.3 Elektrohandwerk*

Für das Elektrohandwerk gilt ein Mindestlohn für die alten Bundesländer einschließlich Berlin (West) in Höhe von 8,64 EUR ab 01.01.2001 sowie 8,90 EUR ab 01.05.2002. Entsprechend gilt ein Mindestlohn für die neuen Bundesländern in Höhe von 7,16 EUR ab dem 01.09.2001 sowie 7,40 EUR ab 01.05.2002. Die vorgesehenen Mindestlöhne ab 01.05.2003 – in Höhe von 9,00 EUR (West)/ 7,70 EUR (Ost) – sowie ab 01.05.2004: 9,00 EUR (West)/8,00 EUR (Ost) – sind noch nicht für allgemeinverbindlich erklärt worden. Eine Entscheidung steht insoweit noch aus. Aus diesem Grund bestehen derzeit keine Mindestlöhne für das Elektrohandwerk. Seit dem 01.05.2003 gibt es daher für die Elektrohandwerke keinen verbindlichen Mindestlohn. Eine abschließende Regelung erscheint auch in naher Zukunft nicht in Aussicht (Stand Juni 2004).

### *7.4.2.4 Abbruch- und Abwrackgewerbe*

Im Abbruch- und Abwrackgewerbe gelten gemäß TV Mindestlohn vom 25.02.2003, in der Fassung des Änderungs-TV vom 25.11.2003, verbindlich ab dem 01.04.2004 durch die Verordnung über zwingende Arbeitsbedingungen im Abbruchgewerbe vom 24.03.2004 folgende Mindestlöhne: Für Fachkräfte West beträgt der Mindestlohn 11,60 EUR, für Fachkräfte Ost 9,65 EUR. Für Helfer beträgt der Mindestlohn 9,49 EUR (West-Mindestlohn) sowie 8,95 EUR (Ost-Mindestlohn). Ab dem 01.09.2004 gilt eine Erhöhung für die Fachkräfte Ost und damit ein TV-Mindestlohn in Höhe von 10,01 EUR sowie für Helfer/Ost in Höhe von 8,95 EUR. Die Verordnung über zwingende Arbeitsbedingungen im Abbruchgewerbe vom 24.03.2004 tritt am 31.08.2005 außer Kraft.

### *7.4.2.5 Maler- und Lackierhandwerk*

Die Rechtsnormen des Mindestlohntarifvertrages vom 13.02.2003 waren aufgrund der „VO über zwingende Arbeitsbedingungen im Maler- und Lackiererhandwerk" vom 14.11.2003 seit 01.12.2003 allgemeinverbindlich. Die Verordnung ist am **30.03.2004** außer Kraft getreten.

Die Mindestlöhne des Tarifvertrages vom 13.2.2003 betrugen für Gelernte/Gesellen 10,53 EUR (Osten: 9,20 EUR) und für ungelernte Arbeitnehmer 7,69 EUR (Osten: 7,00 EUR).

Diese Mindestlöhne sind in **unveränderter Höhe** für weitere 12 Monate (April 2004 bis Ende März 2005) verlängert worden. Ab April 2005 bis Ende März 2006 ist eine Anpassung der Mindestlöhne auf 10,73 EUR (Osten: 9,37 EUR) für Gelernte/Gesellen und 7,85 EUR (Osten: 7,15 EUR) für ungelernte Arbeitnehmer beschlossen worden.

Der TV Mindestlohn für das Maler- und Lackiererhandwerk vom 06.02.2004 ist **ab 01.06.2004** durch die „Zweite Verordnung über zwingende Arbeitsbedingungen im Maler- und Lackiererhandwerk" vom 25.05.2004 (Bundesanzeiger Nr. 99 vom 28.05.2004, S. 11405) für allgemeinverbindlich erklärt worden. Diese Verordnung tritt am 01.06.2004 in Kraft und am **31.03.2006** außer Kraft.

#### *7.4.2.6 Weitere Mindestarbeitsbedingungen*

Weitere einzuhaltende Mindestbedingungen sieht § 7 AEntG insbesondere für ausländische Arbeitnehmer bzw. Arbeitgeber vor. Davon umfasst sind Verpflichtungen aus diversen Werkvertragsabkommen, wonach der ausländische Arbeitgeber verpflichtet ist, seinen Arbeitnehmern vergleichbare Arbeitsbedingungen zu gewähren, wie sie deutschen Arbeitnehmern gewährt werden. Voraussetzung für die Erlangung der Arbeitsgenehmigung ist hier, dass der ausländische Arbeitgeber gleiche Arbeitsbedingungen gewährt. Sofern der ausländische Arbeitgeber zur Erlangung der Arbeitsgenehmigung seiner Arbeitnehmer in Deutschland unrichtige Angaben über die Arbeitsbedingungen macht, liegt eine Ordnungswidrigkeit nach § 404 Abs. 2 Nr. 2 SGB III vor.

### 7.4.3 Durchgriffshaftung

§ 1a AEntG sieht eine ausdrückliche Unternehmerhaftung in Form einer selbstschuldnerischen Bürgenhaftung für das beauftragende Unternehmen im Rahmen von Bauleistungen vor. Die Unternehmerhaftung umfasst hierbei die Haftung für Beiträge an die gemeinsame Einrichtung der Tarifvertragsparteien, d.h. eine Haftung für den Mindestlohn sowie die Zahlung von Beiträgen an gemeinsame Einrichtungen der Tarifparteien und Beiträge für das Urlaubsverfahren ULAK. Das auftraggebende Bauunternehmen haftet hierbei für jeden einzelnen weiteren Nachunternehmer. Ausgenommen von der Haftung sind lediglich private Bauherren und die unmittelbare Staatsverwaltung. Folge des § 1 AEntG ist, dass Regressansprüche seitens der Arbeitnehmer (im Rahmen der Ausschlussfristen nach BRTV) für die Mindestlöhne sowie der Sozialkassen hinsichtlich der sonstigen Beiträge bestehen können. Hervorzuheben ist, dass es sich hierbei um eine verschuldensunabhängige Durchgriffshaftung handelt. Es ist daher unabhängig, ob eine besondere Auswahl oder Überwachung des beauftragten Nachunternehmers bzw. der weiteren Nachunternehmer erfolgt ist oder nicht.

#### *7.4.3.1 Sanktionen*

In § 5 AEntG sind die einzelnen Bußgelder für Verstöße nach dem AEntG enthalten. Insbesondere besteht die Möglichkeit der Bebußung wegen Nichtgewährung des Mindestlohnes, aber auch wegen Nichtgewährung des Erholungsurlaubs, des Urlaubsentgeltes und des zusätzlichen Urlaubsgeldes sowie wegen Nichtabführens von Beiträgen an gemeinsame Einrichtungen der Tarifvertragsparteien. Im Falle der vorsätzlichen Unterschreitung kann ein Bußgeld bis zu 500.000,00 EUR verhängt werden, im Falle der fahrlässigen Unterschreitung bis zu 250.000,00 EUR.

Ausdrücklich vorgesehen ist die Ahndung von Verstößen von Unternehmern, die einen anderen Unternehmer beauftragen, der wiederum gegen das AEntG im Hinblick auf die Einhaltung von tariflichen Mindestbedingungen verstößt. Hierbei handelt es sich um eine bußgeldrechtliche Hauptunternehmerhaftung, die bei vorsätzlichem Handeln mit einer Geldbuße bis zu 500.000,00 EUR und bei fahrlässigem Handeln bis zu 250.000,00 EUR bebußt werden kann.

Hervorzuheben ist auch hier, dass der Hauptunternehmer bußgeldrechtlich ebenfalls für sämtliche auf der Baustelle eingesetzten Nachunternehmer haften kann.

Im Übrigen bestehen weitere Bußgeldmöglichkeiten wegen Meldeverstößen, Mitwirkungs- und Duldungspflichten. § 5 Abs. 2 Nr. 3 AEntG umfasst insoweit Sanktionen hinsichtlich bestimmter insbesondere Mitwirkungs- und Auskunftspflichten bei Baustellenkontrollen nach den §§ 2 und 3 AEntG. Verstöße hiergegen können mit einer Geldbuße bis zu 25.000,00 EUR im Falle des vorsätzlichen Handelns bzw. in Höhe von 12.500,00 EUR im Falle des fahrlässigen Handelns geahndet werden.

Hervorzuheben ist im Weiteren eine bislang wenig beachtete Vorschrift: § 2 Abs. 2a AEntG. Hiernach ist es erforderlich, die von den Arbeitnehmern geleisteten Stunden aufzuzeichnen und zwar im Hinblick auf Beginn, Ende und Dauer der täglichen Arbeitszeit. Diese Aufzeichnungspflicht entspricht nicht der Aufzeichnungspflicht nach dem Arbeitszeitgesetz und dient der Ermittlung des tatsächlichen Stundenlohnes. Erforderlich ist eine detaillierte Aufzeichnung der Stunden, ein Verstoß hiergegen kann mit einer Geldbuße bis zu 25.000,00 EUR im Falle vorsätzlichen Handelns oder aber in Höhe von 12.500,00 EUR im Falle des fahrlässigen Handelns geahndet werden.

#### *7.4.3.2 Auftragssperre*

Gemäß § 6 AEntG kann eine Auftragssperre für Bewerber um einen Liefer-, Bau- oder Dienstleistungsauftrag von öffentlichen Aufträgen erteilt werden, wenn eine Geldbuße nach § 5 AEntG von wenigstens 2.500,00 EUR verhängt worden ist. Auch hier gilt, dass ein Ausschluss schon dann erfolgen kann, wenn im Einzelfall angesichts der Beweislage kein vernünftiger Zweifel an einer schwerwiegenden Verfehlung besteht. Das bedeutet, dass der öffentliche Auftraggeber bereits im Ermittlungsverfahren – ohne einen rechtskräftigen Abschluss des Verfahrens abwarten zu müssen – den Ausschluss aussprechen kann.

#### *7.4.3.3 Gewerbezentralregister*

Rechtskräftige Bußgeldentscheidungen, denen eine Geldbuße von mehr als 200,00 EUR zugrunde liegt, werden in das Gewerbezentralregister eingetragen.

## 7.5 Das Schwarzarbeitergesetz (SchwarzArbG)

### 7.5.1 Bußgeldvorschriften

Gemäß § 1 des Gesetzes zur Bekämpfung der Schwarzarbeit (kurz: Schwarzarbeitergesetz/ SchwarzArbG) handelt ordnungswidrig, wer Dienst- oder Werkleistungen in erheblichem Umfang erbringt unter Verstoß gegen die Mitteilungspflichten über Arbeitseinkünfte bei Bezug von Lohnersatzleistungen der BfA bzw. gegenüber den Trägern der gesetzlichen Kranken-, Pflege-, Unfall- oder Rentenversicherung oder Sozialhilfe. Die Ordnungswidrigkeit bezieht sich auf das Hintergehen der Sozialverwaltung (Leistungsmissbrauch). In Betracht kommt in diesem Fall ebenfalls eine Straftat gemäß § 263 StGB (Betrug). Darüber hinaus sieht § 1 im Wesentlichen Ordnungswidrigkeiten vor, die an die gewerbliche Tätigkeit anknüpfen. Sanktioniert wird die fehlende, aber gebotene Anzeige vom Beginn des selbständigen Betriebes eines stehenden Gewerbes oder der Nichterwerb der erforderlichen Reisegewerbskarte sowie der Verstoß gegen allgemeine Erfassungs- und Überwachungsregelungen nach der Gewerbeordnung. Ganz erheblich ist die Ordnungswidrigkeit gemäß § 1 Ziff. 3 SchwarzArbG, wonach sanktioniert wird, wenn ein Handwerk als stehendes Gewerbe selbständig betrieben wird, ohne in der Handwerksrolle eingetragen zu sein. Voraussetzung hierfür ist, dass eine Eintragungspflicht gemäß § 1 Handwerksordnung (HWO) besteht. In der HWO sind insoweit Anhänge vorgesehen, die die Einordnung der einzelnen Gewerke vornehmen. Ungeachtet dessen kann hier im Einzelfall außerordentlich schwierig zu beurteilen sein, ob ein eintragungspflichtiges Gewerbe betrieben wird. Zu beachten ist ferner, dass für EU-Handwerksbetriebe dann keine Eintragungspflicht besteht, wenn diese einen vergleichbaren Nachweis aus dem Heimatstaat vorlegen können und auch keine Niederlassung in Deutschland haben[15].

Eine weitere erhebliche Ordnungswidrigkeit ist in § 2 SchwarzArbG vorgesehen, wonach der Auftraggeber von Dienst- und Werkleistungen bebußt werden kann, wenn er Dienst- oder Werkleistungen in erheblichem Umfang ausführen lässt, indem er eine oder mehrere Personen beauftragt, die diese Leistungen wiederum unter Verstoß gegen die in § 1 Abs. 1 genannten Vorschriften erbringen. Die im Einzelnen in § 1 Abs. 1 genannten Vorschriften betreffen wiederum insbesondere die erforderliche Eintragung in die Handwerksrolle.

Allen Vorschriften des SchwarzArbG ist gemeinsam, dass die Verstöße im Rahmen der Ausführung von Dienst- und Werkleistungen in erheblichem Umfang erfolgen müssen. Des Weiteren kann nur eine vorsätzliche Begehung – anders als beispielsweise nach dem AEntG – bebußt werden. Die Beauftragung mit Schwarzarbeit kann gemäß § 2 SchwarzArbG mit einem Bußgeld in Höhe von bis zu 300.000,00 EUR sanktioniert werden.

### 7.5.2 Sonstige Folgen

Gemäß § 5 SchwarzArbG kann selbstverständlich ebenfalls dann eine Auftragssperre bis zu drei Jahren verhängt werden, wenn ein Verstoß nach § 2 (Beauftragung mit Schwarzarbeit) vorliegt. Auch hier kann schon vor Durchführung eines Straf- oder Bußgeldverfahrens eine Auftragssperre erteilt werden, wenn im Einzelfall angesichts der Beweislage kein vernünftiger Zweifel an einer schwerwiegenden Verfehlung besteht. Zu beachten ist ebenfalls, dass die zur Auftragssperre führenden Ordnungswidrigkeiten zu einer Geldbuße in Höhe von wenigstens 2.500,00 EUR geführt haben müssen. Diese Ordnungswidrigkeiten können auch von leitenden Mitarbeitern bzw. Beauftragten des Unternehmens begangen werden und zur Auftragssperre führen.

## 7.6 Sonstige Straftatbestände und Ordnungswidrigkeiten

Im Zusammenhang mit illegaler Beschäftigung im weiten Sinne kommen insbesondere als weitere Straftaten das Nichtabführen der Sozialversicherungsbeiträge gemäß § 266a StGB und/oder der Sozialversicherungsbetrug nach § 263 StGB in Betracht. Diese Straftaten werden häufig im Zusammenhang mit illegaler Arbeitnehmerüberlassung begangen und betreffen dann ebenfalls den Entleiher. Darüber hinaus drohen steuerstrafrechtliche Konsequenzen (Strafbarkeit wegen Steuerhinterziehung gemäß § 370 AO), insbesondere im Hinblick auf die Umsatzsteuerhinterziehung wegen Vorsteuerabzug auf Rechnung mit falscher Leistungsbeschreibung sowie Umsatzsteuerhinterziehung bei Rechnungen von wirtschaftlichen aktiven

---

[15] Siehe im Einzelnen EuGH, NZ-Bau 2001, S. 246 ff; Greeve, NZ-Bau 2001, S. 246 ff.

Scheinfirmen bzw. Scheinselbstständigen. Mit dem Gesetz zur Bekämpfung der illegalen Beschäftigung ist des Weiteren das so genannte Steuerabzugsverfahren eingeführt, wonach dann ein Bußgeld bis zu 25.000,00 EUR droht, wenn der Auftraggeber (Leistungsempfänger) von Werkleistungen der Verpflichtung zur Zahlung eines Steuerabzuges in Höhe von 15 % des Bruttobetrages nicht nachkommt.

Ganz erhebliche Straftaten drohen schließlich nach dem Ausländergesetz (AuslG, AufhG)[16]. Das AuslG richtet sich mit seinen Strafandrohungen sowie Bußgeldandrohungen in erster Linie an den Arbeitgeber von illegal beschäftigten Ausländern in der Bundesrepublik Deutschland. Des Weiteren sind hier jedoch auch Straftaten festgelegt, die unmittelbar den Arbeitnehmer selbst betreffen. Darüber hinaus besteht allerdings – und dies gerade im Rahmen der Abwicklung bzw. Durchführung von Werkverträgen – die Gefahr der Beihilfe der illegalen Beschäftigung durch nachfolgende Nachunternehmer. Das AuslG sieht insoweit auch Einschleusungstatbestände (illegales Einschleusen von Ausländern) vor, die als bestimmte Teilnahmehandlungen an den illegalen Aufenthalten der Ausländer anknüpfen und besonders unter Strafandrohung gestellt sind. Die Strafandrohung in den § 92a und b AuslG richten sich insoweit unter anderem gegen den Arbeitgeber und im Falle der illegalen Arbeitnehmerüberlassung beispielsweise auch gegen den Entleiher, wenn der Entleiher als Arbeitgeber gilt. Zu beachten ist hier, dass im Rahmen der Schleuserkriminalität sehr schnell die Grenze zum Verbrechenstatbestand überschritten ist (bei gewerbs- oder bandenmäßiger Begehung). Unter Berücksichtigung der Rechtsprechung, dass bereits bei drei Beteiligten eine Bande angenommen werden kann (Auftraggeber – Nachunternehmer – Arbeitnehmer u. U.) wird ersichtlich, wie schnell auch bei Durchführung von Werkverträgen, insbesondere im Falle illegaler Arbeitnehmerüberlassung, ein Verbrechenstatbestand drohen kann, der eine Freiheitsstrafe von 6 Monaten bis zu 10 Jahren vorsieht.

Insbesondere in den Fällen, in denen (ausländische) Arbeitnehmer unter erheblicher Unterschreitung des Mindestlohnes vergütet werden, kommt auch eine Strafbarkeit wegen Lohnwuchers (§ 291 StGB) in Betracht. Nach der Rechtsprechung reichen diesbezüglich Zahlungen zwischen 20-30% unterhalb des Mindestlohnes aus, um die Strafbarkeit nach § 291 StGB zu begründen.[17] Auch hier kann Strafbarkeit wegen Lohnwuchers für den (illegalen) Entleiher begründet sein, wenn dieser als Arbeitgeber gilt.

## 7.7 Rechtsfolgen generell

Wie bereits im Einzelnen vorstehend aufgezeigt werden konnte, drohen bei Verstößen im Rahmen der illegalen Beschäftigung (illegaler Arbeitnehmerüberlassung, Verstöße nach dem AEntG, Verstöße nach dem Gesetz zur Bekämpfung der Schwarzarbeit/SchwarzArbG, Steuerstraftaten, Betrugsstraftaten, Straftaten nach § 266a StGB, Straftaten nach dem AuslG, Lohnwucher (§ 291 StGB) erhebliche Strafen sowie Geldbußen. Sanktioniert wird zunächst nur die natürliche Person, die den Verstoß begangen hat. Dies kann insbesondere in Unternehmen der verantwortlich Handelnde sein bzw. die mit diesen Überwachungspflichten beauftragten Personen (vom Vorstand bis hin zum Niederlassungsleiter, Prokuristen, Hand-

[16] Siehe im Einzelnen Greeve/Leipold-Greeve, Handbuch des Baustrafrechts, § 30, Rdn. 30 ff.; das AuslG ist am 1. Januar 2005 außer Kraft getreten. Die Straf- und Bußgeldbestimmungen finden sich nunmehr im Aufenthaltsgesetz (AufhG), in Kraft seit dem 1. Januar 2005.

[17] Siehe hierzu Greeve/Leipold-Greeve, Handbuch des Baustrafrechts, § 30, Rdn. 41 ff.; Ignor/Rixen-Rixen, Arbeitsstrafrecht, § 3, Rdn. 627 ff.

lungsbevollmächtigten und auch Beauftragten sowie Bauleiter). Daneben kann auch das Unternehmen als juristische Person bebußt werden[18].

Mit der Geldbuße gegen die juristische Person soll insbesondere der wirtschaftliche Vorteil aus Taten wegen illegaler Beschäftigung abgeschöpft werden. Hier ist zu bedenken, dass nach Rechtsprechung des Bundesgerichtshofes (BGH) das Bruttoprinzip gilt. Bruttoprinzip meint, dass nicht nur der Geldgewinn, sondern auch erlangte Vorteile (wie die Verbesserung der Marktposition oder Ersparung sonst angefallener Kosten – insbesondere Erlangung eines Bauauftrages) insgesamt abgeschöpft werden können, ohne dass Aufwendungen gegengerechnet werden können.

Generell droht schließlich bei besonders schweren Fällen (z. B. erhebliche Umsatzsteuerkarusselle verbunden mit illegaler Ausländerbeschäftigung und illegaler Arbeitnehmerüberlassung in erheblichem Umfang) ein Berufsverbot (§ 70 StGB).

## 7.8 Kontinuierliche Verschärfung der Gesetzeslage

Insbesondere in den letzten Jahren ist der Gesetzgeber im Hinblick auf die Verschärfung der illegalen Beschäftigung im weiten Sinne besonders aktiv gewesen und hat eine Reihe von Gesetzen erlassen, die im Wesentlichen schärfere Sanktionen, weitere Maßnahmen zur Sicherung des Steuer- und Sozialaufkommens sowie besondere Prüfungsbefugnisse der zuständigen Behörden umfassen.

Hervorzuheben ist zunächst das Gesetz zur Erleichterung der Bekämpfung von illegaler Beschäftigung und Schwarzarbeit, welches am 01.08.2002 in Kraft trat.

Aus der Gesetzgebung in den letzten Jahren ist des Weiteren hervorzuheben das Gesetz zur Eindämmung illegaler Betätigung im Baugewerbe, welches am 30. August 2001 in Kraft trat. Mit diesem Gesetz wurde die Verpflichtung des Auftraggebers im Baugewerbe eingeführt, einen Steuerabzug in Höhe von 15% auf die Rechnung des Leistenden einzubehalten und an das Finanzamt abzuführen. Der Steuerabzug ist nur dann entbehrlich, wenn der Bauunternehmer dem Auftraggeber eine Freistellungsbescheinigung des Finanzamtes vorlegt. Darüber hinaus wurde durch das Haushaltsbegleitgesetz 2004 mittlerweile in das Umsatzsteuergesetz eine neue Umsatzsteuerschuldnerschaft des Leistungsempfängers für bestimmte Werklieferungen und sonstige Leistungen eingefügt (§ 13 b Abs. 1 Satz 1 Nr. 4 UstG). Dies bedeutet, dass bei Erbringung von Bauleistungen gegenüber einem anderen Bauleistungsunternehmer für diese Leistungen ab dem 01.04.2004 der Leistungsempfänger Steuerschuldner der Umsatzsteuer ist. Der Leistungsempfänger ist daher ab diesem Zeitpunkt nur dann zum Vorsteuerabzug berechtigt, wenn er selbst die Umsatzsteuer für diese Leistungen abführt.

Die wichtigsten Regelungen betreffen erneut den Baubereich. Generalunternehmer haften danach für die Sozialversicherungsbeiträge der am Bau Beschäftigten, wenn diese nicht von direkt beauftragten Subunternehmern abgeführt werden. Für Subunternehmer der zweiten Stufe (Sub-Subunternehmer) haftet der Generalunternehmer allerdings nur dann, wenn er einen Strohmann als ersten Subunternehmer zwischengeschaltet hatte. Unternehmen, die gegen die Vorschriften illegaler Beschäftigung und Schwarzarbeit verstoßen, können darüber hinaus mittlerweile bis zu 3 Jahre von der Vergabe öffentlicher Aufträge ausgeschlossen werden.

---

[18] Siehe hierzu bereits ausführlich oben unter Ziffer II.

Die Bußgeldrahmen und Straftatbestände wurden erheblich erweitert. Die Finanzbehörden sind ferner nunmehr verpflichtet, die Bekämpfungsbehörden von Verhältnissen des Steuerpflichtigen zu unterrichten, soweit dies für die Bekämpfung illegaler Beschäftigung erforderlich ist.

Schließlich ist das umstrittene Gesetz zur Intensivierung der Bekämpfung der Schwarzarbeit und damit zusammenhängender Steuerhinterziehung am 01.08.2004 in Kraft getreten. Zielsetzung dieses Gesetzes ist, zunächst eine Definition der Schwarzarbeit erstmalig in einem Gesetz festzulegen. Darüber hinaus enthält das Gesetz ein umfassendes Maßnahmepaket, womit die Verfolgung von Schwarzarbeit und damit einhergehender Steuerhinterziehung auf eine neue Grundlage wurde. Die in den verschiedenen Gesetzen enthaltenen Regelungen zur Schwarzarbeitsbekämpfung sind in ein Stammgesetz zusammengefügt worden. Die Prüfungsaufgaben sind den Behörden der Zollverwaltung übertragen werden. Die Zollbehörden sind insoweit ebenfalls ermächtigt worden, Prüfungen im Zusammenhang mit Dienst- oder Werkleistungen durchzuführen, um die Finanzbehörden über Sachverhalte, die zu einer Steuernacherhebung führen können, zu unterrichten. Die Prüfungsaufgaben umfassen daher neben den klassischen neuen Tatbeständen der Schwarzarbeit (nach dem neuen SchwarzArbG) auch typische Formen der illegalen Beschäftigung, die regelmäßig mit Schwarzarbeit einhergehen.

Hervorzuheben ist, dass der Tatbestand des Erschleichens von Sozialleistungen (Leistungsmissbrauch), der bislang als Ordnungswidrigkeit im SchwarzArbG geregelt ist (ungeachtet einer Strafbarkeit nach § 263 StGB wegen Betruges) nunmehr als ein eigenständiger Straftatbestand in § 8 SchwarzArbG vorgesehen ist. Es droht Freiheitsstrafe bis zu 3 Jahren oder Geldstrafe.

Besonders hervorzuheben ist, dass die Geldbußen in die Kasse der Verwaltungsbehörde, die den Bußgeldbescheid erlassen hat, fließen. Des Weiteren ist vorgesehen, dass beim Arbeitsbereich Finanzkontrolle Schwarzarbeit der Zollverwaltung eine zentrale Datenbank eingerichtet wird. In dieser sollen die Behörden die nach dem Gesetz erhobenen personen- und unternehmensbezogenen Daten speichern, wenn sich tatsächlich Anhaltspunkte für das Vorliegen von Schwarzarbeit gemäß § 1 oder illegaler Beschäftigung ergeben. Hervorzuheben ist hier, dass die Daten, beispielsweise im Falle der Einstellung des Verfahrens nach § 153 oder § 153a StPO (Einstellung gegen Zahlung einer Geldauflage), erst nach 3 Jahren nach Abschluss des Verfahrens gelöscht werden sollen. Auch sollen die Daten eines Betroffenen im Ordnungswidrigkeitenverfahren erst nach 3 Jahren gelöscht werden, obwohl das gegen ihn eingeleitete Ordnungswidrigkeitenverfahren durch eine Verwarnung abgeschlossen wurde und kein Eintrag in das Gewerbezentralregister in diesem Fall erfolgt.

## 7.9 Präventivmaßnahmen zur Vermeidung illegaler Beschäftigung beim Einsatz von Nachunternehmern

Vor dem Hintergrund des umfangreichen Sanktionenkataloges sowie der stetigen Verschärfung der Sanktionsnormen und Haftungserweiterungen – insbesondere für das auftraggebende Unternehmen – sind Präventivmaßnahmen im Unternehmen zur Vermeidung illegaler Beschäftigung – vor allem bei Einsatz von Nachunternehmern unumgänglich.[19]

[19] Siehe hierzu umfassend Greeve/Leipold-Greeve, Handbuch des Baustrafrechts, § 40 Rdn. 9 ff 24 ff., 27 ff., 33 ff.

Wirksame Präventivmaßnahmen müssen zunächst bei der Auswahl des Nachunternehmers ansetzen. Der Nachunternehmer ist daraufhin zu überprüfen, inwieweit er im Sinne der Einhaltung der gesetzlichen Regelungen nach dem AÜG, AEntG, SchwarzArbG, SGB III, SGB IV zuverlässig ist. In diesem Zusammenhang ist ebenfalls die Überprüfung des Angebotes, z. B. im Hinblick auf die Unterschreitung ortsüblicher Marktpreise als Anhaltspunkt für die Nichteinhaltung des Mindestlohnes nach dem AentG, erforderlich.

Die vertragliche Gestaltung mit dem Nachunternehmer ist ebenfalls vor dem Hintergrund der erheblichen Haftungsnormen sowie des Fahrlässigkeitsmaßstabes – gerichtet an den Hauptunternehmer bzw. das auftraggebende Unternehmen – zu beurteilen. Grundsätzlich gilt, dass Werkverträge schriftlich verfasst werden sollten, auch wenn mündlich erteilte Aufträge zivilrechtlich grundsätzlich wirksam sind. Der Werkvertrag sollte des Weiteren – entweder in der Vertragsurkunde, im Vertragstext selbst oder aber vorzugsweise als Anhang zum eigentlichen Vertrag – die erforderlichen Regelungen im Hinblick auf die Vermeidung der Haftung nach den einschlägigen gesetzlichen Regelungen zur illegalen Beschäftigung und Schwarzarbeit enthalten. Erforderlich sind im Einzelnen Verpflichtungen des Nachunternehmers, jeweils Arbeitnehmer nur mit gültigen Arbeitsgenehmigungen zu beschäftigen, zur Vorlage der Arbeitsgenehmigung zu Beginn der Arbeiten des jeweiligen Arbeitnehmers und entsprechend eine Liste der hiervon betroffenen Beschäftigten nebst den aktuellen Arbeitsgenehmigungen dem Hauptunternehmer vorzulegen. Neben den – mittlerweile durchaus üblichen – Verpflichtungs- und Freistellungserklärungen zum SchwarzArbG, zur Einhaltung der Mindestlöhne sowie Mindestarbeitsbedingungen nach dem AEntG sowie der gesetzlichen Regelungen nach dem AÜG ist zu berücksichtigen, dass Kontrollrechte hinsichtlich der Überprüfung des Nachunternehmers bzw. seiner Arbeitnehmer bereits vertraglich eingeräumt werden sollten. Diese müssen sich auf die Überprüfung von Arbeitnehmern auf der Baustelle im Hinblick auf die Arbeitsgenehmigung, Pass, Sozialversicherungsausweis oder Sozialversicherungsersatzausweis bzw. die Arbeitserlaubnis, gegebenenfalls auf die Durchsicht von Lohnunterlagen bzw. zur Aufforderung zur Vorlage der Lohnlisten beziehen. Ferner ist eine Verpflichtung zur Meldung und Zustimmungserfordernis bei späterem Einsatz weiterer Sub-Sub-Unternehmer auf der Baustelle festzulegen. Des Weiteren sollte bereits vertraglich ein Baustellenverweis geregelt sein, wenn erforderliche Arbeits- und Aufenthaltsgenehmigungen von Arbeitnehmern nicht auf der Baustelle vorliegen, sich Arbeitnehmer der Kontrolle entziehen und im Falle der Nichtvorlage angeforderter Unterlagen. Auch ist es ratsam, ein außerordentliches Kündigungsrecht in diesem Zusammenhang vertraglich einzuräumen (gedacht als Verdachtskündigung). Weitere vertragliche Regelungen, die zur Einhaltung der gesetzlichen Vorschriften anhalten können, sind Vertragsstrafenregelungen, Einbehalte bzw. Bürgschaften, die insbesondere das Risiko von Regressansprüchen in arbeits- bzw. sozialrechtlicher Hinsicht abdecken können.

Vor Beauftragung ist es des Weiteren erforderlich, dass der Nachunternehmer eine aktuelle Gewerbeanmeldung vorlegt sowie die erforderliche Handwerksrolleneintragung. Des Weiteren sollte der Nachunternehmer geeignete Nachweise hinsichtlich der Zahlung der Kranken- und Sozialversicherungsbeiträge (ZVK, ULAK) – auch im Hinblick auf Urlaubsansprüche – erbringen. Hierzu gehört auch die Unbedenklichkeitsbescheinigung in Steuersachen bzw. die nunmehr erforderliche Freistellungsbescheinigung im Rahmen des so genannten Steuerabzugsverfahrens für Empfänger von Bauleistungen.

Darüber hinaus sollte vom Nachunternehmer ein aktueller Auszug aus dem Gewerbezentralregister oder aber eine gleichwertige Bescheinigung aus dem Herkunftsland (z. B. im Falle eines Unternehmens aus einem anderen EU-Staat) sowie ein aktueller Handelsregisterauszug oder eine vergleichbare Bescheinigung aus dem Herkunftsland vorliegen.

Im Hinblick auf sämtliche Arbeitnehmer auf der Baustelle bzw. sämtliche Sub-Sub-Unternehmer ist es schließlich erforderlich, dass der Nachunternehmer selbst die vorgenannten Verpflichtungen an weitere Subunternehmer durchstellt. Dies betrifft insbesondere auch die erforderlichen Vorlage- und Kontrollrechte sowie Belehrungsverpflichtungen der eigenen Arbeitnehmerüberprüfrechte und Konsequenzen im Falle der Missachtung der vertraglich auferlegten Pflichten.

Anzuraten ist ohnehin, einen Baustellenausweis einzuführen und ebenfalls diesbezüglich eine vertragliche Verpflichtung zur Führung des Baustellenausweises auszusprechen.

Weitere erforderliche Unterlagen vor Arbeitsbeginn auf der Baustelle betreffen die Mindestlohnbestätigungen im Sinne des AEntG (in jeweiliger Landessprache), die von jedem Arbeitnehmer des Subunternehmers gegenzuzeichnen sind und vom Subunternehmer dem Hauptunternehmer vorzulegen sind. Weitere Besonderheiten bestehen bei der Durchführung eines Bauvorhabens mit ausländischen Firmen (insbesondere mit solchen aus den MOE-Staaten) im Rahmen von Werkvertragsabkommen. Über die bereits oben angeführten Dokumente müssen zusätzlich der vom Landesarbeitsamt genehmigte Werkvertrag sowie die entsprechenden Arbeitsgenehmigungen vorgelegt werden. Hier ist im Besonderen zu beachten, dass die Aufenthalts- und Arbeitsgenehmigung der einzelnen Arbeitnehmer befristet und auch nur im Hinblick auf bestimmte Tätigkeiten/Baustellen erteilt werden.

Anzumerken ist ferner, dass die vertraglichen Regelungen und auch eine umfassende Verpflichtungs- und Freistellungserklärung des Nachunternehmers bzw. im Falle der Durchstellung sämtlicher weiterer Nachunternehmer letztendlich nicht ausreichend sein können, um eine Verantwortlichkeit des Hauptunternehmers bzw. der verantwortlich Handelnden in bußgeldrechtlicher und/oder strafrechtlicher Hinsicht gänzlich ausschließen zu können. Zu berücksichtigen ist insoweit, dass in der Praxis im Hinblick auf den Fahrlässigkeitsmaßstab des auftraggebenden Unternehmens höhere Anforderungen gestellt werden, die sich schließlich anhand konkreter Verdachtsmomente bei der Durchführung des Bauvorhabens bzw. einer festgestellten Indizienlage orientieren. Um jedoch das Risiko geringer zu halten, bußgeldrechtlich und/oder strafrechtlich sowie und/oder sozialrechtlich zu haften bzw. in Erscheinung zu treten, sollten in regelmäßigen Abständen die Unterlagen – insbesondere die Arbeitsgenehmigung sämtlicher Arbeitnehmer – vorgehalten und kontrolliert werden.

Anzuraten ist schließlich, dass in den Vertrag mit dem Nachunternehmer aufgenommen werden sollte, dass die Arbeitnehmer nicht nur über die Kontrollrechte belehrt wurden, sondern auch ihre Zustimmung zu Kontrollen auf die Herausgabe und Prüfung von Lohnunterlagen erteilen. Mit einer solchen Regelung kann insoweit Zustimmung eingeholt werden im Hinblick auf etwaige Geschäftsgeheimnisse und gegebenenfalls auf persönliche Daten.

Da schließlich die Durchgriffshaftung nach § 1 a AEntG verschuldensunabhängig ist, kann schließlich nur eine umfassende Prüfung sämtlicher Arbeitnehmerunterlagen sicherstellen, dass kein Regress droht. Zu beachten ist hier, dass die tariflichen Mindestbedingungen nach dem AEntG nicht nur den Mindestlohn umfassen, sondern u. a. auch Urlaubsgeldansprüche.

Inwieweit insbesondere die Lohnunterlagen der Nachunternehmer geprüft werden – was einen erheblichen Aufwand bedeuten kann – ist letztendlich eine wirtschaftliche Entscheidung. Neben der verschuldensunabhängigen Durchgriffshaftung nach § 1 a AEntG ist insoweit jedoch hervorzuheben, dass durch das Gesetz zur Erleichterung der Bekämpfung von illegaler Beschäftigung und Schwarzarbeit mit Geltung ab 01.08.2002 zusätzlich auch eine Haftung für die Sozialversicherungsbeiträge eingesetzter Nachunternehmer oder Verleiher eingeführt worden ist. Nach § 28 e Abs. 3 a–f SGB IV haftet ein Unternehmer des Baugewerbes, der einen anderen Unternehmer mit der Erbringung von Bauleistungen beauftragt, für die Erfüllung der Zahlungspflicht dieses Unternehmers oder eines von diesem Unternehmer beauftragten Verleihers wie ein selbstschuldnerischer Bürge. Diese Haftung gilt auch für die vom Nachunternehmer gegenüber ausländischen Sozialversicherungsträgern abzuführenden Beiträge und entfällt nur, wenn der Unternehmer nachweist, dass er ohne eigenes Verschulden davon ausgehen konnte, dass der Nachunternehmer oder ein von ihm beauftragter Verleiher seine Zahlungspflicht erfüllt. Diese Neuregelung bedeutet daher eine Durchgriffshaftung des Auftraggebers für die Sozialversicherungsbeiträge zunächst des unmittelbar beauftragten Nachunternehmers. Eine Haftung für den weiteren eingesetzten Nachunternehmer kommt dann in Betracht, wenn die unmittelbare Beauftragung des Nachunternehmers als Umgehung angesehen werden kann. Das Gesetz legt insoweit allerdings nur fest, dass die Haftung entfällt, wenn der Nachweis erbracht werden kann, dass der Auftraggeber davon ausgehen konnte, der Nachunternehmer werde seine Zahlungsverpflichtungen erfüllen. Auf welche Weise dies erfolgen kann, bleibt jedoch offen. Zusätzliche Präventivmaßnahmen sind vor diesem Hintergrund daher auf jeden Fall geboten.

# 8 Finanzierung am Bau

Karl-Josef Gelder, Direktor Volksbank Ravensburg

## 8.1 Einleitung

Jeder Geschäftsführer oder Inhaber eines Bauunternehmens muss irgendwann eine Entscheidung treffen: „Welche Bank ist für mich die richtige?". Es gibt hier keine global gültige Empfehlung. Dies ist primär von der wirtschaftlichen Ausrichtung des Einzelbetriebes (=Bankkunde) abhängig. Für den örtlich tätigen Bauhandwerker ist sicherlich eine andere Bank als Partner richtig, als für den international tätigen Baukonzern. Aber eines ist für beide entscheidend: Nur diejenige Bank ist die richtige, mit welcher der Kunde ein Vertrauensverhältnis aufbauen kann, bei welcher er sich „gut aufgehoben fühlt" und welche sich ihm gegenüber als Partner „beweist".

In der Bundesrepublik Deutschland sind die Banken nach deren Dienstleistungsangebot eingeteilt. Es sind zwar keine klaren systematischen Unterscheidungskriterien der einzelnen Banken gegeben, jedoch kann als Hilfsgröße hier die betriebswirtschaftliche und/oder regionale Ausrichtung der einzelnen Kreditinstitute dienen.

## 8.2 Geschäftsbanken

Diese Banken decken das gesamte Leistungsspektrum für private und gewerbliche Kunden ab. Zu den Geschäftsbanken zählen die Großbanken und die regional tätigen Kreditinstitute.

### 8.2.1 Großbanken

Die **Großbanken** sind in Deutschland die

- Deutsche Bank AG
- Dresdner Bank AG
- Commerzbank AG
- Bayerische Hypo- und Vereinsbank AG

In allen wirtschaftlich entwickelten Ländern gibt es Großbanken, welche speziell in den Bereichen der zunehmenden länderübergreifenden Verflechtungen der Unternehmen und deren Tätigkeitsgebieten an Bedeutung gewonnen haben. Diese Banken zeichnen sich vor allem durch ihr großes Know-how im internationalen Waren- und Dienstleistungsverkehr aus. Ihre in Deutschland vertretenen rd. 2.500 Zweigstellen und deren Mitarbeiter unterliegen meistens einer überregional ausgerichteten und zentralen Gesamtbanksteuerung.

### 8.2.2 Regionalbanken

Den Großbanken stehen die **Regionalbanken** gegenüber, welche traditionell –wie der Begriff schon sagt – auf den regional begrenzten Kundenstamm konzentriert sind und deren Kunden überwiegend ihre Geschäfte innerhalb der Region, in welcher die Bank ihren Stammsitz hat, abwickeln. Sie haben aber auch ihre Geschäftstätigkeit im Verlauf der letzten Jahrzehnte auf die Erfordernisse eines bundesweit und auch international tätigen Kreditinstitutes angepasst. Das Leistungsangebot wird hier ergänzt durch die Zusammenarbeit mit den einzelnen Zentralinstituten. Bei den Regionalbanken handelt es sich i. w. um

- die Sparkassen (mit deren Zentralinstituten, den Landesbanken)
- die Genossenschaftsbanken (mit deren Zentralinstitut DZ-Bank)

Die Sparkassen und Genossenschaftsbanken verfügen bundesweit über insgesamt rd. 32.000 Zweigstellen (Quelle: Monatsbericht der Dt. Bundesbank) und decken zusammen einen Marktanteil von rd. 65 % ab.

Das flächendeckende Zweigstellennetz sichert den Kunden einerseits die nötige Geldversorgung „vor Ort" und gewährleistet andererseits, dass diese Banken über die notwendigen Informationen zur Einschätzung der regionalen Marktverhältnisse ihrer gewerblichen „Baukunden" verfügen. Die Banksteuerung erfolgt durch „vor Ort" handelnde Personen, welche die örtlichen Gegebenheiten und regionalen Besonderheiten kennen und für ihre Entscheidungen werten können.

## 8.3 Spezialbanken

Diese Banken decken „nur" Teile der allgemeinen Bankdienstleistung ab. Hier sind i. w. die

- Hypothekenbanken und die
- Kreditanstalt für Wiederaufbau

zu nennen.

### 8.3.1 Hypothekenbanken

Die **Hypothekenbanken** haben sich ausschließlich auf die langfristige Kreditvergabe in dem vom Gesetzgeber als „risikoarm" angesehenen grundpfandrechtlich erstrangig besicherten Kreditgeschäfte spezialisiert.

Sie bieten diese Dienstleistung primär privaten aber auch gewerblichen Kunden an. Darlehensvermittlungen erfolgen primär über die Hausbanken.

### 8.3.2 Kreditanstalt für Wiederaufbau

Die **Kreditanstalt für Wiederaufbau (KfW)** wurde 1948 gegründet und gehört dem Bund und den Ländern. Diese, ursprünglich aus der Verwaltung des Marshallplanes entstandene Bank, dient nunmehr als Förderinstitut für die gewerbliche Wirtschaft. Die KfW vergibt Kredite an die Hausbanken zur Weiterleitung an Endkreditnehmer als teilweise zinsverbilligte Förderung von Investitionen im mobilen und immobilen Bereich.

Jede Geschäftsbank verfügt über die Programmauswahl und die Programmrichtlinien. **Anträge sind ausschließlich über die Hausbanken zu stellen.**

Wie gesagt, welche Institutsgruppe (ggf. unter Einbindung einer Spezialbank) für den Bauunternehmer die richtige ist, muss jeder selbst entscheiden.

## 8.4 Das Kreditgeschäft der Geschäftsbanken

Der Begriff „Kredit" kommt aus dem lateinischen Wort „credere" (**glauben, vertrauen**).

Wie bald festzustellen sein wird, hat das Kreditgeschäft der Banken jedoch mit **„Glauben"** relativ wenig zu tun, da die Banker „Zahlenmenschen" sind und für alles Nachweise und Unterlagen brauchen.

### 8.4.1 Kreditwürdigkeitsprüfung

Dem **„Vertrauen"** kommt allerdings im eigentlichen Sinne des Wortes eine sehr starke Bedeutung zu, da nämlich kein Banker eine Kreditierung eines Unternehmens vornehmen wird, ohne dass er Vertrauen in die persönliche Kreditwürdigkeit seines Kunden hat und ohne dass er Vertrauen in die Richtigkeit der ihm zur Prüfung der sachlichen Kreditwürdigkeit überlassenen Angaben und Daten hat.

#### *8.4.1.1 Persönliche Kreditwürdigkeit*

Hierin begründet sich das Vertrauen zwischen Kunde und Banker. Eine Beziehung muss wachsen, was verständlicherweise auch zeitraumbedingt ist. Gerade im gewerblichen Kreditgeschäft ist es für beiden Seiten (Kunde und Bank) zielführend, wenn die handelnden und „entscheidenden" Personen sich über einen längeren Zeitraum kennen und zusammenarbeiten. Genau diesem Anspruch versuchen primär die Regionalbanken gerecht zu werden. Denn nur dann kann die subjektive Einschätzung zur Aussage

a) des Bankers über seinen Kunden führen
   - er ist ehrlich und zuverlässig in seinen Aussagen
   - er ist solide in seinen Handlungen

b) des Kunden über seinen Banker führen
   - er ist sachkundig und für mich vor Ort als Ansprechpartner verfügbar
   - er ist und handelt partnerschaftlich in der Beratung.

#### *8.4.1.2 Sachliche Kreditwürdigkeitsprüfung*

Hier liegt bei jeder Bank verständlicherweise der Schwerpunkt ihrer Prüfung. Gerade vor dem Hintergrund der in den letzten Jahren publizierten Regelungen unter den Begriffen „Basel II und Rating" kommt diesem Punkt eine entscheidende Bedeutung zu. Jeder Kreditnehmer sollte sich bemühen, hier seinem Banker ausreichende Informationen und Unterlagen zur Verfügung zu stellen.

**Unterlagen zur Prüfung der sachlichen Kreditwürdigkeit**

- Grundvoraussetzung für eine sachliche Kreditwürdigkeitsprüfung ist die Vorlage folgender Daten und Informationen:
- letzte 3 Jahresabschlüsse mit Steuererklärung und -bescheid des Hauptgesellschafters

- aktuelle „Betriebswirtschaftliche Auswertung"
- Angaben und Nachweise zu laufenden Aufträgen (gerade in der Bauwirtschaft sehr wichtig) mit aktuellem Leistungsstand und ggf. Höhe der dagegenstehenden Kundenanzahlungen
- Zukunftsplanung bezüglich Umsatz und Kosten
- Übersicht zur Liquiditätsplanung

Diese Unterlagen erbittet ein Kreditinstitut in der Regel bei allen Kreditanfragen und nicht nur bei denjenigen, bei welchen das Kreditwesengesetz in § 18 die Vorlage verlangt. Dieser oftmals zitierte Paragraph schreibt nämlich vor, dass

„die Kreditinstitute von ihren Kreditnehmern, denen Kredite von insgesamt mehr als 250.000 EUR gewährt werden, die wirtschaftlichen Verhältnisse, insbesondere durch Vorlage der Jahresabschlüsse offen legen lassen müssen".

In diversen Schreiben und Stellungnahmen hierzu haben das Bundesaufsichtsamt für Finanzdienstleistungen und die Verbände der Bankengruppen Ausführungen erlassen, welche Unterlagen – e nach Rechtsform und wirtschaftlichem Umfang des Antragstellers – zur Prüfung der wirtschaftlichen Verhältnisse eines Kreditnehmers erforderlich sind.

Oftmals halten die Kunden das Informationsbedürfnis ihrer Banken „für überzogen" und sind evtl. nicht bereit, die erbetenen Unterlagen auszuhändigen. Und genau hier kommen die Argumente der „persönlichen Kreditwürdigkeit" wieder zum tragen. Wenn ein Vertrauensverhältnis zwischen Bank und Kunde gegeben ist, dann gibt es keinen Grund, erbetene Unterlagen und Nachweise – auch bei kleineren Kreditengagements – zu verweigern. Die Bank will nämlich nur eines, aus den Daten ableiten zu können, dass ihr Kreditnehmer in der Lage ist, den Kredit zurückzuzahlen. Je besser daher die Unterlagen aufbereitet sind, je schneller kann bankseitig eine Analyse der Daten und eine qualifizierte Entscheidung getroffen werden.

**Analyse der Bilanz und der G+V**

Vorauszuschicken ist, dass es für den Kreditgeber wichtig ist, dass die Daten der jährlichen Bilanzen aneinander anschließen und die Kapitalentwicklungen jeweils schlüssig sind. Sollten sich – z. B. infolge einer Steuerprüfung – die Anschlusswerte an die Vorjahresbilanz geändert haben, so ist jeder Bankberater für einen entsprechenden Vorabhinweis dankbar.

Es gibt mehrere Aspekte, welche bei der Analyse untersucht werden, hier die wichtigsten:

**→ Die Vermögenslage**

Die Höhe des buchmäßig ausgewiesenen Eigenkapitals sagt an sich fast gar nichts darüber aus, ob die Unternehmensrisiken durch Eigenmittel ausreichend abgedeckt sind. Ausschlaggebend hierfür ist nämlich die „Werthaltigkeit des auf der Aktivseite gebuchten Vermögens".

Der Bankanalytiker wird sich die Aktivseite jeder Bilanz unter der Fragestellung „sind die Buchwerte realistisch" anschauen und ggf. Abweichungen zwischen den Verkehrswerten und den Buchwerten als Korrekturposten zum Eigenkapital vermerken.

**Positive Korrekturposten** sind z. B. bei sämtlichen Aktivas denkbar, bei welchen die **Buchwerte unter den vermeintlichen Verkehrswerten** liegen (auch stille Reserven genannt). Dies ist oftmals bei den Immobilien der Fall, welche bekanntlich über die Jahre hinweg buchmäßig abgeschrieben werden und deren Verkehrswert zum Bilanzstichtag ggf. höher ist als der Buchwert.

**Negative Korrekturposten** (und diese kommen leider häufig vor) können entstehen, wenn die **Buchwerte über den vermeintlichen Verkehrswerten liegen** oder die Aktiva aus andern Gründen nicht entsprechend werthaltig sind. Dies könnte z. B. der Fall sein, wenn

- eigene Firmenwerte aktiviert sind, deren Realisierung nicht nachvollziehbar ist
- Beteiligungswerte aus Sicht des Bankers evtl. für die Zukunft nicht mehr in Höhe des angesetzten Buchwertes zu realisieren sind, weil z. B. die Beteiligungsfirma Verluste schreibt
- fertige Bauleistungen über Jahre hinweg nicht abgerechnet werden und sich somit für einen Außenstehenden der Gedanke aufdrängt, dass evtl. die erbrachte Leistung in Höhe des aktivierten Buchwertes nur daher nicht abgerechnet wurde, weil sie evtl. mängelbehaftet ist
- Vorräte aktiviert sind, welche bereits veraltet und für die Produktion nicht mehr einsetzbar sind
- „fertig erstellte Wohnungen" eines Bauträgers noch nicht verkauft sind und damit gerechnet werden muss, dass diese nur unter Preiszugeständnissen veräußerbar sind
- die Bonität der gebuchten Debitoren gefährdet ist
- Forderungen an Gesellschafter bestehen, welche aus Sicht des Bilanzbetrachters mit dem Kapital des betreffenden Gesellschafters in der Bilanzanalyse „kompensiert" werden müssen.

Diese Aufzählung soll nur ein Hinweis dafür sein, wo Banker Risiken „suchen". Jeder Kreditnehmer, der sich auf derartige Fragen vorbereitet hat und diese beantworten kann, schafft eine weitere Vertrauensbasis, da er seine Zahlen und sein Unternehmen „im Griff" hat.

**→ Die Liquiditätslage**

Hier ist es wichtig, dass die vorhandenen Geldbestände, die offenen Kreditlinien – unter Einbeziehung der zu erwartenden Umsatzerlöse- ausreichend sind zur Bedienung der Ausgaben. Ein Liquiditätsplan kann hierzu Auskunft geben und gleichzeitig dem Banker die Sicherheit verschaffen, dass der Unternehmer seine Firma nicht nach dem Motto „Management by Kontostand" führt, sondern sich Gedanken macht, welche Liquiditätsanforderungen kommen und dies auch entsprechend plant.

Entscheidende Bedeutung kommt einer derartigen Planung zu, wenn z. B. größere Investitionen getätigt werden, welche auf Sicht von mehreren Jahren einen ständigen Liquiditätsbedarf für Zins- und Tilgungsleistungen erfordern. Aber auch, wenn z. B. im Bereich einer Bauunternehmung Einzelprojekte abgewickelt werden, welche den Rahmen der üblichen Umsatzleistung überschreiten und für welche evtl. eine separate Finanzierung sinnvoll ist. Als Anlage ist das Muster eines einfachen Liquiditätsplanes für die Planung eines Einzelprojektes beigefügt.

**→ Die Finanzierungsstruktur**

Hier geht es i. w. um die Bilanzrelationen. Es ist aus Sicht des Bankers wichtig, dass die zu finanzierenden Aktiva eines Unternehmens auch „fristenkongruent" finanziert wurden. D. h. wurden langfristig gebundene Werte (Gebäude, Maschinen, Beteiligungen und evtl. ein Bodensatz der Roh-, Hilfs- und Betriebsstoffe) auch durch entsprechend langfristige Mittel (Eigenkapital und Darlehen) finanziert. Global sind hiermit die „goldenen Bilanzregeln" gemeint.

Hieraus abgeleitet ergibt sich, ob den sich schneller umschlagenden Wirtschaftsgütern, insb. Vorräte und Forderungen, entsprechend kurzfristige Finanzierungsmittel gegenüberstehen und somit die Rückflüsse hieraus zur sofortigen Entschuldung verwendet werden können. Dies korrespondiert mit der oben erwähnten Anforderung nach ausreichenden Kreditlinien für die Deckung des kfr. Liquiditätsbedarfs.

Eine der wichtigsten Fragen im Rahmen der Ermittlung der sachlichen Kreditwürdigkeit ist die Frage nach der Möglichkeit des Kreditnehmers, ob

**→ Die Ertragslage**

ausreichend ist, den Kapitaldienstverpflichtungen aus dem operativen Geschäftsgang nachzukommen.

Diese Frage lässt sich am besten dadurch beantworten, indem „der Nettozugang der flüssigen Mittel aus der Umsatztätigkeit und anderen laufenden Operationen innerhalb eines Zeitraums" erhoben wird; diese Größe wird auch Cashflow (vgl. Gabler-Banklexikon) genannt.

Es gibt in der Literatur diverse Arten, den Cashflow zu errechnen. Am besten erfolgt dies anhand der Cashflow-Definition „EBITDA". Diese Abkürzung steht für

| Definition | | Berechnung |
|---|---|---|
| Earnings ............... | Verdienst | Ergebnis vor Steuern |
| before ............... | vor | + AfA |
| Interest ............... | Zins | +/- Veränderung Pensionsrückstellungen |
| Taxes ............... | Steuern | +/- Veränderung Rücklagen |
| Depreciation ............ | Abschreibungen | +/- Verluste/Gewinne aus Anlageabgängen |
| Amortization ............ | Amortisation | +/- sonstige nicht zahlungswirksame Vorgänge (Wertberichtigungen/sonst. Rückstellungen) |
| | | +/- a. o. Aufwendungen/Erträge |
| | | + Zinsaufwand |
| | | = **EBITDA** |

Dieser aus dem Geschäftsbetrieb erwirtschaftete Liquiditätsüberschuss kann verwendet werden für:

- Gewinnausschüttungen bzw. Entnahmen des Gesellschafters
  - Steuerzahlungen
  - Bezahlung von Investitionen
  - Kapitaldienstverpflichtungen aus Finanzierungen
    (bisherigen und neu beantragten Finanzierungen)

Hier muss für das Unternehmen ein positiver Wert errechnet werden, denn nur dann ist die bankseitig für jede Investitionsfinanzierung unabdingbare „Kapitaldienstfähigkeit" gegeben.

Verständlicherweise können diese Daten nur auf Basis der Vergangenheitswerte des Jahresabschlusses errechnet werden und liegen somit oftmals längere Zeit zurück. Die Daten sind für die Zukunft nur dann verwendbar, falls zumindest eine gleich bleibende Entwicklung der Unternehmung absehbar ist.

Deshalb wird der Bankberater bei jeder Prüfung der sachlichen Kreditwürdigkeit ein hohes Interesse an Angaben und Daten zum laufenden Geschäftsbetrieb und zu den Zukunftserwartungen haben. Es ist daher ratsam, für das Bankgespräch ergänzend folgende Unterlagen vorzulegen:

- Betriebswirtschaftliche Auswertung (BWA)

Diese Auswertung sollte nicht älter als 4 Wochen sein und einen aktuellen Buchungsstand bezüglich Umsatz und Kosten haben.

Für Bauunternehmungen typisch ist es, dass die noch nicht abgerechneten Leistungen hier nicht erfasst sind und deshalb zusätzlich erforderlich ist, dass die BWA ergänzt wird um eine

- Übersicht der in Arbeit befindlichen Bauaufträge

mit Angaben zur Höhe der erbrachten Leistungen. Mit diesen Angaben ist dann eine annähernd zuverlässige Darstellung des **aktuellen Geschäftsganges** und somit eine gute Beurteilung der Leistungskraft des lfd. Geschäftsjahres möglich.

Diese Momentaufnahme ist sinnvollerweise zu komplettieren durch eine

- Auflistung der insgesamt vorhandenen Aufträge

welche noch nicht begonnen wurden, ergänzt um die Kalkulationsdaten und -ggf. bei größeren Vorhaben- um einen Liquiditätsplan (s. Anlage) für die Bauzeit.

Bei der Prüfung der Kalkulationsdaten gelangt der Banker sehr schnell an „seine Grenzen", da er verständlicherweise diese nur zur Kenntnis nehmen, aber nicht prüfen kann, ob die Daten umfassend und richtig dargestellt sind. Und genau hier schließt sich wieder der Kreis zwischen sachlicher Kreditwürdigkeitsprüfung und persönlicher Kreditwürdigkeit. Wenn nämlich zwischen den Beteiligten ein Vertrauensverhältnis besteht und der Bauunternehmer durch seine Leistungen bewiesen hat, dass „auf seine Angaben Verlass ist", wird diese Information der Bankberater auch als gegeben voraussetzen.

Bei größeren Bauprojekten, deren Leistungserstellung sich über mehrere Monate hinzieht, kann es – wie bereits erwähnt – wichtig sein, dass hierfür spezielle Projektfinanzierungen (s. auch Kredit- und Konditionsarten) abgeschlossen werden und somit der „Kontokorrentkredit für das laufende Geschäft" nicht tangiert wird. Sehr hilfreich ist es in diesem Zusammenhang, wenn z. B. ein projektbezogener Liquiditätsplan (s. Anlage S. 234) erstellt wird, aus welchem die Zahlungsströme für die einzelnen Perioden hervorgehen und welcher dann Basis für eine auf das Einzelprojekt abgestimmte Sonderkreditlinie sein kann.

**Zusammenfassung**

Die hier dargelegten Gedanken zur Prüfung der

- persönlichen Kreditwürdigkeit und der
- sachlichen Kreditwürdigkeit

können verständlicherweise nicht das ganze Spektrum einer Kunden-/Bankbeziehung und der Vorgänge in einer Bank abbilden.

Sie sollen jedoch Anhaltspunkte dafür sein, dass es im Vorfeld ratsam ist, dass sowohl Kunde als auch Banker sich Gedanken machen:

- was soll erreicht werden?
- welche Angaben und Unterlagen benötigen wir zur optimalen Zielerreichung?

## 8.4.2 Kredit- und Konditionsarten

Falls die Kreditwürdigkeitsprüfung zu einem positiven Ergebnis kam und –es sei nochmals betont- dieses Ergebnis kann nur dann eintreten, wenn sich alle Beteiligten verpflichten, die Verhandlungen partnerschaftlich zu führen und alle erforderlichen Daten und Angaben offen zu legen, ist es dann erforderlich, dass für die Unternehmensfinanzierung eine optimale Kredit- und Konditionsart gefunden wird.

Die Kreditarten werden in der Regel eingeteilt nach deren Laufzeiten in kausalem Zusammenhang mit den Verwendungszwecken. Bei traditionellen Finanzierungsarten handelt es sich um

- Kurzfristige Kredite
  - Kontokorrentkredite; Finanzierung des Umlaufvermögens
  - Wechsel- und Diskontkredite; dto.
  - Avalkredite (Bürgschaften); z. B. Sicherheitsleistung für Auftraggeber etc.
- Mittelfristige Kredite und Darlehen
  - Sonderfinanzierungen
  - Finanzierung von Sockelbeträgen des Umlaufvermögens
  - Investitionsdarlehen; Finanzierung von Gebäuden/Maschinen

### *8.4.2.1 Kontokorrentkredit*

Diese Kreditart dient –neben der Inanspruchnahme von Zahlungszielen bei Lieferanten – primär zur Finanzierung von Betriebsmitteln, d. h. von Vorräten und Außenständen aus Lieferungen und Leistungen.

Die Höhe des ständig zur Verfügung stehenden Kontokorrentkredites sollte in der Bauunternehmung mindestens so bemessen sein, dass

- der sich schnell umschlagende Bestand an Roh-, Hilfs- und Betriebsstoffen
- sämtliche täglich anfallenden laufenden Ausgaben für die erbrachten Bauleistungen
- im Rahmen der Umsatzerlöse sowie
- die Außenstände (unter Berücksichtigung der Abschlagszahlungen) finanziert werden können.

Eine **Faustregel** zur Bemessung der richtigen Kredithöhe besagt, dass eine Größenordnung in etwa von 1/10 bis zu 1/8 des jährlich üblichen Geschäftsumsatzes als Kreditlinie ausreichend sein sollte.

Diese Kredite werden bankseitig in der Regel „bis auf weiteres" zugesagt, d. h. sie haben keine bestimmte Laufzeit, sondern sind „täglich fällig".

Jeder Kreditnehmer sollte es vermeiden, dass sein Bankberater mit **unabgestimmten Überziehungen der Kreditlimite** überrascht wird. Unabhängig von einer unterstellten Kundenbonität schaden derartige Vorgänge nämlich deutlich der persönlichen Kreditwürdigkeit, da der Banker unterstellen muss, dass sein Kunde die Zahlungsströme und somit seinen Geschäftsbetrieb nicht ausreichend „im Griff" hat. Sollte es absehbar sein, dass es zu kurzfristigen Überschreitungen der Kreditlinie – aus welchen Gründen auch immer – kommen kann, ist es wesentlich besser, die Bank vorab zu informieren. Jeder Bankberater wird für derartige Ankündigungen dankbar sein und dann ggf. auch eine Lösung suchen mit dem Ziel, dass dann evtl. für einen vorübergehenden und vorher abgesprochnen Zeitraum die Berechnung von Überziehungszinsen unterbleibt.

Und noch ein Tipp:

Sofern ein Lieferant bereit ist, ein verkürztes Zahlungsziel mit Skontoausnutzung einzuräumen, empfiehlt sich hierfür i. d. R. die Inanspruchnahme von Kontokorrentkrediten.

**Beispiel:**

| | |
|---|---|
| bisherige Vereinbarung mit dem Lieferanten: | Zahlung nach 30 Tagen netto |
| neue Vereinbarung mit der Lieferanten: | Zahlung nach 30 Tagen netto sowie |
| | Zahlung nach 10 Tagen mit 2 % Skonto. |
| Der Vorteil hieraus ist leicht zu errechnen: | $\frac{\text{360 Tage p. a.} \times 2\,\%}{\text{20 (= um 20 Tage reduziertes Zahlungsziel)}}$ |

Dies ergibt eine Verzinsung von 36 % p. a., weshalb die Aussage zutrifft, dass die Inanspruchnahme eines Kontokorrentkredites immer günstiger sein wird, sofern ein Lieferant derartige Skontovorteile zusagt.

Die Verzinsung eines Kontokorrentkredites erfolgt üblicherweise auf Basis eines täglich veränderbaren Zinssatzes (je nach Entwicklung des Geldmarktes), wobei darauf zu achten ist, dass die Kreditkosten ausschl. aus der Kreditinanspruchnahme gerechnet werden. Da bei den Banken für die Bereitstellung von Kreditlinien eine Liquiditätsvorhaltung erfolgen muss, ist es teilweise üblich geworden, für die nicht beanspruchte Kreditlinie (so genannte Luftlinie) zusätzlich eine Kreditprovision zu berechnen. Hinzukommt, dass evtl. Überschreitungen der Kreditlinie – sofern sie zugelassen werden – mit einem zusätzlichen Strafzins belastet werden, welcher sich zwischen 3–5 % bewegen kann. Dies führt dann zu erheblichen Mehrkosten, welche vermieden werden könnten, wenn die Stamm-Kreditlinie richtig bemessen ist und/oder die Überziehung vorher abgestimmt wird.

Falls die Liquiditätsplanung einer Unternehmung ergibt, dass über einen längeren Zeitraum von z. B. 1 bis 6 Monaten eine ständige Kreditinanspruchnahme gegeben sein wird, kann es lohnend sein, dies mit dem Banker zu besprechen, denn i. d. R. räumt jedes Kreditinstitut die Möglichkeit ein, so genannte Festsatzkredite (landläufig auch **Eurokredite** genannt) zur Verfügung zu stellen, wobei es hierfür unterschiedliche Mindestbeträge gibt (üblicherweise ab Eu 50.000 EUR).

Diese Kredite werden dann in Anrechnung auf die Kontokorrentkreditlinie für den definierten Zeitraum zugesagt und auf einem Separatkonto zur Verfügung gestellt. Die Verzinsung des über den ganzen Zeitraum voll valutierten Kredites orientiert sich üblicherweise an einem Basiszins (EURIBOR oder LIBOR) mit entsprechendem Aufschlag. Dieser Festzinssatz ist oftmals 3–5 % p. a. niedriger als der Kontokorrentsatz und somit eine lohnende Alternativfinanzierung. Allerdings nur dann, wenn – wie gesagt – die Planung eintrifft, dass die Kreditinanspruchnahme in vorgegebener Höhe fest erforderlich ist.

#### *8.4.2.2 Wechsel- oder Diskontkredit*

Dieses Finanzierungsinstrument hat zwar seit Wegfall der bankseitigen Rediskontierungsmöglichkeiten bei der Deutschen Bundesbank (DBB) seit Anfang 1999 an Bedeutung verloren, soll jedoch vollständigkeitshalber hier trotzdem erwähnt werden.

Der Einsatz von Wechseln als Zahlungsmittel für „normale" Handelsgeschäfte ist unüblich geworden und überwiegend nur noch bei Absatzfinanzierungen über Warenhändler anzutreffen.

Allerdings sind Wechselziehungen als Alternative zum oben genannten Festsatzkredit zwischen Bank und Kunde als so genannte „**Finanzierungswechsel**" nach wie vor anzutreffen.

Hier unterzeichnet der Unternehmer einen Wechsel, das heißt, er unterschreibt als Aussteller und die Bank unterzeichnet als Bezogener, wobei gegenläufige Unterzeichnungen ebenfalls darstellbar sind. Diese Wechselabschnitte können dann von der Bank an die DBB verpfändet und somit zur Refinanzierung verwendet werden.

Die Abrechnungssätze für die Wechselabschnitte orientieren sich üblicherweise auch an den o. g. EURIBOR oder FIBOR-Basiszinsen mit entsprechenden Kundenaufschlägen.

Zwingende Voraussetzung ist allerdings, dass der Bankkunde seine aktuellen Bilanzen bei der DBB hinterlegt hat und diese eine von der DBB zu bestätigende einwandfreie Bonität ausweisen.

### *8.4.2.3 Darlehen*

Darlehen werden ausschließlich zur Finanzierung von mittel- und langfristig genutzten Wirtschaftsgütern zur Verfügung gestellt.

Als mittelfristig werden Zeiträume von 1 bis 5 Jahren definiert für z. B.

- Maschinen-/Fahrzeugfinanzierungen (Finanzierungsdauer entsprechend der Nutzung)
- Sockelfinanzierungen von Umlaufvermögen

und als langfristig gelten Zeiträume > 5 Jahre für z. B.

- Immobilienfinanzierungen
- Beteiligungsfinanzierungen usw.

Zu unterscheiden sind die Arten der Rückführung wie folgt:

| | |
|---|---|
| Tilgungsdarlehen | während der Laufzeit bleibt der Tilgungsanteil gleich und es reduziert sich der Zinsbetrag |
| Annuitätendarlehen | während der Laufzeit bleibt die turnusmäßige Rate gleich und innerhalb der Rate erhöht sich der Tilgungsanteil in Höhe der sich betraglich vermindernden Zinsen |
| Endfällige Darlehen | hier erfolgt keine direkte Tilgungsleistung, sondern es wird vereinbart, dass die Tilgung am Ende der Laufzeit in einer Summe erfolgt, z. B. durch eine fällig werdende Lebensversicherung o. ä. |

Darlehen werden üblicherweise mit Festzinsen ausgereicht, d. h., dass der Zinssatz während eines definierten Zeitraumes (max. 10 Jahre) in ursprünglich vereinbarter Höhe gleich bleibt.

Eine derzeit infolge des niedrigen kfr. Zinsniveaus beliebte Variante ist die so genannte Rollover-Zinsvereinbarung, welche z. B. wie folgt vereinbart werden kann:

Zinssatz: 6-Mts.-EURIBOR + Aufschlag von x %

Hier wird dann der Darlehenszins für eine Laufzeit von jeweils 6 Monate festgeschrieben und dann wieder neu vereinbart. Geht der Darlehensnehmer davon aus, dass das kurzfristige

Zinsniveau während der Laufzeit seines Darlehens deutlich niedriger sein wird, als der alternative Festzinssatz, kann eine derartige Vereinbarung sinnvoll sein, wie folgendes Beispiel zeigt:

| | |
|---|---|
| Festzinssatz für 5 Jahre: | 5,10 % p. a. |
| 6-Mts-EURIBOR-Basis: | 3,60 % p. a. (2,10 % Basiszins + Marge von 1,5 %) |

Der Zinssatz für die Rollover-Vereinbarung liegt somit um 1,5 %-Punkte unter dem Festzinssatz. Zu berücksichtigen ist jedoch, dass ein Zinsänderungsrisiko im 6-mtl. Turnus gegeben ist. Ein vorsichtiger Kaufmann muss dieses Risiko begrenzen, weshalb derartige Zinsvereinbarungen mit einem Zinssicherungsgeschäft gekoppelt werden sollten.

### *8.4.2.4 Zinssicherungsgeschäfte*

Zinssicherungsgeschäfte sind nicht an vorgegebene Finanzierungsarten gebunden und sind hiervon –auch bilanziell- losgelöst.

Als gängigstes Instrumentarium im Rahmen der Begrenzung von Zinsänderungsrisiken ist der „Zins-Cap" zu nennen.

Ein Cap-Rate-agreement ist gleichbedeutend mit einer Versicherung für künftige Risiken aus Zinsänderungen.

Zu Beginn der Finanzierungsperiode wird zwischen dem Unternehmer und seiner Bank festgelegt, wie hoch der Unternehmer seine Zinsobergrenze fixieren will.

Beispiel:

| | |
|---|---|
| 6-Mts-EURIBOR bei Abschluss des Geschäftes: | 2,10 % p. a. |
| Obergrenze für die Dauer von 5 Jahren: | 3,50 % p. a. |

Unter Zugrundelegung der obigen Darlehenskonditionierung bedeutet dies für den Bankkunden:

Zinsobergrenze: EURIBOR 3,50 % p. a. + Bankmarge 1,5 % = max. Zinssatz 5,0 %

Die Vereinbarung einer Zinsobergrenze wird zwischen Kunde und Bank schriftlich getroffen bei Bezahlung einer Einmal(Versicherungs-)prämie, deren Höhe abhängig ist von der Zinsobergrenze (=Markteinschätzung) und des abzusichernden Betrages.

Steigt nun das EURIBOR-Zinsniveau über die o. ä. Obergrenze an, muss der Bankkunde zwar den Marktzins bezahlen, erhält aber von seinem Bankpartner denjenigen Betrag zurückerstattet, welcher über die definierte Obergrenze hinaus angefallen ist.

Der **Vorteil** für den Bankkunden liegt also darin, dass er auf der „Gewinnerseite" ist, solange die Summe aus Einmalprämie und Zinsaufwand niedriger ist, als bei Bezahlung des Festzinssatzes von Anfang an und er hat die **Chance**, zusätzlich von einem evtl. fallenden EURIBOR-Zinsniveau zu profitieren.

### *8.4.2.5 Avalkredite*

Im Gegensatz zu den bislang dargestellten Finanzierungsarten, handelt es sich bei dem Avalkredit im banktechnischen Sinne um kein Geldgeschäft sondern um eine **„Kreditleihe"**.

Die Bezeichnung „Aval" kommt von dem lateinischen Wort „valere" = wert sein und bedeutet somit, dass das Kreditinstitut kein Geld an seinen Kunden gibt, sondern ihm den Namen als (Wert-)Sicherheit für eine Haftung gegenüber Dritten „leiht".

Es sind hier ausschließlich Kredite in Form von Bürgschaften gemeint.

Gerade im Bereich der Bauunternehmungen ist es üblich, dass für verschiedene Risiken Bürgschaften gestellt werden müssen, so z. B.

**Anzahlungsbürgschaft**

Erhält der Bauunternehmer für seine noch nicht erbrachte Leistung eine Anzahlung, so wird diese Geldleistung, der noch keine Gegenleistung gegenübersteht mittels einer Bürgschaft gesichert für den Fall, dass der Auftragnehmer (=Empfänger der Anzahlung) die Leistung nicht oder nicht ganz erbringt.

**Vertragserfüllungsbürgschaft**

Der Auftraggeber sichert hierdurch die Lieferung bzw. Erfüllung des von ihm übernommenen Auftrages ab und somit hat der Vertragskontrahent eine „Sicherheit" für den Fall, dass sein Auftraggeber die zugesicherte Leistung nicht in dem vereinbarten Rahmen erbringt.

**Gewährleistungsbürgschaft**

Eine derartige Bürgschaft löst allgemein die Vertragserfüllgungsbürgschaft in dem zeitlichen Stadium ab, wo die Leistung erbracht wurde und nunmehr eine Zeit abzusichern ist, für die der Auftragnehmer eine Gewährleistung entweder nach vertraglich vereinbarten gesetzlichen Bestimmungen des BGB oder der VOB zu stellen hat.

In der Praxis kommt es oftmals zu Diskussionen darüber, ob Bürgschaften mit dem Risiko aus Krediten/Darlehen gleichbehandelt werden können. Der einzelne Bankkunde geht verständlicherweise davon aus, dass für die Bank hieraus kein Risiko erwächst, da er z. B. bei einer Gewährleistungsbürgschaft im Falle einer Mängelrüge die Arbeiten selbstverständlich nachbessert. Da dies aus Banksicht nicht beurteilbar ist, kann hier keine Risikotrennung erfolgen, weshalb Bürgschaften grundsätzlich bankintern als gleichgewichtetes Risiko gegenüber Krediten/Darlehen behandelt werden.

Oftmals werden Bürgschaftstexte seitens der Auftraggeber vorgegeben, die u. a. Formulierungen enthalten, wonach die Bank „auf erste Anforderung" des Begünstigten Zahlung leisten muss.

Hierzu hat der Bundesgerichtshof in einer Entscheidung vom 08.03.2001 festgestellt, dass die Vereinbarung hinsichtlich der Überlassung einer Bürgschaft mit Zahlung auf erstes Anfordern in der Gewährleistungszeit durch den Gebrauch Allgemeiner Geschäftsbedingungen des Auftraggebers gegen § 9 AGB-Gesetz verstößt. Es empfiehlt sich somit, bei derartigen Fällen dies mit dem Auftraggeber und ggf. der Bank abzustimmen.

Bei den Bürgschaftsurkunden ist empfehlenswert, dass darauf geachtet wird, dass einerseits ein Höchstbetrag für die Verpflichtung fixiert wird und andererseits möglichst eine zeitliche Befristung erfolgt, da es sich ansonsten um zeitlich unbefristete Haftungsübernahmen der Kreditinstitute handelt und diese das Erlöschen des Anspruchs aus dem Grundgeschäft in der Regel nicht geltend machen können.

Als übliche Formulierung gilt hier:

„Unsere Bürgschaft erlischt, sobald die Urkunde auf Veranlassung des Berechtigten an uns zurückgegeben wird, spätestens jedoch am ..., wenn und soweit wir bis zu diesem Tage nicht in Anspruch genommen worden sind."

Die Bank und auch deren Kunde sind dann mit Ablauf des Befristungsdatums aus der Haftung befreit.

Als Sonderform der Bürgschaft ist noch zu nennen die

**Prozessbürgschaft**

Hier sind 2 verschiedene Arten zu unterscheiden

a) für den obsiegenden Kläger, wenn das Urteil gegen Sicherheitsleistung vorläufig vollstreckbar ist

b) für den Beklagten, wenn diesem die Abwendung der Zwangsvollstreckung aus dem Urteil gegen Stellung einer Sicherheit erlaubt ist.

Die Banken verfügen üblicherweise zu allen Vorgängen über formularmäßige Bürgschaftstexte. Sollte vom Bürgschaftsbegünstigten eine – abweichend vom üblichen Text – geforderte Bürgschaftserklärung verlangt werden, ist Vorsicht geboten, da die Banken sich in diesem Fall von der Haftung für „unübliche" Formulierung freizeichnen. Es empfiehlt sich bei derartigen Fällen ggf. anwaltlichen Rat einzuholen, um den Haftungsumfang und dessen Auswirkungen zu erfassen.

Die Kosten eines Avals und somit das Äquivalent für die Risikoübernahme betragen in der Regel zwischen 1,0 % p. a. und 3,0 % p. a. je nach Avalhöhe und bankseitiger Einwertung der Risikos.

Hinzukommen üblicherweise Einmalkosten für die Ausfertigung der Avalurkunde.

## 8.4.3 Besondere Finanzierungsarten

### *8.4.3.1 Bauträgerfinanzierung*

Unter der Finanzierung von Bauträgerprojekten versteht man üblicherweise die Finanzierung von Baumaßnahmen, welche ein gewerbsmäßiger Bauträger durchführt und „auf Vorrat" z. B. eine Wohnanlage in Form von Eigentumswohnungen oder Doppelhäuser erstellt.

Für die Bank bedeutet dies, dass hier neben der primären Kreditwürdigkeitsprüfung des Antragstellers auch das so genannte Objekt- oder Vermarktungsrisiko beurteilt werden muss.

Im Zuge der allgemeinen Baukrise sind die Banken in den zurückliegenden Jahren bei derartigen Projekten sehr „wählerisch" geworden; hinzukommt, dass erfahrungsgemäß Bauträgerfirmen über relativ wenig Substanz verfügen, da Gewinne aus abgeschlossenen Projekten in der Regel ins Privatvermögen der Gesellschafter überführt werden.

Für die Begleitung von Bauträgermaßnahmen haben die Banken überwiegend Mindestanforderungen definiert, so z. B.

- Einsatz von Eigenmitteln durch den Initiator von mind. 10–20 % der Bausumme und zwar bereits zu Beginn der Baumaßnahme
- Beginn des Hochbaus erst dann, wenn z. B. für 20–50 % der zu bauenden Einheiten notarielle Kaufverträge vorliegen
- Erstellung eines Gutachtens eines neutralen Sachverständigen für die Vermarktung des Bauträgerprojektes und zur Funktionalität und Gestaltung des Baukörpers
- Stellung von Zusatzsicherheiten außerhalb des Projektes als „Risikopuffer" falls sich das Projekt nicht wie geplant verwirklichen lässt.

Die buchungstechnische Abwicklung ist institutsspezifisch unterschiedlich. Aus Sicht des Bauträgers ist es optimal, wenn die Kreditkonten mit den separiert zu führenden Guthabenkonten aus den Erwerberzahlungen zinsmäßig kompensiert werden, da dann der Bauträger eine Zinslast nur aus dem saldierten Betrag zu tragen hat.

Es ist zwingend erforderlich, dass der Bank bei Bauträgermaßnahmen ein detaillierter Einblick in die Bauprojektplanung und -abläufe gegeben wird und dass sich die Abwicklung an den Vorschriften der Makler- und Bauträgerverordnung orientiert.

Die Folgen hieraus sind

- eine „enge" Zweckbindung des Mitteleinsatzes für das Projekt
- laufende Übermittlung und Kontrolle der Bautenstände
- Auszahlungen von Gewinnen an den Bauträger erst nach Abschluss der Maßnahme und Verkauf aller Einheiten und Rückzahlung der Kredite.

#### *8.4.3.2 Gemeinschaftskredite*

Oftmals werden Bauträgermaßnahmen oder Einzelprojekte im Rahmen einer Arbeitsgemeinschaft (Arge) abgewickelt und hierfür spezielle Bankverträge abgeschlossen.

Grundlage einer Arge ist die Form der „Gesellschaft bürgerlichen Rechts", deren Bestimmung in den §§ 705 ff. BGB festgelegt sind.

Es wird dringend empfohlen, dass die „Spielregeln einer Partnerschaft auf Zeit" in einem Gesellschaftsvertrag eindeutig vereinbart werden. Die Erfahrung hat gezeigt, dass viele Streitigkeiten vermieden werden können, wenn sich die Partner im Vorfeld über ihre Zielsetzungen und deren Umsetzung detailliert austauschen und das Ergebnis vertraglich festhalten. Wenngleich bei jeder Partnerschaft zu unterstellen ist, dass das gemeinsame Ziel eine gewisse Verbundenheit und gegenseitiges Vertrauen schafft, sollte das Tun hiervon nicht ausschließlich bestimmt sein. Ein Vertrag ist nicht der Ausdruck eines gegenseitigen Misstrauens, sondern die Grundlage jeglichen Handelns eines „vorsichtigen Kaufmannes".

Die Banken legen grundsätzlich darauf Wert, dass eine Haftung der Gesellschafter aus Kreditverpflichtungen nicht auf das Gesellschaftsvermögen der GbR begrenzt wird, sondern die Gesellschafter gesamtschuldnerisch hierfür haften. Dies bedeutet, dass im Außenverhältnis gegenüber der Bank jeder Gesellschafter für die „ganze Leistung" persönlich haftet. Wenn z. B. jeder Partner einzeln über die Kreditlinien verfügen darf, haften für das Ergebnis hieraus alle anderen Gesellschafter. Dies zeigt, dass es daher unerlässlich ist, dass die Auswahl der Arge-Partner sehr sorgfältig erfolgen muss und ein hohes Vertrauensverhältnis gegeben sein sollte.

An dieser Darstellung ist ableitbar, dass eine vertragliche Fixierung aller Absprachen auch die Grundlage für jede gute partnerschaftliche Kunde-/Bankbeziehung sein muss.

### 8.4.4 Der Kreditvertrag

#### *8.4.4.1 Inhalt und Bedingungen*

Es handelt sich grundsätzlich um eine schuldrechtliche Vereinbarung, welche durch Angebot und Annahme zu Stande kommt.

Jeder Kreditvertrag muss enthalten

- Kreditbetrag (Betrag bis zu dessen Höhe der Kredit beansprucht werden kann)
- Kreditart (Kontokorrent, Darlehen, Aval, Wechseldiskont usw.)
- Verwendungszweck (Bestimmung der Mittelverwendung)
- Laufzeit (baw = bis auf weiteres oder genaue Datumsangabe)
- Tilgungsvereinbarung (Tilgungsbetrag, Annuität oder Endfällig)
- Kondition (Zinssatz, Auszahlungskurs, Bereitstellungsprovisionen, usw.)
- Sicherheiten (det. Beschrieb mit Angabe des Haftungsumfanges)
- Sonstige Vereinbarung (Auflagen für die Auszahlung usw.)

Bei der bislang dargestellten Betrachtung des partnerschaftlichen Bankvertrages fehlt noch ein entscheidender Punkt, nämlich die Besicherung. Diese wird geregelt in einem Sicherungsvertrag, welcher ebenfalls eine schuldrechtliche Grundlage bildet und den Kreditvertrag ergänzt. Jeder Sicherungsgeber muss ein Interesse daran haben, dass der Haftungsumfang der von ihm gestellten Sicherheiten genau definiert ist. Hier sind 2 verschiedene Vereinbarungen denkbar:

a) die enge „Haftung" – dies heißt, dass die gestellte Sicherheit **nur** für genau definiert Kreditverpflichtungen haftet
b) die weite „Haftung" – hier haftet die gestellte Sicherheit für alle Ansprüche der Bank.

Grundsätzlich sind beide Haftungsvereinbarungen möglich, allerdings mit der Einschränkung, dass bei Drittsicherheiten (Sicherungsgeber ist nicht gleich Kreditnehmer) laut Rechtsprechung die Vereinbarung einer weiten Haftung als „überraschend" im Sinne von § 305 BGB/§3 AGBG gilt und die Banken daher dazu übergegangen sind, für derartige Sicherheiten i. d. R enge Haftungen zu vereinbaren.

Wie bereits mehrfach ausgeführt, ist es das primäre Ziel bei jeder Kreditausreichung, dass sich die Bank im Rahmen ihrer Kreditwürdigkeitsprüfung darüber im Klaren ist, dass der Kreditnehmer bonitätsmäßig in der Lage ist, die Kredite an die Bank vereinbarungsgemäß zurückzuzahlen. Die Meinung, dass Banken nur Kredite geben, wenn entsprechende Sicherheiten gestellt werden, gehört Gott sei Dank der Vergangenheit an. Es ist vielmehr umgekehrt: Obwohl manche Kreditnehmer über ausreichende Sicherheiten verfügen, erhalten sie evtl. von ihrer Bank keinen Kredit, da diese auf Grundlage der Kreditwürdigkeitsprüfung nicht zur Überzeugung kam, dass der Kreditnehmer die Rückzahlung erbringen kann. Das heißt, eine reine „Pfandleihe" (Kredit = Sicherheit) wie früher oft praktiziert, ist mit den Entscheidungsgrundsätzen der Banken (s. auch Rating) nicht mehr zu vereinbaren.

Trotzdem ist der Bereich der Sicherheiten wichtig und hier auch darzustellen.

### *8.4.4.2 Personalsicherheiten*

Zu dieser Kategorie gehören

**Die Bürgschaften**

Das Wesen der Bürgschaft ist in § 765 ff. BGB verankert.

Bei der Bürgschaft handelt es sich um einen einseitig verpflichtenden Vertrag, wonach der Bürge verpflichtet ist, gegenüber der Bank für die Erfüllung der Verbindlichkeiten des Hauptschuldners einzustehen.

Jede Bank unterstellt, dass es obligatorisch ist, dass der Gesellschafter „voll hinter seinem Unternehmen steht" und somit auch bereit ist, dies gegenüber seiner Bank zu dokumentieren, indem er für die Kreditverpflichtungen seiner Firma die Bürgschaft übernimmt. Denn wenn der Gesellschafter an den Erfolg seiner Handlungen glaubt, kann er nicht gegenüber der Bank argumentieren, dass er dann hierfür keine Haftung übernehmen will.

Anders sieht dies aus, wenn für die Verbindlichkeiten eines Dritten die Bürgschaft übernommen werden soll. Hier sind der Bürge und die Bank gut beraten, wenn sie einerseits die finanziellen Möglichkeiten des Bürgen und andererseits die Risiken aus der Bürgschaft sehr detailliert erörtern.

Seit den Entscheidungen des BGH Mitte bis Ende der 90er Jahre halten sich die Banken strikt an die erlassenen Grundsätze, wonach Bürgschaften von „vermögenslosen Personen" sittenwidrig und unwirksam sind. Eine Vermögenslosigkeit wird grundsätzlich dann zu unterstellen sein, wenn die finanziellen Möglichkeiten des Bürgen es nicht erlauben, dass mit seinen pfändbaren Bezügen innerhalb von 5 Jahren 1/5 der verbürgten Schuld abgetragen werden können.

Der diesbezügliche Bürge sollte wissen, dass er nur für die in der Urkunde genannten Verbindlichkeiten haftet (und nicht für andere Schulden beim gleichen Gläubiger) und dass

- die Bürgschaft akzessorisch ist, d. h., sie erlischt, wenn die Forderung getilgt ist
- eine Kündigung seiner Bürgschaft möglich ist mit der Wirkung, dass er nur für diejenigen Forderungen haftet, welche am Kündigungstag vorhanden waren
- die Bürgschaft mit dem Tode des Bürgen nicht erlischt, das heißt, die Bürgschaft auf die Erben übergeht.

#### Die gesamtschuldnerische Haftung

Hier wird auf obige Ausführungen zur Haftung bei Gemeinschaftskrediten (z. B. Arge) verwiesen. Der Unterschied zur Bürgschaft besteht darin, dass der Bürge für die Schulden „eines Dritten" haftet, während es sich bei der Übernahme einer „gesamtschuldnerischen Haftung" insofern um eigene Verbindlichkeiten handelt. Der Gesamtschuldner wird Primärschuldner gegenüber der Bank.

Während der Bürge seine Haftung z. B. im Rahmen eines vom Kreditbetrag abweichenden Bürgschaftsbetrages begrenzen kann, haftet der Gesamtschuldner im Außenverhältnis (d. h. gegenüber der Bank) für die volle Verpflichtung und hat nur im Innenverhältnis gegenüber seinen Mitschuldnern (§ 426 BGB) einen Ausgleichsanspruch. Er kann gegenüber der Bank nicht einwenden, dass diese ihre Ansprüche auch bei den Mitschuldnern einfordern soll oder dass er nur z. B. für die Hälfte einer Schuld haftet.

#### Die Patronatserklärung

Diese Art der Besicherung kommt ausschließlich im Rahmen der Kreditausreichung an Konzern- oder Gruppenunternehmen in Betracht.

Hat beispielsweise die Bauunternehmung „A" eine 100 %ige Beteiligung am Gipsergeschäft „B" übernommen. Beansprucht „B" bei der Bank einen Kredit, kann eine Sicherstellung dergestalt vereinbart werden, dass die Muttergesellschaft „A" als „Patronin" gegenüber der Bank eine Haftungserklärung für die Verpflichtungen ihrer „Tochtergesellschaft" übernimmt.

In der Praxis findet man hier sowohl „weiche" als auch „harte" Erklärungen.

Die beispielhafte Formulierung einer **harten Patronatserklärung** kann lauten:

„Im Hinblick auf die Kredite, mit denen die Bank dem Gipsergeschäft „B" jetzt und künftig zur Verfügung steht, übernehmen wir (Bauunternehmung „A") hiermit der Bank gegenüber die uneingeschränkte Verpflichtung, dafür Sorge zu tragen, das die Gesellschaft in der Zeit, in der sie ihre Kredite einschl. Zinsen und Kosten nicht vollständig zurückgezahlt hat, finanziell so ausgestattet wird, dass sie stets in der Lage ist, allen ihren Verpflichtungen pünktlich nachzukommen. „

**Weiche Patronatserklärungen** sehen allgemein so aus, dass die Muttergesellschaft z. B. lediglich erklärt „ihre Beteiligung während der Dauer des Kreditverhältnisses nicht zu verkaufen", oder z. B. erklärt, dass „sie weiterhin auf die Bonität der Tochtergesellschaft achten wird".

Im Gegensatz zur weichen Patronatserklärung ist die Verpflichtung aus der „harten Formulierung" einklagbar und begründet eine eigene Verpflichtung des Patrons zur Erfüllung der Kreditschuld. Derartige harte Erklärungen sind in der Bilanz der übernehmenden Firma ausweispflichtig.

Den Banken sind jedoch bewertbare Sicherheiten im eigentlichen Sinne des Wortes lieber und zwar in Form von

### *8.4.4.3 Sachsicherheiten*

Hierbei handelt es sich um

**die Sicherungsübereignungen (SÜ)**

Das Wesen einer SÜ besteht darin, dass das Eigentum an beweglichen Sachen als Sicherheit für die Forderung der Bank an diese übertragen wird und der Sicherungsgeber weiterhin wirtschaftlicher Nutzer des übereigneten Gutes bleibt.

Als Beispiel ist die Finanzierung einer Maschine zu nennen.

Ohne dass hier auf die in den Formularverträgen beinhalteten juristischen Details eingegangen wird, kann festgehalten werden, dass der Sicherungsgeber das Eigentum an der Maschine an die Bank überträgt und die Bank ihm gestattet, diese Maschine weiterhin zu nutzen.

Man nennt diese Form der SÜ auch „Einzel-SÜ", da ein genau bestimmtes Einzelgut Gegenstand des Vertrages ist (z. B. ein Kran, eine Betonmischmaschine o. ä.).

Nach dem im Sachenrecht besonders wichtigen Grundsatz der „Bestimmbarkeit" ist es nur möglich, genau bestimmte Sachen zu übereignen. Die Praxis hat hierfür jedoch auch Möglichkeiten geschaffen, wonach z. B. der Inhalt eines Warenlagers übereignungsfähig ist, in dem z. B. vereinbart wird, dass „sämtliche in einem genau definierten Raum befindlichen Waren" übereignet werden. Man nennt diese Form der SÜ auch „Raum-SÜ". Denkbar sind hier Räume, in welchen z. B. das übereignungsfähige Gerüstmaterial lagert.

Bei allen SÜ-Verträgen ist darauf zu achten, dass der Sicherungsgeber auch tatsächlich Eigentümer des betreffenden Gutes ist, da ein „gutgläubiger Erwerb" i. d. R. auf Seiten der Bank ausscheidet.

Problematisch wird die SÜ, wenn Dritte an dem übereigneten Gut evtl. berechtigte Ansprüche geltend machen können. Dies ist dann der Fall, wenn z. B. der übereignete Gegenstand im Sinne von § 1120 BGB als **Zubehör** eines Grundstücks anzusehen ist, wie z. B. Maschinen, welche auf einem mit Grundpfandrechten belasteten Betriebsgrundstück fest installiert sind.

In diesem Fall unterliegt die Maschine der Haftung für den Grundpfandgläubiger, falls sie sich bei Eintragung des Grundpfandrechtes bereits auf dem Grundstück befand und dem Grundstückseigentümer gehörte. Ein Dritter kann somit kein „unbelastetes Eigentum" an der Maschine im Rahmen einer SÜ erwerben.

Ähnliche Auswirkungen treten auch ein, wenn das Grundstück, auf welchem sich die Maschine befindet, angemietet ist. Hier hat der Vermieter gegenüber dem Sicherungseigentümer (Bank) grundsätzlich vorrangige Rechte aus dem gesetzlich verankerten „Vermieterpfandrecht" gemäß § 562 ff. BGB, falls der Mieter seinen Mietverpflichtungen nicht nachgekommen ist.

Diese Aufzählungen der zu beachtenden Vorgänge bei einer Sicherungsübereignung sind nicht abschließend und sollen den Leser nur sensibilisieren, dass es äußerst wichtig ist, dass sich der Kreditnehmer und die Bank über die Eigentumsverhältnisse und über „das Umfeld" der zu übereignenden Gegenstände vor Abschluss eines SÜ-Vertrages im Klaren sind und ggf. Erklärungen von Grundpfandgläubigern oder des Vermieters einholen, dass diese auf ihre Rechte verzichten.

Neben der SÜ ist noch eine weitere Sicherheitenform zu nennen, bei welcher u. U. ebenfalls Rechte Dritter einwirken können, nämlich

**die Sicherungsabtretung (SA) – (auch Sicherungszession genannt)**

Das Wesen der SA besteht im Gegensatz zur SÜ darin, dass keine Gegenstände, sondern Forderungen als Sicherheit an die Bank übertragen werden.

Als Beispiel ist hier die „Abtretung von Kundenforderungen" – Debitoren – zu nennen.

Der Sicherungsgeber tritt gem. § 398 ff. BGB genau bestimmte Forderungen an die Bank ab mit der Folge, dass die Bank im Innenverhältnis zwar neuer Gläubiger wird, der Kunde jedoch im Außenverhältnis zunächst weiterhin über seine Forderungen wirtschaftlich verfügungsberechtigt bleibt.

Auch hier gilt der Grundsatz der „genauen Bestimmbarkeit", weshalb die als Sicherheit abzutretenden Forderungen genau bezeichnet werden müssen wie z. B. „sämtliche Forderungen aus Lieferungen- und Leistungen gegenüber den Schuldnern mit den Anfangsbuchstaben A-G".

Der Erwerb der Forderung erfolgt entweder durch eine

- **Einzelabtretung:** hier wird nur eine genau bestimmte einzelne Forderung Gegenstand des Vertrages
- **Globalzession:** hier werden die gegenwärtigen und künftigen Forderungen gegenüber einer Vielzahl von Schuldnern abgetreten. Die Nennung erfolgt im Rahmen einer turnusmäßig an die Bank zu übergebenden Zessionsliste, in welcher sämtliche offenen Forderungen deklariert sind.
- **Mantelzession:** hier werden nur die gegenwärtigen Forderungen gegenüber den definierten Schuldnern übertragen. Künftig entstehende Forderungen gehen somit nicht automatisch auf die Bank über, sondern erst dann, wenn der Sicherungsgeber diese Forderung der Bank z. B. durch Übersendung einer Rechnungskopie anzeigt.

Wie bei der SÜ gibt es auch hier evtl. berechtigte Ansprüche Dritter, welche dem Sicherungsrecht der Bank vorgehen.

Zu nennen sind hier beispielhaft die Rechte aus „Eigentumsvorbehalten" der Vorlieferanten. Diese Kreditoren einer Firma haben üblicherweise in den Zahlungsbedingungen vereinbart, dass Forderungen aus der Weiterlieferung der einzelnen Waren vorrangig zur Sicherung der noch nicht bezahlten Verpflichtungen an die Lieferanten abgetreten sind.

Die Bankverträge beinhalten aufgrund der BGH-Rechtsprechung Vereinbarungen, dass grundsätzlich derartige „mit EV behaftete" Forderungen nicht von dem Zessionsvertrag erfasst werden.

Abgesehen davon, dass das weite Feld der Mängelrügen noch zu erwähnen ist, welches den Bestand einer Zession erheblich gefährden kann, soll und kann an dieser Stelle nicht auf sämtliche Möglichkeiten einer Wertbeeinträchtigungen eingegangen werden.

Lediglich soviel ist festzuhalten:

Bei Vereinbarung einer Sicherungsabtretung zwischen Bank und Kunde müssen sich beide darüber im Klaren sein, wie der Wert dieser Sicherheit zu bemessen ist, damit von gleichen Maßstäben ausgegangen wird.

Die seitens einer Bank „am einfachsten und besten" bewertbare Sicherheit ist das

**Grundpfandrecht**

Wesen eines **Grundpfandrechtes** ist gem. § 1113 ff. BGB die dingliche Belastung eines bebauten oder unbebauten Grundstückes mittels

- einer Hypothek
- einer Grundschuld oder
- einer Rentenschuld

Die Hypothek ist akzessorischer Natur, d. h. sie kann nicht ohne eine bestimmte Forderung (=Bankkredit) entstehen oder bestehen. Daher eignet sich eine Hypothek auch nicht zur Absicherung von wechselnden Ansprüchen innerhalb einer bankmäßigen Geschäftsverbindung zu einem gewerblichen Kreditnehmer. Im Ergebnis gilt gleiches für eine Rentenschuld, da hier der Gläubiger lediglich die Zahlung einer Rente verlangen kann. Hypothek und Rentenschulden spielen daher in der Praxis der Geschäftsbanken seit Jahrzehnten eine untergeordnete Rolle, weshalb hier nur auf das Sicherungsinstrument der Grundschuld eingegangen wird und die aus Sicht des Verfassers wichtigsten Grundlagen hierzu erläutert werden.

Die Grundschuld ist gem. § 1191 ff. BGB abstrakter Natur und losgelöst von einer Forderung. Sie ermöglicht dem Eigentümer die wiederholte Inanspruchnahme von Krediten und den wiederholten Einsatz dieser Grundschuld als Sicherungsmittel.

Der Grundschuldgläubiger kann zwar auf Basis der rechtlichen Definition die Zahlung einer bestimmten Geldsumme aus dem Grundstück – unabhängig einer Forderung – verlangen. Tut er dies, ist er jedoch entsprechend der Anspruchsgrundlage aus „ungerechtfertigter Bereicherung" ggf. zur Herausgabe verpflichtet.

Eingetragen wird die Grundschuld im Grundbuch, in welchem das betreffende Grundstück gebucht ist und zwar nur auf Basis eines notariell beglaubigten oder beurkundeten Antrages des Eigentümers.

Der belastete Gegenstand umfasst dann

- das Grundstück sowie
- dessen wesentliche Bestandteile wie z. B. Gebäude gem. §§ 93 u. 94 BGB und
- das mit dem Grundstück verbundene Zubehör wie z. B. Maschinen, d. h. bewegliche Gegenstände, welche dem wirtschaftlichen Zweck des Grundstücks dienen.

Zu unterscheiden sind

**Briefgrundschulden**

Hier wird ein Grundschuldbrief ausgefertigt, welcher in der Zukunft eine kostengünstige Weitergabe/Abtretung der Grundschuld an Dritte –auch ohne Eintragung im Grundbuch- erlaubt. Allerdings ist die Ausfertigung eines Gr-Briefes bei Eintragung teurer, als die Bestellung einer

**Buchgrundschuld**

Hier wird –wie der Name sagt- lediglich das Grundbuch beschrieben und kein gesonderter Grundschuldbrief ausgefertigt.

Die Abtretung an einen neuen Gläubiger kann –im Gegensatz zur Briefgrundschuld- nur durch dann erneute Eintragung und Berichtigung des beim Notariat geführten Grundbuches erfolgen.

Bei der Bestellung einer Grundschuld ist seitens des Eigentümers auf Folgendes zu achten:

**→ Fälligkeit der Grundschuld**

Die Bankformulare beinhalten eine jederzeitige Fälligkeit, da ansonsten der Gläubiger das Grundpfandrecht erst nach einer vorherigen Kündigung von 6 Monaten (§ 1193 BGB) durchsetzen kann.

**→ Dingliche Zinsen**

Der bei der Grundschuld vermerkte Zinssatz ist nicht identisch mit dem Zinssatz im schuldrechtlichen Kreditvertrag, sondern wird mit einem Aufschlag deutlich höher angesetzt, um jederzeit evtl. Erhöhungen von Kreditzinsen abdecken zu können.

Üblicherweise wird als dingl. Zinssatz bei der Grundschuld ca. 12 %-15 % vorgemerkt.

Ggü. der Bank wird jedoch nur jeweils der im Kreditvertrag vereinbarte Zinsanspruch geschuldet.

**→ Dingliche Zwangsvollstreckung**

Ist eine derartige Bedingung enthalten, ermöglicht diese dem Bankgläubiger die Einleitung der Zwangsvollstreckung in das belastete Grundstück, ohne dass es zuvor einer Klage gegen den Grundstückseigentümer bedarf (§ 800 ZPO).

**→ Persönliche Zwangsvollstreckung**

Die Banken sind zunehmend dazu übergegangen, in die Grundschuldbestellungsformulare Bedingungen aufzunehmen, wonach sich der namentlich genannte Grundstückseigentümer der persönlichen Haftung für „die Zahlung eines Geldbetrages in Höhe des Grundschuldbetrages und der Zinsen und Nebenleistungen" unterwirft. Der Grundschuldgläubiger kann somit ohne vorherige Zwangsvollstreckung in das belastete Grundstück die Zwangsvollstreckung in das gesamte sonstige Vermögen des Eigentümers (z. B. Lohn- und Gehaltsansprüche, andere Grundbesitze, sonstige Vermögenswerte) vollstrecken.

Diese Erklärung darf die Bank nur vom Kreditnehmer oder einem persönlich Mitverpflichteten verlangen.

**→ Abtretung der Rückübertragungsansprüche**

Jeder Grundstückseigentümer hat an den Grundpfandgläubiger einen Anspruch auf vollständige oder teilweise „Rückübertragung" einer nicht mehr oder nur noch teilweise benötigten Grundschuld.

Werden nun in einem Grundbuch verschiedene Grundschulden eingetragen, so kann dieses Rückübertragungsrecht evtl. für nachrangige Gläubiger interessant sein.

Beispiel:

Beleihungswert (Erläuterung s. unten) des belasteten Objekts: **200 TEUR**

| | | | | |
|---|---|---|---|---|
| 1.rangige Grundschuld | 150 TEUR | Dresdner Bank AG | / | Kredit 50 TEUR |
| 2.rangige Grundschuld | 100 TEUR | Volksbank | / | Kredit 200 TEUR |
| Gesamtbelastung | **250 TEUR** | | | |

Wie oben beschrieben, ist die Grundschuld von ihrem Wesen her abstrakt, d. h. sie besteht auch dann in voller Höhe fort, wenn die gesicherte Verbindlichkeit ganz oder teilweise getilgt ist. Verständlicherweise hat die an 2. Rangstelle eingetragene Volksbank somit ein starkes Interesse daran, dass die bei der Dresdner Bank AG „frei gewordene" Grundschuld mit einem Teilbetrag von 100 TEUR entweder gelöscht oder an die Volksbank abgetreten wird.

Und genau hier setzt der Anspruch des Grundstückseigentümers auf Rückübertragung dieser freien Teil-Grundschuld an, indem er nämlich von der Dresdner Bank AG verlangen kann, dass diese den nicht benötigten Grundschuldteil freigibt.

Um dies im Vorfeld bereits zu regeln enthalten die Grundschuldbestellungsurkunden und die Zweckerklärungen (s. unten) aller Banken die Vereinbarungen, wonach z. B. der Grundstückseigentümer bereits bei Bestellung einer Grundschuld (im Bsp. für die Volksbank) an diesen Gläubiger den Anspruch, welchen er gegenüber einem vorrangigen Gläubiger „auf Abtretung oder Löschung der vorrangigen Grundschuld" hat, abtritt.

Dieses Recht ist dann zwar für die Volksbank kein eigenständiges Sicherungsrecht, allerdings kann die Volksbank dann u. U. auf die Dresdner Bank AG zugehen (d. h. die abgetretenen Ansprüche offen legen) und von dieser die Löschung oder Abtretung des freien Grundschuldteilbetrages einfordern.

Die ansatzweise Auflistung der einzelnen Grundschuldbedingungen zeigt, wie sehr es darauf ankommt, dass auch hier zwischen Bank und Kunde ein Vertrauensverhältnis besteht und die Sicherungsbedingungen ggf. im Vorfeld genau definiert werden und beide Vertragspartner sich darüber im Klaren sind, welchen Umfang die Sicherungsrechte beinhalten.

Für die Beleihung der einzelnen Gebäudearten, wie z. B.

- unbebaute Grundstücke
- Eigentumswohnungen
- Wohnhäuser
- Mehrfamilienhäuser
- gewerbliche Objekte

haben alle Banken so genannte Beleihungsgrundsätze entwickelt, in welchen die Berechnungsart für die Ermittlung des Beleihungswertes genau festgelegt wird. Vom Beleihungswert machen die Kreditinstitute dann noch Sicherheitsabschläge, um vorsichtigerweise dann die Bewertung von Grundpfandrechten nur innerhalb der so genannten Beleihungsgrenze auszuweisen.

Pauschal kann festgehalten werden, dass sich die Sicherungswerte an der Nutzungsart orientieren.

Ein Beleihungsobjekt, dessen Wert sich aus Sicht Dritter (es wird immer ein evtl. Veräußerungsfall unterstellt) an der Sache orientiert, wie z. B. ETW's und sonstige Wohnimmobilien, wird auf Basis der ortsüblichen Sachwerte ermittelt.

Ein Beleihungsobjekt, dessen Wert sich aus Sicht Dritter am Ertrag orientiert, wie z. B. eine Gewerbeimmobilie, wird auf Basis der objektspezifisch zu erzielenden Erträge ermittelt.

Es empfiehlt sich, dass jeder Eigentümer mit seinem Banker den ermittelten Beleihungswert bespricht. Sicherlich gehen dann die Wertvorstellungen zwischen dem Eigentümer und dem vorsichtig rechnenden Banker auseinander, sie sollten aber auf Basis des gegenseitigen Vertrauens für alle Partner eine akzeptable Bandbreite nicht überschreiten. Hier kommt den regional ausgerichteten Banken zugute, dass sie üblicherweise über eine sehr gute Marktübersicht verfügen und somit auch sehr realistische Wertermittlungen erstellen.

Bei größeren Immobilien, insbesondere gewerblichen Immobilien, empfiehlt es sich, dass die Schätzung eines vereidigten Sachverständigen eingeholt wird.

Abschließend ist noch festzuhalten, dass zu jeder – bekanntlich abstrakten – Grundschuld ein Vertrag (**Zweckerklärung**) hinzukommen muss, in welchem der Haftungsverbund zum schuldrechtlichen Kreditvertrag hergestellt wird. Auch hier unterscheidet man – wie Eingangs zu diesem Kapitel erwähnt – zwischen der engen Haftung (nur für bestimmte Kredite) oder einer weit gefassten Erklärung (für alle Kredite/Darlehen). Es empfiehlt sich somit auch hier auf den Inhalt der Zweckerklärung und die vertraglichen Vereinbarungen genau zu achten.

## 8.5 Die Bankgespräche

Die Kontakte zwischen Kunde und Bank sind vielfältig. Neben der Abwicklung der allgemeinen Tagesgeschäfte ist es jedoch zwingend erforderlich, dass die Bank von ihrem gewerblichen Kunden über die laufende Geschäftsentwicklung sowie über besondere Vorgänge ständig unterrichtet wird.

Als besonders hervorzuhebender Anlass hierfür ist die jährliche Vorlage der Jahresabschlüsse, welche dem Banker nicht nur per Post überlassen, sondern auch im Anschluss daran in einem persönlichen Gespräch erläutert werden sollten.

### 8.5.1 Bilanzgespräch

Im Kapitel „Kreditwürdigkeit" wurden die seitens der Bank gewünschten Unterlagen und Informationen genannt.

Wenn der Bauunternehmer seiner Bank die Unterlagen gut präsentiert und die benötigten Angaben entsprechend aufbereitet, erleichtert er nicht nur der Bank die Arbeit, sondern sammelt indirekt auch noch Pluspunkte für die Ratingeinwertung (s. nachfolgendes Kapitel):

Denn es zeugt von professionellem Management, wenn der Unternehmer nicht nur auf der Baustelle, sondern auch in diesem Bereich einem hohen Qualitätsanspruch gerecht wird.

Je nach Größe der Unternehmung empfiehlt es sich, ggf. den Steuerberater/Wirtschaftsprüfer in das Bankgespräch einzubinden bzw. die Bank zu ermächtigen, dass sie evtl. Detailfragen direkt mit dem Steuerberater/Wirtschaftsprüfen klären darf.

Nachstehend eine kurze Auflistung, welche Zusatzinformationen die Bank ergänzend zum Jahresabschluss bzw. zur akt. Betriebswirtschaftlichen Auswertung gerne hat:

- Aufschlüsselung der einzelnen Immobilien mit Angabe zu evtl. stillen Reserven und Nachweise mittels Grundbuchauszug über deren dingliche Belastungen
- Angaben zu evtl. Lizenzen, Patenten oder besonderen Rechten (Zertifizierungen)
- Angaben zum Alter der technischen Anlagen/Maschinen und somit Hinweis auf anstehende Ersatz- oder Erweiterungsanschaffungen
- Auflistung der vorhandenen Aufträge / Anzahlungen
- Angabe zur Bewertung der zum Bilanzstichtag noch nicht abgerechneten Baustellen
- Hinweise zur Struktur und Bonität der Debitoren (z. B. überfällige Forderungen etc.)
- Angaben zu evtl. vorgesehenen Kapitalzuführungen aus dem Gesellschafterkreis
- Zusammensetzung gebuchter Pensionsrückstellungen (evtl. Rückdeckungsversicherung) und Auflistung/Alter der hieraus berechtigten Personen
- Einschätzung der Risiken aus den gebuchten Rückstellungen (z. B. Gewährleistungen oder drohende Prozesse etc.)
- Aufstellung aller Obligen bei anderen Banken mit Angaben zu den einzelnen Sicherheiten und den Zins- und Tilgungsverpflichtungen aus Darlehen
- Angaben zu den zum Bilanzstichtag gebuchten Bestandsveränderungen
- Angaben zu evtl. im Personalaufwand enthaltenen Zahlungen an Gesellschafter und deren Familienmitglieder
- Hinweise zu außerordentlichen Einmalerträge /-aufwendungen, welche das Jahresergebnis beeinflusst haben.

Neben dieser Auflistung zur Bilanz und zu GuV-Positionen, welche nicht den Anspruch auf Vollständigkeit erhebt, sind bankseitig noch folgende Informationen wünschenswert:

- Qualifikationshinweise zu den Geschäftsführern bzw. den wichtigsten Mitarbeitern
- Personalkonzepte und Personalentwicklungsmaßnahmen
- Miet- und Pachtverträge
- Leasingverträge
- Versicherungsschutz (von Gebäudebrand bis Betriebsunterbrechung)
- Plandaten für das laufende und das kommende Geschäftsjahr

Auch dies stellt keine vollständige Nennung dar, sondern soll nur ein Anhaltspunkt dafür sein, wie umfassend jeder Banker sich für seinen Kunden interessiert, um ein möglichst vollständiges Gesamtbild zu erhalten, welches dem Vertrauensverhältnis zugute kommt.

Das Ganze ist keinesfalls – wie oft zu hören ist – ein übersteigertes Informationsbedürfnis der Banken, sondern dient auch der gründlichen Aufarbeitung aller Unterlagen und Informationen für ein

### 8.5.2 Ratinggespräch

Das Schlagwort „Rating" ist seit Jahren laufend in der Presse und den Medien zu lesen, oftmals mit negativem Unterton und einer gewissen Angst. Was kommt auf die Unternehmen, insbesondere in der konjunkturell sehr anfälligen Baubranche zu? Erhält der Mittelstand künftig keine Kredite mehr? usw. Derartige Verunsicherungen sind leider weit verbreitet.

Der Begriff „Rating" kommt aus dem Englischen to rate und bedeutet nichts anderes als „bewerten".

Begonnen hat die ganze Diskussion mit den seit 1975 laufenden Verhandlungen der Zentralbanken und Bankenaufsichtsinstanzen, welche sich regelmäßig bei der Bank für Internationalen Zahlungsausgleich in Basel treffen.

Unter der Bezeichnung „Basel II" sollen – kurz gesagt – nunmehr ab vermutlich 2007 neue Mindestanforderungen an die Banken gestellt werden hinsichtlich deren Ausstattung mit Eigenkapital in Bezug auf die Vergabe von Krediten.

Bislang mussten die Banken für alle Kredite einheitlich mind. 8 % Eigenkapital vorhalten, egal, wie hoch das Risiko aus den einzelnen Kreditengagements ist. Künftig soll nunmehr für die Eigenkapitalunterlegung bei der Kreditvergabe eine starke Differenzierung nach der Bonität des einzelnen Schuldners vorgenommen werden und zwar anhand eines „Ratings".

Viele Unternehmen sehen diesem Prozess mit gemischten Gefühlen entgegen, weil sie nicht einschätzen können, was sie erwartet.

Ausgedrückt werden soll im Ratingergebnis die Wahrscheinlichkeit, mit der das Unternehmen künftig in der Lage sein wird, seine finanziellen Verpflichtungen zu erfüllen.

Zur Beurteilung werden Zahlen aus der Vergangenheit und – noch wichtiger – Angaben und Einschätzungen für die Zukunftsperspektiven herangezogen. Daher an dieser Stelle nochmals der Hinweis auf die künftig verstärkt erforderliche Vorlage zeitnaher Unterlagen mit entsprechenden Angaben zum laufenden Geschäftsbetrieb sowie Planwerten und Strategien für die Zukunft.

Die Ratingsysteme sind zwischen den Banken geringfügig unterschiedlich, es werden jedoch im Prinzip die gleichen Sachverhalte bewertet.

Hinzukommt, dass je nach Unternehmensgröße und Kredithöhe die Verfahren in ihrem Anforderungsprofil ebenfalls unterschiedlich ausgeprägt sind.

Nachstehende Hinweise erfolgen auf Basis des für die überwiegende Anzahl der Kunden im genossenschaftlichen Bereich zur Anwendung kommenden Ratingverfahrens „BVR II – Mittelstand".

Analysiert werden quantitative Kennzahlen aus der Vermögens- / Finanz- und Ertragslage (rd. 60 % der Gesamtwertung) und qualitative Faktoren (rd. 40 % der Gesamtbewertung), welche für die weitere Unternehmensentwicklung maßgeblich sind.

Zusammengefasst in einem Schaubild stellt sich eine Ratingermittlung wie folgt dar:

<table>
<tr><td rowspan="3">Aktuelle Vermögens-, Finanz- und Ertragslage</td><td>1. Jahresabschluss</td><td rowspan="2">Quantitative Daten im Kernrating</td></tr>
<tr><td>2. private Vermögensverhältnisse</td></tr>
<tr><td>3. Kontoführung</td><td rowspan="5">Qualitative Informationen und somit positive und negative Modifikation</td></tr>
<tr><td rowspan="4">Zukünftige Unternehmens-entwicklung</td><td>4. Betriebsw. Auswertung (BWA)</td></tr>
<tr><td>5. Markt/Branche</td></tr>
<tr><td>6. Unternehmen/Management</td></tr>
<tr><td>7. Unternehmensplanung</td></tr>
</table>

### *8.5.2.1 Quantiative Daten*

Hier werden Kennzahlen aus den Jahresabschlüssen ermittelt zu folgenden Bereichen

- Vermögens- und Ertragslage
- Liquiditäts- und Finanzlage
- Wertschöpfung
- kfr. Verschuldung
- Wachstum der Gesamtleistung

und im Rahmen von mathematisch-statistischen Verfahren als Scoringwerte in die Ratingeinwertung übernommen.

Grundsätzlich gilt

**→ je höher die Eigenkapitalquote um so besser das Ratingergebnis**

Hier kommen evtl. in Frage die Aufnahme eines Beteiligungspartners oder Venture-Capital-Gebers sowie alternativer Einsatz von Leasingfinanzierungen oder Factoring zur Verkürzung der Bilanzsumme

**→ Liquidität ist mindestens genauso wichtig wie eine gute Rentabilität**

- Sind alle Möglichkeiten zur Kostenoptimierung erkannt und umgesetzt und sind die Durchlaufzeiten von Aufträgen => Rechnungsschreibung => Debitoren und der Lagerumschlag optimiert?
- Wird auf konsequentes Mahnwesen geachtet?
- Sind ausreichende und der Beanspruchung gerechte Kreditlinien vorhanden?
- Werden bonitätsmäßig zweifelhafte Kunden beliefert, welche nur schleppend zahlen?
- Werden Liquiditätspläne erarbeitet um frühzeitig evtl. Engpässe zu sehen?

Ebenfalls als quantitative Fakten werden Daten aus den privaten Vermögensverhältnissen erfasst, falls diese infolge privater Haftung eines Gesellschafters ggü. seiner Bank von Bedeutung sind.

### *8.5.2.2 Qualitative Daten*

Zur Erfassung dieser Daten wurden strukturierte Fragebögen erarbeitet, wo entgegen der früheren Praxis keine „offenen Fragen" mehr gestellt werden. Vielmehr wird eine Beeinflussung der Beurteilung einzelner Kriterien zum Erzielen einer bestimmten Ratingnote nahezu ausgeschlossen, da die Art der Fragestellung den Analysten durch die Auswertung führt.

Aus „weichen" Faktoren entstehen somit „harte" Faktoren mit einer guten Aussagekraft, wie z. B.

**→ Kontoführung**

Hier ist es ganz einfach, eine gute Einwertung zu erhalten.

Wird das lfd. Konto im Rahmen der Kreditlinie geführt und entsprechen die Kontoumsätze dem Betriebsumfang?

Die Bank betrachtet hier einen längeren Zeitraum; unabgestimmte Kontoüberziehungen wiegen sehr schwer, vor allem, wenn sie über einen Zeitraum von über 90 Tagen bestanden.

**→ Betriebswirtschaftliche Auswertung**

Sind alle Daten gebucht und liegen Infos vor zu nennenswerte Daten wie z. B. unterjährige Abschreibungen oder Bestandsveränderung der unfertigen Bauten?

Ein gut organisiertes Rechnungswesen und betriebswirtschaftliche Kenntnisse des Unternehmers bringen hier einen deutlichen Einwertungsvorteil.

**→ Markt/Branche**

Kein Unternehmen lebt auf einer Insel, daher ist es für den Banker sehr interessant, mit welchen Konkurrenzunternehmen man im Wettbewerb steht (der Regionalbanker kann Aussagen hierzu durchaus werten).

Entsprechen die Produkte und die Qualität der Leistung (besonders bei Bauunternehmen) dem aktuellen Standard? Gibt es ein Qualitätsmanagement?

Bestehen Abhängigkeiten sowohl auf der Abnehmer- als auch auf der Lieferantenseite, welche evtl. zum Nachteil des Bankkunden ausgenutzt werden können?

**→ Unternehmen/Management**

Wer hat das Sagen im Unternehmen?

Gibt es für die Mitarbeiter einen klaren Aufgabenkatalog mit Abgrenzung und ein Unternehmens-Organigramm?

Gibt es eine Notfallplanung falls der „herrschende Chef" unerwartet ausfällt? wie z. B.

- eine Auflistung aller Tätigkeiten, welche beim Chef Alltagsroutine sind
- Infos über evtl. mdl. abgestimmte Liefer- und Zahlungsbedingungen oder – was grundsätzlich eigentlich nie der Fall sein sollte – über nur mdl. abgestimmte
- Ausführung von Bauleistungen usw.

Ist das Thema der „Unternehmensnachfolge" relevant und – falls ja – wurden entsprechende Vorkehrungen getroffen, dass der Unternehmer im Ruhestand die positive Entwicklung seiner Firma „aus dem Sessel" beruhigt beobachten kann?

→ **Unternehmensplanung**

Wer nach dem Motto handelt „darüber denke ich nach, wenn es so weit ist" handelt als Unternehmer für sich selbst und für seine Mitarbeiter fahrlässig.

Ein Zitat von Curd Goetz lautet: „Man sollte die Dinge so nehmen, wie sie kommen. Aber man sollte dafür sorgen, dass die Dinge so kommen, wie man sie nehmen möchte."

Daher ist es jedem Unternehmer – gerade in der Baubranche – angeraten, regelmäßige und plausible Planrechnungen zu erstellen, welche selbstverständlich der Betriebsgröße angemessen sein sollten. Pläne sollten alle in der Zukunft erwarteten Erträge und Kosten erfassen mit ggf. Zeit- und Maßnahmendarstellung, falls Fehlentwicklungen korrigiert werden müssen.

Die Zeiten des „Managements by Kontostand" müssen für einen seriösen Unternehmer endgültig der Vergangenheit angehören.

Denn Miss-Management ist eine der häufigsten Ursachen für Firmenpleiten, das haben Untersuchungen herausgefunden.

### *8.5.2.3 Ratingergebnis*

Das Ergebnis der jeweiligen Ratingeinwertung sollte bankseitig mit dem einzelnen Unternehmer besprochen werden, bzw. vom Unternehmer ein Ratinggespräch eingefordert werden, um Ansatzpunkte für eine Optimierung und ggf. Verbesserung der Daten zu finden. Denn nur dann ist das eigentliche Ziel einer Ratingeinwertung aus Sicht des Unternehmers und auch aus Sicht der Bank erreichbar, nämlich: das Unternehmen für die Zukunft fit zu machen und durch gute Daten und plausible Planungen ein gutes Ratingergebnis zu erreichen.

Eine gute Ratingeinwertung wirkt sich nämlich auch positiv auf die mögliche Konditionsgestaltung aus und – günstige Konditionen – sollten letztlich im Interesse jedes Bankkunden sein.

### *8.5.2.4 Fazit*

Zusammenfassend kann gesagt werden, dass

- richtige und umfassende Informationen zu den Daten des Unternehmens nicht nur eine **Holschuld der Bank,** sondern auch eine **Bringschuld eines umsichtigen Unternehmers** sind
- jeder Banker bereits im Vorfeld über wichtige Vorgänge in der Firma seines Kunden –und zwar von ihm direkt und nicht über Dritte – erfahren sollte.

Die in diesem Kapitel dargestellten Spielregeln des täglichen Umgangs mit Banken sind einfache und umsetzbare Handlungsweisen, welche eine solide Grundlage für eine partnerschaftliche und vertrauensvolle Zusammenarbeit zwischen Unternehmer und seiner Bank bilden können.

**Anlage: Liquiditätsplan für einen Projektverlauf**

| | |
|---|---|
| Projekt: | Bau einer Kläranlage |
| Auftragssumme: | 5.000.000 EUR |
| Auftraggeber: | Stadtverwaltung Stuttgart |
| Ausführungszeit: | KW 10 bis KW 40 |

| **Einnahmen** | **KW 10** | **KW 11** | **KW 12** | **KW 13** | **KW 14** |
|---|---|---|---|---|---|
| Abschlagszahlung | 0 | 450 | | | |
| Schlusszahlung | 0 | 0 | | | |
| Summe Einnahmen | 0 | 450 | | | |
| | | | | | |
| **Ausgaben** | **KW 10** | **KW 11** | **KW 12** | **KW 13** | **KW 14** |
| Löhne/Gehälter netto | 100 | 100 | | | |
| Lohnsteuer/Soz.abg. | 0 | 0 | | | |
| Subunternehmer | 50 | 100 | | | |
| Materialeinkäufe | 300 | 50 | | | |
| Gerätemieten | 0 | 10 | | | |
| Zinsen | 0 | 28 | | | |
| Versicherungen | 20 | 0 | | | |
| | | | | | |
| | | | | | |
| Summe Ausgaben | 470 | 288 | | | |

| | | | | | |
|---|---|---|---|---|---|
| Saldovortrag | 0 | -470 | | | |
| Saldo laufende Einnahmen/Ausgaben | -470 | 162 | | | |
| Kreditinanspruchnahme | -470 | -308 | | | |
| Projekt-Kreditlinie | 1000 | 1000 | 1000 | 1000 | 1000 |
| Freie Kreditlinie | 530 | 692 | 1000 | 1000 | 1000 |

# 9 Das Steuerrecht des Bauunternehmens

Dr. Christian Richter, Rechtsanwalt und Steuerberater, Würzburg

## 9.1 Grundlagen der Besteuerung

In diesem Kapitel erfahren Sie, auf welchen Grundlagen die Besteuerung Ihres Bauunternehmens erfolgt. Es soll einen Überblick über die Besteuerung der einzelnen Rechtsformen geben, kann jedoch keinesfalls jede denkbare Fallgestaltung berücksichtigen. Daher muss sich die Darstellung auf die grundlegenden Erscheinungsformen unternehmerischen Auftretens beschränken.

Ein Bauunternehmen ist aufgrund seiner Tätigkeit und des Umfangs seines Geschäftsbetriebs unabhängig von seiner Rechtsform Kaufmann im Sinne des Handelsgesetzbuchs.[1] Daraus resultiert die Buchführungspflicht in Übereinstimmung mit den handelsrechtlichen Vorschriften[2] sowie die Verpflichtung, zu Beginn seines Handelsgewerbes eine Eröffnungsbilanz und für den Schluss eines jeden Geschäftsjahres eine Bilanz aufzustellen.[3] Außerdem hat das Bauunternehmen für den Schluss eines jeden Geschäftsjahres eine Gewinn- und Verlustrechnung aufzustellen.[4] Bilanz sowie Gewinn- und Verlustrechnung bilden den Jahresabschluss.[5] Bei Bauunternehmen in der Rechtsform der GmbH, AG oder der GmbH & Co. KG ist der Jahresabschluss um einen Anhang zu erweitern; mittelgroße und große Gesellschaften dieser Rechtsformen haben außerdem einen Lagebericht aufzustellen.[6]

Auf diese Rechnungslegung wird auch bei der Besteuerung der Bauunternehmen zurückgegriffen. Sie erzielen aufgrund ihrer Tätigkeit (und ggf. auch aufgrund ihrer Rechtsform) gewerbliche Einkünfte.[7] Diese Einkünfte werden gesetzlich als „Gewinn" definiert[8] und sind durch Betriebsvermögensvergleich zu ermitteln. Bei Vollkaufleuten, wie es Bauunternehmen sind, ist das Betriebsvermögen anzusetzen, das nach handelsrechtlichen Grundsätzen ordnungsgemäßer Buchführung auszuweisen ist.[9]

Grundlage für die Besteuerung eines Bauunternehmens ist daher stets die handelsrechtliche Rechnungslegung. Dieser Grundsatz wird „Maßgeblichkeit der Handelsbilanz für die Steuerbilanz genannt". Das handelsrechtliche Ergebnis ist daher auch für die Besteuerung zugrunde zu legen, es sei denn, dass sich nach den steuerlichen Gesetzen Abweichungen ergeben. Derartige Abweichungen sind im Einkommensteuergesetz (z. B. Wertansatz von Entnahmen), im Gewerbesteuergesetz (z. B. Hinzurechnungen beim Gewerbeertrag) und im Körperschaftsteu-

---

[1] § 1 Abs. 1 HGB
[2] §§ 238 ff. HGB
[3] § 242 Abs. 1 Satz 1 HGB
[4] § 242 Abs. 2 HGB
[5] § 242 Abs. 3 HGB
[6] §§ 264 Abs. 1 Satz 1, 264a Abs. 1 HGB
[7] § 2 Abs. 1 Satz 1 Nr. 3 i. V. m. § 15 EStG
[8] § 2 Abs. 2 Nr. 1 EStG
[9] § 5 Abs. 1 Satz 1 EStG

ergesetz (z. B. verdeckte Gewinnausschüttung) normiert. Auf die einzelnen Regelungen wird bei den jeweiligen Steuerarten eingegangen.

Bei der Ermittlung des körperschaftsteuerlichen Einkommens eines Bauunternehmens in der Rechtsform der GmbH ist daher zunächst der handelsrechtliche Jahresabschluss vorzubereiten. Zur handelsrechtlichen Ermittlung des Steueraufwands (Gewerbesteuer, Körperschaftsteuer) und der daher zu bildenden Gewerbe- und Körperschaftsteuerrückstellungen ist das Ergebnis vor Steuern aufgrund der jeweils anzuwendenden einkommen- und körperschaftsteuerlichen Vorschriften zu modifizieren. Hieraus sind der Gewerbeertrag und die hierauf entfallende Gewerbesteuer nach den Vorschriften des Gewerbesteuergesetzes zu ermitteln. Die Gewerbesteuer ihrerseits mindert als Betriebsausgabe den einkommensteuerlichen Gewinn und somit auch das körperschaftsteuerliche Einkommen. Aus dem körperschaftsteuerlichen Einkommen werden die Körperschaftsteuer und der Solidaritätszuschlag ermittelt. In beiden Fällen handelt es sich um Aufwendungen, die das handelsrechtliche Ergebnis mindern.

**Beispiel:**
Eine Bau-GmbH erzielt ein handelsrechtliches Ergebnis vor Steuern von 180.000,00 EUR. Darin enthalten ist ein Gewinnanteil an einer Personengesellschaft von 50.000,00 EUR. Die Dauerschuldzinsen der GmbH beliefen sich auf 24.000,00 EUR. Bei der Ermittlung des handelsrechtlichen Ergebnisses wurden Geschenke an zwei Vertreter im Wert von jeweils 1.500,00 EUR als Betriebsausgaben berücksichtigt. Der Hebesatz der Sitz-Gemeinde der GmbH beträgt 420 %.
Zunächst ist das handelsrechtliche Ergebnis nach einkommensteuerlichen Vorschriften um die nichtabzugsfähigen Betriebsausgaben im Zusammenhang mit den Geschenken für die Vertreter (3.000,00 EUR) zu erhöhen.[10] Bei der Ermittlung des Gewerbeertrags ist die Hälfte der von der Bau-GmbH aufgewandten Dauerschuldzinsen (12.000,00 EUR) hinzuzurechnen.[11] Dagegen bleibt der Gewinnanteil der Gesellschaft aus der Personengesellschaft (50.000,00 EUR) außer Ansatz, da dieser bereits bei der Personengesellschaft der Gewerbesteuer unterworfen worden ist.[12]

| | EUR |
|---|---|
| Jahresüberschuss vor Steuern | 180.000,00 |
| Korrektur nach EStG | + 3.000,00 |
| Hinzurechnung nach GewStG | + 12.000,00 |
| Kürzung nach GewStG | - 50.000,00 |
| Gewerbeertrag | 145.000,00 |
| Gewerbesteuer | 25.165,00 |

Das körperschaftsteuerliche Einkommen ergibt sich durch die einkommensteuerliche Hinzurechnung der nichtabzugsfähigen Betriebsausgabe im Zusammenhang mit den Geschenken an die Vertreter (3.000,00 EUR) und den Abzug der Gewerbesteuer.

[10] § 4 Abs. 5 Nr. 1 EStG
[11] § 8 Nr. 1 GewStG
[12] § 9 Nr. 2 GewStG

| | EUR |
|---|---|
| Jahresüberschuss vor Steuern | 180.000,00 |
| Korrektur nach EStG | + 3.000,00 |
| Gewerbesteuer | - 25.165,00 |
| Körperschaftsteuerliches Einkommen | 157.835,00 |
| Körperschaftsteuer 25 % | - 39.458,00 |
| Solidaritätszuschlag 5,5 % der Körperschaftsteuer | - 2.170,00 |
| Jahresüberschuss | 116.207,00 |

Aus den vorstehend dargestellten Zusammenhängen zwischen Handelsbilanz und Besteuerung ergibt sich, dass Korrekturen aufgrund einer Betriebsprüfung nur möglich sind, wenn handelsrechtliche oder steuerrechtliche Vorschriften unrichtig angewandt worden sind. Kann eine vom Finanzamt geforderte Änderung einer handelsrechtlich zutreffenden Verbuchung oder eines handelsrechtlich zutreffenden Bilanzansatzes nicht mit einer steuerlichen Vorschrift begründet werden, besteht für eine Korrektur keine Rechtsgrundlage.

Umgekehrt müssen Sie sich als Bau-Unternehmer darüber im Klaren sein, dass handelsrechtliches und steuerrechtliches Ergebnis gerade in der Baubranche nur noch schwerlich in Einklang zu bringen sind. Bestand früher die Möglichkeit, beispielsweise steuerrechtlich zwingende Bilanzansätze auch der Handelsbilanz zugrunde zu legen, wurde dieser Zustand spätestens mit Inkrafttreten des Steuerentlastungsgesetzes 1999/2000/2002 beendet. Für die handelsrechtliche Übernahme der steuerlichen Wertansätze fehlt es häufig an einer Rechtsgrundlage mit der Folge, dass die Erstellung einer so genannten Einheitsbilanz nicht mehr möglich ist.

**Beispiele:**
Der handelsrechtliche Herstellungskostenbegriff umfasst als Mindestbestandteile die Materialkosten, die Fertigungskosten und die Sonderkosten der Fertigung.[13] In den steuerlichen Herstellungskostenbegriff werden darüber hinaus auch die notwendigen Materialgemeinkosten und Fertigungsgemeinkosten sowie der Wertverzehr des Anlagevermögens, soweit er durch die Herstellung des Wirtschaftsgutes veranlasst ist, einbezogen.[14] Da diese Bestandteile auch handelsrechtlich berücksichtigt werden können, ist ein einheitlicher Wertansatz in der Handelsbilanz und in der Steuerbilanz gewährleistet.[15]
Dagegen fehlt es an einer handelsrechtlichen Rechtsgrundlage, die im Einkommensteuerrecht vorgeschriebene Abzinsung von Rückstellungen mit 5,5 vom Hundert[16] auch in die Handelsbilanz zu übernehmen. Handels- und Steuerbilanz stimmen insoweit nicht mehr überein und können auch nicht in Übereinstimmung gebracht werden.

Freilich bedeutet dies in der Praxis nicht, dass für Bauunternehmen stets eine Handels- und eine Steuerbilanz aufzustellen sind. Vielmehr genügt es, die steuerlichen Änderungen in einer außerbilanziellen Rechnung der Gewinnermittlung zugrunde zu legen.[17]

---

[13] § 255 Abs. 2 Satz 2 HGB
[14] R 33 Abs. 1 EStR
[15] § 255 Abs. 2 Satz 3 HGB
[16] § 6 Abs. 1 Satz 1 Nr. 3a lit. e) EStG
[17] § 60 Abs. 2 Satz 1 EStDV

Vor der Vertiefung der steuerlichen Gewinnermittlung bedarf es zunächst einer – allerdings stark vereinfachten – Darstellung der handelsrechtlichen Gewinnermittlung.

## 9.2 Handelsrechtliche Gewinnermittlung

### 9.2.1 Bilanz

Der Bilanz kann die Vermögenszusammensetzung und der Kapitalaufbau eines Unternehmens entnommen werden. Sie ist hinsichtlich Aufbau und Gliederung auf der Grundlage des Handelsgesetzbuches[18] zu erstellen.

Diesem Aufbau liegt folgende Formel zugrunde:

Gesamtvermögen ./. Verbindlichkeiten = Reinvermögen

Diese Formel kann auch wie folgt dargestellt werden:

Gesamtvermögen = Reinvermögen + Verbindlichkeiten

Wenn Sie nun die Begriffe „Gesamtvermögen" durch „Aktivvermögen", „Reinvermögen" durch „Eigenkapital" und schließlich das Ist-Gleich-Zeichen durch das Bilanzkreuz ersetzen, erhalten Sie

| | |
|---|---|
| Aktivvermögen | Eigenkapital |
| | Verbindlichkeiten |

Die Bilanz ist also eine Aufstellung positiver und negativer Vermögenspositionen des Unternehmens zur Ermittlung des Unterschiedsbetrages zwischen diesen Vermögenspositionen (Eigenkapital). Sie enthält daher ausschließlich Vermögenspositionen, die nach den handelsrechtlichen Vorschriften gesondert zu ermitteln, bewerten und auszuweisen sind.

Werden betriebliche Vorgänge nur über Bestandskonten erfasst, d. h. über Konten, die in der Unternehmensbilanz zusammengefasst werden, haben sie keine Auswirkung auf den Gewinn. Dabei kann es sich um einen Aktivtausch, Passivtausch, eine Bilanzverlängerung oder -verkürzung handeln.

**Beispiele:**
Die A-GmbH kauft einen Tieflader und überweist den Kaufpreis vom kreditorischen Bankkonto. Es liegt ein Aktivtausch vor. Der Bestand an Fahrzeugen erhöht sich um den Nettokaufpreis, der Bestand an sonstigen Forderungen um die Umsatzsteuer; gleichzeitig mindert sich der Bestand des Bankkontos um den Bruttokaufpreis. Das Eigenkapital verändert sich nicht. Der Vorgang ist ohne Gewinnauswirkung.
Der Gläubiger eines Unternehmens beteiligt sich als stiller Gesellschafter durch Einlage seiner Forderung. Der Bestand an Verbindlichkeiten mindert sich in derselben Höhe, in der sich der Ausweis der stillen Beteiligung erhöht. Es liegt ein Passivtausch vor, der keine Gewinnauswirkung hat.

[18] § 266 HGB

Der Kaufpreis des Tiefladers im ersten Beispiel wird durch ein Bankdarlehen erbracht. In Höhe des Nettokaufpreises liegt eine Bilanzverlängerung vor, da sich insoweit der Bestand an Fahrzeugen und der Bestand an Verbindlichkeiten erhöht. Das Eigenkapital bleibt unverändert.
Der Werklohn eines Bauunternehmens wird vom Auftraggeber auf das debitorische Girokonto des Unternehmens überwiesen. Es liegt eine Bilanzverkürzung vor, da sich die Bestände an Forderungen und Verbindlichkeiten in derselben Höhe reduzieren. Das Eigenkapital bleibt unverändert.

Solange also betriebliche Vorgänge in der Finanzbuchhaltung ausschließlich über Bestandskonten gebucht werden, gehen sie mit keiner Gewinnauswirkung einher.

## 9.2.2 Gewinn- und Verlustrechnung

Über die in die Gewinn- und Verlustrechnung eingehenden Konten werden diejenigen Geschäftsvorfälle erfasst, die keine Bestandskonten betreffen. Dabei wird zwischen Ertrags- und Aufwandskonten differenziert. Auch über die Gewinn- und Verlustrechnung kann das wirtschaftliche Ergebnis der unternehmerischen Tätigkeit ermittelt werden:

Gewinn = Summe der Ertragsposten ./. Summe der Aufwandsposten

Ist die Summe der Ertragsposten im Wirtschaftsjahr größer als die Summe der Aufwandsposten, entsteht ein Gewinn, im umgekehrten Fall ein Verlust.

Im Gegensatz zu den obigen Beispielen, in denen sowohl Buchung als auch Gegenbuchung auf Bestandskonten erfasst worden sind, gibt es keinen Geschäftsvorfall, bei dem Buchung und Gegenbuchung über Ertrags- oder Aufwandskonten erfasst werden. Jeder Ertrags- oder Aufwandsbuchung steht eine erhöhende oder mindernde Bestandsbuchung gegenüber.

**Beispiele:**
Die monatliche Miete geht auf dem Bankkonto des Unternehmens ein. Der Ertragsbuchung steht eine bestandserhöhende Buchung auf dem Bankkonto gegenüber.
Die Abschreibung für den betrieblichen Pkw wird gebucht. In Höhe der Aufwandsbuchung verringert sich der Wert des Bestandskontos Fahrzeuge.

Aus diesem Zusammenhang ergibt sich zwingend, dass der Unterschied des Betriebsvermögens (Eigenkapitals) am Ende und am Anfang eines Wirtschaftsjahres mit der Differenz zwischen Ertrag und Aufwand übereinstimmen muss.

**Beispiel:**
Die einzigen Geschäftsvorfälle eines kleinen Dienstleistungsunternehmens im Gründungs-Rumpf-Wirtschaftsjahr (Gründungs-Eigenkapital = Bankguthaben = 10.000,00 EUR) sind:

- Überweisung der Miete für die Geschäftsräume in Höhe von 1.000,00 EUR zzgl. 160,00 EUR Umsatzsteuer vom betrieblichen Bankkonto (Anfangsbestand 10.000,00 EUR).
- Erbringung und Berechnung von Dienstleistungen im Wert von 3.000,00 EUR zzgl. 480,00 EUR Umsatzsteuer.

Die Mietzahlung wird in Höhe von 1.000,00 EUR über das Mietaufwandskonto und in Höhe von 160,00 EUR (bestandserhöhend) über das Vorsteuerkonto (Forderungskonto) erfasst. Die Gegenbuchung in Höhe von 1.600,00 EUR erfolgt bestandsmindernd über das Bankkonto.
Der bestandserhöhenden Buchung der Forderung in Höhe von 3.480,00 EUR steht eine Ertragsbuchung in Höhe von 3.000,00 EUR und eine (erhöhende) Buchung auf dem Umsatzsteuerkonto (Verbindlichkeitskonto) in Höhe von 480,00 EUR gegenüber.

**Gewinnermittlung durch Betriebsvermögensvergleich**
Das Aktivvermögen hat sich wie folgt entwickelt:

| Konto | Geschäftsvorfall | Betrag |
|---|---|---|
| Bankkonto | Anfangsbestand<br>Mietzahlung<br>Endbestand | 10.000,00 EUR<br>./. 1.160,00 EUR<br>8.840,00 EUR |
| Forderungen | Anfangsbestand<br>Zugang aus Dienstleistungen<br>Endbestand | 0,00 EUR<br>+ 3.480,00 EUR<br>3.480,00 EUR |
| Vorsteuerkonto | Anfangsbestand<br>Vorsteuer aus Miete<br>Endbestand | 0,00 EUR<br>+ 160,00 EUR<br>160,00 EUR |
| | Summe Aktiva | 12.480,00 EUR |

Das Passivvermögen (ohne Eigenkapital) erfuhr folgende Entwicklung:

| Konto | Geschäftsvorfall | Betrag |
|---|---|---|
| Umsatzsteuerverbind-lichkeit | Anfangsbestand<br>In Rechnung gestellt<br>Endbestand | 0,00 EUR<br>+ 480,00 EUR<br>480,00 EUR |
| | Summe Passiva (ohne Eigenkapital) | 480,00 EUR |

Das Eigenkapital zum Schluss des Wirtschaftsjahres ermittelt sich wie folgt:

Aktiva 12.480,00 EUR ./. Verbindlichkeiten 480,00 EUR = 12.000,00 EUR.

Die **Gewinnermittlung durch Betriebsvermögensvergleich** ergibt:

Gewinn = Eigenkapital (Endbestand) 12.000,00 EUR ./. Eigenkapital (Anfangsbestand) = 10.000,00 EUR = 2.000,00 EUR.

**Gewinnermittlung durch Gewinn- und Verlustrechnung:**

Gewinn = Summe Ertragsbuchungen 3.000,00 EUR ./. Summe Aufwandsbuchungen 1.000,00 EUR = 2.000,00 EUR.

Beide Methoden führen zum selben Ergebnis. Sollten die beiden Ergebnisse voneinander abweichen, würde in der Buchführung ein Fehler vorliegen. Die doppelte Gewinnermittlung (nach der Bilanz- und nach der Gewinn- und Verlust-Formel) ist das Wesen der doppelten Buchführung. Sie liefert eine doppelte Gewinnermittlung.

Handelsrechtlich wird der Schlussbilanzwert des Eigenkapitals jedoch nicht durch Betriebsvermögensvergleich ermittelt. Vielmehr wird der Saldo aus der Summe der Ertragsbuchungen einerseits und der Summe der Aufwandsbuchungen andererseits über das Kapitalkonto abgeschlossen. Dieses erhält hierdurch denselben Wert, der sich aus dem Vergleich des Bestandes an Aktivvermögen einerseits und des Bestandes an Verbindlichkeiten und Rückstellungen andererseits ergibt.

**Fortführung des Beispiels:**
Das Passivvermögen (mit Eigenkapital) erfährt daher folgende Entwicklung:

| Konto | Geschäftsvorfall | Betrag |
|---|---|---|
| Eigenkapital | Anfangsbestand | 10.000,00 EUR |
| | Zugang aus GuV | + 2.000,00 EUR |
| | Endbestand | 12.000,00 EUR |
| Umsatzsteuerverbindlichkeit | Anfangsbestand | 0,00 EUR |
| | In Rechnung gestellt | + 480,00 EUR |
| | Endbestand | 480,00 EUR |
| | Summe Passiva | 12.480,00 EUR |

Die Summe des Aktivvermögens und des Passivvermögens sind identisch, die Bilanzwaage also ausgeglichen.

Schließlich gibt es so genannte Privatkonten, über die Vorgänge erfasst werden, welche die private Sphäre des Unternehmers (Einlagen, Entnahmen) betreffen. Sie stellen Unterkonten des Kapitalkontos dar und erhöhen bzw. mindern dieses daher unmittelbar. Die Gegenbuchungen erfolgen stets auf Bestandskonten, weshalb derartige Vorgänge keine Auswirkung auf den Gewinn, wie er sich aus der Gewinn- und Verlustrechnung ergibt, haben. Da sie jedoch das Eigenkapital verändern, ergeben sich Auswirkungen auf den Betriebsvermögensvergleich, die der Korrektur bedürfen (dazu sogleich unten).

# 9.3 Steuerrechtliche Gewinnermittlung

## 9.3.1 Betriebsvermögensvergleich

Die Einkommensteuer knüpft bei der Gewinnermittlung an die handelsrechtliche Rechnungslegung an, welche die Größen der im Einkommensteuergesetz[19] definierten Bilanzformel liefert:

Gewinn = BV (Endbestand) ./. BV (Anfangsbestand) + Entnahmen ./. Einlagen.

Dabei ist das Betriebsvermögen (BV) im steuerlichen Sinne das in der Bilanz ausgewiesene Eigenkapital. Da dieses durch Buchungen, die über die Privatkonten erfasst werden unmittelbar erhöht oder vermindert wird, sind diese Vorgänge bei der Gewinnermittlung durch Betriebsvermögensvergleich mit umgekehrtem Vorzeichen zu berücksichtigen.

**Fortführung des Beispiels:**
Neben den oben aufgeführten Geschäftsvorfällen wurde in der Buchhaltung berücksichtigt, dass der Unternehmer im Wirtschaftsjahr eine Einkommensteuernachzahlung in Höhe von 1.000,00 EUR vom betrieblichen Bankkonto überwiesen hat.
Der Minderung des Bankkontos um 1.000,00 EUR steht eine Minderung des Kapitalkontos in derselben Höhe gegenüber. Sowohl die Summe der Aktiva als auch der Passiva vermindert sich auf 11.480,00 EUR. Die Bilanzwaage ist also ausgeglichen.
Da von diesem Vorgang kein Ertrags- oder Aufwandskonto betroffen war, bleibt es nach der Gewinn- und Verlustrechnung bei einem Gewinn von 2.000,00 EUR.
Ohne Hinzurechnung der Entnahme ergäbe der Betriebsvermögensvergleich jedoch:

[19] § 4 Abs. 1 Satz 1 EStG

Gewinn = Eigenkapital (Endbestand) 11.000,00 EUR ./. Eigenkapital (Anfangsbestand) = 10.000,00 EUR = 1.000,00 EUR.

Damit derartige Vorgänge für die Besteuerung ohne Gewinnauswirkung bleiben, bedarf es der Hinzurechnung von Entnahmen und dem Abzug von Einlagen von dem sich durch den Betriebsvermögensvergleich ergebenden Betrag. Dem wird in § 4 Abs. 1 Satz 1 EStG Rechnung getragen.

## 9.3.2 Gewinnmodifizierung durch steuerliche Vorschriften

### *9.3.2.1 Gewinn bei Vollkaufleuten*

§ 5 EStG sieht für Gewerbetreibende, die aufgrund gesetzlicher Vorschriften verpflichtet sind, Bücher zu führen, die Verpflichtung vor, für den Schluss eines jeden Wirtschaftsjahres das Betriebsvermögen anzusetzen, das nach den handelsrechtlichen Grundsätzen ordnungsgemäßer Buchführung auszuweisen ist.[20] Aufgrund seiner handelsgewerblichen Tätigkeit ist die Vorschrift für jedes Bauunternehmen einschlägig.

Zentraler Kern dieser Vorschrift ist die so genannte „Maßgeblichkeit der Handelsbilanz" für die Steuerbilanz. § 5 Abs. 1 Satz 1 EStG beinhaltet die materielle Maßgeblichkeit. Aufgrund dieser Vorschrift darf in der Steuerbilanz von den handelsrechtlichen Wertansätzen nur abgewichen werden, wenn es hierfür eine materiell-rechtliche Norm gibt. Im Übrigen müssen Handels- und Steuerbilanz identisch sein.

§ 5 Abs. 1 Satz 2 EStG, wonach steuerrechtliche Wahlrechte bei der Gewinnermittlung in Übereinstimmung mit der handelsrechtlichen Gewinnermittlung auszuüben sind, betrifft dagegen die formelle Maßgeblichkeit. Steuerliche Wahlrechte dürfen nicht nur in der Steuerbilanz, sondern müssen auch in der Handelsbilanz ausgeübt werden.

### *9.3.2.2 Drohverlustrückstellungen*

Eine für die Bauwirtschaft einschlägige und ggf. zu erheblichen Abweichungen von der Handelsbilanz führende Regelung normiert § 5 Abs. 4a EStG. Danach dürfen Rückstellungen für drohende Verluste aus schwebenden Geschäften nicht gebildet werden.

Grundsätzlich stellen in Bau befindliche Objekte derartige schwebende Geschäfte dar, da die vom Bauunternehmen geschuldete Leistung (Erstellung eines Bauwerkes) erst mit der Abnahme des Gewerkes erbracht wird. Verluste, die mit der Erbringung der Bauleistung einhergehen, müssen daher bei der Bilanzerstellung im Rahmen der Bewertung der unfertigen Bauleistung berücksichtigt werden (sog. verlustfreie Bewertung). Umstritten ist jedoch, ob Verluste, die nach dem Bilanzstichtag drohen, ebenfalls bei der Bewertung der unfertigen Bauleistung abgezogen werden können.

**Beispiel:**
Für ein Bauwerk wurde ein Festpreis von 1.000.000,00 EUR vereinbart. Am Bilanzstichtag ist das Bauwerk zu 60 % errichtet. Die Kosten belaufen sich bis dahin auf 660.000,00 EUR. Bei Berücksichtigung des Gesamtverlustes, der im Zusammenhang mit der Erstellung des gesamten Bauwerks droht, müsste die unfertige Leistung mit 500.000,00 EUR (60 % x 1.000.000,00 EUR./. drohender

[20] § 5 Abs. 1 Satz 1 EStG

Verlust 100.000,00 EUR) angesetzt werden. Wird dagegen nur der bis zum Bilanzstichtag eingetretene Verlust berücksichtigt, müsste die unfertige Leistung mit 540.000,00 EUR bewertet werden.

Handelsrechtlich sollen auch die nach dem Bilanzstichtag drohenden Verluste zwingend abzuziehen sein. Die Finanzverwaltung ist dagegen der Auffassung, dass nur die bis zum Bilanzstichtag eingetretenen Verluste berücksichtigt werden können und wurde darin vom Finanzgericht Rheinland-Pfalz bestätigt.[21] Eine höchstrichterliche Klärung dieser Frage in der Hauptsache steht noch aus, jedoch hat der Bundesfinanzhof bereits im Rahmen des vorläufigen Rechtsschutzes Zweifel an der Richtigkeit dieser Rechtsauffassung erkennen lassen.[22]

### *9.3.2.3 Steuerfreie Einkünfte*

Eine den Gewinn mindernde Modifizierung ergibt sich aus Erträgen des Unternehmens, die steuerfrei sind. Dies ist beispielsweise bei Dividendeneinkünften eines Unternehmens der Fall, die bei Personenunternehmen (Einzelunternehmen, Personengesellschaften) zur Hälfte[23] und bei Kapitalgesellschaften sogar fast vollständig steuerfrei[24] sind. Ein weiteres in den neuen Bundesländern praxiserhebliches Beispiel ist die Investitionszulage.[25] Soweit derartige steuerfreie Einkünfte erzielt werden, übersteigt das handelsrechtliche das der Besteuerung zugrunde zu legende Ergebnis.

### *9.3.2.4 Nicht abzugsfähige Betriebsausgaben*

Genau das Gegenteil wird mit den einzelnen, überwiegend in § 4 Abs. 5 EStG enthaltenen Regelungen bezweckt. Obgleich sie Aufwendungen betreffen, die als Betriebsausgaben bei der Gewinnermittlung handels- und steuerrechtlich zutreffend berücksichtigt worden sind, müssen sie bei der steuerlichen Gewinnermittlung außer Betracht bleiben, d. h. in der Praxis dem Gewinn wieder hinzu gerechnet werden. Als Beispiele seien genannt:

- 30 % der Bewirtungskosten,[26]
- über die Pauschsätze hinausgehende Verpflegungsmehraufwendungen[27] und
- Geldbußen, Ordnungsgelder oder Verwarnungsgelder.[28]
- § 8b KStG sieht ab dem Veranlagungszeitraum vor, dass 5 v. H. der steuerfreien Dividenden oder steuerfreier Gewinne aus der Veräußerung von Anteilen an einer Kapitalgesellschaft als nicht abzugsfähige Betriebsausgaben gelten.

---

[21] Az. 5 K 1468/01 vom 18.11.2002
[22] Az. VIII B 79/03 vom 28.04.2004
[23] § 3 Nr. 40d EStG
[24] § 8b KStG
[25] § 9 InvZulG 1999
[26] § 4 Abs. 5 Nr. 2 EStG
[27] § 4 Abs. 5 Nr. 4 EStG
[28] § 4 Abs. 5 Nr. 8 EStG

### *9.3.2.5 Hinzurechnungen und Kürzungen bei der Ermittlung des Gewerbeertrags*

Das Gewerbesteuergesetz definiert den Gewerbeertrag als den „nach den Vorschriften des Einkommensteuergesetzes oder des Körperschaftsteuergesetzes zu ermittelnden Gewinn".[29] Grundlage für die Ermittlung des Gewerbeertrages ist daher die für die Personensteuern vorzunehmende Gewinnermittlung. Allerdings ist dieser Gewinn um die im Gewerbesteuergesetz enthaltenen Hinzurechnungen[30] und Kürzungen[31] zu modifizieren.

Der Zweck der Hinzurechnungsvorschrift liegt im Wesentlichen darin, einen objektiven, von den individuellen Beziehungen des Unternehmers zum Betrieb losgelösten Gewerbeertrag zu ermöglichen. Die einzelnen Hinzurechnungsvorschriften dienen daher der weitestmöglichen Gleichstellung von Erträgen aus eigen- und fremdfinanziertem Kapital.[32] Die in der Praxis wichtigsten Fälle der Hinzurechnungen sind:

- Die Hälfte der Entgelte (Zinsen) für Dauerschulden, soweit diese wirtschaftlich im Zusammenhang stehen mit der Gründung oder dem Erwerb des Betriebs oder des Anteils daran, mit einer Erweiterung oder Verbesserung des Betriebs oder wenn die Schulden der nicht nur vorübergehenden Stärkung des Betriebskapitals dienen.[33] Hierdurch soll vermieden werden, dass ein Betrieb gewerbesteuerlich gegenüber einem durch Eigenkapital finanzierten Betrieb besser gestellt wird, wenn er sich in höherem Maße fremdfinanziert und die Finanzierungskosten als Betriebsausgabe geltend macht.
- Die Gewinnanteile von stillen Gesellschaftern, wenn sie nicht beim Empfänger der Gewerbesteuer unterworfen werden.[34]
- Die Hälfte der Miet- und Pachtzinsen, die der Betrieb für die Benutzung von beweglichen Wirtschaftsgütern zahlt, wenn die Mieten oder Pachten nicht auch beim Vermieter oder Verpächter selbst der Gewerbesteuer unterworfen werden.[35] Ist Gegenstand der Verpachtung ein Betrieb oder Teilbetrieb, so erfolgt die Hinzurechnung, wenn die Pachtzinsen 125.000,00 EUR übersteigen, selbst dann, wenn sie beim Verpächter dem Gewerbeertrag unterworfen werden.[36]
- Der Anteil am Verlust aus der Beteiligung an einer anderen Mitunternehmerschaft (z. B. OHG, KG).[37] Dieser Verlust unterliegt auf der Ebene der Mitunternehmerschaft der Gewerbesteuer und wird dort im Wege des gewerbesteuerlichen Verlustvortrags berücksichtigt.

Auch die Kürzungsvorschrift dient der Ermittlung eines objektiven Gewerbeertrages. Darüber hinaus soll sie eine Doppelbelastung mit Gewerbesteuer und Grundsteuer vermeiden oder aber bspw. auch, dass derselbe Gewerbeertrag doppelt (nämlich bei zwei unterschiedlichen Unternehmen) der Gewerbesteuer unterworfen wird (bspw., weil beim anderen Unternehmen eine Hinzurechnung nach § 8 GewStG erfolgte). In der Praxis häufig relevante Fälle sind:

[29] § 7 Satz 1 GewStG

[30] § 8 GewStG

[31] § 9 GewStG

[32] Güroff in Glanegger/Düroff, GewStG, 5. Aufl., 2002, § 8, Rz. 1

[33] § 8 Nr. 1 GewStG

[34] § 8 Nr. 3 GewStG

[35] § 8 Nr. 7 Satz 1 GewStG

[36] § 8 Nr. 7 Satz 2 GewStG

[37] § 8 Nr. 8 GewStG

- Kürzung um 1,2 vom Hundert des Einheitswertes des zum Betriebsvermögen gehörenden Grundbesitzes.[38] Die Kürzung soll die doppelte Belastung mit Grund- und Gewerbesteuer vermeiden.
- Kürzung um den Anteil des Gewerbeertrages, der bei ausschließlich eigenen Grund- und Kapitalvermögen verwaltenden Unternehmen auf diese Tätigkeit entfällt (so genannte erweiterte Kürzung).[39] Durch diese Regelung sollen insbesondere Vermögen verwaltende Unternehmen, deren Einkünfte bspw. nur kraft Rechtsform (GmbH, GmbH & Co. KG) gewerblich sind, anderen Unternehmen gleichgestellt werden, bei denen diese Einkünfte nicht der Gewerbesteuer unterliegen.
- Die Gewinnanteile aus Mitunternehmerschaften, an denen eine Beteiligung besteht.[40] Diese Gewinne unterliegen bereits auf der Ebene der Mitunternehmerschaft der Gewerbesteuer.
- Die im Gewerbeertrag des Vermieters oder Verpächters enthaltenen Miet- und Pachteinnahmen, soweit sie beim Mieter oder Pächter gem. § 8 GewStG hinzugerechnet werden.[41] Hierdurch wird die doppelte Besteuerung beim Mieter und beim Vermieter bzw. beim Pächter und beim Verpächter vermieden.

## 9.4 Die Ertragsbesteuerung der einzelnen Rechtsformen

### 9.4.1 Das Einzelunternehmen

Die Rechtsform des Einzelunternehmens für die Tätigkeit eines Bauunternehmers hat aufgrund der unbeschränkten Haftung des Inhabers sicherlich in der Praxis einen enormen Rückgang erfahren. Sie tritt daher häufiger in der Funktion eines Besitzunternehmens in Erscheinung, bei dem sich die Gewerblichkeit der Einkünfte aus dem Rechtsinstitut der steuerlichen Betriebsaufspaltung ergibt (siehe unten). Sowohl das gewerblich geprägte Besitzunternehmen als auch das als Bauunternehmen noch originär gewerbliche Einzelunternehmen werden jedoch steuerlich gleich behandelt.

Das Unternehmen erzielt gewerbliche Einkünfte gem. § 15 Abs. 1 Nr. 1 EStG. Die Gewinnermittlung erfolgt durch Betriebsvermögensvergleich unter Befolgung der handelsrechtlichen Vorschriften (§§ 4, 5 EStG). Steuersubjekt bei der Einkommensteuer ist der Einzelunternehmer als natürliche Person (§ 1 Abs. 1 EStG). Der nach den Vorschriften des Handelsgesetzbuches und des Einkommensteuergesetzes ermittelte Gewinn wird der Besteuerung zugrunde gelegt und in der Anlage GSE erklärt.

Das Einzelunternehmen als Gewerbebetrieb (Objekt) ist Steuersubjekt (Gegenstand) der Gewerbesteuer (§ 2 Abs. 1 GewStG). Der nach Maßgabe des Gewerbesteuergesetzes ermittelte und ggf. vom einkommensteuerlichen Gewinn abweichende Gewerbeertrag ist die Grundlage für die Ermittlung der Gewerbesteuer. Da diese abhängig vom jeweiligen Hebesatz der Gemeinden unterschiedlich hoch ist, setzt das Finanzamt lediglich den so genannten Steuermessbetrag fest, der sodann von der Gemeinde mit ihrem Hebesatz multipliziert wird.

---

[38] § 9 Nr. 1 Satz 1 GewStG

[39] § 9 Nr. 1 Satz 2 GewStG

[40] § 9 Nr. 2 GewStG

[41] § 9 Nr. 4 GewStG

Bei der Ermittlung des Steuermessbetrages werden Personenunternehmen in zweifacher Hinsicht entlastet. Zum einen wird ein Freibetrag in Höhe von 24.500,00 EUR abgezogen. Zum anderen wird der verbleibende Ertrag mit einer progressiven Steuermesszahl multipliziert (so genannte Staffelregelung). Bei Personenunternehmen beträgt die Steuermesszahl für die ersten 12.000,00 EUR eins vom Hundert, für die weiteren 12.000,00 EUR zwei vom Hundert usw. bis die für andere Rechtsformen von Anfang an geltende Steuermesszahl von fünf vom Hundert erreicht wird. Hierdurch ergibt sich bei Personenunternehmen im Ergebnis eine maximale Minderung des Ertrages um 48.500,00 EUR.

**Beispiel:**
Der Gewinn eines Einzelunternehmens beläuft sich vor Gewerbesteuer auf 100.000,00 EUR. Es sind keine Hinzurechnungen und Kürzungen nach dem Gewerbsteuergesetz vorzunehmen. Die Gewerbesteuermesszahl wird wie folgt ermittelt:

| | **EUR** | **EUR** |
|---|---|---|
| Vorläufiger Gewinn | 100.000,00 | |
| Abzüglich Freibetrag | ./. 24.500,00 | |
| Zwischensumme | 75.500,00 | |
| Steuermesszahl 1 % auf | 12.000,00 | 120,00 |
| Steuermesszahl 2 % auf | 12.000,00 | 240,00 |
| Steuermesszahl 3 % auf | 12.000,00 | 360,00 |
| Steuermesszahl 4 % auf | 12.000,00 | 480,00 |
| Steuermesszahl 5 % auf | 27.500,00 | 1.375,00 |
| Steuermesszahl gesamt | | 2.575,00 |

Diese Messzahl wird mit dem jeweiligen Hebesatz multipliziert. Bei einem Hebesatz von 400 % würde sich im Beispiel eine Gewerbesteuer von 10.300,00 EUR ergeben.

Allerdings gilt es noch zu berücksichtigen, dass die Gewerbesteuer selbst auch Betriebsausgabe ist und daher nicht nur die Einkommensteuer, sondern auch ihre eigene Bemessungsgrundlage mindert. Dem kann im Beispiel dadurch Rechnung getragen werden, dass die vorläufig ermittelte Gewerbesteuer durch 1,200 geteilt wird. Bei einem Hebesatz von 350 % würde der Divisor 1,175 betragen. Die Zahl nach dem Komma entspricht also stets dem halben Hebesatz. Die endgültige Gewerbesteuer würde daher 8.580,00 EUR betragen.

**Fortführung des obigen Beispiels:**

| | | |
|---|---|---|
| Steuermesszahl 1 % auf | 12.000,00 | 120,00 |
| Steuermesszahl 2 % auf | 12.000,00 | 240,00 |
| Steuermesszahl 3 % auf | 12.000,00 | 360,00 |
| Steuermesszahl 4 % auf | 12.000,00 | 480,00 |
| Steuermesszahl 5 % auf 27.500,00 ./. 8.583,00 | 18.917,00 | 945,00 |
| Steuermesszahl gesamt | | 2.145,00 |
| x Hebesatz 400 % | | 8.580,00 |

Die auf diese Weise ermittelte Gewerbesteuer wird bei der vom Steuerpflichtigen durchzuführenden Gewinnermittlung als Betriebsausgabe angesetzt. Im obigen Beispiel würde der Gewinn des Unternehmens für die Besteuerung nach dem Ertrag (ESt, GewSt) 91.420,00 EUR betragen.

Eine weitere Besonderheit bei Personenunternehmen und auch bei Einzelunternehmen besteht darin, dass die Gewerbesteuer pauschal auf die Einkommensteuer angerechnet wird. Durch die Berücksichtigung der Gewerbesteuer einerseits und ihre pauschalierte Anrechnung andererseits soll die Belastung von gewerblichen Unternehmen durch die Gewerbesteuer weitestgehend neutralisiert werden. Gem. § 35 Abs. 1 Nr. 1 EStG ermäßigt sich die Einkommensteuer um das 1,8-fache des Gewerbesteuermessbetrages. Im Beispiel würde die Steuerermäßigung somit grundsätzlich 3.861,00 EUR (= 2.145,00 EUR x 1,8) betragen.

Dabei ist jedoch zu beachten, dass die Steuerermäßigung auf den Teil der Einkommensteuer beschränkt ist, der auf die gewerblichen Einkünfte entfällt. Hätte das Unternehmen im Beispiel negative gewerbliche Einkünfte (bspw. aus der Beteiligung an einer Personengesellschaft) in Höhe des Gewinns aus seinem Einzelunternehmen, wäre die Summe der gewerblichen Einkünfte Null. Eine Anrechnung der Gewerbesteuer, die auf sein Einzelunternehmen erhoben wird, könnte nicht erfolgen.

Welche tatsächliche Entlastung durch den Abzug der Gewerbesteuer und ihrer pauschalen Anrechnung auf die Einkommensteuer eintritt, hängt vom persönlichen Steuersatz des Steuerpflichtigen und der Höhe des Hebesatzes ab, wie nachstehende Tabelle unter Fortführung des Beispiels zeigt:

| **Hebesatz** | **300 %** | | **400 %** | |
|---|---|---|---|---|
| Einkommensteuersatz | 35 % | 45 % | 35 % | 45 % |
| Gewerbesteuer in EUR | 6.717,00 | 6.717,00 | 8.580,00 | 8.580,00 |
| ESt-Minderung durch BA in EUR | 2.351,00 | 3.023,00 | 3.003,00 | 3.861,00 |
| Anrechnungsbetrag in EUR | 4.030,00 | 4.030,00 | 3.861,00 | 3.861,00 |
| Entlastung insgesamt in EUR | 6.381,00 | 7.053,00 | 6.864,00 | 7.722,00 |

Bei niedrigem Hebesatz und hohem Einkommensteuersatz ergibt sich die höchste Entlastung, die sogar die Höhe der tatsächlichen Gewerbesteuer überschreiten kann. Eine Deckelung der Entlastung in Höhe der tatsächlichen Gewerbesteuerbelastung ist absichtlich nicht vorgesehen. Vielmehr soll dieser Effekt der Förderung strukturschwacher Gebiete dienen.

### 9.4.2 Personengesellschaften

Steuersubjekt bei der Einkommensteuer ist nicht die Personengesellschaft als solche. Vielmehr erfolgt (mit Ausnahme der Gewerbesteuer) die Besteuerung auf der Ebene der Gesellschafter. In verfahrensrechtlicher Hinsicht wird der Gewinn im Rahmen der so genannten einheitlichen und gesonderten Gewinnfeststellung ermittelt.[42] Dabei wird außerhalb der Veranlagung der beteiligten Gesellschafter in einem gesonderten Verfahren der Gewinn der Personengesellschafter einheitlich und bindend für die Gesellschafter festgestellt und sodann auf diese verteilt.

Ungeachtet ihrer Rechtsform (OHG, KG, GmbH & Co. KG) erzielen Personengesellschaften, die eine Tätigkeit als Bauunternehmen ausüben, aufgrund dieser Tätigkeit originär gewerbliche Einkünfte. Ein Bauunternehmen in der Rechtsform der Gesellschaft bürgerlichen Rechts ist daher in der Regel nicht möglich, da die Gesellschaft aufgrund ihrer gewerblichen Tätigkeit

[42] § 180 Abs. 1 Nr. 2a AO

handelsrechtlich als offene Handelsgesellschaft (OHG) zu qualifizieren wäre. Es handelt sich daher stets um Personenhandelsgesellschaften im Sinne des Handelsgesetzbuches.

Der Einkommensteuer unterliegt jedoch nicht der Gewinn, den die Gesellschaft erzielt, sondern der Gewinnanteil, der auf den einzelnen Gesellschafter entfällt (§ 15 Abs. 1 Nr. 2 EStG). Die Besteuerung als gewerbliche Einkünfte beschränkt sich aber nicht nur auf diesen Gewinnanteil. Darüber hinaus werden Vergütungen, die der Gesellschafter von der Gesellschaft für die Überlassung von Wirtschaftsgütern oder Darlehen sowie für eine Tätigkeit für die Gesellschaft erhält, dem Gewinnanteil hinzugerechnet. Dabei handelt es sich um so genannte Sonderbetriebseinnahmen. Aufwendungen des Gesellschafters, die im Zusammenhang mit derartigen Einnahmen bzw. der Gesellschaft überlassenen Wirtschaftsgütern stehen, können als Sonderbetriebsausgaben abgezogen werden.

Der Gesellschaft überlassene Wirtschaftsgüter werden Sonderbetriebsvermögen der Gesellschaft. Zivilrechtlich sind sie Eigentum des Gesellschafters. Diese Wirtschaftsgüter werden aber steuerlich dem Betriebsvermögen der Gesellschaft zugerechnet. Damit sind etwaige stille Reserven, die in der Zeit der Zugehörigkeit des Wirtschaftsgutes zum Sonderbetriebsvermögen gebildet werden, im Zeitpunkt der Beendigung dieser Zugehörigkeit zu versteuern. Dies gilt nicht nur bei einer entgeltlichen, sondern auch bei einer unentgeltlichen Überlassung der Wirtschaftsgüter. Maßgeblich ist nur, dass sie dem Betrieb der Gesellschaft dienen. In der Praxis wird durchaus nicht selten unbeabsichtigt Sonderbetriebsvermögen gebildet, was sich dann bspw. erst im Rahmen einer Betriebsprüfung herausstellt.

**Beispiel:**
Bei dem oben aufgeführten Bauunternehmen handelt es sich nicht um ein Einzelunternehmen, sondern um eine Kommanditgesellschaft an der A als Komplementär und B als Kommanditist mit jeweils 50 % beteiligt sind. A erhält für seine Geschäftsführertätigkeit ein gewinnunabhängiges Gehalt von 120.000,00 EUR. B hat der Gesellschaft ein Gebäude zur Nutzung überlassen und erhält dafür jährlich 65.000,00 EUR. Diese Ausgaben wurden bei der Ermittlung des Gewinns von 100.000,00 EUR als Betriebsausgabe berücksichtigt. B kann für das Gebäude jährlich 5.000 EUR Abschreibungen geltend machen.
Zur Ermittlung des steuerlichen Gewinns der Gesellschaft werden dem handelsrechtlichen Ergebnis das Gehalt des A und die von B erzielte Miete hinzugerechnet und die von B vorzunehmende Abschreibung abgezogen. Der steuerliche Gewinn vor Gewerbesteuer beträgt daher 280.000,00 EUR (= 100.000,00 EUR + 120.000,00 EUR + 65.000,00 EUR ./. 5.000,00 EUR). Dieser Gewinn ist auch für die Ermittlung der Gewerbesteuer zugrunde zu legen:

| | EUR | EUR |
|---|---|---|
| Vorläufiger Gewinn | 280.000,00 | |
| Abzüglich Freibetrag | ./. 24.500,00 | |
| Zwischensumme | 255.500,00 | |
| Steuermesszahl 1 % auf | 12.000,00 | 120,00 |
| Steuermesszahl 2 % auf | 12.000,00 | 240,00 |
| Steuermesszahl 3 % auf | 12.000,00 | 360,00 |
| Steuermesszahl 4 % auf | 12.000,00 | 480,00 |
| Steuermesszahl 5 % auf | 207.500,00 | 10.375,00 |
| Steuermesszahl gesamt | | 11.575,00 |

Die Gewerbesteuer der Gesellschaft beträgt daher 34.478,0 EUR (= 11.575,00 EUR x 350 %: 1,175). Damit ergibt sich ein einkommensteuerlicher Gewinn der Gesellschaft von 245.522,00 EUR (= 280.000,00 EUR./. 34.478,00 EUR). Dieser Gewinn wird wie folgt auf die Gesellschafter verteilt:

| | EUR | A<br>EUR | B<br>EUR |
|---|---|---|---|
| Gewinn | 245.522,00 | | |
| Gehalt A | ./. 120.000,00 | 120.000,00 | |
| Miete B | ./. 65.000,00 | | 65.000,00 |
| AfA B | 5.000,00 | | ./. 5.000,00 |
| Rest 50:50 | 65.522,00 | 32.761,00 | 32.761,00 |
| Gewinnanteil | | 152.761,00 | 92.761,00 |

Würde B das Mietverhältnis mit der Gesellschaft beenden und/oder aus der Gesellschaft ausscheiden, hätte dies das Ende der Zugehörigkeit des Grundstücks zum Sonderbetriebsvermögen zur Folge. Das Grundstück würde zum steuerlichen Privatvermögen, also aus dem Sonderbetriebsvermögen entnommen. Etwaige in der Zeit der Überlassung (bspw. durch Abschreibungen) gebildete stille Reserven müssten versteuert werden. In diesem Besteuerungsrisiko liegt die besondere Gefahr des Sonderbetriebsvermögens.

Der auf den einzelnen Gesellschafter entfallende Gewinn ist von diesem unabhängig davon zu versteuern, ob der Gewinnanteil aus der Gesellschaft entnommen wird oder dort verbleibt. Darin liegt – neben der steuerlichen Hinzurechnung der Leistungen der Gesellschaft an die Gesellschafter – ein weiterer erheblicher Unterschied zu den Kapitalgesellschaften.

Da die Kommanditgesellschaft ein Personenunternehmen ist, kommt auch hier § 35 EStG zur Anwendung. Allerdings findet die pauschalierte Gewerbesteueranrechnung auf der Ebene der Gesellschafter statt. Entsprechend dem Verfahren bei der Gewinnermittlung wird auch der Gewerbesteuer-Messbetrag sowie der auf den einzelnen Gesellschafter entfallende Anteil gesondert und einheitlich festgestellt.[43] Dabei sieht die gesetzliche Regelung ausdrücklich vor, dass für den Anteil des jeweiligen Gesellschafters der allgemeine Gewinnverteilungsschlüssel ohne Berücksichtigung von Vorabgewinnen maßgeblich ist.[44] Zum Vorabgewinn im Sinne dieser Regelung werden auch die Sonderbetriebseinnahmen der Gesellschafter gezählt.[45]

Vorliegend ergibt sich hieraus eine Diskrepanz zwischen steuerlichem Gewinnanteil des jeweiligen Gesellschafters und seinem Anteil am Gewerbesteueranrechnungspotential. Obwohl die Gesellschafter unter Berücksichtigung ihrer Sonderbetriebseinnahmen im Verhältnis 62:38 am steuerlichen Gewinn der Gesellschaft beteiligt sind, werden die Gesellschafter zu gleichen Teilen durch Anrechnung von Gewerbesteuer entlastet. Dadurch resultiert im Ergebnis eine bei im Übrigen gleichartigen steuerlichen Verhältnissen der Gesellschafter unterschiedliche Einkommensteuerbelastung derselben.

Bei einem angenommenen Einkommensteuersatz von A und B im obigen Beispiel von 45 % ergeben sich folgende Auswirkungen:
Das Gewerbesteueranrechnungsvolumen beträgt rd. 9.850,00 EUR (=11.575,00 EUR: 1,175). Darauf entfallen je 4.925,00 EUR auf A und B.

---

[43] § 35 Abs. 3 Satz 1 EStG

[44] § 35 Abs. 3 Satz 2 EStG

[45] BMF vom 15.05.2002, BStBl. I 2002, S. 533, Rz. 21

| | A<br>EUR | B<br>EUR |
|---|---|---|
| Gewinnanteil | 152.761,00 | 92.761,00 |
| Einkommensteuer 45 % | 68.742,00 | 41.742,00 |
| Gewerbesteueranrechnung | ./. 9.850,00 | ./. 9.850,00 |
| Verbleibende Einkommensteuer | 58.892,00 | 31.892,00 |
| Steuersatz nach Anrechnung | 38,55 % | 34.38 % |

Bei Gesellschaftern, die nur beschränkt für die Verbindlichkeiten der Gesellschaft haften (Kommanditisten), bestehen für die Möglichkeit, mit Verlustanteilen aus der Gesellschaft andere, positive Einkünfte auszugleichen, Einschränkungen. Der einem Kommanditisten zuzurechnende Anteil am Verlust der Gesellschaft darf mit anderen Einkünften nicht ausgeglichen werden, soweit ein negatives Kapitalkonto des Gesellschafters entsteht oder sich erhöht.[46] Nicht ausgleichsfähige Verluste können nur mit künftigen Gewinnen aus der Gesellschaft verrechnet werden.[47] Durch diese Regelung soll das steuerliche Verlustausgleichspotential dem zivilrechtlichen Haftungsregime angeglichen werden.

Handelsrechtlich haftet der Kommanditist einer Kommanditgesellschaft nach seiner Eintragung in das Handelsregister[48] gegenüber den Gesellschaftsgläubigern unmittelbar nur noch in Höhe seiner Einlage.[49] Soweit er diese Einlage erbracht hat, ist diese Haftung des Kommanditisten ausgeschlossen.[50] Bis zu seiner Eintragung als Kommanditist in das Handelsregister haftet der Kommanditist jedoch für die vor seinem Beitritt und die in der Zeit zwischen seinem Beitritt und seiner Eintragung in das Handelsregister begründeten Verbindlichkeiten unbeschränkt.[51]

**Beispiel:**
A hat sich am 02.01.2002 an der B Bau-KG als Kommanditist beteiligt. Ende Januar nahm die KG bei ihrer Hausbank ein Darlehn in Höhe von 100.000,00 EUR auf. A wurde am 02.02.02 mit einer Haftsumme von 50.000,00 EUR in das Handelsregister eingetragen. Am 30.06.2002 leistet A seine Einlage in Höhe von 30.000,00 EUR in das Gesellschaftsvermögen.
Mit seiner Eintragung in das Handelsregister am 02.02.2002 wird die Haftung des A auf 50.000,00 EUR beschränkt. Ab dem 30.06.2002 besteht eine unmittelbare Haftung gegenüber Gesellschaftsgläubigern nur noch in Höhe von 20.000,00 EUR, da A durch die Einlage von 30.000,00 EUR einen Teil seines Haftungskapitals zur Verfügung gestellt hat. Die Haftungsbeschränkung gilt jedoch nicht gegenüber der Hausbank der KG in Bezug auf das im Januar gewährte Darlehen. Für die Rückzahlung und die bis 02.02.2002 entstandenen Zinsansprüche haftet A auch mit seinem Privatvermögen.

Das bis zur Eintragung des Kommanditisten in das Handelsregister bestehende Haftungsrisiko wird in der Praxis dadurch ausgeschlossen, dass der Kommanditist seinen Beitritt zur Gesellschaft aufschiebend bedingt durch seine Eintragung in das Handelsregister erklärt. Damit fallen die Zeitpunkte des Beitritts und der Haftungsbeschränkung zusammen. Freilich ist dies

[46] § 15a Abs. 1 Satz 1 EStG
[47] § 15a Abs. 2 EStG
[48] § 172 Abs. 1 HGB
[49] § 171 Abs. 1 HGB
[50] § 171 Abs. 1 HGB, 2. Halbs.
[51] § 173 Abs. 1 bzw. § 176 Abs. 2 i. V. m. Abs. 1 HGB

nur im Zusammenhang mit dem Beitritt in eine bestehende Kommanditgesellschaft möglich. Wird die Gesellschaft durch die Eintragung in das Handelsregister erst gegründet, ist ein aufschiebend bedingter Beitritt des Kommanditisten nicht möglich.

Auch im Innenverhältnis (also unter den Gesellschaftern bzw. zwischen Gesellschaft und Kommanditist) ist die Haftung des Kommanditisten beschränkt auf die im Gesellschaftsvertrag vereinbarte Pflichteinlage, die höher sein kann, als die in das Handelsregister einzutragende Haftsumme. Sowohl im Innenverhältnis als auch im Verhältnis gegenüber Gläubigern der Gesellschaft lebt die Haftung des Kommanditisten jedoch wieder auf, soweit er durch Entnahmen seine Pflichteinlage zurück erhält.

Der Kommanditist ist jedoch nicht verpflichtet, Verluste der Gesellschaft über seine Pflichteinlage hinaus auszugleichen. Dies gilt auch, wenn er ihm zustehende Gewinne entnommen hat, da keine Verpflichtung zu deren Rückgewähr besteht.[52] Dagegen können auf dem Kapitalkonto stehen gelassene Gewinnanteile durch spätere Verluste aufgezehrt werden.[53] Soweit das Kapitalkonto des Kommanditisten durch Verlustzuweisungen auf einen Betrag unter seiner Pflichteinlage herabgemindert worden ist, hat er keinen Anspruch auf Entnahme eines Gewinnanteils. Dasselbe gilt, wenn sein Kapitalkonto durch die Entnahme auf einen derartigen Betrag herabgemindert werden würde.[54]

**Fortführung des obigen Beispiels:**
Die B Bau KG, an der sich A beteiligt hat, weist ihm für 2002 einen Gewinnanteil von 30.000.00 EUR zu, den A stehen lässt. In 2003 beträgt der Anteil des A an einem Verlust der Gesellschaft 70.000,00 EUR. In 2004 hat er einen Gewinnanteil von 40.000,00 EUR.
In 2002 könnte A nur 10.000,00 EUR des Gewinnanteils entnehmen, da sein Kapitalkonto bei einer höheren Entnahme einen Stand unter seiner Pflichteinlage erreichen würde. Durch das Stehen lassen seines Gewinnanteils tritt der Ausschluss der Haftung des A gegenüber den Gesellschaftsgläubigern in vollem Umfang ein, da das Stehen lassen auf dem Kapitalkonto der Erbringung der Einlage gleichsteht.[55]
Durch den Verlust in Höhe von 70.000,00 EUR erreicht das Kapitalkonto des A (Stand zum 31.12.2002: 30.000,00 EUR + 30.000,00 EUR = 60.000,00 EUR) einen Stand von -10.000,00 EUR und damit unter der Pflichteinlage von 50.000,00 EUR. Der Gewinn in 2004 ist nicht entnahmefähig, da das Kapitalkonto (-10.000,00 EUR + 40.000,00 EUR = 30.000,00 EUR) den Betrag der Pflichteinlage noch nicht erreicht hat

Diesem Haftungsregime des Kommanditisten wurde die steuerliche Möglichkeit der Verrechnung von Verlusten nachgebildet. Dabei wird jedoch auf das Entstehen bzw. Sicherhöhen eines negativen Kapitalkontos abgestellt, da der Kommanditist in Höhe seiner Pflichteinlage tatsächlich einen vermögensmäßigen Verlust erleiden kann. Dagegen ist dies bei negativem Kapitalkonto in der Regel nicht der Fall, da eine Ausgleichsverpflichtung beim Ausscheiden des Kommanditisten nicht besteht. Die Vermögenseinbuße tritt erst dann ein, wenn Gewinne zum Ausgleich eines negativen Kapitalkontos verwendet werden müssen.

**Beispiel:**
A kann im obigen Beispiel den Verlust nur in Höhe von 60.000,00 EUR mit anderen Einkünften ausgleichen, da sein Kapitalkonto in Höhe von 10.000,00 EUR negativ wurde. Von seinem Ge-

[52] § 169 Abs. 2 HGB
[53] § 167 Abs. 3 HGB
[54] § 169 Abs. 1 HGB
[55] Münchener Handbuch des Gesellschaftsrechts KG, Neubauer, § 30 Rz. 26 mwN.

winnanteil in 04 muss A 30.000,00 EUR versteuern. Die restlichen 10.000,00 EUR kann er mit seinem nicht ausgleichsfähigen Verlust aus 03 verrechnen.

Die Verlustabzugsbeschränkung in 02 hätte A vermeiden können, wenn er vor dem Bilanzstichtag für 02 eine Einlage in Höhe von 10.000,00 EUR geleistet hätte oder im Handelsregister vor diesem Zeitpunkt die Erhöhung der Haftsumme auf 60.000,00 EUR eingetragen worden wäre. Im ersteren Fall wäre durch die Verlustzuweisung kein negatives Kapitalkonto entstanden. In Falle der Erhöhung der Haftsumme ergibt sich die Möglichkeit zum Verlustausgleich durch die aus der Erhöhung der Haftsumme resultierende unmittelbare Haftung gegenüber den Gläubigern der Kommanditgesellschaft in Höhe von 10.000,00 EUR.[56]

Ein besonderes Problem ergibt sich, wenn ein Verlustanteil des Kommanditisten mit negativem Kapitalkonto mit Sonderbetriebseinnahmen zusammentrifft.

**Beispiel:**
Der Kommanditist vermietet an die Kommanditgesellschaft, an der er zu 50 % beteiligt ist, ein Grundstück für jährlich 60.000,00 EUR. Die KG erwirtschaftet unter Berücksichtigung der Grundstücksmiete einen Verlust von 150.000,00 EUR. Das Kapitalkonto des A ist negativ.
Das steuerliche Ergebnis der KG beträgt -90.000,00 EUR, da es nicht durch Aufwendungen, die Sonderbetriebseinnahmen sind, gemindert wird. Auf A entfällt ein Anteil von -75.000,00 EUR (50 % von -150.000,00 EUR) und von 60.000,00 EUR (Sonderbetriebseinnahmen). Obwohl der gesamte Anteil -15.000,00 EUR beträgt, hat A die Sonderbetriebseinnahmen zu versteuern, wogegen der Anteil am gesamthänderischen Verlust der KG aufgrund des negativen Kapitalkontos nur mit künftigen (gesamthänderischen) Gewinnanteilen verrechnet werden kann. Eine Saldierung von Sonderbetriebseinnahmen mit Verlustanteilen aus der Gesellschaft ist nicht möglich.[57]

Umgekehrt hat dieses Saldierungsverbot allerdings auch zur Folge, dass Sonderbetriebsausgaben (z. B. Finanzierungskosten des Kommanditisten im Zusammenhang mit einem der Gesellschaft überlassenen Gebäude) auch dann abzugsfähig sind, wenn das Kapitalkonto des Kommanditisten negativ ist.

### 9.4.3 Kapitalgesellschaften

Kapitalgesellschaften sind als juristische Personen in vollem Umfang rechtsfähig (§ 13 Abs. 1 GmbHG, § 1 Abs. 1 AktG). In steuerlicher Hinsicht wird daher auch zwischen den Ebenen der Gesellschaft und der Gesellschafter getrennt. Die Gesellschaft ist mit ihrem Einkommen körperschafts- und gewerbesteuerpflichtig (§ 1 Abs. 1 Nr. 1 KStG, § 2 GewSt), wogegen die Gesellschafter mit ihren Gewinnausschüttungen als natürliche Personen Einkünfte aus Kapitalvermögen erzielen, die als solche der Einkommensteuer unterliegen (§ 20 Abs. 1 Nr. 1 EStG). Kapitalgesellschaften erzielen kraft ihrer Rechtsform gewerbliche Einkünfte, zu denen, wenn sie Anteile an anderen Kapitalgesellschaften halten, auch die Gewinnausschüttungen aus diesen Gesellschaften zählen. Auf der Ebene der Gesellschafter werden die Gewinnanteile jedoch erst dann der Besteuerung unterworfen, wenn sie tatsächlich an die Gesellschafter ausgekehrt werden.

Im Gegensatz zu Personenunternehmen, bei denen Vergütungen an die Gesellschafter dem Gewinnanteil des Gesellschafters zugerechnet werden, wird der Leistungsaustausch zwischen einer Kapitalgesellschaft und ihrem Gesellschafter steuerlich anerkannt. Leistungen der Gesell-

[56] Die Haftung gegenüber den Gesellschaftsgläubigern ergibt sich aus § 171 Abs. 1 HGB.

[57] BFH VIII R 78/97, BStBl. II 99, 163; BFH VIII R 29/98, BStBl. II 99, 592

schaft an ihren Gesellschafter aufgrund einer schuldrechtlichen Vereinbarung (z. B. Anstellungs-, Miet-, Darlehensvertrag) mindern daher grundsätzlich den Gewinn der Gesellschaft und sind beim Gesellschafter grundsätzlich im Rahmen der jeweiligen Einkunftsart (z. B. aus nichtselbständiger Arbeit, aus Vermietung und Verpachtung, aus Kapitalvermögen) zu versteuern.

### *9.4.3.1 Die Besteuerung der Gesellschaft*

Bei Kapitalgesellschaften wird der Gewinn (richtigerweise das zu versteuernde Einkommen § 7 Abs. 1 KStG) ebenfalls nach den Vorschriften des Einkommensteuergesetzes (§ 8 Abs. 1 Satz 1 KStG) und damit über das Maßgeblichkeitsprinzip (§ 5 Abs. 1 EStG) auf der Grundlage der handelsrechtlichen Rechnungslegung ermittelt. Die Ausführungen zu den steuerlichen Abweichungen vom handelsrechtlichen Ergebnis gelten daher auch für diese Rechtsform.

Handelsrechtlich stellt jedoch nicht nur die Gewerbesteuer, sondern auch die Körperschaftsteuer sowie der Solidaritätszuschlag Aufwand dar, der das Ergebnis der Gesellschaft mindert (§ 275 Abs. 2 Nr. 18 bzw. Abs. 3 Nr. 17 HGB). Dies ist in steuerlicher Hinsicht nicht der Fall, da die Körperschaftsteuer und der Solidaritätszuschlag zu den nicht abzugsfähigen Ausgaben (§ 10 Nr. 2 KStG) gehören.

Bei der Gewerbesteuer wird im Gegensatz zu Personenunternehmen (Einzelunternehmen, Personengesellschaften) weder ein Freibetrag gewährt noch kommt die Regelung über die Staffelung der Steuermesszahl zur Anwendung. Diese beträgt von Anfang an 5 v.H.[58]

Eine wichtige Regelung, aus der sich weitere Abweichungen von der Gewinnermittlung bei Personenunternehmen ergeben können, stellt § 8 Abs. 3 Satz 2 KStG dar. Danach mindern verdeckte Gewinnausschüttungen das Einkommen der Gesellschaft nicht. Das Gesetz enthält keine Definition der verdeckten Gewinnausschüttung. Der Begriff wird vielmehr in den Verwaltungsanweisungen definiert.[59]

Danach ist eine verdeckte Gewinnausschüttung „eine Vermögensminderung oder verhinderte Vermögensmehrung, die durch das Gesellschaftsverhältnis veranlasst ist, sich auf die Höhe des Einkommens auswirkt und nicht auf einem den gesellschaftsrechtlichen Vorschriften entsprechenden Gewinnverteilungsbeschluss beruht." Eine Veranlassung durch das Gesellschaftsverhältnis liegt nach den Richtlinien dann vor, „wenn ein ordentlicher und gewissenhafter Geschäftsleiter die Vermögensminderung oder verhinderte Vermögensmehrung gegenüber einer Person, die nicht Gesellschafter ist, unter sonst gleichen Umständen nicht hingenommen hätte."[60]

Die Kasuistik zur verdeckten Gewinnausschüttung ist mittlerweile unerschöpflich. Daher kann es im Folgenden nur darum gehen, zum einen die Wirkungsweise dieser Qualifizierung und zum anderen die wichtigsten Fälle darzustellen.

Die Ausgangssituation ist in der Regel stets dieselbe. Die Gesellschaft macht Aufwand geltend (Vermögensminderung), der ihren Gewinn und damit die Bemessungsgrundlage für die Gewerbesteuer und die Körperschaftsteuer mindern soll. Derselbe Effekt wird erreicht, wenn ein Sachverhalt zu einem zu niedrigen Ertrag führt (verhinderte Vermögensmehrung).

---

[58] § 11 Abs. 2 Nr. 2 GewStG

[59] A 36 Abs. 1 Satz 1 KStR

[60] H 36 Abs. 3 KStR „Allgemeines"

**Beispiele:**
Eine GmbH zahlt ihrem Gesellschafter eine überhöhte Miete für die Überlassung eines Grundstücks. Dadurch tritt eine höhere Vermögensminderung bei der Gesellschaft ein, als dies bei der Vereinbarung einer angemessenen Miete der Fall wäre mit der Folge, dass die Bemessungsgrundlage für die Gewerbesteuer und für die Körperschaftsteuer sinkt. Für die Qualifizierung als verdeckte Gewinnausschüttung ist es unmaßgeblich, dass der Gesellschafter seine Mieteinnahmen der Einkommensteuer unterwerfen muss, die sich durch die unangemessene Höhe der Miete ebenfalls erhöht.
Eine GmbH verkauft einem Gesellschafter ein Fahrzeug zu einem unangemessen niedrigen Preis. Durch die niedrigere Einnahme wird eine höhere Vermögensmehrung bei der Gesellschaft verhindert und die Bemessungsgrundlage für Gewerbe- und Körperschaftsteuer ebenfalls reduziert.

Besonders problematisch für die Gesellschafter einer GmbH sind die Fälle, in denen schon aus formalen Gründen von einer verdeckten Gewinnausschüttung ausgegangen wird. Denn dann erfolgt die Umqualifizierung auch dann, wenn die zugrunde liegende Vereinbarung der Höhe nach nicht angegriffen werden könnte. In besonderer Weise betrifft diese Problematik so genannte beherrschende Gesellschafter. Darunter sind solche Gesellschafter, die aufgrund ihrer Stimmrechte in der Lage sind, ihren Willen in der Gesellschaft durchzusetzen. Beherrschende Gesellschafter laufen auch bei angemessenen Vereinbarungen Gefahr der Qualifizierung als verdeckte Gewinnausschüttung, wenn nicht zivilrechtlich wirksam, klar und im Voraus geregelt worden ist, ob und in welcher Höhe ein Entgelt für eine Leistung des Gesellschafters zu zahlen ist. Ebenso schädlich für die Anerkennung des Entgelts ist, wenn nicht einer vorhandenen klaren und wirksamen Vereinbarung entsprechend verfahren wird.[61]

**Beispiele:**
Der Alleingesellschafter und Geschäftsführer einer GmbH schließt zwischen sich und der GmbH einen Mietvertrag mit einer monatlichen Miete von 1.000,00 EUR ab. Im Gesellschaftsvertrag fehlt eine Regelung, wonach er von den Beschränkungen des § 181 BGB (Insich-Geschäft) befreit werden kann. Der Mietvertrag ist zivilrechtlich unwirksam, weswegen die Mietzahlungen auch dann als verdeckte Gewinnausschüttungen qualifiziert werden, wenn die Miete der Höhe nach angemessen ist.
Aufgrund guter Ertragslage vereinbart der Alleingesellschafter und Geschäftsführer im Dezember, dass er für das laufende Wirtschaftsjahr eine gewinnabhängige Tantieme von 20 % erhalten soll. Die Vereinbarung verstößt gegen das Rückwirkungsverbot, weshalb die Tantieme eine verdeckte Gewinnausschüttung darstellt.
Die zwischen dem beherrschenden Gesellschafter und der GmbH wirksam vereinbarte Miete wird je nach Ertragslage der Gesellschaft im Geschäftsjahr 2003 gezahlt (5.000,00 EUR) oder nicht gezahlt (7.000,00 EUR). Die gezahlten Mieten stellen eine verdeckte Gewinnausschüttung dar, da die zwar wirksam und im Vorhinein getroffene Vereinbarung nicht durchgängig durchgeführt worden ist. Außerdem ist der Mietaufwand auch insoweit rückgängig zu machen, als die Miete nicht gezahlt wurde. Das Ergebnis der GmbH erhöht sich um 12.000,00 EUR.

Soweit bei der Besteuerung von einer verdeckten Gewinnausschüttung ausgegangen wird, ist das Ergebnis der Gesellschaft außerbilanziell um die verdeckte Gewinnausschüttung zu erhöhen.

[61] A 31 Abs. 5 Satz 1 KStR

### *9.4.3.2 Besteuerung der Gesellschafter*

Mit den Gewinnausschüttungen (Dividenden) aus den Kapitalgesellschaften erzielen die Gesellschafter in der Regel Einkünfte aus Kapitalvermögen, sofern es sich bei ihnen um natürliche Personen handelt.[62] Dies gilt gleichermaßen für offene wie für verdeckte Gewinnausschüttungen. Voraussetzung für die Besteuerung ist jedoch der Zufluss der Gewinnausschüttung, weswegen nicht jede bei der Gesellschaft angenommene verdeckte Gewinnausschüttung beim Gesellschafter erfasst wird.

**Beispiel:**
Im obigen Beispiel mit den Mietzahlungen ist beim Gesellschafter lediglich ein Zufluss von 5.000,00 EUR, also in Höhe der tatsächlich gezahlten Mieten, als (verdeckte) Gewinnausschüttung zu erfassen, nicht dagegen aber die nicht gezahlten Mieten in Höhe von 7.000,00 EUR.

Seit der Einführung des so genannten Halbeinkünfteverfahrens sind Gewinnausschüttungen zur Hälfte steuerfrei.[63] Aufwendungen, die der Steuerpflichtige im Zusammenhang mit diesen Einnahmen hat (z. B. Finanzierungskosten für die Beteiligung) können im Gegenzug jedoch auch nur zur Hälfte als Werbungskosten geltend gemacht werden.[64]

**Beispiel:**
A erwirbt sämtliche Anteile an der Bau-GmbH für 500.000,00 EUR. Er muss den Kaufpreis zum Teil fremdfinanzieren. In 04 erhält er eine Dividende von 30.000,00 EUR. Die von ihm aufzubringenden Zinsen belaufen sich in 04 auf 20.000,00 EUR.
A hat nur die Hälfte der Dividende zu versteuern. Da die Zinsen zur Hälfte in Zusammenhang mit steuerfreien Einnahmen des A stehen, kann er auch nur die Hälfte der Zinsen als Werbungskosten bei den Einkünften aus Kapitalvermögen geltend machen (= 10.000,00 EUR). Der Überschuss der Einnahmen über die Werbungskosten beträgt 15.000,00 EUR.

Ist der Empfänger einer Gewinnausschüttung selbst eine Kapitalgesellschaft, ist die Gewinnausschüttung steuerfrei.[65] Allerdings gelten 5 % der Dividende als nicht abzugsfähige Betriebsausgabe.[66] Dafür gibt es keine Einschränkung beim Betriebsausgabenabzug.[67]

**Beispiel:**
Die A-GmbH erwirbt sämtliche Anteile an der Bau-GmbH für 500.000,00 EUR. Sie muss den Kaufpreis zum Teil finanzieren. In 04 erhält sie eine Dividende von 30.000,00 EUR. Die von ihr aufzubringenden Zinsen belaufen sich in 04 auf 20.000,00 EUR.
Die A-GmbH kann die Dividende als steuerfreie Einnahme verbuchen. Allerdings werden 1.500,00 EUR (= 5 %) als nicht abzugsfähige Betriebsausgabe dem Ergebnis der GmbH außerbilanziell hinzugerechnet. Die Zinsen kann die Gesellschaft in voller Höhe als Betriebsausgabe geltend machen.

---

[62] § 20 Abs. 1 Nr. 1 EStG
[63] § 3 Nr. 40d EStG
[64] § 3c Abs. 1 EStG
[65] § 8b Abs. 1 KStG
[66] § 8b Abs. 3 Satz 1 KStG
[67] Gem. § 8b Abs. 3 Satz 2 KStG ist § 3c EStG nicht anzuwenden.

## 9.4.4 Sonderformen

### *9.4.4.1 GmbH & Co. KG*

Die GmbH & Co. KG ist insoweit eine Sonderform der Kommanditgesellschaft, als die Funktion des persönlich haftenden Gesellschafters (Komplementär) durch eine GmbH wahrgenommen wird. Nachdem die Haftung der GmbH auf ihr Vermögen und das der Kommanditisten auf die in das Handelsregister eingetragene Haftungssumme beschränkt sind, lässt sich durch diese Sonderform eine Beschränkung des gesamten Haftungsrisikos auf das Vermögen der GmbH & Co. KG erreichen. Sie ist daher eine geeignete Alternative zur GmbH, wenn die Rechtsform als Personenunternehmen bspw. aus steuerlichen Gründen (Gewerbesteuer!) günstiger ist.

Wie die GmbH kann auch die GmbH & Co. KG gleichsam als „Einmann-Gesellschaft" gegründet werden. Dabei darf jedoch nicht verkannt werden, dass die KG durchaus zwei Gesellschafter, nämlich die GmbH als Komplementärin und deren Alleingesellschafter als Kommanditisten, hat.

**Beispiel:**
A gründet als Alleingesellschafter die A Verwaltungs- GmbH mit einem Stammkapital von 30.000,00 EUR. Sodann gründet er mit der GmbH eine Kommanditgesellschaft, die A GmbH & Co. KG. An dieser ist die GmbH als Komplementärin und er als Kommanditist mit einer Haftsumme von 5.000,00 EUR beteiligt.

In steuerlicher Hinsicht bestehen bei der GmbH & Co. KG einige Besonderheiten:

Die Gesellschaft erzielt als gewerblich geprägte Personengesellschaft ungeachtet ihrer tatsächlichen Tätigkeit ausschließlich gewerbliche Einkünfte.[68] Sie ist daher eine geeignete Rechtsform, wenn es gilt, die Überführung von Betriebsvermögen in Privatvermögen wegen Wegfalls der Gewerblichkeit der Tätigkeit eines Unternehmens aus anderen Gründen zu vermeiden.

Ist der Kommanditist gleichzeitig Gesellschafter der Komplementärgesellschaft (im Beispiel der A Verwaltungs- GmbH), gehören seine Anteile an der GmbH grundsätzlich zu seinem Sonderbetriebsvermögen bei der KG. Dies hat zur Folge, dass etwaige Gewinnausschüttungen aus der GmbH als Sonderbetriebseinnahmen zu den Einkünften des A aus der Kommanditgesellschaft gerechnet werden. Sie unterliegen gleichwohl dem Halbeinkünfteverfahren und sind daher zur Hälfte steuerfrei.

Die Geschäftsführung bei der GmbH & Co. KG obliegt der Komplementärgesellschaft, die hierbei von ihrem Geschäftsführer vertreten wird. Dieser führt also auch mittelbar die Geschäfte der GmbH & Co. KG. Ist der Geschäftsführer der GmbH gleichzeitig auch als Kommanditist an der GmbH & Co. KG beteiligt, so wird das Geschäftsführergehalt, das er aufgrund seiner Anstellung bei der GmbH erhält, seinen Sonderbetriebseinnahmen zugerechnet.[69]

In der Praxis ist die GmbH zumeist weder am Ergebnis noch am Vermögen der GmbH & Co. KG beteiligt. Sie erhält lediglich eine Haftungsprämie und ggf. – wenn sie ihr Stammkapital der KG darlehensweise zur Verfügung stellt – eine Verzinsung des Gesellschafterdarlehens. Außerdem erstattet die GmbH & Co. KG der GmbH die Kosten, welche dieser im Zusammenhang mit der Geschäftsführung erwachsen. All diese Leistungen der

---

[68] § 15 Abs. 3 Nr. 2 EStG

[69] Schmidt, EStG, 23. Aufl. 2004, § 15, Rz. 717

GmbH & Co. KG sind bei der GmbH Sonderbetriebseinnahmen und mindern den Gewinn der Kommanditgesellschaft nicht. Allerdings kann die GmbH ihrerseits das an den Geschäftsführer gezahlte Gehalt als Sonderbetriebsausgabe abziehen.

**Beispiel:**
An der A GmbH & Co. KG aus dem obigen Beispiel sind die GmbH mit 0 % und A mit 100 % beteiligt. Die A Verwaltungs- GmbH hat das von A im Zusammenhang mit ihrer Gründung einbezahlte Kapital in Höhe von 25.000,00 EUR der GmbH & Co. KG darlehensweise zur Verfügung gestellt. Gemäß dem Gesellschaftsvertrag der GmbH & Co. KG sind Gesellschafterdarlehen mit 6 % zu verzinsen. Ferner erhält die GmbH eine Haftungsvergütung von 5 % ihres Stammkapitals und die Kosten ersetzt, die ihr im Zusammenhang mit der Geschäftsführung erwachsen. A ist bei der GmbH angestellt. Das Geschäftsführergehalt von 10.000,00 EUR monatlich erhält er unmittelbar von der GmbH & Co. KG. Diese hat unter Berücksichtigung des Geschäftsführergehaltes, der Zinsen und der Haftungsvergütung in 03 einen Jahresüberschuss (vor Gewerbesteuer) von 60.000,00 EUR erzielt.
Der Jahresüberschuss der GmbH & Co. KG ist für steuerliche Zwecke um die Haftungsvergütung, die Zinsen und die Geschäftsführergehälter zu erhöhen. Alle drei Leistungen der GmbH & Co. KG sind bei der GmbH als Sonderbetriebseinnahmen zu erfassen. Dem steht nicht entgegen, dass das Gehalt von der KG an A und nicht an die GmbH gezahlt wurde. Es handelt sich bei dieser Verfahrensweise lediglich um eine Abkürzung des Zahlungsweges. Daher führt das Geschäftsführergehalt bei A ebenfalls zu Sonderbetriebseinnahmen. Die GmbH kann das an A gleichsam durchgeleitete Geschäftsführergehalt als Sonderbetriebsausgabe abziehen.

| | GmbH & Co. KG | GmbH | A | Gesamt |
|---|---|---|---|---|
| Jahresüberschuss | 60.000,00 EUR | | | 60.000,00 EUR |
| Zinsen Darlehen | | 1.500,00 EUR | | 1.500,00 EUR |
| Haftungsvergütung | | 1.250,00 EUR | | 1.250,00 EUR |
| Geschäftsführergehalt | | 120.000,00 EUR<br>-120.000,00 EUR | 120.000,00 EUR | 120.000,00 EUR |
| Summe | 60.000,00 EUR | 2.750,00 EUR | 120.000,00 EUR | 182.750,00 EUR |

Für die Ermittlung der Gewerbesteuer ist daher von einem Ergebnis vor Steuern von 182.750,00 EUR auszugehen. Bei einem Hebesatz von 400 % ergibt sich eine Gewerbesteuer von 22.375,00 EUR. Der endgültige Gewinn der Gesellschaft beträgt daher 160.375,00 EUR und wird wie folgt auf die Gesellschafter verteilt:

| | | GmbH | A |
|---|---|---|---|
| Gewinn | 160.375,00 EUR | | |
| Verzinsung Darlehen | - 1.500,00 EUR | 1.500,00 EUR | 0,00 EUR |
| Haftungsvergütung | - 1.250,00 EUR | 1.250,00 EUR | 0,00 EUR |
| Geschäftsführergehalt | - 120.000,00 EUR | 0,00 EUR | 120.000,00 EUR |
| Rest | - 37.625,00 EUR | 0,00 EUR | 37.625,00 EUR |
| Summe | 0,00 EUR | 2.750,00 EUR | 157.625,00 EUR |

Da A nach dem allgemeinen Gewinnverteilungsschlüssel der Gewinn in voller Höhe zusteht und insoweit die Sondervergütungen keine Berücksichtigung finden, wird die pauschalierte Gewerbesteuer (§ 35 EStG) in vollem Umfang (10.082,00 EUR) auf die Einkommensteuer des A angerechnet.

Gerade bei der GmbH & Co. KG kommt die Problematik des Saldierungsverbotes von Gewinnen im Bereich des Sonderbetriebsvermögens mit Verlusten aus dem Gesamthandsbereich häufiger zum Tragen, weil in der Regel mindestens ein Kommanditist Geschäftsführer der GmbH & Co. KG ist und für diese Tätigkeit ein Geschäftsführergehalt bezieht. In Verlustzeiten hat der geschäftsführende Kommanditist bei negativem Kapitalkonto sein Geschäftsführergehalt sofort zu versteuern, und zwar auch dann, wenn sein steuerlicher, d. h. aus gesamthänderischem Gewinnanteil und Sonderbetriebseinnahmen bestehender Gewinnanteil negativ ist.

**Beispiel:**
Die A GmbH & Co. KG aus dem obigen Beispiel macht einen handelsrechtlichen Verlust von 120.000,00 EUR. Das Kapitalkonto von A ist negativ. Der steuerliche Gewinn des A aus der GmbH & Co. KG beträgt 0,00 EUR, da der Verlust im Gesamthandsbereich dem Geschäftsführergehalt entspricht. A muss gleichwohl sein Geschäftsführergehalt sofort versteuern und kann den Verlust aus dem Gesamthandsbereich nur mit künftigen Gewinnanteilen aus dem Gesamthandsbereich verrechnen.

#### *9.4.4.2 Betriebsaufspaltung*

In der Vergangenheit wurden häufig Betriebe in der Rechtsform des Einzelunternehmens in ein Besitz- und in ein Betriebsunternehmen aufgespaltet (=echte Betriebsaufspaltung). Das Besitzunternehmen wurde als Personenunternehmen fortgeführt und das Betriebsunternehmen in der Rechtsform der Kapitalgesellschaft gegründet. Neugründungen folgten sodann diesem Modell (=unechte Betriebsaufspaltung). Der zivilrechtliche Hintergrund besteht darin, das Vermögen des Einzelunternehmens der Haftung aus dem betrieblichen Bereich zu entziehen.

Aber auch in steuerlicher Hinsicht wurde mit der Gestaltung eine Optimierung verfolgt. Mieten, die das Betriebsunternehmen an das Besitzunternehmen bezahlt, mindern den Gewinn des Betriebsunternehmens und damit die Bemessungsgrundlage für Gewerbe- und Körperschaftsteuer. Sie sind zwar einkommensteuerpflichtig, werden jedoch grundsätzlich den Überschusseinkünften zugerechnet und unterliegen daher nicht der Gewerbesteuer. Damit verbunden würden die Wirtschaftsgüter des Besitzunternehmens dem steuerlichen Privatvermögen des Besitzunternehmers zugerechnet mit der Folge, dass etwaige stille Reserven der Besteuerung entzogen werden könnten.

Um dem entgegen zu wirken, hat die Rechtsprechung[70] Grundsätze entwickelt, bei deren Verwirklichung das Besitzunternehmen aufgrund der gewerblichen Tätigkeit des Betriebsunternehmens selbst gewerbliche und keine Überschuss-Einkünfte erzielt. Dies ist der Fall, wenn Besitz- und Betriebsunternehmen sachlich **und** personell verflochten sind.

Sachliche Verflechtung liegt vor, wenn das Besitzunternehmen dem Betriebsunternehmen **eine** wesentliche Betriebsgrundlage überlässt, wobei nicht erforderlich ist, dass für die Überlassung ein Entgelt gezahlt wird. Ob es sich bei einem Wirtschaftsgut um eine wesentliche Betriebsgrundlage handelt, ist nach dem Gesamtbild der Verhältnisse zu beurteilen, nämlich danach, ob das Wirtschaftsgut demnach zur Erreichung des Betriebszwecks erforderlich ist

[70] Grundlegend BFH GrS 2/71, BStBl. II 72, 63)

und besonderes Gewicht für die Betriebsführung besitzt.[71] Bei vom Betriebsunternehmen genutzten Grundstücken wird man die Eigenschaft der wesentlichen Betriebsgrundlage im Allgemeinen kaum negieren können, wobei beliebig austauschbare, bewegliche Wirtschaftsgüter, die vom Betriebsunternehmen genutzt werden, eher nur ausnahmsweise zu einer sachlichen Verflechtung führen.

Von personeller Verflechtung wird ausgegangen, wenn sowohl Besitz- als auch Betriebsunternehmen von einem einheitlichen geschäftlichen Betätigungswillen getragen werden.[72] Dies ist ohne weiteres der Fall, wenn der Besitzunternehmer gleichzeitig der Alleingesellschafter der Betriebs-GmbH ist. Ansonsten kommt es darauf an, dass der Betreffende oder die betreffende Personengruppe seinen/ihren Willen sowohl im Besitz- als auch im Betriebsunternehmen durchsetzen kann.

**Beispiele:**
M und F sind je zur Hälfte Gesellschafter einer Grundstücks-GbR, die das Grundstück an eine Bau-GmbH vermietet, an der sie ebenfalls zur Hälfte beteiligt sind. Aufgrund der Grundstücksüberlassung liegt eine sachliche Verflechtung vor. Da M und F sowohl im Besitzunternehmen als auch im Betriebsunternehmen bestimmend sind, liegt eine steuerliche Betriebsaufspaltung vor.
Abwandlung:
M ist Alleingesellschafter der Bau-GmbH. Da er seinen Willen in der GbR nicht durchsetzen kann, liegt keine personelle Verflechtung vor mit der Folge, dass keine steuerliche Betriebsaufspaltung gegeben ist.

Aus dem Vorliegen einer steuerlichen Betriebsaufspaltung ergeben sich folgende Konsequenzen:

Das Besitzunternehmen erzielt keine Überschusseinkünfte (z. B. Einkünfte aus Vermietung und Verpachtung), sondern gewerbliche Einkünfte. Es ist verpflichtet, seinen Gewinn durch Betriebsvermögensvergleich zu ermitteln und muss daher bilanzieren. Die an das Betriebsunternehmen überlassenen Wirtschaftsgüter sind steuerliches Betriebsvermögen.

Die Einkünfte des Besitzunternehmens unterliegen auch der Gewerbesteuer. Als Personenunternehmen kommen der Gewerbesteuerfreibetrag zum Abzug und die Staffelregelung zur Anwendung.

Zum notwendigen Betriebsvermögen gehören auch die Anteile des Besitzunternehmers an der Betriebs-Kapitalgesellschaft (im Beispiel die Anteile an der Bau-GmbH). Handelt es sich bei dem Besitzunternehmen um eine Personengesellschaft (z. B. GbR), so werden die Anteile der GbR-Gesellschafter an der Betriebsgesellschaft dem Sonderbetriebsvermögen bei der Besitzgesellschaft zugerechnet.

Im obigen Beispiel gehören die Anteile von M und F an der Bau-GmbH zu deren Sonderbetriebsvermögen bei der Grundstücks-GbR.

Häufig sind sich die Personen, die an das Betriebsunternehmen vermieten, gar nicht darüber im Klaren, dass sie dies im Rahmen einer Besitzgesellschaft tun.

---

[71] Schmidt, EStG, 23. Aufl., 2004, § 15, Rz. 808
[72] Schmidt, EStG, 23. Aufl., 2004, § 15, Rz. 820

**Beispiel:**
A und B sind je zur Hälfte Eigentümer eines Grundstücks mit aufstehendem Gebäude. Sie vermieten das Grundstück an die Bau-GmbH, deren Gesellschafter sie je zur Hälfte sind.
Da A und B mit der Vermietung des Gebäudes einen gemeinsamen Zweck verfolgen, entsteht kraft Gesetz eine Gesellschaft bürgerlichen Rechts (Besitzunternehmen).[73] Die Anteile von A und B am Grundstück und an der Bau-GmbH stellen steuerliches Sonderbetriebsvermögen bei der Besitz-GbR dar.

In der Zugehörigkeit der überlassenen Wirtschaftsgüter und der Anteile an der Betriebsgesellschaft zum steuerlichen Betriebsvermögen liegt eine latente Gefahr der Auflösung stiller Reserven.

Beispiel:
Im obigen Beispiel überträgt A seine Anteile an der Bau-GmbH auf seinen Sohn S. Die GmbH wurde von A und B mit einem Stammkapital von 100.000,00 EUR gegründet. Im Zeitpunkt der Übertragung der Anteile beträgt deren gemeiner Wert das Vierfache des Stammkapitals. Der Buchwert des Grundstücks beträgt 250.000,00 EUR, der Verkehrswert 500.000,00 EUR.
Aufgrund der Übertragung der Anteile auf S wird die steuerliche Betriebsaufspaltung beendet. Die Besitzunternehmer (A und B) können ihren Willen nicht mehr in der Bau-GmbH durchsetzen. Aufgrund der Beendigung der steuerlichen Betriebsaufspaltung erzielt die Besitz-GbR künftig Einkünfte aus Vermietung und Verpachtung. Daher werden sowohl das Grundstück als auch die GmbH-Anteile (von A und von B!) steuerliches Privatvermögen (Entnahme). Die in diesen Wirtschaftsgütern enthaltenen stillen Reserven sind zu versteuern. Der Entnahmegewinn von A und B errechnet sich jeweils wie folgt:

| | **Grundstück** | **GmbH-Anteile** | **Gesamt** |
|---|---|---|---|
| Teilwert bzw. gemeiner Wert | 500.000,00 EUR | 400.000,00 EUR | 900.000,00 EUR |
| Buchwert | - 250.000,00 EUR | - 100.000,00 EUR | - 350.000,00 EUR |
| Entnahmegewinn | 250.000.,00 EUR | 300.000,00 EUR | 550.000,00 EUR |
| Davon ½ | | | 275.000,00 EUR |

Bei Vorliegen einer steuerlichen Betriebsaufspaltung ist daher stets darauf zu achten, dass die unbeabsichtigte Beseitigung der personellen oder wirtschaftlichen Verflechtung vermieden wird. Dies macht insbesondere auch die sorgfältige Planung der Unternehmensnachfolge (vor allem für den Todesfall) erforderlich. Zu einer Beendigung der Betriebsaufspaltung würde es im vorherigen Beispiel ebenso kommen, wenn S die GmbH-Anteile, jedoch seine Schwester T das Grundstück von Todes wegen erhalten würde.

### *9.4.4.3 Stille Gesellschaft*

Unter stiller Gesellschaft versteht man handelsrechtlich die Beteiligung am Handelsgewerbe mit einer Vermögenseinlage.[74] Es handelt sich um eine Innengesellschaft. Der stille Gesellschafter tritt als solcher nach außen (z. B. durch Eintragung im Handelsregister) nicht in Erscheinung. Von der gesetzlichen Regelung her ist eine Beteiligung des stillen Gesellschafters

[73] § 706 BGB
[74] § 230 HGB

am Gewinn und Verlust des Handelsgewerbes vorgesehen.[75] Die Beteiligung am Verlust (nicht aber am Gewinn) kann jedoch auch ausgeschlossen werden.[76] Neben diesen gesetzlich vorgesehenen Rechtsfolgen der stillen Gesellschaft können im Gesellschaftsvertrag weitere Vereinbarungen geschlossen werden, die für die steuerliche Einordnung der stillen Gesellschaft maßgeblich sind.

Bei der Ausgestaltung der stillen Gesellschaft entsprechend den gesetzlichen Regelungen (Beteiligung am Gewinn und ggf. am Verlust) handelt es sich um die so genannte typisch stille Gesellschaft. Der stille Gesellschafter erzielt Einkünfte aus Kapitalvermögen.[77] Der Anteil des stillen Gesellschafters am Gewinn des Handelsgewerbes ist aus der Sicht des Unternehmens Gewinn mindernder Aufwand; der Anteil an einem Verlust Ertrag, der den Gewinn erhöht.

Übernimmt der stille Gesellschafter aufgrund der Vereinbarungen im Gesellschaftsvertrag Mitunternehmerrisiko und/oder -initiative, so spricht man von einer so genannten atypisch stillen Gesellschaft.

Mitunternehmerrisiko übernimmt der stille Gesellschafter, wenn er neben der Beteiligung am Gewinn **und** am Verlust an den stillen Reserven (einschl. Geschäftswert) des Unternehmens beteiligt wird.[78] Die unterschiedliche Ausgestaltung wirkt sich erst beim Ausscheiden des stillen Gesellschafters aus: Bei der typisch stillen Gesellschaft erhält dieser eine Abfindung in Höhe seiner (ggf. um Verluste geminderten) Einlage. Bei der atypischen Ausgestaltung dagegen werden bei der Ermittlung der Abfindung etwaige in der Zeit des Bestehens der Gesellschaft gebildete stille Reserven berücksichtigt.

Mitunternehmerinitiative entfaltet der stille Gesellschafter bereits durch Ausübung der Kontrollrechte, wie sie ihm gesetzlich zugedacht sind.[79] Denkbar ist auch, dass dem stillen Gesellschafter die Rechte eines Kommanditisten eingeräumt werden.

Bei einer hohen Beteiligung am Bilanzgewinn des Unternehmens und der Übertragung typischer Unternehmerentscheidungen wurde die Gesellschaft ebenfalls als atypische qualifiziert, obwohl der Gesellschafter nicht an den stillen Reserven beteiligt war.[80]

Ist die stille Gesellschaft eine atypische, liegt steuerlich eine Mitunternehmerschaft vor. Der stille Gesellschafter erzielt Einkünfte aus Gewerbebetrieb, die durch einheitliche und gesonderte Gewinnfeststellung ermittelt werden. Der Anteil des stillen Gesellschafters am Gewinn ist daher auch kein Aufwand des Handelsgewerbes, sondern Gewinnanteil. Die Besteuerung der Mitunternehmerschaft entspricht der der Personengesellschaften. Daher kommen bei der Gewerbesteuer auch Freibetrag und Staffelregelung zur Anwendung. Deshalb eignet sich die atypisch stille Gesellschaft zur Steuerreduzierung bei Kapitalgesellschaften.

**Beispiel:**
A beteiligt sich mit einer Einlage von 100.000,00 EUR als stiller Gesellschafter an der A-Bau GmbH, deren Geschäftsführer er ist. Er ist mit 10 % am Gewinn und Verlust der Gesellschaft (vor Steuern) beteiligt. Die Gesellschaft macht einen Gewinn vor Steuern und vor Berücksichtigung des Anteils von A von 50.000,00 EUR. Der Gewerbesteuer-Hebesatz beträgt 400 %.

---

[75] § 231 Abs. 1 HGB
[76] § 231 Abs. 2 HGB
[77] § 20 Abs. 1 Nr. 4 EStG
[78] Schmidt, EStG, 23. Aufl. 2004, § 15, Rz. 343
[79] § 233 HGB, vgl. Schmidt a. a. O.
[80] BFH/NV 99, 355

Der A erhält einen Gewinnanteil von 10.000,00 EUR, der bei ihm zu den Einnahmen aus Kapitalvermögen gehört. Der Vorsteuergewinn der GmbH mindert sich um die 10.000,00 EUR. Bei der Ermittlung des Gewerbeertrags wird der Gewinnanteil des stillen Gesellschafters allerdings wieder hinzugerechnet. [81] Die Gewerbesteuer beträgt rd. 8.333,00 EUR. Der körperschaftsteuerliche Gewinn der GmbH beläuft sich daher auf 31.667,00 EUR.
Abwandlung:
A wird auch an den stillen Reserven der GmbH beteiligt.
Durch die Beteiligung des A entsteht eine steuerliche Mitunternehmerschaft (GmbH & atypisch Still) bestehend aus der A-Bau GmbH und A. Der Gewinn der Mitunternehmerschaft unterliegt der Gewerbesteuer, die sich allerdings nach Abzug des Freibetrages und Anwendung der Staffelregelung nur auf 900,00 EUR beläuft. Der restliche Gewinn von 49.100,00 EUR wird im Verhältnis von 90:10 zwischen der A-Bau GmbH und A aufgeteilt. Der Gewinnanteil der A-Bau GmbH in Höhe von 44.150,00 EUR unterliegt der Körperschaftsteuer.[82] A erzielt aus seiner Beteiligung als stiller Gesellschafter Einkünfte aus Gewerbebetrieb in Höhe von 4.910,00 EUR.

Allerdings hätte die Gestaltung in der Abwandlung zur Folge, dass ein etwaiges Geschäftsführergehalt des A ebenfalls in die Gewinnermittlung der atypisch stillen Gesellschaft einbezogen würde. Es wäre dann Sonderbetriebseinnahme des A mit der Folge, dass es auch der Gewerbesteuer unterworfen würde. Außerdem würden die Anteile des A an der A-Bau GmbH Sonderbetriebsvermögen. Etwaige Gewinnausschüttungen würden daher ebenfalls Sonderbetriebseinnahmen darstellen. Besser wäre es daher, wenn sich nicht A, sondern ein Familienmitglied von A als atypisch stiller Gesellschafter an der A-Bau GmbH beteiligen würde.

### *9.4.4.4 Die Arbeitsgemeinschaft*

Die ertragsteuerliche Behandlung von Arbeitsgemeinschaften hängt davon ab, ob deren alleiniger Zweck in der Erfüllung eines einzigen Werkvertrages oder Werklieferungsvertrages besteht. Zwar hat diese Abgrenzung keinerlei Auswirkung darauf, dass es sich bei der Arbeitsgemeinschaft in der Regel zivilrechtlich um eine Gesellschaft bürgerlichen Rechts und einkommensteuerlich um eine Mitunternehmerschaft handelt, während die Arbeitsgemeinschaft nach außen hin mit eigenem Namen auftritt.[83] Jedoch gelten für derartige Arbeitsgemeinschaften (sog. „kleine" Arbeitsgemeinschaften) Sonderregelungen für deren verfahrensrechtliche[84] und gewerbesteuerliche[85] Behandlung.

Im Hinblick darauf, dass die sog. kleinen Arbeitsgemeinschaften nicht der gesonderten Feststellung[86] unterliegen, sind die Leistungen der einzelnen Partner gegenüber kleinen Arbeitsgemeinschaften steuerlich wie Fremdleistungen gegenüber einer außenstehenden Gesamthandsgemeinschaft nach den allgemeinen ertragsteuerlichen Grundsätzen zu behandeln.[87] Aufgrund dieser Regelung wird die Arbeitsgemeinschaft, auch wenn sie eine Mitunternehmerschaft darstellt, nicht als Gewinnermittlungssubjekt behandelt. Stattdessen werden die von der nach außen auftretenden Arbeitsgemeinschaft, darüber hinausgehenden Ansprüche

[81] § 8 Nr. 3 GewStG

[82] Bei der Ermittlung des Gewerbeertrags der GmbH wird der Gewinnanteil abgezogen, da er bereits auf der Ebene der stillen Gesellschaft der Besteuerung unterworfen worden ist (§ 9 Nr. 2 GewStG).

[83] BFH vom 23.02.1961, IV 313/59 U, BStBl. 1961 III, S. 194 ff.

[84] § 180 Abs. 4 AO

[85] § 2a GewStG

[86] § 180 Abs. 1 Nr. 2 Buchst. a AO

[87] BMF-Schreiben vom 27.01.1998, BStBl. 1998 I, S. 251

und sonstigen Wirtschaftsgüter den an ihr beteiligten Gewerbetreibenden zugerechnet[88]. Gewerbesteuerlich gilt die Tätigkeit einer kleinen Arbeitsgemeinschaft nicht als Gewerbebetrieb. Vielmehr gelten deren Betriebsstätten insoweit anteilig als Betriebsstätten der Beteiligten.

## 9.5 Steuerabzug für Bauleistungen

Mit Wirkung vom 01.01.2002 wurde in das Einkommensteuergesetz eine Regelung aufgenommen, wonach der Empfänger einer Bauleistung verpflichtet sein kann, von der Gegenleistung einen Steuerabzug vorzunehmen und an das Finanzamt abzuführen.[89] Die so genannte Bauabzugssteuer ist keine eigene Steuer. Vielmehr wird der einbehaltene und an das Finanzamt abgeführte Betrag auf Steuern des Leistenden angerechnet.

Zum Steuerabzug verpflichtet sind nur Unternehmer im Sinne des § 2 des Umsatzsteuergesetzes oder juristische Personen des öffentlichen Rechts.[90] Dies gilt nicht, wenn der Leistungsempfänger nicht mehr als zwei Wohnungen vermietet und die Bauleistungen für diese Wohnungen erbracht werden.[91] Ferner muss der Steuerabzug nicht vorgenommen werden, wenn der Leistende dem Leistungsempfänger eine zum Zeitpunkt der Gegenleistung gültige Freistellungsbescheinigung vorlegt.[92] Würde die Gegenleistung im laufenden Kalenderjahr folgendem Betrag voraussichtlich nicht übersteigen, muss ein Steuerabzug nicht vorgenommen werden:

- 15.000,00 EUR, wenn der Leistungsempfänger ausschließlich steuerfreie Umsätze nach § 4 Nr. 4 Satz 1 UStG (Vermietungsumsätze) ausführt,
- 5.000,00 EUR in den übrigen Fällen.[93]

Bei Überschreiten der Bagatellgrenze ist der bisher unterlassene Steuerabzug in voller Höhe bis zur Höhe der noch geschuldeten Gegenleistung nachzuholen.

**Beispiel:**
Der Heizungsbauer H tauscht im April 2003 den Brenner eines Mehrfamilienhauses aus (Gegenleistung = 5.800,00 EUR). Im September entschließt sich der Eigentümer, einen Warmwasserspeicher und eine Solaranlage einbauen zu lassen (Gegenleistung = 11.600,00 EUR). Im Rahmen der Bezahlung der im September erbrachten Bauleistungen muss der Leistungsempfänger 15 % von beiden Gegenleistungen (5.800,00 EUR + 11.600,00 EUR = 17.400,00 EUR), also 2.610,00 EUR einbehalten und darf ohne Vorliegen einer Freistellungsbescheinigung nur 8.990,00 EUR überweisen.
Abwandlung:
Die erste Gegenleistung betrug 14.500,00 EUR, die zweite Gegenleistung 1.000,00 EUR. Nachdem 15 % der zusammengerechneten Gegenleistungen (2.325,00 EUR) die zweite Gegenleistung übersteigt, beschränkt sich der Steuerabzug auf 1.000,00 EUR.

Stellt sich dagegen nachträglich heraus, dass die Bagatellgrenze wider Erwarten doch nicht überschritten wird, ist ein vorgenommener Steuerabzug nicht zu berichtigen.

[88] § 39 Abs. 2 Nr. 2 AO
[89] §§ 48 ff. EStG
[90] § 48 Abs. 1 Satz 1 EStG
[91] § 48 Abs. 1 Satz 2 EStG
[92] Siehe hierzu unten S. 264
[93] § 48 Abs. 2 Nr. 1 und 2 EStG

Im Gegensatz zur umsatzsteuerlichen Steuerschuldnerschaft der Bauleistungen ist für die Verpflichtung zum Steuerabzug nach §§ 48 ff. EStG nicht erforderlich, dass der Leistungsempfänger selbst Bauleistungen erbringt. Die Abzugsverpflichtung besteht jedoch nur dann, wenn die Bauleistung für das Unternehmen des Auftraggebers erbracht wurde.[94] Im Zusammenhang mit dem Begriff der Bauleistung ergaben sich zunächst nicht unerhebliche Auslegungsprobleme. Die Bauleistung wurde gesetzlich definiert als „alle Leistungen, die der Herstellung, Instandsetzung, Instandhaltung, Änderung oder Beseitigung von Bauwerken dienen".[95] Damit hat der Gesetzgeber bewusst die Regelung des § 201 Abs. 1 Satz 2 SGB III i. V. m. der Baubetriebeverordnung übernommen.[96] Damit wurde jedoch die Grundlage eines sehr weiten Begriffs der Bauleistung geschaffen, die durch das angegebene BMF-Schreiben jedoch eingeschränkt worden ist. Die wohl erheblichste Einschränkung besteht darin, dass die in der Baubetriebeverordnung aufgeführte Tätigkeit im Zusammenhang mit einem Bauwerk durchgeführt werden muss, also der Herstellung, Instandsetzung, Instandhaltung, Änderung oder Beseitigung von Bauwerken dienen muss. Dies setzt voraus, dass sich die Bauleistung unmittelbar auf die Substanz des Bauwerks auswirkt, d. h. eine Substanzveränderung im Sinne einer Substanzerweiterung, Substanzverbesserung oder Substanzbeseitigung bewirkt.[97] Durch das BMF-Schreiben wurde insbesondere klargestellt, dass folgende Leistungen für sich genommen keine Bauleistungen darstellen:[98]

- Materiallieferungen (z. B. durch Baustoffhändler oder Baumärkte)
- Anlieferung von Beton (es sei denn, er wird anschließend fachgerecht durch den Anliefernden verarbeitet)
- Zurverfügungstellen von Betonbomben
- Zurverfügungstellen von anderen Baugeräten (es sei denn, es wird zugleich Bedienungspersonal für substanzverändernde Arbeiten zur Verfügung gestellt)
- Aufstellen von Material- und Bürocontainern, mobilen Toilettenhäusern
- Entsorgung von Baumaterialien (Schuttabfuhr durch Abfuhrunternehmer)
- Aufstellen von Messeständen
- Gerüstbau
- Anlegung von Bepflanzungen und deren Pflege (z. B. Bäume, Gehölze, Blumen, Rasen), außer bei Dachbegrünungen

In der Praxis hat sich jedoch die anfängliche Aufregung über diese Neuregelung weitestgehend dadurch gelegt, dass den Bauunternehmen durch Erteilung von Freistellungsbescheinigungen (§ 48b EStG) die Möglichkeit gegeben wurde, durch deren Aushändigung an den Leistungsempfänger eine Kürzung des Rechnungsbetrages zu vermeiden. Im Zusammenhang mit dieser Freistellungsbescheinigung ist aus der Sicht des Leistenden Folgendes zu beachten:

Die Freistellungsbescheinigung kann bei dem für den Leistungsempfänger zuständigen Finanzamt beantragt werden. Bei Arbeitsgemeinschaften, die ertragsteuerlich nicht geführt werden (kleine Arbeitsgemeinschaft), ist der Antrag bei dem für die Umsatzsteuer zuständi-

[94] BMF-Schreiben vom 27.12.2002, BStBl. 2002 I, S. 1399 ff., Tz. 15

[95] § 48 Abs. 1 Satz 3 EStG

[96] BMF-Schreiben vom 27.12.2002, a. a. O., Tz. 5

[97] BMF-Schreiben vom 27.12.2002, a. a. O., Tz. 6

[98] BMF-Schreiben vom 27.12.2002, a. a. O., Tz. 12

gen Finanzamt zu stellen.[99] Sie wird kleinen Arbeitsgemeinschaften in der Regel jedoch nur erteilt, wenn die daran Beteiligten ihrerseits eine Freistellungsbescheinigung des für sie zuständigen Finanzamts vorlegen.[100] Die Freistellungsbescheinigung kann bei inländischen Unternehmen nur versagt werden, wenn der zu sichernde Steueranspruch gefährdet erscheint.[101] Dies ist neben der Verletzung der Anzeigepflichten im Zusammenhang mit der Gründung eines Gewerbebetriebs[102] und der Mitwirkungspflichten des Steuerpflichtigen[103] nach Ansicht der Finanzverwaltung insbesondere dann der Fall, wenn nachhaltig Steuerrückstände bestehen oder unzutreffende Angaben in Steueranmeldungen bzw. -erklärungen festgestellt werden oder der Leistende diese wiederholt nicht oder nicht rechtzeitig abgibt.[104]

Mit den Voraussetzungen, unter denen die Erteilung einer Freistellungsbescheinigung abgelehnt werden kann, mussten sich alsbald die Finanzgerichte befassen, da die Fähigkeit zur Vorlage dieses Dokuments bald nach Inkrafttreten der Neuregelung für die Auftragserteilung gleichsam Bedingung geworden ist. Daher soll die Versagung der Freistellungsbescheinigung nur dann dem Grundsatz der Verhältnismäßigkeit entsprechen, wenn das Verhalten des Steuerpflichtigen zeigt, dass er nicht gewillt ist, seinen steuerlichen Verpflichtungen nachzukommen und den Steuergesetzen Folge zu leisten.[105] In dem der Entscheidung zugrunde liegenden Fall hat der Steuerpflichtige die aus rechtzeitig abgegebenen Steueranmeldungen zu entrichtenden Steuern aus **wirtschaftlichen** Gründen nicht rechtzeitig begleichen können. Da die Versagung der Freistellungsbescheinigung nach Ansicht des Finanzgerichts dem Entzug der Gewerbeerlaubnis gleichgekommen wäre, wurde das Finanzamt im Wege der einstweiligen Anordnung verpflichtet, die begehrte Freistellungsbescheinigung zu erteilen. Bei der Prüfung, ob nachhaltig Steuerrückstände bestehen, sollen Umsatzsteuerverbindlichkeiten nach dem Sicherungszweck der Bauabzugssteuer außer Betracht bleiben.[106] Daraus folgt, dass aufgrund auch wiederholter Inanspruchnahme der Schonfrist im Zusammenhang mit der Abgabe der Umsatzsteuervoranmeldung die Erteilung der Freistellungsbescheinigung nicht versagt werden darf.

Für den ansonsten zum Abzug verpflichteten Leistungsempfängers gilt:

Wird die Freistellungsbescheinigung auf einen bestimmten Auftrag beschränkt, ist darauf zu achten, dass sie im Original ausgehändigt wird. In den übrigen Fällen genügt es, wenn ihnen eine Kopie der Freistellungsbescheinigung gegeben wird.[107] Wenn die Leistung in Teilbeträgen beglichen wird, kann bei diesen Teilzahlungen nur dann vom Steuerabzug abgesehen werden, wenn bereits vor Auszahlung des jeweiligen Teilbetrags eine gültige Freistellungsbescheinigung vorliegt. Die Aushändigung zusammen mit der Schlussrechnung reicht nicht

[99] BMF vom 27.12.2002, a. a. O., Tz. 29
[100] BMF vom 27.12.2002, a. a. O., Tz. 33
[101] BMF vom 27.12.2002, a. a. O., Tz. 29
[102] § 138 AO
[103] § 90 AO
[104] BMF vom 27.12.2002, a. a. O., Tz. 33
[105] FG Berlin vom 21.12.2001, 8 B 8408/01, NJW 2002, 1143; im Ergebnis auch Sächsisches FG vom 02.07.2002, 6 V 844/02
[106] Niedersächsisches Finanzgericht vom 18.04.2002, 6 V 55/02, EFG 2002, 842; Sächsisches FG vom 02.07.2002, 6 V 844/02
[107] BMF vom 27.12.2002, a. a. O., Tz. 41

aus.[108] Die Freistellungsbescheinigung ist vom Leistungsempfänger sechs Jahre aufzubewahren.[109]

Der Vorteil der Bauabzugsteuer für Bauunternehmen, die Bauleistungen von Subunternehmern in Anspruch nehmen, besteht in der Sperrwirkung für einige gesetzliche Haftungstatbestände, die in der Baubranche in der Vergangenheit zu hohen Steuernachforderungen des Fiskus und sogar bis hin zum Ruin von Bauunternehmen geführt haben. Die Sperrwirkung tritt unter der Voraussetzung ein, dass der Steuerabzug vorgenommen worden ist bzw. im Zeitpunkt der Gegenleistung eine gültige Freistellungsbescheinigung vorgelegen hat. Für den Nachweis der Gültigkeit einer vorgelegten Freistellungsbescheinigung ist es empfehlenswert auf der Internet-Site des Bundesamtes für Finanzen[110] die Gültigkeit zu überprüfen. Die Tatsache der Abfrage wird beim Bundesamt für Finanzen gespeichert. Außerdem kann der Abfragende einen Nachweis ausdrucken, den er bei seinen Unterlagen über den Subunternehmer aufbewahren kann.

## 9.6 Die Umsatzsteuer

### 9.6.1 Einleitung

Im Bereich der Umsatzsteuer ergeben sich für Bauunternehmen in erster Linie Schwierigkeiten mit dem Zeitpunkt des Entstehens der Umsatzsteuer. Diese Besonderheiten veranlassten das Bundesfinanzministerium, ein Merkblatt zur Umsatzbesteuerung als Anlage zu einem BMF-Schreiben herauszugeben[111] und sollen im Folgenden dargestellt werden. Des Weiteren traten für Bauunternehmen mit dem 01.04.2004 gravierende Änderungen im Zusammenhang mit der Steuerschuldnerschaft in Kraft. Schließlich endete mit diesem Zeitpunkt die Anwendbarkeit der bis dahin geltenden Rechtsauffassung, wonach die Geschäftsführerleistung von Gesellschaftern keinen umsatzsteuerlichen Leistungsaustausch darstellt und daher nicht steuerbar ist.

#### *9.6.1.1 Entstehung der Steuer*

Da die Umsatzsteuer mit Ablauf des Voranmeldezeitraums entsteht, in dem die Werklieferung oder Werkleistung ausgeführt worden ist,[112] kommt es zunächst darauf an, welche Leistung durch das Bauunternehmen erbracht wird. Da den in der Bauwirtschaft erbrachten Bauleistungen in der Regel Werkverträge oder Werklieferungsverträge zugrunde liegen, ist umsatzsteuerlich zwischen Werklieferungen und Werkleistungen zu unterscheiden:

Das Bauunternehmen bewirkt eine Werklieferung, wenn der Unternehmer ein bestelltes Werk unter Verwendung eines oder mehrerer von ihm selbst beschaffter Hauptstoffe erstellt.

---

108 BMF vom 27.12.2002, a. a. O., Tz. 42

109 BMF vom 27.12.2002, a. a. O., Tz. 47

110 www.bff-online.de

111 BStBl. 2004 I, S. 628 ff.; das Merkblatt kann beim BMF herunter geladen werden unter „www.bundesfinanzministerium.de/Anlage25501/Anlage-zum-BMF-Schreiben-vom-13.-Juli-2004-IV-B-7-S-7270-3/04.pdf"

112 § 13 Abs. 1 Nr. 1 Buchst. a UStG

Dagegen liegt eine Werkleistung vor, wenn für eine Leistung kein Hauptstoff verwendet wird (z. B. Aushub einer Baugrube, Erdbewegungen) oder wenn die benötigten Hauptstoffe vom Auftraggeber gestellt werden.[113]

Bei einer Werklieferung kommt es für die Entstehung der Steuer darauf an, wann dem Auftraggeber die Verfügungsmacht am erstellten Werk verschafft worden ist (= Lieferung). In der Regel ist dies der Fall, wenn das fertig gestellte Werk übergeben und abgenommen worden ist. Wird das Bauwerk förmlich abgenommen, findet die Lieferung somit am Tag der Abnahmeverhandlung statt. Bei stillschweigender Billigung (z. B. Einzug) erfolgt die Lieferung im Zeitpunkt des Ereignisses, das als stillschweigende Billigung qualifiziert werden kann. Fehlende Restarbeiten oder Nachbesserungen stehen einer wirksamen Abnahme dann nicht entgegen, wenn das Werk auch ohne diese Arbeiten seinen bestimmungsmäßigen Zwecken dienen kann. Hierzu enthält das Merkblatt Folgendes

**Beispiel:**
Ein Bauunternehmer hat sich verpflichtet, auf dem Grundstück des Auftraggebers (Bauherrn) ein Wohngebäude schlüsselfertig zu errichten. Das Gebäude wird im Juli fertig gestellt und vom Bauherrn im August abgenommen. Die baubehördliche Abnahme erfolgt im Oktober. Die Schlussrechnung wird im Dezember erstellt. Die Abschlusszahlung wird erst im Folgejahr geleistet.
Umsatzsteuerlich ist die Lieferung des Gebäudes mit der Abnahme durch den Bauherrn im August ausgeführt worden. Die Steuer ist mit Ablauf des Monats August entstanden. Hätte der Bauherr das Gebäude schon unmittelbar nach der Fertigstellung im Monat Juli in Nutzung genommen (z. B. durch Einzug), wäre die Abnahme durch die schlüssige Handlung des Bauherrn vollzogen und das Gebäude im Monat Juli geliefert worden. Entsprechend wäre die Steuer mit Ablauf des Monats Juli entstanden.

Werkleistungen gelten grundsätzlich mit der Fertigstellung, d. h. mit Vollendung des Werkes als ausgeführt. Die Abnahme des Werkes ist nicht Voraussetzung für dessen Vollendung. Da die Bauleistung als einheitliche Leistung mit der Abnahme bzw. der Vollendung des Werkes erbracht wird, werden Voraus- und Abschlagszahlungen stets vor Ausführung der Leistung vereinnahmt. In diesen Fällen entsteht die Umsatzsteuer bereits mit Ablauf des Voranmeldungszeitraums, in dem die Voraus- oder Abschlagszahlung vereinnahmt worden ist.

Im Hinblick auf die zeitaufwendige Ermittlung der tatsächlich erbrachten Leistungen erteilt der Auftragnehmer in der Praxis die Schlussrechnung häufig erst mehrere Monate nach Fertigstellung des Bauwerks. Nach den vorstehend aufgeführten Grundsätzen kommt es jedoch für die Entstehung der Umsatzsteuer nicht auf die Erteilung der Schlussrechnung an. Der Unternehmer hat daher im Voranmeldungszeitraum der Leistungserbringung das sich endgültig betragsmäßig aufgrund der Schlussrechnung ergebende Entgelt zu schätzen. Wenn sich in der Schlussrechnung Abweichungen von dieser Schätzung ergeben, ist der Unterschiedsbetrag grundsätzlich für den Voranmeldungszeitraum zu berichtigen, in dem die Leistung ausgeführt wurde. Jedoch beanstandet die Finanzverwaltung aus Vereinfachungsgründen nicht, wenn der Unternehmer die sich aus der Schlussrechnung ergebenden Mehrsteuern in der laufenden Umsatzsteuervoranmeldung erklärt und abführt.

**Beispiel:**
Ein Bauunternehmer erstellt auf dem Grundstück des Auftraggebers ein Mehrfamilienhaus. Auf der Basis von Einheitspreisen ergibt sich eine Vertragssumme von netto 400.000,00 EUR. Am 20. Mai stellt der Unternehmer eine Abschlagsrechnung in Höhe von 250.000,00 EUR, die am 10. Juni

[113] Merkblatt II.1.

bezahlt wird. Im Juli wird das Bauwerk übergeben. Eine sachgerechte Schätzung ergibt ein voraussichtliches Entgelt von netto 420.000,00 EUR. Im September wird auf der Grundlage des endgültigen Aufmaßes die Schlussrechnung über 430.000,00 EUR erstellt.
Die Umsatzsteuer aus der Abschlagsrechnung in Höhe von 40.000,00 EUR hat der Unternehmer für den Voranmeldungszeitraum Juni anzumelden und abzuführen. Für den Voranmeldungszeitraum Juli muss die auf den Differenzbetrag zwischen 420.000,00 EUR und 250.000,00 EUR entfallende Umsatzsteuer (27.200,00 EUR) vorangemeldet und abgeführt werden. Aufgrund der Abweichung der Schlussrechnung zur vorgenommenen Schätzung in Höhe von 10.000,00 EUR müsste zwar grundsätzlich die Umsatzsteuervoranmeldung für Juli um netto 10.000,00 EUR berichtigt werden. Das Finanzamt nimmt jedoch keinen Anstoß daran, wenn der Unternehmer die auf die Erhöhung von 10.000,00 EUR entfallende Umsatzsteuer in Höhe von 1.600,00 EUR mit der Umsatzsteuervoranmeldung für den Monat September anmeldet und an das Finanzamt abführt.

Bei der Erstellung von Schlussrechnungen nach Vereinnahmung von Voraus- oder Anzahlungen ist darauf zu achten, dass der in den Voraus- bzw. Abschlagszahlungen enthaltene Umsatzsteuerbetrag durch die Schlussrechnung nicht nochmals entsteht und gegenüber dem Finanzamt geschuldet wird. Daher ist darauf zu achten, dass die in den Voraus- bzw. Abschlagsrechnungen enthaltene Umsatzsteuer von der auf den Gesamtbetrag entfallenden Umsatzsteuer abgesetzt wird.

**Beispiel:**
Der Unternehmer hat eine Lagerhalle zum Nettopreis von 1 Mio. EUR errichtet. Er hat am 05.03., 02.04. und 04.06. Abschlagszahlungen von jeweils 348.000,00 EUR brutto erhalten.
Der Unternehmer rechnet wie folgt ab:

| | |
|---|---|
| Errichtung einer Lagerhalle | 1.000.000,00 EUR |
| 16 % Umsatzsteuer | 160.000,00 EUR |
| Gesamtbetrag | 1.160.000,00 EUR |
| ./. Abschlagszahlungen | 1.044.000,00 EUR |
| Noch zu zahlen | 116.000,00 EUR |

Da der Unternehmer den auf den Gesamtbetrag entfallenden Umsatzsteuerbetrag in Höhe von 160.000,00 EUR ausweist, ohne die bereits in den Abschlagsrechnungen enthaltene Umsatzsteuer davon abzusetzen, schuldet er diese Umsatzsteuer zusätzlich zu der aus den Abschlagsrechnungen geschuldeten Umsatzsteuer. Dies kann er beispielsweise dadurch umgehen, dass er die einzelnen im Voraus vereinnahmten Teilentgelte und die auf sie entfallenden Steuerbeträge absetzt:[114]

| | **Summe (EUR)** | **Preis (EUR)** | **Entgelt (EUR)** | **Umsatzsteuer (EUR)** |
|---|---|---|---|---|
| Errichtung einer Lagerhalle | | 1.160.000,00 | 1.000.000,00 | 160.000,00 |
| ./. Abschlagszahlungen | | | | |
| 05.03. | 348.000,00 | | 300.000,00 | 48.000,00 |
| 02.04. | 348.000,00 | | 300.000,00 | 48.000,00 |
| 05.06. | 348.000,00 | | 300.000,00 | 48.000,00 |
| Verbleibende Restzahlung | | 116.000,00 | 100.000,00 | 16.000,00 |

[114] Aus Abschn. 187 Abs. 7 UStR (Weitere Beispiele sind dort enthalten.)

Ein etwaiger Steuerabzug aufgrund der Bauabzugssteuer hat keine Auswirkungen auf die Höhe der Umsatzsteuer. Der Unternehmer, von dessen Rechnungsbetrag die Bauabzugssteuer einbehalten worden ist, hat gleichwohl die auf den vollen Nettobetrag entfallende Umsatzsteuer abzuführen.

**Beispiel:**
Ein Bauunternehmer erbringt gegenüber einem anderen Unternehmer eine Bauleistung in Höhe von 100.000,00 EUR zuzüglich 16.000,00 EUR Umsatzsteuer. Er legt dem Leistungsempfänger keine Freistellungsbescheinigung vor mit der Folge, dass dieser vom Bruttorechnungsbetrag 15 % = 17.400,00 EUR abzieht und an den Unternehmer 98.600,00 EUR überweist.
Der Unternehmer hat gleichwohl für den Voranmeldezeitraum der Leistungserbringung (Soll-Versteuerer) bzw. der Zahlung (Ist-Versteuerer), die auf den vollen Nettobetrag von 100.000,00 EUR entfallende Umsatzsteuer in Höhe von 16.000,00 EUR voranzumelden und an das Finanzamt abzuführen.

### *9.6.1.2 Steuerschuldnerschaft des Leistungsempfängers*

Zum 01.01.2002 wurde das so genannte Abzugsverfahren, das im Zusammenhang mit Werklieferungen und sonstigen Leistungen, die ausländische Unternehmen gegenüber inländischen Unternehmen erbracht haben, abgeschafft. Bis dahin hatte der inländische Unternehmer die in der Rechnung des ausländischen Subunternehmers ausgewiesene Umsatzsteuer von der Vergütung abzuziehen und an das Finanzamt abzuführen. Stattdessen wurde in diesen Fällen die Steuerschuldnerschaft auf den inländischen Unternehmer verlagert.[115]

Mit Wirkung ab dem 01.04.2004 wurde die Vorschrift über den Leistungsempfänger als Steuerschuldner um den Tatbestand der Umsätze, die unter das Grunderwerbsteuergesetz fallen [116] und um den Tatbestand der Bauleistungen erweitert.[117]

Die Steuerschuldnerschaft des Leistungsempfängers tritt bei Bauleistungen nur ein, wenn ein inländischer Unternehmer eine steuerbare und steuerpflichtige Bauleistung erbringt und der Empfänger der Leistung ein Unternehmer ist, der selbst Bauleistungen erbringt. Dabei ist es unerheblich, wenn die Bauleistung für den nichtunternehmerischen Bereich (also den privaten Bedarf) des Leistungsempfängers oder an Kleinunternehmer erbracht wird, die Bauleistungen erbringen. Im Gegensatz zur Bauabzugssteuer ist weiterhin erforderlich, dass der Leistungsempfänger im Zeitpunkt der an ihn ausgeführten Bauleistung die Bauleistungen **nachhaltig** erbringt. Von Nachhaltigkeit ist auszugehen, wenn

- der Leistungsempfänger im vorangegangenen Kalenderjahr Bauleistungen erbracht hat, deren Bemessungsgrundlage mehr als 10 % der Summe seiner steuerbaren Umsätze betragen hat oder
- der Leistungsempfänger dem leistenden Unternehmer eine im Zeitpunkt der Ausführung des Umsatzes gültige Freistellungsbescheinigung (Bauabzugssteuer) vorlegt.

Sind die Voraussetzungen der Steuerschuldnerschaft des Leistungsempfängers gegeben, so hat der leistende Unternehmer, (der Subunternehmer) gegenüber dem Leistungsempfänger eine Rechnung ohne Umsatzsteuer auszustellen, in der er auf die Steuerschuldnerschaft des Leistungsempfängers hinweist. Erfolgt in dieser Rechnung fälschlicherweise der Ausweis von

[115] § 13b Abs. 1 Nr. 1 UStG
[116] § 13b Abs. 1 Nr. 3 UStG
[117] § 13b Abs. 1 Satz 1 Nr. 4, Abs. 2 Satz 2 und 3 UStG

Umsatzsteuer, so schuldet sie der leistende Unternehmer aufgrund des Steuerausweises.[118] Der Leistungsempfänger ist aber auch in diesem Fall gleichwohl Steuerschuldner gemäß § 13b UStG.

In den dargestellten Fällen ist der Leistungsempfänger verpflichtet, die sich aus dem Nettobetrag ergebende Umsatzsteuer in seiner eigenen Umsatzsteuererklärung (Umsatzsteuervoranmeldung) beim Finanzamt anzumelden und abzuführen. Die Steuer entsteht mit Ausstellung der Rechnung, spätestens jedoch mit Ablauf des der Ausführung der Leistung folgenden Kalendermonats.[119] Bei Anzahlungen entsteht die Steuer mit Ablauf des Voranmeldungszeitraums mit der Vereinnahmung des Entgelts.[120] Soweit der Leistungsempfänger zum Vorsteuerabzug berechtigt ist, kann er die Umsatzsteuer als Vorsteuer geltend machen. In diesen Fällen ergibt sich aus der Steuerschuldnerschaft des Leistungsempfängers liquiditätsmäßig keine Auswirkung.

Zum Begriff der Bauleistung können die im Zusammenhang mit der Bauabzugssteuer gemachten Ausführungen zugrunde gelegt werden.

Die Neuregelung hat insbesondere für Bauunternehmen, die überwiegend Subunternehmerleistungen für Generalunternehmen erbringen, den Vorteil, dass sie nunmehr netto abrechnen können und damit die Vorfinanzierung der Umsatzsteuer entfällt. Generalunternehmen bringt sie den Vorteil, dass keine Haftung nach § 25d UStG eintreten kann, wenn der leistende Unternehmer die von ihm vereinnahmte Umsatzsteuer nicht ordnungsgemäß an das Finanzamt abführt. Ferner entfällt das Risiko für den Leistungsempfänger, dass ihm mit dem Argument der Vorsteuerabzug versagt wird, dass es sich bei dem Erbringer der Bauleistung um ein Scheinunternehmen gehandelt hätte mit der Folge, dass die Voraussetzungen für den Vorsteuerabzug nicht vorliegen würden. Die nach § 13b UStG geschuldete Umsatzsteuer berechtigt für sich schon zum Vorsteuerabzug, ohne dass es einer Rechnung des leistenden Unternehmens bedarf.[121]

### *9.6.1.3 Die Arbeitsgemeinschaft*

In umsatzsteuerlicher Hinsicht wird nicht danach differenziert, ob die Arbeitsgemeinschaft nur die Abarbeitung eines einzigen Werk- oder Werklieferungsvertrages zum Inhalt hat. Vielmehr kommt es im Wesentlichen darauf an, ob zwischen der Arbeitsgemeinschaft und dem Bauunternehmen ein Leistungsaustausch erfolgt. Dies ist dann der Fall, wenn der Gesellschafter (= Bauunternehmer) für die Leistungen ein gesondertes Entgelt erhält.[122]

Bei den von mittelständischen Bauunternehmen in der Regel in der Form der Dach-ARGE gebildeten Arbeitsgemeinschaften ist dies stets der Fall. Jedes Mitglied der Arbeitsgemeinschaft erbringt seine Leistung gegenüber derselben, die die Summe der Leistungen ihrer Mitglieder sodann gegenüber dem Auftraggeber abrechnet.

Aufgrund der Einführung der Steuerschuldnerschaft für den Leistungsempfänger ergibt sich für diese Arbeitsgemeinschaften neuerdings ein Problem, wenn sie ihre Leistungen gegenüber einem Auftraggeber erbringen, der selber keine Bauleistungen ausführt. Bis zur Verlagerung der Steuerschuldnerschaft entsprach die Umsatzsteuer auf die von der Arbeitsgemeinschaft

---

[118] § 14c UStG

[119] § 13b Abs. 1 UStG

[120] § 13b Abs. 1 Satz 3 UStG

[121] § 15 Abs. 1 Nr. 4 UStG

[122] A 6 Abs. 3 Satz 1 UStR 2000

gegenüber dem Auftraggeber erbrachte Leistung der Summe der Umsatzsteuer, die der Arbeitsgemeinschaft von ihren Mitgliedern in Rechnung gestellt worden ist. Umsatzsteuer und Vorsteuer der Arbeitsgemeinschaft entsprachen sich daher der Höhe nach. Die Arbeitsgemeinschaft konnte also die gegenüber dem Auftraggeber berechnete Umsatzsteuer mit dem ihr zustehenden Vorsteuerabzug saldieren. Bis zur Zahlung durch den Auftraggeber und Weiterleitung der Zahlungen an die Mitglieder oblag es diesen, die Umsatzsteuer vorzufinanzieren. Aufgrund der Verlagerung der Steuerschuldnerschaft auf die Arbeitsgemeinschaft müssen die Mitglieder der Arbeitsgemeinschaft jedoch nunmehr ihre Leistungen netto gegenüber der Arbeitsgemeinschaft abrechnen. Diese hat den sich aus dem Nettobetrag ergebenden Umsatzsteuerbetrag anzumelden und kann ihn sogleich auch als Vorsteuer geltend machen. Dadurch entfällt jedoch die Möglichkeit der Verrechnung der in den Rechnungen der Mitglieder enthaltenen Umsatzsteuerbeträge mit der gegenüber dem Auftraggeber in Rechnung gestellten Umsatzsteuer. Die Vorfinanzierungslast liegt nunmehr bei der Arbeitsgemeinschaft, der die hierzu erforderlichen Mittel jedoch in der Regel fehlen. Daher empfiehlt es sich, dass die Mitglieder eine Regelung treffen, um der Arbeitsgemeinschaft diese Mittel zur Verfügung zu stellen.

### *9.6.1.4 Steuerpflicht von Geschäftsführungsleistungen*

So, wie entgeltliche Leistungen des Mitglieds einer Arbeitsgemeinschaft an dieselbe umsatzsteuerlich einen Leistungsaustausch darstellen, die steuerbar und in der Regel auch steuerpflichtig sind, kann die Tätigkeit des Geschäftsführers einer Gesellschaft ebenfalls eine umsatzsteuerpflichtige Tätigkeit darstellen. Zu der Gewährung einer gewinnunabhängigen Vergütung für die Geschäftsführungstätigkeit kommt die Unternehmereigenschaft des Geschäftsführers als weitere Voraussetzung für die Umsatzsteuerpflicht hinzu.[123]

Die Frage, ob die Geschäftsführungstätigkeit selbständig oder unselbständig erfolgt, ist grundsätzlich nach ertragsteuerlichen Grundsätzen zu beurteilen. Danach ist eine natürliche Person oder eine Kapitalgesellschaft, welche die Geschäfte einer Personengesellschaft (GbR, OHG, KG) führt, stets selbständig tätig mit der Folge, dass eine gewinnunabhängige Vergütung der Umsatzsteuer zu unterwerfen ist. Dagegen liegt keine selbständige Tätigkeit beim Geschäftsführer einer Kapitalgesellschaft vor, wenn sich dieser in einem Anstellungsverhältnis befindet, da er aufgrund des Anstellungsverhältnisses weisungsgebunden ist. Dabei spielt es keine Rolle, wenn der Geschäftsführer bspw. als Alleingesellschafter faktisch keinen Weisungen anderer unterliegt. Auch in diesem Fall liegt ertragsteuerlich ein nichtselbständiges Beschäftigungsverhältnis vor, das auch der Annahme von Selbständigkeit im umsatzsteuerlichen Sinne entgegensteht.

Problematisch ist die Beurteilung bei der GmbH & Co. KG. Geschäftsführer der KG als solcher ist der voll haftende Gesellschafter, also die GmbH.[124] Diese wird hierbei, da sie selbst nicht handlungsfähig ist, von ihrem Geschäftsführer vertreten.[125] In der Praxis sind die Kommanditisten zumeist auch die Gesellschafter und die Geschäftsführer der Komplementär-GmbH und bei dieser angestellt. Im Gesellschaftsvertrag der KG ist geregelt, dass diese der GmbH alle Aufwendungen erstattet, die ihr durch die Geschäftsführungstätigkeit erwachsen. Da hierzu auch das Geschäftsführergehalt zählt, wird dieses direkt von der KG bezahlt.

---

[123] BMF vom 23.12.2003, BStBl. 2004 I, 240

[124] §§ 161 Abs. 2, 114 Abs. 1 HGB

[125] § 35 Abs. 1 GmbHG

Gleichwohl liegt eine geschäftsführende Tätigkeit der GmbH gegenüber der KG vor. Diese erhält eine gewinnunabhängige Vergütung, und zwar in Höhe des an den Geschäftsführer gezahlten Gehalts. Die Zahlung von der KG an den Geschäftsführer stellt sich lediglich als Abkürzung des Zahlungsweges dar. Damit ist die Geschäftsführungstätigkeit der GmbH gegenüber der KG umsatzsteuerpflichtig. Unter den übrigen Voraussetzungen (keine vorsteuerschädlichen Umsätze) kann die KG die Umsatzsteuer als Vorsteuer geltend machen, weshalb ihr die GmbH eine Rechnung (Dauerrechnung oder Vertrag mit USt-Ausweis) erteilen muss.

Nicht eindeutig geklärt ist jedoch die Frage der Umsatzsteuerpflichtigkeit des Geschäftsführers der Komplementär-GmbH, wenn dieser auch Kommanditist der KG ist. Ertragsteuerlich stellt das Gehalt, das er von der GmbH (bzw. im Weg der Abkürzung des Zahlungsweges von der KG) für die Geschäftsführungstätigkeit erhält Sonderbetriebseinnahme dar und zählt daher zu seinen gewerblichen und damit auch selbständigen Einkünften. Bei gleichmäßiger Betrachtung über alle Steuerarten, wie sie im BMF-Schreiben dargestellt wird,[126] müsste die Tätigkeit des Geschäftsführers der Komplementär-GmbH eigentlich umsatzsteuerpflichtig sein. Dem wollen sich jedoch jedenfalls die Oberfinanzdirektionen Karlsruhe, Nürnberg, München und Stuttgart nicht anschließen, die es bei der Beurteilung danach belassen, ob der Geschäftsführer bei der GmbH angestellt ist. In diesem Fall gehen diese Behörden und damit die ihnen untergeordneten Finanzämter von einer unselbständigen, d. h. nicht umsatzsteuerbaren Tätigkeit des Geschäftsführers im Verhältnis zur Komplementär-GmbH aus.

Für die Komplementär-GmbH hat die Tatsache der Umsatzsteuerpflichtigkeit ihrer Geschäftsführungstätigkeit im Übrigen auch zur Folge, dass sie nunmehr auch Vorsteuer aus an sie gerichteten Rechnungen (z. B. für die Erstellung des Jahresabschlusses und der Steuererklärungen) geltend machen kann.

## 9.6.2 Haftungsrisiken von Bauunternehmen

### *9.6.2.1 Versagung des Vorsteuerabzugs*

In der Vergangenheit wurde Bauunternehmen der Vorsteuerabzug aus Rechnungen von Subunternehmern mit der Begründung versagt, die Rechnungen würden von nicht existenten Scheinunternehmen stammen und daher nicht den Anforderungen des § 14 UStG genügen. Da die Beweislast dafür, dass die Rechnung allen Anforderungen des § 14 UStG genügt, beim Steuerpflichtigen liegt, der den Vorsteuerabzug begehrt, ergaben sich für die Unternehmen zum Teil erhebliche Risken. Durch die Verlagerung der Steuerschuld auf den Leistungsempfänger hat sich diese Problematik entschärft, da es nunmehr das Bauunternehmen, das Subunternehmerleistungen in Anspruch nimmt, in der Hand hat, die steuerlichen Verpflichtungen zu erfüllen.

### *9.6.2.2 Haftung für nicht abgeführte Umsatzsteuer*

Dasselbe gilt soweit es Bauleistungen betrifft für die Haftung für nicht abgeführte Umsatzsteuer. Sie tritt in der Person des Empfängers einer Leistung ein, wenn der leistende Unternehmer die in einer Rechnung ausgewiesene Umsatzsteuer in vorgefasster Absicht nicht abführt oder sich außer Stande setzt, sie abzuführen, wobei der Leistungsempfänger hiervon bei Abschluss des Vertrages Kenntnis haben oder als ordentlicher Kaufmann hätte haben müs-

[126] BMF vom 23.12.2003, a.a.O

sen.[127] Da durch die Verlagerung der Steuerschuldnerschaft kein Steuerausweis in den Rechnungen der Nachunternehmer erfolgt, kommt diese Haftungsnorm jedenfalls im Zusammenhang mit Bauleistungen nicht mehr zur Anwendung.

### *9.6.2.3 Versagung des Betriebsausgabenabzugs*

Kann ein Steuerpflichtiger dem Finanzamt auf dessen Verlangen hin nicht den Empfänger von Zahlungen benennen, die der Steuerpflichtige als Betriebsausgaben oder Aufwendungen geltend macht, kann das Finanzamt die Anerkennung dieser Betriebsausgaben bzw. Aufwendungen versagen.[128] Aufgrund dieser Vorschrift wurde in der Vergangenheit Bauunternehmen häufig der Betriebsausgabenabzug insbesondere im Zusammenhang mit dem Einsatz von ausländischen Subunternehmern versagt, wenn dem Finanzamt bspw. Erkenntnisse des Bundesamtes für Finanzen vorlagen, wonach die in den Rechnungen des Subunternehmers als Leistender aufgeführte Gesellschaft (z. B. englische Ltd.) eine Briefkastenfirma (Domizilgesellschaft) sei, die in ihrem Sitzstaat keine wirtschaftliche Tätigkeit entfaltet. In diesen Fällen verlangte die Finanzverwaltung die Benennung der hinter der Gesellschaft stehenden natürlichen Personen, die dem Bauunternehmen regelmäßig nicht möglich war. Besonders bitter war in diesem Zusammenhang, dass die Bauunternehmen die Zahlungen tatsächlich geleistet hatten, steuerlich jedoch so behandelt wurden, als ob sie diese Ausgaben nicht gehabt hätten. Durch Einhaltung der Verpflichtungen im Zusammenhang mit der Bauabzugsteuer kann das Bauunternehmen nunmehr selbst dafür Sorge tragen, dass eine Sperrwirkung für die Anwendbarkeit des § 160 AO eintritt.

### *9.6.2.4 Entleiherhaftung*

Dieselbe Wirkung ergibt sich auch für die Haftung eines Bauunternehmens, wenn die ihm gegenüber erbrachte Leistung als Arbeitnehmerüberlassung qualifiziert wurde. Dies geschah zumeist ebenfalls dann, wenn sich ein Subunternehmen als Domizilgesellschaft oder Scheinfirma entpuppte, weil dann die Finanzverwaltung davon ausging, dass dem Leistungsaustausch zwischen Bauunternehmen und Subunternehmen mangels dessen Fähigkeit zur Erbringung von Werkverträgen Arbeitnehmerüberlassung zugrunde gelegen haben muss. Für die Lohnsteuer, die der Subunternehmer (Verleiher) für seine Arbeitnehmer zu zahlen hatte, haftet jedoch das Bauunternehmen als Entleiher.[129] Dabei wurde regelmäßig eine Haftungsschuld von 15 % der an den Subunternehmer gezahlten Vergütung als Steuerschuld angenommen.[130]

---

[127] § 25d Abs. 1 UStG

[128] § 160 Abs. 1 AO

[129] § 42d Abs. 6 EStG

[130] § 42 d Abs. 6 Satz 7 EStG

#### *9.6.2.5 Fazit*

Durch die Verlagerung der Steuerschuld auf den Leistungsempfänger sowie die Einführung der Bauabzugsteuer wurden die Bauunternehmen zwar administrativen Mehrbelastungen ausgesetzt. In diesem Zusammenhang darf jedoch nicht übersehen werden, dass mit diesen Mehrbelastungen eine weitestgehende Enthaftung gegenübersteht, weshalb es letztendlich auch die Verbände der Baubranche waren, die derartige Lösungen gefordert hatten. Existenzbedrohende und auch nur schwerlich im Vorhinein vermeidbare Haftungsrisiken für Bauunternehmen gehören daher der Vergangenheit an.

# Literaturverzeichnis


GÖHLER, Erich: *Gesetz über Ordnungswidrigkeiten, Kommentar,* 13. Aufl. München: Verlag C.H. Beck, 2002

GREEVE, Gina: *Arbeitnehmerüberlassung?*, IBR 2001, 338

GREEVE, Gina: *Der Einfluss des europäischen Rechts auf die Verhängung von Geldbußen in Deutschland bei Verstößen wegen illegaler Beschäftigung*, NZBau 2001, 246 ff.

GREEVE, Gina; LEIPOLD, Klaus: *Handbuch des Baustrafrechts*, München: Verlag C.H. Beck, 2004

HAMMACHER, Peter: *Der Einsatz von Fremdfirmen – Eingliederung und Haftung*, BB 1997, 1686 ff.;

HEIERMANN Wolfgang; RIEDL Richard; RUSAM, Martin u. a.: *Handkommentar zur VOB, Teile A und B*, 10. Aufl. Wiesbaden: Vieweg Verlag, 2003

HROMADKA, Wolfgang: *Zur Begriffsbestimmung des Arbeitnehmers*, DB, 1998, 195 ff.

IBR, Mannheim, id-Verlag (monatlich erscheinende Fachzeitschrift mit online-Datenbank)

IGNOR, Alexander; RIXEN, Stephan: *Handbuch des Arbeitsstrafrechts*

INGENSTAU, Heinz; KORBION, Hermann; (LOCHER Horst; VYGEN, Klaus (Hrsg.)): *VOB Teile A+B*, 15. Aufl. Düsseldorf: Werner-Verlag, 2004

KAPELLMANN, Klaus; MESSERSCHMIDT, Burkhard: *VOB Teile A und B*, München: Verlag C.H. Beck, 2003

KOBERSKI, Wolfgang; ASSHOFF, Gregor; HOLD, Dieter: *Arbeitnehmerentsendegesetz, Kommentar*. 2. Aufl. München: Boorberg, 2002

LEINEMANN, Ralf: *Die Vergabe öffentlicher Aufträge*, 3. Aufl. Köln: Heymanns Verlag, 2004

MOTZKE, Gerd; PIETZCKER, Jost; PRIEẞ, Hans-Joachim: *Verdingungsordnung für Bauleistungen Teil A*, München: Verlag C.H. Beck, 2001

NOCH, Rainer: *Vergaberecht kompakt*, 2. Aufl. Düsseldorf: Werner Verlag, 2002

NZBau, München, Verlag C.H. Beck (monatlich erscheinende Fachzeitschrift)

TRÖNDLE, Herbert; FISCHER, Thomas: *Strafgesetzbuch und Nebengesetze, Kommentar*, 51. Aufl. München: 2003

ULBER, Jürgen: *Arbeitnehmerüberlassungsgesetz und Arbeitnehmerentsendegesetz*, 2. Aufl., Frankfurt am Main: 2002

VergabeR, Düsseldorf, Werner-Verlag (monatlich erscheinende Fachzeitschrift)

*Vergaberechtsreport*, Stamsried, Vögel-Verlag
(monatlich erscheinende Entscheidungssammlung)

# Sachwortverzeichnis

## C



## D



## E

## F



## G

## H

## L

## P



## Q



## R

# T



# U

## V

## W

# Z

GPSR Compliance

*The European Union's (EU) General Product Safety Regulation (GPSR) is a set of rules that requires consumer products to be safe and our obligations to ensure this.*

*If you have any concerns about our products, you can contact us on ProductSafety@springernature.com*

In case Publisher is established outside the EU, the EU authorized representative is:

Springer Nature Customer Service Center GmbH
Europaplatz 3
69115 Heidelberg, Germany

**Batch number: 08544168**

Printed by Printforce, the Netherlands